高硬度材料的焊接

李亚江　等　著

北　京
冶　金　工　业　出　版　社
2010

内 容 提 要

本书针对工程中一些高硬度材料（如陶瓷、硬质合金、金属间化合物、耐磨钢等），对其焊接性和焊接工艺等做了简明阐述。在工程结构中高硬度材料是经常遇到的，而且焊接中出现问题较多。书中分析了这些高硬度材料的焊接特点，给出了相关焊接技术数据及针对一些典型工程结构的焊接应用实例。本书内容涉及的是科研和生产中经常遇到的高硬度材料的焊接难题，解决这些焊接难题需采用的新工艺和成功的经验，突出新颖性、先进性和实用性等特色。

本书供从事与新材料开发和焊接技术相关的工程技术人员使用，也可供高等院校师生、科研和企事业单位的科技人员参考。

图书在版编目（CIP）数据

高硬度材料的焊接/李亚江等著. —北京：冶金工业出版社，2010.4

ISBN 978-7-5024-5185-1

Ⅰ.①高… Ⅱ.①李… Ⅲ.①材料－焊接工艺 Ⅳ.TG44

中国版本图书馆 CIP 数据核字（2010）第 015819 号

出 版 人 曹胜利

地　　址 北京北河沿大街嵩祝院北巷 39 号，邮编 100009

电　　话 （010）64027926 电子信箱 postmaster@cnmip.com.cn

责任编辑 张爱平 美术编辑 李 新 版式设计 葛新霞

责任校对 卿文春 责任印制 牛晓波

ISBN 978-7-5024-5185-1

北京兴华印刷厂印刷；冶金工业出版社发行；各地新华书店经销

2010 年 4 月第 1 版，2010 年 4 月第 1 次印刷

169mm×239mm；17.75 印张；343 千字；272 页

48.00 元

冶金工业出版社发行部 电话：（010）64044283 传真：（010）64027893

冶金书店 地址：北京东四西大街 46 号（100711） 电话：（010）65289081

前　言

当代科学技术发展对工程材料提出了新的要求，焊接技术也必须满足工程材料日益发展的需要。在工程结构中高硬度材料的焊接是经常遇到的，而且在焊接生产实践中出现问题较多，有时甚至阻碍了整个工程（或焊接结构）的进展。书中涉及的高硬度材料，是指除常规钢铁和有色轻金属之外已经开发的具有高硬度和特殊性能的材料，如新型陶瓷材料、硬质合金、金属间化合物、难熔金属及合金、高硬度耐磨合金等。这些材料的主要特点是硬度高、塑韧性差，在应用（或焊接）中极易产生裂纹，焊接难度很大并日益受到工程界人士的重视。

本书特点是内容简明，与高新技术的应用密切相关，针对先进陶瓷材料、硬质合金、金属间化合物、难熔金属及合金等，对这些材料的特点、焊接性和焊接工艺要点做了简明阐述，力求突出新颖性、先进性和实用性等特色。书中未涉及系统的基本原理阐述，注重实践和应用技术的阐述，选用的一些有代表性的成功的应用实例，具有很好的应用前景。

本书供从事与材料开发和焊接技术相关的工程技术人员使用，如焊接工程技术人员、管理人员，特别是新产品研发人员，也可供大、中专院校师生、科研和企事业单位的科技人员参考。

参加本书撰写的人员还有：王娟、刘鹏、马海军、张永兰、夏春智、蒋庆磊、沈孝芹、黄万群、刘强、张蕾、吴娜等。

向所引文献的作者表示诚挚的谢意。书中存在的不妥之处，敬请广大读者批评指正。

作　者

2009 年 11 月 30 日

目　录

1 概　　述

高硬度材料的焊接问题是经常遇到的,而且在焊接实践中出现问题较多,有时甚至阻碍了整个工程(或焊接结构)的进展。高硬度材料(如陶瓷、金属间化合物、硬质合金等)的主要特点是硬度高、塑韧性差,焊接中极易产生裂纹,焊接难度很大并日益受到工程界人士的重视。解决高硬度材料的焊接问题对其发展、应用和推动科技进步、促进社会发展起着重要的作用。

1.1 高硬度材料的分类和性能特点

1.1.1 高硬度材料的分类

新材料的开发与应用是现代科学技术发展的重要组成部分。随着航空航天、新能源、电力等工业的发展,人们对材料的性能提出了越来越高的要求。开发在特殊条件下使用的结构材料是新材料的发展趋势之一,而高硬度结构材料的发展是其中重要的组成部分。

高硬度材料,指正在发展的、具有优异性能和特殊用途的材料,这类材料的一个突出特点是硬度和强度高,但塑性和韧性差,焊接难度很大。高硬度材料涉及的面很广,并且处于不断地开发和应用中。

目前工程中经常用到的高硬度材料主要包括:先进陶瓷、硬质合金、金属间化合物、难熔金属及合金等,此外,高硬度耐磨钢、合金铸铁等也可以归类为高硬度材料。这些材料的一个共同特点是硬度高、塑性和韧性差,焊接中极易产生裂纹,采用常规的熔焊方法很难进行焊接。

高硬度材料的发展及应用与高新技术的发展密切相关,而且具有独特的和难以替代的作用。例如先进陶瓷材料、金属间化合物和难熔材料的开发与应用,为开发能源、开发太空和海洋、探索航空航天等领域提供了重要的物质基础。先进材料是高新技术发展必要的物质基础,常成为新技术革命的先导。

本书针对高硬度材料(如先进陶瓷、硬质合金、金属间化合物等),对这些材料的焊接性特点、焊接材料和工艺要点做简明阐述,突出新颖性、先进性和实用性等特色,推进高硬度材料焊接技术的发展及应用。

1.1.2 高硬度材料的性能特点

从高硬度材料的合成和制造工艺来看,先进陶瓷、硬质合金、金属间化合物、难熔合金等，所采用的必要的制备方法包括一些高技术手段获得的极端条件（如超高压、超高温、超高速冷却速度等）；其次是先进陶瓷、硬质合金、金属间化合物和难熔合金等的研发与计算机技术和先进的自动控制技术的发展和应用密切相关，对材料的质量控制要求非常严格。因此，高硬度材料具有高强度、耐高温、耐腐蚀、抗氧化等一系列优点。

1.1.2.1 先进陶瓷材料

先进陶瓷材料又称高性能陶瓷、精细陶瓷、新型陶瓷或高技术陶瓷，是以精制的高纯、超细人工合成的无机化合物为原料，采用精密控制的制备工艺获得具有优异性能的新一代陶瓷。

陶瓷是指以各种金属的氧化物、氮化物、碳化物、硅化物为原料，经适当配料、成形和高温烧结等人工合成的无机非金属材料。先进陶瓷在组成、性能、制造工艺及应用等方面都与传统的陶瓷截然不同，组成已由原来的 SiO_2、Al_2O_3、MgO 等发展到了 Si_3N_4、SiC 和 ZrO_2 等。采用先进的物理、化学方法能够制备出超细粉末。烧结方法也已由普通的大气烧结发展到在控制气氛中的热压烧结、真空烧结、微波烧结等先进的烧结方法。先进陶瓷具有特定的精细组织结构和性能，在现代工程和高新技术中起着重要的作用。

广义的先进陶瓷包括人工单晶、非晶态（玻璃）、陶瓷及其复合材料、半导体、耐火材料等，属于无机非金属材料。陶瓷材料一般分为功能陶瓷和结构陶瓷两大类，生物陶瓷可以归入功能陶瓷（也可以单独列出）。与焊接相关的主要是结构陶瓷。

先进陶瓷具有优异的物理和力学性能，如高强度、高硬度、耐磨、耐腐蚀、耐高温和抗热振性等，而且在电、磁、热、光、声等方面具有独特的功能。

与金属材料相比，陶瓷材料的线膨胀系数比较低，一般在 $10^{-5} \sim 10^{-6}$/K 的范围；熔点（或升华、分解温度）很高，有些陶瓷可在 2000 ~ 3000℃ 的高温下工作且保持室温时的强度，而大多数金属在 1000℃ 以上就基本上丧失了强度性能。因此，陶瓷作为高温结构材料用于航空发动机、切削刀具和耐高温部件等，具有广阔的前景。

先进陶瓷的发展趋势有三个方面：

（1）由单相、高纯材料向多相复合陶瓷方向发展，包括纤维（或晶须）补强的陶瓷基复合材料、异相颗粒弥散强化复相陶瓷、两种或两种以上主晶相组合的自补强材料、梯度功能复合材料以及纳米－微米陶瓷复合材料等。

（2）从微米级尺度（从粉体到显微结构）向纳米级方向（1 ~ 数百纳米）发展，即向介于原子或分子与常规的微米结构之间的过渡性结构区发展。将出现与以往的微米级陶瓷材料不同的化学和物理性质，如超塑性和电、磁性质的变化等。

（3）陶瓷材料的加工，如剪裁、形状设计和连接（焊接）等。

1.1.2.2 硬质合金

硬质合金是以碳化钨(WC)为主成分,钴(Co)为黏结相制成的烧结碳化物。硬质合金的抗弯强度可以达到1500～2800 MPa,而且保留了碳化钨的耐高温性能和高温硬度,常温硬度也很高。影响硬质合金性能的因素主要有:碳化钨中的碳含量、加钴粉混合均匀性和烧结质量。为了改善硬质合金的某一特性,可以在以碳化钨为主成分的硬质相中添加 TiC、TaC、NbC 等硬质碳化物,也可在钴黏结相中添加 Ni、Cu、Fe 等金属。

硬质合金真空烧结比氢气烧结质量好,烧结密度不小于98%,是烧结材料中密度最高的材料之一。在热等静压设备中进行处理的硬质合金,密度可达到99.999%,精密仪表轧辊、大型柱塞、金刚石生产用顶锤等,均能用热等静压工艺得到高质量产品。

硬质合金主要用于制造各种刀具、模具、矿山工具和耐磨件。除了碳化钨基硬质合金外,还有碳化铬基硬质合金、钢结硬质合金等。硬质合金焊接一直受到人们的关注。严格地说,硬质合金也是一种典型的金属陶瓷。

1.1.2.3 金属间化合物

A 历史发展

金属间化合物的研究始于20世纪30年代,目前主要集中于 Ni-Al、Ti-Al 和 Fe-Al 三大合金系。Ni-Al 和 Ti-Al 系金属间化合物价格昂贵,主要用于航空航天等领域。与 Ni-Al 和 Ti-Al 系金属间化合物相比,Fe-Al 系金属间化合物除具有高强度、耐腐蚀等优点外,还具有成本低和密度小等优势,具有广阔的应用前景。

钢铁材料加热后会逐渐变红、变软(直至熔化成钢液)。高温是大多数金属的大敌,金属在高温下会失去原有的强度,变得“不堪一击”。金属间化合物却不存在这样的问题。在700℃以上的高温下,大多数金属间化合物会更硬,强度甚至会升高。可以说在高温下方显出金属间化合物的英雄本色。

金属间化合物具有这种特殊的性能,与其内部原子结构有关。所谓金属间化合物,是指金属和金属之间,类金属和金属原子之间以共价键形式结合生成的化合物,其原子的排列具有高度有序化的规律。当它以微小颗粒形式存在于金属合金的组织中时,将会使金属合金的整体强度得到提高,特别是在一定温度范围内,合金的强度随温度升高而增强,这就使金属间化合物在高温结构应用方面具有极大的潜在优势。

但是,伴随着金属间化合物的高温强度而来的,是其较大的室温脆性。20世纪30年代金属间化合物刚被发现时,它们的室温延性大多数为零,也就是说,一折就会断。因此,许多人预言,金属间化合物作为一种大块材料是没有实用价值的。

80年代中期,美国科学家在金属间化合物室温脆性研究上取得了突破性进展。他们往金属间化合物中加入少量硼,可使它的室温伸长率提高到50%,与纯铝的延性相当。这一重要发现及其所蕴含的发展前景，吸引了各国材料科学家展开了对金属间化合物的深入研究，使之开始以一种崭新的面貌在新材料领域登台亮相。

目前，除了作为高温结构材料外，金属间化合物的其他功能也被相继开发，稀土化合物永磁材料、贮氢材料、超磁致伸缩材料、功能敏感材料等相继问世。金属间化合物的应用，极大地促进了高新技术的进步与发展，促进了结构与元器件的微小型化、轻量化、集成化与智能化，导致新一代元器件的不断出现。

金属间化合物这一“高温材料”最大的用武之地是在航空航天领域，如密度小、熔点高、高温性能好的钛铝金属间化合物等具有极诱人的应用前景。

B 特点

金属间化合物是指金属与金属或类金属之间形成的化合物相，属金属键结合，具有长程有序的超点阵晶体结构，原子结合力强，高温下弹性模量高，抗氧化性好，因此形成一系列新型结构材料，如具有应用前景的钛、镍、铁的铝化物材料。

金属间化合物不遵循传统的化合价规律，具有金属的特性，晶体结构与组成它的两个金属组元的结构不同，两个组元的原子各占据一定的点阵位置，呈有序排列。典型的长程有序结构主要形成于金属的面心立方、体心立方和密排六方三种主要晶体结构。例如 Ni_3Al 为面心立方有序超点阵结构，Ti_3Al 为密排六方有序超点阵结构，Fe_3Al 为体心立方有序超点阵结构。许多金属间化合物可以在一定范围内保持结构的稳定性，在相图上表现为有序固溶体。

决定金属间化合物相结构的主要因素有电负性、尺寸因素和电子浓度。金属间化合物的晶体结构虽然较复杂或有序，但从原子结合上看仍具有金属特性，有金属光泽、导电性及导热性等。然而其电子云分布并非完全均匀，存在一定的方向性，具有某种程度的共价键特征，导致熔点升高及原子间键出现方向性。

金属间化合物可以分为结构用和功能用两类，前者是作为承力结构使用的材料，具有良好的室温和高温力学性能，如高温有序金属间化合物 Ni_3Al、NiAl、Fe_3Al、FeAl、Ti_3Al、TiAl 等。后者具有某种特殊的物理或化学性能，如磁性材料 YCo_5、形状记忆合金 NiTi、超导材料 Nb_3Sn、贮氢材料 Mg_2Ni 等。

与焊接相关的主要是结构用金属间化合物，最具应用前景的是 Ni-Al、Ti-Al、Fe-Al 系金属间化合物，如 Ni_3Al、NiAl、Ti_3Al、TiAl、Fe_3Al、FeAl 等。

与无序合金相比，金属间化合物的长程有序超点阵结构保持很强的金属键结合，具有许多特殊的物理、化学性能，如电学性能、磁学性能和高温力学性能等。含 Al、Si 的金属间化合物还具有很高的抗氧化和抗腐蚀的能力。由轻金属组成的金属间化合物密度小，比强度高，适合于航空航天工业的应用要求。

1.1.2.4 难熔金属及合金

难熔金属一般指熔点高于 1650℃ 并有一定储量的金属，如钨、钼、铌、锆等。

以这些金属为基体，添加其他元素形成的合金称为难熔金属合金。制造耐1093℃以上高温结构材料所使用的难熔金属主要是钨、钼、铌、钽。在难熔金属合金中钼合金是最早用作结构材料的合金，例如Mo-0.5Ti-0.1Zr-0.02C合金具有良好的高温强度和低温塑性，在工业上广泛应用。铌合金的出现迟于钼合金，但发展很快，航天工业中使用的主要是中强铌合金和低强高塑性的铌合金。工业上应用的钨合金材料有掺杂硅、铝、钾等氧化物的高温钨丝、钨钍电极、钨铼电极等。

难熔金属最重要的优点是有良好的高温强度和耐蚀性能。主要缺点是高温抗氧化性能差。钨、钼的塑性－脆性转变温度较高，在室温下难以塑性加工；铌和钽的可加工性、焊接性、低温延性和抗氧化性优于钼和钨。

塑性－脆性转变温度是衡量难熔金属及合金低温塑性的重要参数（特别是钨和钼）。在难熔金属中，钽具有最好的塑性和最低的转变温度（－196℃以下）。铌塑性较钽差，但优于钼和钨。钨的室温塑性最差，转变温度最高。钼的转变温度在室温上下。转变温度与材料受力状态和形变速度有关，也与材料的组织结构和表面状态有关。添加某些元素，以及进行较大量的塑性加工是改善钨、钼低温塑性的途径。

1.1.2.5 高硬度耐磨钢

高硬度耐磨钢是耐磨损性能强的钢铁材料的总称，耐磨钢是当今耐磨材料中用量最大的。磨损是结构件失效的主要形式之一，磨损造成了能源和原材料的大量消耗。根据统计，能源的1/3到1/2消耗于摩擦与磨损。美国机械工程师学会（ASME）和美国能源发展局（ERDA）提出的一项减轻摩擦和磨损的发展计划，可使美国每年节支160亿美元，即能源消耗的11%。据美国刊物介绍，美国几大类产品每年由于磨损所造成的损失是：飞机134亿美元，船舶64亿美元，汽车400亿美元，切削工具28亿美元。

据中国电力、建材、冶金、采煤和农机5个部门的不完全统计，每年备件消耗钢材在150万吨以上，以煤矿所用刮板输送机为例，由于中部槽磨损所造成的损失每年为1～2亿元人民币。如果再考虑到其他机械设备磨损造成的经济损失和钢材消耗将是很惊人的。

耐磨钢作为一种专用钢始于19世纪后半叶，至今已有100多年的历史。高锰钢是一种碳、锰含量较高的耐磨钢，由于它在大的冲击磨料磨损条件下具有很强的加工硬化能力，同时兼有良好的韧性和塑性，以及生产工艺易掌握等优点，因此目前仍是耐磨钢中用量最大的一种（尤其是在矿山等部门）。

近几十年来，低、中合金耐磨钢的开发与应用发展很快，这类钢具有较好的耐磨性和韧性，生产工艺简单，经济性合理，在许多工况条件下适用。为适应矿山采运机械与工程机械发展的需要，20世纪70～80年代研制的高硬度耐磨钢在国际上形成系列并标准化。这类钢是在低合金高强钢基础上发展起来的，一般采用轧后直接淬火+回火,或控轧控冷工艺进行强化,可节约能源,且合金含量低,价格便宜,但硬度高,耐磨性好。因此,这类耐磨钢很受用户欢迎。日、英、美等国的一些钢铁公司都生产这类耐磨钢。

耐磨钢种类繁多,大体上可分为高锰钢,中、低合金耐磨钢,Cr-Mo-Si-Mn 钢及特殊耐磨钢等。一些合金钢(如马氏体不锈钢、轴承钢、合金工具钢及合金结构钢等)在特定的条件下也作为耐磨钢使用。由于它们来源方便,性能优良,在耐磨钢的使用中也占有一定的比例。

中、低合金耐磨钢中所含的化学元素有 Si、Mn、Cr、Mo、V、W、Ni、Ti、B、Cu、RE 等。很多大中型球磨机的衬板用 Cr-Mo-Si-Mn 或 Cr-Mo 钢制造,美国大多数磨球用中、高碳 Cr-Mo 钢制造。在较高温度(例如 200 ~500℃)的磨料磨损条件下工作的工件或由于摩擦热使表面经受较高温度的工件,可采用 Cr-Mo-V、Cr-Mo-V-Ni 或 Cr-Mo-V-W 等合金耐磨钢,这类钢淬火后,经中温或高温回火时,有二次硬化效应。

1.2 高硬度材料的应用

对于现代材料而言,材料是物质,制造是途径(或手段),应用是目的。在先进材料的使用条件下,必须考虑环境的特殊要求,如高温、低温、腐蚀介质等。结构件均有一定的形状配合和精度要求,因此高硬度材料还需有良好的可加工性能,如铸造性、冷(或热)成形性、焊接性、切削加工性等。

1.2.1 先进陶瓷

先进陶瓷原料丰富、产品附加值高,应用领域广阔。但由于陶瓷塑性和韧性差,加工困难,不易制成大型或形状复杂的构件,因而单独使用受到一定的限制。特种陶瓷是随着现代电器,无线电、航空、原子能、冶金、机械、化学等工业以及电子计算机、空间技术、新能源开发等尖端科学技术的飞跃发展而发展起来的。在实际应用中,常采用连接技术制成陶瓷-金属复合构件,这样既能发挥陶瓷与金属各自的性能优势,又能降低生产成本,具有很好的应用前景。

陶瓷-金属焊接已获得广泛的应用,例如用于汽车发动机增压器转子(可以降低尾气排放)、陶瓷/钢摇杆、陶瓷/金属挺柱、火花塞、高压绝缘子、电子元器件(如真空管外壳、整流器外壳)等。

1.2.2 金属间化合物

近 20 年来,人们开始重视对金属间化合物的开发应用,这是材料领域一个带有根本性的转变,也是今后材料发展的重要方向之一。金属间化合物由于它的特殊晶体结构,使其具有其他固溶体材料所没有的性能。特别是固溶体材料通常随着温度的升高而强度降低,但某些金属间化合物的强度在一定范围内反而随着温度的上升而升高,这就使它有可能作为新型高温结构材料的基础。另外,金属间化合物还有一些性能是固溶体材料的数倍乃至二三十倍。

Ni-Al、Ti-Al 金属间化合物适合用于航空航天材料,具有很好的应用潜力,已受到欧、美等发达国家的普遍重视。一些 Ni-Al 合金已获得应用或试用,如用于柴油机部件、电热元器件、航空航天飞机紧固件等。Ti-Al 合金可替代镍基合金制成航空发动机高压涡轮定子支承环、高压压气机匣、发动机燃烧室扩张喷管喷口等;我国宇航工业正试用这类合金制造发动机热端部件,前景广阔。

Fe_3Al 金属间化合物由于具有高的抗氧化性和耐磨性,可以在许多场合代替不锈钢、耐热钢或高温合金,用于制造耐腐蚀件、耐热件和耐磨件,其良好的抗硫化性能,适合于恶劣条件下(如高温腐蚀环境)的应用。例如,火力发电厂结构件、渗碳炉气氛工作的结构件、化工器件、汽车尾气排气管、石化催化裂化装置、加热炉导轨、高温炉箅等。此外,由于 Fe_3Al 金属间化合物具有优异的高温抗氧化性和很高的电阻率,有可能开发成新型电热材料。Fe_3Al 还可以和 WC、TiC、TiB、ZrB 等陶瓷材料制成复合结构,具有更加广泛的应用前景。

1.2.3 难熔金属及合金

20 世纪 40 年代中期以前,主要是用粉末冶金法生产难熔金属。40 年代后期至 60 年代初,由于航天技术和原子能技术的发展,自耗电弧炉、电子轰击炉等冶金技术的应用,推动了包括难熔金属在内的、能在 1093 ~2360℃或更高温度下使用的耐高温材料的研制工作。这是难熔金属及其合金生产发展较快的时期。60 年代以后,难熔金属虽然有韧性、抗氧化性不良等不足,在航空航天工业中应用受到限制,但在冶金、化工、电子、光源、机械工业等部门,仍得到广泛应用。主要用途有:

(1) 用作钢铁、有色金属合金的添加剂,钼(Mo)和铌(Nb)在这方面的用量约占其添加剂总用量的 4/5;

(2) 用作制造切削刀具、矿山工具、加工模具等硬质合金,钨在这方面的用量约占其总用量的 2/3,钽、铌和钼也是硬质合金的重要组分;

(3) 用作电子、电光源和电气等部门的灯丝、阴极、电容器、触头材料等,其中钽在电容器中的用量占其总用量的 2/3。

此外,难熔金属及合金还用于制造化工部门耐蚀部件、高温高真空的发热体和隔热屏、穿甲弹芯、防辐射材料、仪表部件、热加工工具和焊接电极等。我国早在 20 世纪 50 年代已用粉末冶金工艺生产难熔金属制品。现在已能生产多种规格的难熔金属及其合金产品。

1.2.4 硬质合金

硬质合金具有一系列优良的性能,主要用途如下:

（1）切削工具。硬质合金可以制作各种各样的切削工具，我国切削工具用硬质合金的用量约占整个硬质合金产量的1/3，其中用于焊接刀具的约占78%；而数控刀具用硬质合金仅占可转位刀具用硬质合金的20%；此外还有整体硬质合金钻头、整体硬质合金小圆锯片、硬质合金微钻等切削工具。

（2）地质矿山工具。我国地质矿山用硬质合金约占硬质合金生产总量的25%，主要用于冲击凿岩用钎头、地质勘探用钻头、矿山油田用潜孔钻、牙轮钻以及截煤机截齿、建材工业用冲击钻等。

（3）各类磨具。用作各类磨具的硬质合金约占硬质合金生产总量的8%，有拉丝模、冷镦模、冷（热）挤压模、热锻模、成形冲模以及拉拔管芯棒等。近十几年轧制线材用各类硬质合金轧辊增速很快，我国轧辊用硬质合金已占到硬质合金生产总量的3%。

（4）结构件和耐磨件。硬质合金用来做结构零件的产品很多，如旋转密封环、压缩机活塞、机床夹头、磨床芯轴、轴承轴颈等；硬质合金制成的耐磨零件有导轨、喷嘴、柱塞、铲雪机铲板等。此外，用于生产金刚石用的顶锤、压缸用硬质合金用量也很大。

（5）其他用途。硬质合金的用途越来越广，在民用领域不断扩展，如表链、表壳、高级箱包拉链头、硬质合金标牌等。

1.2.5 高硬度耐磨钢

高硬度耐磨钢广泛用于矿山机械、煤炭采运、工程机械、农机、建材、电力、铁路运输等部门。例如，球磨机的钢球、衬板，挖掘机斗齿、铲斗，各种破碎机的轧壁、齿板、锤头，拖拉机和坦克的履带板、风扇磨机的打击板，铁路辙叉，煤矿刮板输送机中部槽中板、槽帮、圆环链，推土机用铲刀、铲齿、刃板，大型电动轮车斗用衬板，石油和露天铁矿穿孔用牙轮钻头等。以上所列举的还仅限于属于经受磨料磨损的耐磨钢应用。

矿石和水泥磨机中使用的研磨介质（钢球、钢棒和衬板）是消耗量很大的钢铁磨损件。在美国，磨球大多数用碳钢和合金钢锻造或铸造，它们占磨球总消耗量的97%。在加拿大，消耗的磨球中钢球占81%。据统计，中国每年消耗磨球约100万吨以上，全国磨机衬板年消耗量超过20万吨，我国煤矿用刮板输送机中部槽每年消耗超过8万吨钢板。

耐磨钢一般是用电炉或转炉冶炼的，产品以铸件为多。近年来，锻、轧等热加工钢材正在增多。一般机械中使用的耐磨钢件的生产方法与其他工件没有区别，只是在热处理或表面处理工艺方面有所不同，以达到耐磨性的要求。除基体外第二相的数量、形状和分布对钢件的耐磨性有重要影响，这要从钢的化学成分设计、冶炼、热加工、热处理等方面统筹考虑，以便从冶金方面达到提高耐磨性的要求。

磨损一般是发生在工件表面，因此强化工件表面十分重要。钢的表面强化技术有悠久的历史，近几十年来，各种各样的表面强化技术与装备发展迅速，采取必要的表面强化措施，不仅可以节约大量的原材料，而且可以赋予工件表面层以各种特殊的、整体材料难以得到的组织结构与性能，从而获得优异的耐磨性和巨大的经济效益。如今表面强化技术已成为耐磨钢研究与应用的一个重要方向。

近年来钢铁材料的表面强化技术发展很快，新技术、新工艺层出不穷，针对不同需要可以选择不同的表面强化技术来提高钢件在各类磨损条件下的耐磨性，以价格较低廉的基体材料制作工件取代昂贵的合金钢。

2　先进陶瓷材料的焊接

陶瓷是众多材料中的特殊家族,包含了从传统陶瓷到当今在电子设备、航空配件和切削工具中所使用的工程陶瓷。高技术陶瓷正处在高速发展中,已经成为非常重要的工程材料。从整体上看,陶瓷是硬而脆的高熔点材料,具有低的导热性、良好的化学稳定性和热稳定性,以及较高的压缩强度和一些独特的性能,如绝缘和电、磁、声、光、热及生物相容性等,可广泛用于机械、电子、宇航、医学、能源等各个领域,成为现代高技术材料的重要组成部分。先进陶瓷材料的焊接应用也日益受到人们的高度重视。

2.1　陶瓷的分类及性能

2.1.1　陶瓷的分类

陶瓷是指以各种金属的氧化物、氮化物、碳化物、硅化物为原料,经适当配料、成形和高温烧结等工序人工合成的无机非金属材料。与金属材料相比,陶瓷具有许多独特的性能。这类材料一般是由共价键、离子键或混合键结合而成,键合力强,具有很高的弹性模量和硬度。陶瓷材料的理论强度高于金属材料,但因其成分、组织不如金属那样单纯,并且陶瓷内部的缺陷多,所以陶瓷的实际强度比金属低。在室温下陶瓷几乎不具有塑性。

陶瓷是一种无机非金属材料,按其应用特性可分为功能陶瓷和工程结构陶瓷两大类。功能陶瓷包括电子陶瓷、高温陶瓷、光学陶瓷、高硬陶瓷等。功能陶瓷具有电绝缘性、半导体性、磁性、化学吸附性、生物适应性、耐辐射性等多种功能,且具有相互转化功能。工程结构陶瓷强调材料的力学性能,以其具有的耐高温、高强度、超硬度、高绝缘性、高耐磨性、抗腐蚀等性能,在工程领域得到广泛应用。

工程结构陶瓷按其主要化学组成分为氧化物陶瓷和非氧化物陶瓷两大类,见表2-1。

氧化物陶瓷不仅包括少量玻璃相或其他晶相的单组分陶瓷(如氧化铝、氧化铍等),也包括许多以天然矿物为原料的多组分陶瓷(如镁橄榄石等)。氧化物陶瓷料源充足,工艺成熟,目前常用的氧化物陶瓷有氧化铝陶瓷、氧化铍陶瓷和部分稳定氧化锆陶瓷等。

表 2–1 常见结构陶瓷的分类

种 类		组成材料
氧化物陶瓷		Al_2O_3、MgO、ZrO_2、SiO_2、UO_2、BeO 等
非氧化物陶瓷	碳化物	SiC、TiC、B_4C、WC、UC、ZrC 等
	氮化物	Si_3N_4、AlN、BN、TiN、ZrN 等
	硼化物	ZrB_2、WB、TiB_2、LaB_6 等
	硅化物	$MoSi_2$ 等
	氟化物	CaF_2、BaF_2、MgF_2 等
	硫化物	ZnS、TiS_2、$M_xMo_6S_8$（M = Pb、Cu、Cd）等
	碳和石墨	C

2.1.2 结构陶瓷的性能特点

2.1.2.1 物理性能

陶瓷材料的物理性能与金属材料有较大的区别，主要表现在以下几个方面：陶瓷的线膨胀系数比金属低，一般在 $10^{-5} \sim 10^{-6}$/K 的范围；陶瓷的熔点（或升华、分解温度）比金属的熔点高得多，有些陶瓷可在 2000 ~ 3000℃ 的高温下工作且保持室温时的强度，而大多数金属在 1000℃ 以上就基本上丧失了强度。

陶瓷是传统的绝缘材料，但也有些新型的特殊陶瓷具有特定条件下的导电性能，如导电陶瓷、半导体陶瓷、压电陶瓷等。还有一些陶瓷具有特殊的光学性能，如透明陶瓷、光导纤维等，但它们主要是功能陶瓷而不是结构陶瓷。

2.1.2.2 化学性能

陶瓷的组织结构十分稳定。在它的离子晶体中，金属原子被非金属（氧）原子所包围，受到非金属原子的屏蔽，因而形成极为稳定的化学结构。一般情况下不可能再与介质中氧发生作用，甚至在 1000℃ 的高温下也不会氧化。由于化学结构稳定，大多数陶瓷具有较强的抵抗酸、碱、盐类介质的腐蚀，以及抵抗熔融金属腐蚀的能力。

2.1.2.3 力学性能

陶瓷材料多为离子键构成的晶体（如 Al_2O_3）或共价键组成的共价晶体（如 Si_3N_4、SiC），这类晶体结构具有明显的方向性。多晶体陶瓷的滑移系很少，受到外力时几乎不能产生塑性变形，常常发生脆性断裂，抗冲击能力较差。由于离子晶体结构的关系，陶瓷的硬度和室温弹性模量也都较高。陶瓷内部存在大量的气孔，致密程度比金属差很多，所以抗拉强度很低，但因为气孔在受压时不会导致裂纹扩展，所以陶瓷的抗压强度还是比较高的。脆性材料铸铁的抗拉强度与抗压强度之比一般为 1/3，而陶瓷则为 1/10 左右。

陶瓷是非常坚固的离子/共价键结合(比金属键更强),这种结合使陶瓷具有相关的特性:高硬度,高压缩强度,低导热、导电性及化学不活泼性。这种坚固的结合也表现出一些不好的特性,如低延伸性。通过控制显微组织可以克服陶瓷固有的高硬度并制出陶瓷弹簧。已经开发应用的复合陶瓷,其断裂韧性可达钢的一半。

陶瓷更广泛的特性并没有被认识到。一般认为陶瓷是电/热绝缘体,而陶瓷氧化物(以 Y-Ba-Cu-O 为基)却具有高温超导性。金刚石、氧化铍和碳化硅比铝或铜有着更高的导热性。

2.1.3　几种常用的结构陶瓷

2.1.3.1　氧化物陶瓷

A　氧化铝陶瓷

氧化铝陶瓷是工程中广泛应用的陶瓷材料,氧化铝陶瓷主要成分是 Al_2O_3 和 SiO_2。Al_2O_3 含量越高性能越好,但工艺更复杂,成本也更高。几种氧化物陶瓷的化学组成如表 2-2 所示。

表 2-2　几种氧化物陶瓷的化学组成(%)

材料	75%氧化铝陶瓷	95%氧化铝陶瓷	99%氧化铝陶瓷	滑石陶瓷	镁橄榄石陶瓷
SiO_2	14.25	2.50	0.30	54.72	44.5
Al_2O_3	73.83	94.70	99.28	1.90	5.1
TiO_2	0.25	痕	痕	0.003	0.1
Fe_2O_3	0.38	0.10	0.14	0.43	0.2
CaO	1.85	2.50	痕	0.005	—
MgO	0.65	痕	0.37	27.90	49.7
R_2O	0.53	0.20	0.36	0.007	0.2
BaO	3.13	—	—	6.28	—
ZrO_2	—	—	—	3.80	—

氧化铝有十多种同素异构体,常见的主要有三种:α-Al_2O_3,β-Al_2O_3 和 γ-Al_2O_3。γ-Al_2O_3 属于尖晶石型立方结构,高温下不稳定。在 1600℃ 转变为 α-Al_2O_3。α-Al_2O_3 在高温下十分稳定,在达到熔点 2050℃之前没有晶型转变。

氧化铝陶瓷的主要性能特点是硬度高(760℃ 时 87HRA,1200℃ 仍可保持 82HRA),有很好的耐磨性、耐腐蚀性、耐高温性能,可以在 1600℃ 高温下长期使用。氧化铝陶瓷还具有良好的电气绝缘性能,在高频下的电绝缘性能尤为突出,每毫米厚度可耐压 8000 V 以上。氧化铝陶瓷的缺点是韧性低,抗热振性能差,不能承受温度的急剧变化。这类陶瓷主要用于制造刀具、模具、轴承、熔化金属的坩埚、高温热电偶套管,以及化工行业中的一些特殊零部件,如化工泵的密封滑环、轴套和叶轮等。

B 部分稳定氧化锆陶瓷(PSZ)

氧化锆(ZrO_2)有三种晶型:四方结构(t 相)、立方结构(C 相)和单斜结构(m 相)。加入适量的稳定剂后,四方结构(t 相)在室温部分以亚稳定状态存在,称为部分稳定氧化锆,简称 PSZ。目前部分稳定氧化锆陶瓷正逐渐应用于发动机的结构件,其抗弯强度在 600℃时可达 981 MPa。

在应力作用下发生的四方结构(t 相)向单斜结构(m 相)的马氏体转变称为“应力诱发相变”,在相变过程中吸收能量,使陶瓷内裂纹尖端的应力场松弛,增加了裂纹的扩展阻力,实现氧化锆陶瓷的增韧。部分稳定氧化锆陶瓷的断裂韧性远高于其他结构的陶瓷。目前发展起来的几种氧化锆陶瓷中,常用的稳定剂包括 MgO、Y_2O_3、CaO、CeO_2等。

(1) 高强度氧化锆陶瓷(MG-PSZ)。抗弯强度为 800 MPa,断裂韧性为 10 MPa · $m^{1/2}$。抗振型 MG-PSZ 的抗弯强度为 600 MPa,断裂韧性 8 ~ 15 MPa · $m^{1/2}$。

(2) 四方多晶氧化锆陶瓷(Y-TZP)。以 Y_2O_3 为稳定剂,抗弯强度可达 800 MPa,最高可达 1200 MPa,断裂韧性可达 10 MPa · $m^{1/2}$以上。

(3) 四方多晶 ZrO_2-Al_2O_3 复合陶瓷。利用 Al_2O_3 的高弹性模量可使多晶氧化锆陶瓷晶粒细化,硬度提高,四方结构的 t 相含量增加,可以大大地提高陶瓷的强度和韧性。用热压烧结方法制造的 ZrO_2-Al_2O_3 复合陶瓷的抗弯强度可高达 2400 MPa, 断裂韧性可达 17 MPa · $m^{1/2}$。

表 2-3 是常用的几种氧化物陶瓷的物理性能。

表 2-3 几种氧化物陶瓷的物理性能

材料名称		氧化铝			氧化铍	氧化锆	氧化镁	镁橄榄石
		75% Al_2O_3	95% Al_2O_3	99% Al_2O_3	(BeO)	(ZrO_2)	(MgO)	($2MgO \cdot SiO_2$)
熔点(分解点) /℃		—	—	2025	2570	2550	2800	1885
密度/g · cm^{-3}		3.2 ~ 3.4	3.5	3.9	2.8	3.5	3.56	2.8
弹性模量/GPa		304	304	382	294	205	345	—
抗压强度/MPa		1200	2000	2500	1472	2060	850	579
抗弯强度/MPa		250 ~ 300	280 ~ 350	370 ~ 450	172	650	140	137
线膨胀系数 /K^{-1}	25 ~ 300℃	6.6×10^{-6}	6.7×10^{-6}	6.8×10^{-6}	6.8×10^{-6}	$\geq10\times10^{-6}$	$\geq10\times10^{-6}$	10×10^{-6}
	25 ~ 700℃	7.6×10^{-6}	7.7×10^{-6}	8.0×10^{-6}	8.4×10^{-6}	—	—	12×10^{-6}
导热系数 /W·$(cm·K)^{-1}$	25℃	—	0.218	0.314	1.592	0.0195	0.419	0.034
	300℃	—	0.126	0.159	0.838	0.0205	—	—
电阻率/Ω · cm		$>10^{13}$	$>10^{13}$	$>10^{14}$	$>10^{14}$	$>10^{14}$	$>10^{14}$	$>10^{14}$
相对介电常数(1 MHz)		8.5	9.5	9.35	6.5	—	8.9	6.0
介电强度/kV · mm^{-1}		25 ~ 30	15 ~ 18	25 ~ 30	15	—	14	13

2.1.3.2　非氧化物陶瓷

现代工程陶瓷中主要的非氧化物陶瓷包括氮化硅(Si_3N_4)、碳化硅(SiC)、氮化硼(BN)与氮化钛(TiN)等,这些材料有各种级别和类型,某一级别的氮化物有着特定的性质。碳化硼(B_4C)在工业材料中的硬度排名第三(仅次于金刚石和立方氮化硼),用于需要高耐磨性能的部件。

由于非氧化物陶瓷材料在高温下仍能具有高强度、超硬度、抗热振、抗磨损、耐腐蚀、自润滑等优良性能,近年来已成为机械制造、冶金和宇航等高科技领域中的关键材料。

几种非氧化物陶瓷的物理性能和力学性能见表2-4。

表2-4　几种非氧化物陶瓷的物理性能和力学性能

性能	氮化硅(Si_3N_4)		碳化硅(SiC)		氮化硼(BN)		氮化铝(AlN)	赛隆(Sialon)	
	热压烧结	反应烧结	热压烧结	常压烧结	六方	立方	—	常压烧结	热压烧结
熔点(分解点)/℃	1900(升华)	1900(升华)	2600(分解)	2600(分解)	3000(分解)	3000(分解)	2450(分解)	—	—
密度/$g \cdot cm^{-3}$	3~3.2	2.2~2.6	3.2	3.09	2.27	—	3.32	3.18	3.29
硬度HRA	91~93	80~85	93	90~92	2(莫氏)	4.8(莫氏)	1400(HV)	92~93	95
弹性模量/GPa	320	160~180	450	405	—	—	279	290	31.5
抗弯强度/MPa	65	20~100	78~90	45	—	—	40~50	70~80	97~116
线膨胀系数/K^{-1}	3×10^{-6}	2.7×10^{-6}	$(4.6\sim4.8)\times10^{-6}$	4×10^{-6}	7.5×10^{-6}	—	$(4.5\sim5.7)\times10^{-6}$	—	—
导热系数/$W \cdot (cm \cdot K)^{-1}$	0.30	0.14	0.81	0.43	—	—	0.7~2.7	—	—
电阻率/$\Omega \cdot cm$	$>10^{13}$	$>10^{13}$	$10\sim10^{3}$	$10\sim10^{3}$	$>10^{14}$	$>10^{14}$	$>10^{14}$	$>10^{12}$	$>10^{12}$
介电常数	9.4~9.5	9.4~9.5	45	45	3.4~5.3	3.4~5.3	8.8	—	—

A　氮化硅陶瓷

氮化硅是六方晶系的晶体,以Si_3N_4为结构单元,具有极强的共价键性,有α-Si_3N_4和β-Si_3N_4两种晶体。氮化硅陶瓷制造方法有反应烧结和热压烧结两种。氮化硅陶瓷的主要性能特点是强度高,反应烧结氮化硅陶瓷的室温抗弯强度达200 MPa,并且在1200~1350℃的高温下可保证其强度不衰减。热压烧结氮化硅陶瓷组织致密,室温抗弯强度可高达800~1000 MPa,加入某些添加剂后抗弯强度可达到1500 MPa。氮化硅陶瓷的抗热振性能大大高于其他陶瓷材料，反应烧结氮化硅陶瓷的线膨胀系数仅为2.53×10^{-6}/℃。

氮化硅陶瓷的结构稳定，不易与其他物质发生反应，能耐除熔融的NaOH和HF外的所有无机酸和碱溶液的腐蚀，抗氧化温度可达1000℃。

氮化硅陶瓷的硬度很高，仅次于金刚石、立方氮化硼和碳化硼等几种物质。氮化硅陶瓷的摩擦系数仅为0.1～0.2，相当于加油润滑的金属表面的摩擦系数，所以在无润滑条件下工作的氮化硅陶瓷是一种优良的耐磨材料。

氮化硅陶瓷主要用于热机、耐磨部件以及热交换器等，是制造新型陶瓷发动机的重要材料。用氮化硅陶瓷制造的发动机可以在更高的温度下工作，使发动机的燃料充分燃烧，提高热效率，减少能源消耗与环境污染。

B 碳化硅陶瓷

碳化硅(SiC)作为一种工程陶瓷其韧性比氮化硅低，但是由于具有高的热传导性、高耐腐蚀性和高硬度而被广泛地应用。碳化硅陶瓷的种类很多，有碳化硅、碳化硼、碳化钛、碳化钨等，其中最典型的是碳化硅陶瓷。碳化硅陶瓷是一种键能很高的共价键化合物，具有金刚石的结构类型。常见的碳化硅的晶型为2100℃以下稳定存在的立方结构β-SiC和2100℃以上稳定存在的六方结构的α-SiC。在压力为101.33 MPa时，碳化硅在2830℃左右分解。

碳化硅陶瓷的制造方法有反应烧结、热压烧结和常压烧结三种。碳化硅陶瓷的最大特点是高温强度高，在1400℃时抗弯强度仍保持在500～600 MPa的较高水平。碳化硅陶瓷具有很好的耐磨损、耐腐蚀、抗蠕变性能。由于碳化硅陶瓷具有高温强度高的特点，可以用于火箭尾喷管的喷嘴、浇注金属用的喉嘴、热电偶套管、加热炉管以及燃气轮机的叶片、轴承等零件，还可以用于制造热交换器、耐火材料等。

碳化硅材料的抗氧化性能十分出色，在1550℃时的抗氧化性能仍然很好。但是，碳化硅在800～1140℃温度区间抗氧化性能较差。在此温度区间，碳化硅表面的氧化膜比较疏松，难以保护基体免受进一步氧化。

C 赛隆陶瓷(Sialon)

由Si_3N_4和Al_2O_3构成的陶瓷称为赛隆陶瓷，其成形和烧结性能优于纯Si_3N_4陶瓷，物理性能与β-Si_3N_4相近，化学性能接近Al_2O_3。这种陶瓷可以采用热挤压、模压、浇注等技术成形，在1600℃常压无活性气氛中烧结即可达到热压氮化硅陶瓷的性能，是目前常压烧结强度最高的陶瓷材料。近年来赛隆陶瓷得到了较快的发展。

2.1.3.3 陶瓷复合材料

为了改善氧化物陶瓷的韧性和抗热振性，可以加入其他化合物或金属元素，形成复合型Al_2O_3陶瓷材料。几种氧化铝复相陶瓷与热压氧化铝陶瓷的力学性能见表2-5。由于分散的第二相具有阻止Al_2O_3晶粒长大的作用，又可以起阻碍微裂纹扩展的作用，所以复相陶瓷的抗弯强度明显提高。含5%(体积分数)SiC的

Al_2O_3 复相陶瓷的抗弯强度可达 1000 MPa 以上，断裂韧性提高到 4.7 MPa · $m^{1/2}$。

表 2-5　热压 Al_2O_3 陶瓷及其复相陶瓷的力学性能

主要性能	热压烧结 Al_2O_3	热压烧结 Al_2O_3 + 金属	热压烧结 Al_2O_3 + TiC	热压烧结 Al_2O_3 + ZrO_2	热压烧结 Al_2O_3 + SiC(w)①
密度/g · cm^{-3}	3.4 ~ 3.99	5.0	4.6	4.5	3.75
熔点/℃	2050	—	—	—	—
抗弯强度/MPa	280 ~ 420	900	800	850	900
硬度 HRA	91	91	94	93	94.5
导热系数/W · $(cm \cdot K)^{-1}$	0.04 ~ 0.045	0.33	0.17	0.21	0.33
平均晶粒尺寸/μm	3.0	3.0	1.5	1.5	3.0

① w 表示晶须增强的 SiC 陶瓷。

进一步提高陶瓷材料性能的方法之一是制作陶瓷基复合材料。陶瓷可作为复合物系统如玻璃钢(GRP)和金属基复合材料(如氧化铝强化的 Al/Al_2O_3)的增强剂，即将陶瓷纤维、晶须或颗粒混入陶瓷基体材料中。使基体和加入的材料都保持固有的性能，而复合材料的综合性能则远远超过每种单一材料本身的性能。

陶瓷复合材料主要分为纤维增强、晶须或颗粒增强复合材料两大类。

A　纤维增强陶瓷复合材料

纤维是连续的或接近连续的细丝，其作用主要是在保持或提高强度的同时能增强韧性和抗高温性能。可以做成纤维的材料有 Al_2O_3、莫来石(一种 Al_2O_3 和 SiO_2 的混合物)、SiC、Si_3N_4 等。但是，陶瓷基体加入纤维后很难进行加工，许多靠纤维增强的陶瓷复合材料就因为纤维分布不均匀、加工后纤维性能下降或基体密实性不足等原因而达不到提高性能的目的。将加入纤维改为加入晶须或颗粒能解决上述问题。

B　晶须或颗粒增强陶瓷复合材料

晶须是短小的单晶体纤维，无论是棒状或针状，其纵横比约为 100，直径小于 3 μm。

以 SiC 晶须增强的 Al_2O_3 陶瓷复合材料已经引起广泛地关注。将 SiC 晶须加入单一的 Al_2O_3 陶瓷或多元基体中，能使材料的强度和断裂韧性提高很多，而且还具有优异的抗热振性、耐磨性和抗氧化性。以 ZrO_2 韧化的 Al_2O_3 系列陶瓷复合材料是以弥散分布的部分稳定的 ZrO_2 颗粒来提高 Al_2O_3 陶瓷基体的强度和韧性。

与纤维增强的陶瓷复合材料不同的是，晶须或颗粒增强的陶瓷复合材料可以采用传统的陶瓷加工方法进行加工和处理。这种陶瓷复合材料的重要用途是金属切削刀具，它能明显地提高刀具的使用寿命。

陶瓷由于具有良好的介电性、耐热性、真空致密性、耐腐蚀性等，在工程技术中得到广泛应用。它具有持久的热稳定性，耐各种介质的浸蚀性，具有严格的电绝缘性能和绝磁性能，具有很好的应用前景。

2.2 陶瓷与金属的连接方法及适用材料

工程陶瓷材料由于具有高强度、耐腐蚀、低导热及高耐磨等优良性能，在航空航天、机械、冶金、化工、电子等方面具有广阔的应用前景。但陶瓷材料固有的硬脆性使其难以加工、难以制成形状复杂的构件，在工程应用上受到很大限制。推进陶瓷实用化的方法之一是将其与塑韧性高的金属材料连接起来制成复合构件，充分发挥两种材料的性能优势，弥补各自的不足。因此焊接是陶瓷推广应用的关键技术之一。

2.2.1 陶瓷与金属连接的基本要求

2.2.1.1 陶瓷连接的形式

陶瓷材料的加工性能差，塑性和冲击韧性低，耐热冲击能力弱以及制造尺寸大而形状复杂的零件较为困难，因此陶瓷通常都是与金属材料一起组成复合结构来应用。当陶瓷与其他材料(一般为金属材料)连接时，一旦确定适当的接头设计及连接技术时，陶瓷将给部件提供附加功能并改善其应用性能。所以陶瓷与金属材料之间的可靠连接是推进陶瓷材料应用的关键。

焊接是推进陶瓷在生产中应用的一种重要的加工形式。在核工业和电真空器件生产中，陶瓷与金属的焊接占有非常重要的地位。从目前国内外的发展来看，陶瓷材料的连接有如下几种形式：

(1) 陶瓷与金属材料的连接；

(2) 陶瓷与非金属材料(如玻璃、石墨等)的连接；

(3) 陶瓷与半导体材料的连接。

2.2.1.2 对接头性能的要求

工业中应用比较多的是陶瓷与金属材料的焊接，这种焊接结构无论是电器制造、电子器件方面还是在核能工业、航空航天等领域，应用范围逐渐扩大，对陶瓷与金属焊接接头性能的要求也越来越高。对陶瓷与金属焊接接头的性能总体要求如下：

(1) 陶瓷与金属的焊接接头必须具有较高的强度，这是满足焊接结构件要求的基本性能；

(2) 焊接接头必须具有真空的气密性；

(3) 接头的残余应力小，焊接接头在使用过程中应具有耐热性、耐蚀性和热稳定性；

(4) 焊接工艺应尽可能简化，工艺过程稳定，生产成本低。

2.2.2 陶瓷与金属连接存在的问题

由于陶瓷材料与金属原子结构之间存在本质上的差别，加上陶瓷材料本身特殊的物理化学性能，因此，无论是与金属连接还是陶瓷本身的连接都存在不少问题。当陶瓷与金属连接时，需要在连接材料之间作一个界面。这个界面材料应符合以下几点要求：

（1）界面材料与被焊材料有不同的线膨胀系数；

（2）结合类型，也就是离子/共价键结合；

（3）陶瓷与金属间晶格的错配。

陶瓷与金属材料焊接中出现的主要问题如下：

（1）陶瓷与金属焊接中的热膨胀与热应力。陶瓷的线膨胀系数比较小，与金属的线膨胀系数相差较大，通过加热连接陶瓷与金属时，接头区会产生残余应力，削弱接头的力学性能，残余应力较大时还会导致连接陶瓷接头的断裂破坏。

控制应力的方法之一是在焊接时尽可能地减少焊接部位及其附近的温度梯度，控制加热和冷却速度，降低冷却速度有利于应力松弛而使应力减小。另一个减小应力的办法是采用金属中间层，使用塑性材料或线膨胀系数接近陶瓷线膨胀系数的金属材料。

（2）陶瓷与金属很难润湿。陶瓷材料润湿性很差，或者根本就不润湿。采用钎焊或扩散焊的方法连接陶瓷材料，由于熔化的金属在陶瓷表面很难润湿，故难以选择合适的钎料。为了使陶瓷与金属达到钎焊的目的，最基本条件之一是使钎料对陶瓷表面产生润湿，或提高对陶瓷的润湿性，最后达到钎焊连接。例如，采用活性金属 Ti 在界面形成 Ti 的化合物，获得良好的润湿性。

此外，在陶瓷连接过程中，往往在陶瓷表面进行金属化处理（用物理或化学的方法涂上一层金属），然后再进行陶瓷与陶瓷或陶瓷与其他金属的连接。这种方法实际上就是把陶瓷与陶瓷或陶瓷与其他金属的连接变成了金属之间的连接，但是这种方法的结合强度不高，主要用于密封的焊缝。

（3）易生成脆性化合物。由于陶瓷和金属的物理化学性能差别很大，连接时除存在着键型转换以外，还容易发生各种化学反应，在结合界面生成各种碳化物、氮化物、硅化物、氧化物以及多元化合物等。这些化合物硬度高、脆性大，是造成接头脆性断裂的主要原因。

确定界面脆性化合物相时，由于一些轻元素（C、N、B 等）的定量分析误差较大，需制备多种试样进行标定。多元化合物的相结构确定一般通过 X 射线衍射方法和利用标准衍射图谱进行对比，但有些化合物没有标准图谱，使物相确定有一定的难度。

（4）陶瓷与金属的结合界面。陶瓷与金属接头在界面间存在着原子结构能级的差异，陶瓷与金属之间是通过过渡层（扩散层或反应层）而焊合的。两种材料间的界面反应对接头的形成和性能有很大的影响。接头界面反应和微观结构是陶瓷与金属焊接研究中的重要课题。

陶瓷材料主要含有离子键或共价键，表现出非常稳定的电子配位，很难被金属键的熔融金属润湿，所以用通常的熔焊方法使金属与陶瓷产生熔合是很困难的。用金属钎料钎焊陶瓷材料时，要么对陶瓷表面先进行金属化处理，对被焊陶瓷的表面改性，或是在钎料中加入活性元素，使钎料与陶瓷之间有化学反应发生，通过反应使陶瓷的表面分解形成新相，产生化学吸附机制，这样才能形成结合牢固的陶瓷与金属界面。

2.2.3 陶瓷与金属的连接方法

陶瓷与金属材料之间的连接有很多种可行的工艺方法，这些工艺方法包括利用机械装置连接和直接焊接。常用的焊接方法主要有钎焊连接、扩散连接、电子束焊、激光焊等。表2-6是几种常用的陶瓷与金属连接的方法。

表2-6 陶瓷与金属的连接方法

<table>
<tr><td rowspan="18">陶瓷与金属的连接方法</td><td rowspan="11">钎焊连接法</td><td rowspan="5">陶瓷表面金属化法</td><td rowspan="2">烧结粉末金属法</td><td>Mo-Mn 法</td></tr>
<tr><td>Mo-Fe 法</td></tr>
<tr><td rowspan="3">其他金属化法</td><td>蒸涂金属化法</td></tr>
<tr><td>溅射金属化法</td></tr>
<tr><td>离子注入法</td></tr>
<tr><td rowspan="4" colspan="2">活性金属化法</td><td>Ti-Ag-Cu 法</td></tr>
<tr><td>Ti-Ni 法</td></tr>
<tr><td>Ti-Cu 法</td></tr>
<tr><td>Ti-Ag 法</td></tr>
<tr><td colspan="3">氧化物钎焊法</td></tr>
<tr><td colspan="3">氟化物钎焊法</td></tr>
<tr><td rowspan="2">扩散连接法</td><td colspan="3">直接扩散连接</td></tr>
<tr><td colspan="3">间接扩散连接（加中间层的扩散连接）</td></tr>
<tr><td rowspan="5">其他连接方法</td><td colspan="3">电子束焊</td></tr>
<tr><td colspan="3">激光焊</td></tr>
<tr><td colspan="3">超声波压接</td></tr>
<tr><td colspan="3">黏结法</td></tr>
<tr><td colspan="3">机械连接法</td></tr>
</table>

从陶瓷与金属焊接的工艺特点来看，陶瓷与金属直接进行焊接的技术难度很大，采用一般的焊接方法很难实现焊接，甚至不能进行直接焊接。因此，陶瓷与金属连接时必须采取特殊的工艺措施，使金属能润湿陶瓷或与之发生化学反应，从而形成完好的连接。金属对陶瓷的润湿和金属与陶瓷相互之间的化学反应，以及连

接后两者收缩的差异所造成的热应力，甚至引起开裂等，是陶瓷与金属连接时的主要问题。

2.2.3.1　钎焊连接

陶瓷与金属连接中应用最多的是钎焊连接。其原理是利用陶瓷与金属之间的钎料在高温下熔化，其中的活性组元与陶瓷原料发生化学反应，形成稳定的反应梯度层使两种材料结合在一起。

陶瓷/金属钎焊一般分为间接钎焊和直接钎焊。

间接钎焊（也称为两步法）是先在陶瓷表面进行金属化，再用普通钎料进行钎焊。陶瓷表面金属化的方法最常用的是 Mo-Mn 法，此外还有物理气相沉积（PVD）、化学气相沉积（CVD）、热喷涂法以及离子注入法等。间接钎焊工艺复杂，应用受到一定限制。

直接钎焊法（也称为一步法）又叫活性金属化钎焊法，是在钎料中加入活性元素，如过渡金属 Ti、Zr、Hf、Nb、Ta 等，通过化学反应使陶瓷表面发生分解，形成反应层。反应层主要由金属与陶瓷的化合物组成，这些产物大多表现出与金属相同的结构，因此可以被熔化的金属润湿。直接钎焊法可使陶瓷结构件的制造工艺变得简单，成为近年来研究的热点之一。直接钎焊陶瓷的关键是使用活性钎料，在钎料能够润湿陶瓷的前提下，还要考虑高温钎焊时陶瓷与金属线膨胀系数差异是否会引起裂纹。在陶瓷和金属之间插入中间缓冲层可有效降低应力，提高接头强度。直接钎焊的局限性在于接头的高温强度较低以及大面积钎焊时钎料的铺展问题。

陶瓷与金属钎焊方法的分类、原理及适用材料见表 2-7。陶瓷与金属钎焊采取的工艺措施有下述几种。

A　陶瓷表面金属化法

陶瓷表面金属化法主要适用于氧化物陶瓷。首先将陶瓷表面金属化，然后再与金属连接。金属化法的方法很多，最常用的是 Mo-Mn 法，主要是将纯金属粉末（Mo、Mn）与金属氧化物粉末组成的膏状混合物涂于陶瓷表面，再在炉中高温加热，形成金属层。也可在陶瓷表面镀镍以形成金属层；采用 CVD 或 PVD 法进行气相沉积，也可在陶瓷表面形成金属层。

B　活性金属化法

活性金属化法适用于氧化物和非氧化物陶瓷。Ti、Zr、Hf 等过渡金属的化学活泼性很强，被称为活性金属，它们对陶瓷有较强的亲和力。在 Au、Ag、Cu、Ni 等系的钎料中加入这类活性金属后，形成所谓活性钎料。活性钎料在液态下极易与陶瓷发生化学反应而形成陶瓷与金属的连接。因为活性金属的化学活泼性很强，所以钎焊一般要在真空中或极高纯度的惰性气氛中进行。

C　氧化物钎料法

氧化物钎料法多用于电子产品的功能陶瓷与金属的连接。这种方法是利用氧化物熔化后形成的玻璃相，它一方面向陶瓷渗透；另一方面同时向金属浸润形成连接。氧化物钎料分高温、低温两大类，高温氧化物钎料的软化温度高达1200～2000℃，低温氧化物钎料的软化温度低于300～400℃。陶瓷与金属连接时常用的是高温类氧化物钎料。

D 氟化物钎焊法

利用卤族元素化合物作钎料进行一些非氧化物陶瓷的钎焊，可以获得具有较高抗拉强度而又耐热抗氧化的接头。这类钎料的主要成分是CaF_2和NaF等，钎焊时的加热温度比较高。这种方法多应用于电子产品。

表2-7 陶瓷-金属钎焊方法的分类、原理及适用材料

分类	原理	适用材料	说明
Mo-Mn法	以Mo或Mo-Mn粉末（粒度为3～5 μm）同有机溶剂混合成膏剂作钎料，涂于陶瓷表面，在水蒸气气氛中加热进行钎焊	陶瓷-金属连接	用于Al_2O_3等氧化物陶瓷与金属的连接，如各种电子管和电气机械中陶瓷与金属连接部位的密封
活性金属化法	对氧化性的金属（Ti、Zr、Nb、Ta等）添加某些金属（如Ag、Cu、Ni等）配置成低熔点合金作钎料（这种钎料熔融金属的表面张力和黏度小、润湿性好），加到被连接的陶瓷与金属的间隙中，在真空或氩气等惰性气氛炉内加热钎焊	陶瓷-金属连接	所连接的工件形状可任意，适合于产量大的场合。Al_2O_3与金属连接时，钎料可用Ti-Cu、Ti-Ni、Ti-Ni-Cu、Ti-Ag-Cu、Ti-Au-Cu等合金；要求高温强度的场合，钎料可用Ti-V系和Ti-Zr系添加Ta、Cr、Mo、Nb等的合金，钎焊温度1573～1923 K
陶瓷熔接法	采用熔点比所连接的陶瓷和金属低的混合型氧化物玻璃质钎料，用有机黏接剂调成膏状，嵌入接头中，在氢气中加热熔接	陶瓷-金属连接	Al_2O_3-CaO-MgO-SiO_2钎料用于陶瓷与耐热金属的连接，加热温度1200℃以上。Al_2O_3-MnO-SiO_2钎料用于陶瓷与铁系合金、耐热金属的连接，加热温度在1400℃以上
一氧化铜法	用一氧化铜（CuO）粉末（粒度2～5 μm）作中间材料，在真空或氧化性气氛中加热，借熔融铜在Al_2O_3陶瓷面上的良好润湿性与氧化物反应进行钎焊	氧化物陶瓷（Al_2O_3、MgO、ZrO_2）之间的连接，氧化物与金属的连接	通常的钎接条件是：在真空度6.67×10^{-5} Pa的真空炉中，约773 K温度下加热20 min
非晶体合金法	用厚约40～50 μm、宽约10 μm的非晶二元合金（Ti-Cu、Ti-Ni或Zr-Cu、Zr-Ni）箔作钎料，置于结合面中，然后在真空或氩气氛炉中加热钎焊	Si_3N_4、SiC等陶瓷-陶瓷连接，Si_3N_4或SiC与金属连接	活性金属化法的变种。用Cu-Ti合金箔作钎料连接Si_3N_4-Si_3N_4或SiC-SiC等非氧化物陶瓷，可获得较高的接头强度

续表 2–7

分　类	原　理	适用材料	说　明
超声波钎焊法	利用超声波振动的表面摩擦功能和搅拌作用，同时用 Sn-Pb 合金软钎料（通常添加 Zn、Sb 等）进行浸渍钎焊	玻璃、Al_2O_3 陶瓷等的连接	纯度（质量分数）为 96% 的 Al_2O_3 用 Sn-Pb 钎料加 Zn 进行钎焊，可大大提高接头强度。 纯度（质量分数）为 99.6% 的 Al_2O_3 难以用本法钎接。
激光活化钎焊法	用氢氧化物系耐热玻璃作中间层置于接头中，在 Ar 或 N_2 气氛下边加热边用激光照射，使之活化，进行钎焊	玻璃、Al_2O_3 陶瓷等的连接	—

2.2.3.2　固态扩散连接

固态扩散连接是陶瓷/金属连接常用的一种方法，是指在一定的温度和压力下，被连接表面相互接触，通过使接触面局部发生塑性变形，或通过被连接表面产生的瞬态液相而扩大被连接表面的物理接触，然后结合层原子间相互扩散而形成整体可靠连接的过程。其显著特点是接头质量稳定、连接强度高、接头高温性能和耐腐蚀性能好。

固相扩散焊中，连接温度、压力、时间及焊件表面状态是影响扩散焊接质量的主要因素。固相扩散连接中界面的结合是靠塑性变形、扩散和蠕变机制实现的，其连接温度较高，陶瓷/金属固相扩散连接温度通常为金属熔点的 90%。由于陶瓷和金属的线膨胀系数和弹性模量不匹配，易在界面附近产生很大的应力，很难实现直接固相扩散连接。为缓解陶瓷与金属接头残余应力以及控制界面反应，抑制或改变界面反应产物以提高接头性能，常采用加中间层的扩散焊。

固态扩散连接一般分为直接和间接两种形式，主要是采用真空扩散焊，也有采用热等静压法扩散连接的。陶瓷与金属固相连接方法的分类、原理及适用材料见表 2–8。

表 2–8　陶瓷 – 金属固相连接方法的分类、原理及适用材料

分　类	原　理	适用材料	说　明
气体 – 金属共晶法	在陶瓷与金属的连接面处覆以金属箔，在稍具氧化性气氛（氧或磷、硫等）炉中加热至低于金属熔点（对于 Cu 为 1065℃），利用气体与金属反应后的共晶作用实现连接	陶瓷与 Cu、Fe、Ni、Co、Ag、Cr 等金属的连接，尤其适用于 Al_2O_3 与 Cu 的连接	—

续表 2-8

分类	原理	适用材料	说明
各向同时加压法(HIP 法)	将连接表面加工到近似网状,把连接件组合后封入真空(真空度 133×10^{-3} Pa)容器中,在适当温度下于各个方向同时施加静水压(压力 50~250 MPa),在较短时间内即形成连接(为促进界面连接,有时在界面上放置金属粉末或 TiN 等陶瓷粉末作为中间层)	陶瓷-陶瓷连接,陶瓷-金属连接,尤其适合于 Al_2O_3、Zr_2O、SiC 等与金属的连接	由于各向同时加压,在连接区塑性变形小的情况下使界面密接,接头强度较高。陶瓷粉末覆盖于金属表面,能形成较厚且致密的表面层
附加电压连接法	将接头区加热至高温的同时,通以直流电压使结合界面极化,通过金属向陶瓷扩散进行直接连接。通常在连接区附加 0.1~1.0 kV 直流电压,在 773~873 K 温度下持续 40~50 min	玻璃与金属、Al_2O_3 与 Cu、Fe、Ti、Al 等金属连接,也适用于陶瓷与半导体的连接	如同时施加外压力,在较低的电压和温度下就能实现连接
反应连接法	借助陶瓷与金属接触后进行反应而直接连接的方法。又分为非加压方式和加压方式两种	氧化物系陶瓷与贵金属(Pt、Pd、Au 等)和过渡族金属(如 Ni)的连接,陶瓷-金属连接	非加压方式:在大气(有时在氩气或真空)中加热至金属熔点的 90%,施加使结合面产生物理接触的压力进行连接; 加压方式:在氢气气氛中加热(温度为金属熔点的 90%)的同时再施加外压力使金属产生变形并形成连接
扩散连接法	在接头的间隙中夹以中间层(钎料),于真空炉中加热并加压,通过界面原子的扩散实现连接的一种扩散钎焊法	陶瓷-金属连接	在柴油机排气阀中用于镍基耐热合金与 Si_3N_4 的连接

A 直接扩散连接

直接扩散连接要求被连接件的表面非常平整和洁净,在高温及压力作用下达到原子接触,进而实现原子扩散迁移。

B 间接扩散连接

陶瓷焊接中最常用的是间接扩散连接方法。通过在被连接件间加入塑性好的金属中间层,在一定的温度和压力下完成连接。间接扩散焊可以使连接温度降低,避免被连接件组织粗大,减少了不同材料连接时热物理性能不匹配所引起的问题，因此是陶瓷与金属连接的有效手段。间接扩散连接也分为如下两种方式：

(1) 陶瓷、金属和中间层三者都保持固态不熔融状态，只是通过加热加压，使陶瓷与金属之间的接触面积逐渐扩大，某些成分发生表面扩散和体积扩散，消除界面微孔，使界面发生移动，最终形成可靠连接。

(2) 中间层瞬间熔化，在扩散连接过程中界面区瞬时出现微量液相的扩散连接方法，也称为瞬间液相扩散焊(TLP)。这种方法结合了钎焊和扩散焊的优点，利用在某一温度下待焊母材与中间层之间形成低熔点共晶，通过溶质原子的扩散发生等温凝固的特点加速扩散过程，形成组织均匀的扩散焊接头。

近几年，有人将瞬间液相扩散连接应用到陶瓷与陶瓷或陶瓷与金属的连接，并对 Si_3N_4 陶瓷瞬间液相扩散连接接头形成过程、中间层设计、连接温度和压力等对接头形成的影响、连接机理等进行了深入的研究。

微量液相的出现有助于改善界面接触状态，能降低连接温度，允许使用较低的扩散压力。获得微量液相的方法主要有两种：

(1) 利用共晶反应。利用某些异种材料之间可能形成低熔点共晶的特点进行液相扩散连接(称为共晶反应扩散连接)。这种方法要求一旦液相形成应立即降温使之凝固，以免继续生成过量液相，所以要严格控制温度。

将共晶反应扩散连接原理应用于加中间层扩散连接时，液相总量可通过中间层厚度来控制，这种方法称为共晶反应瞬间液相扩散连接(或过渡液相扩散连接)。

(2) 添加特殊钎料。采用与母材成分接近但含有少量既能降低熔点又能在母材中快速扩散的元素(如 B、Si、Be 等)，用这种钎料作为中间层，以箔片或涂层方式加入。与普通钎焊相比，这种钎料层厚度较薄，钎料凝固是在等温状态下完成，而钎焊时钎料是在冷却过程中凝固的。

陶瓷与金属连接的钎焊法、扩散连接方法比较成熟，应用较广泛。

2.2.3.3 陶瓷与金属的熔化焊

高熔点和陶瓷高温分解使陶瓷和金属的连接采用一般的熔化焊方法较困难。采用熔化焊方法虽然速度快，效率高，可以制造高温下稳定的连接接头，但是为了降低焊接应力，防止裂纹的产生，必须采用辅助热源进行预热和缓冷，而且工艺参数难以控制，设备投资昂贵。

陶瓷与金属的熔化焊方法主要包括电子束焊、激光焊、电弧焊等。陶瓷材料极脆，塑、韧性很低，使其熔化焊方法受到很大限制。陶瓷与金属熔化焊的原理及适用材料见表 2-9。

除了上述连接方法外，陶瓷与金属连接还可以采用超声波压接、摩擦压接等方法。

表 2-9 陶瓷-金属熔化焊方法的原理及适用材料

分类	原理	适用材料	说明
激光焊法	利用高能量密度的激光束照射陶瓷接头区进行熔化连接的方法。激光器采用输出功率大的脉冲振荡方式。焊前工件需预热以防止激光集中加热因热冲击而发生裂纹	氧化物陶瓷（Al_2O_3、莫来石等）、Si_3N_4、SiC 与陶瓷之间的连接	对 Al_2O_3 预热温度为1300 K。因不采用中间层,可获得与陶瓷本身强度接近的接头强度。预热时可利用非聚焦的激光束。为增大熔深,焊接速度宜慢,但过慢会使晶粒粗大
电子束焊接法	利用高能量密度的电子束照射接头区进行熔化连接	与激光焊法相同。此外还可连接 Al_2O_3 与 Ta、石墨与 W	同激光焊法。还需在真空室内进行焊接
电弧焊接法	用气体火焰加热接头区,到温度上升至陶瓷具有某种导电性时,通过气体火焰炬中的特殊电极在接头处加上电压,使结合面间电弧放电并产生高热以进行熔化连接	某些陶瓷-陶瓷连接,陶瓷与某些金属连接（如 ZrB_2 与 Mo、Nb、Ta, ZrB_2、SiC 与（或）Ta）	具有导电性的碳化物陶瓷和硼陶瓷可直接焊接。焊接时需控制电流上升速度和最大电流值

2.3 陶瓷与金属的焊接性分析

陶瓷与金属焊接时,由于陶瓷材料与金属原子结构之间存在本质上的差别,加上陶瓷本身特殊的物理化学性能,因此,陶瓷与金属的焊接存在不少问题。陶瓷的线膨胀系数比较小,与金属的线膨胀系数相差较大;陶瓷与金属焊接时,接头区会产生残余应力,残余应力较大时还会导致接头处产生裂纹,甚至引起断裂。陶瓷与金属焊接中的主要问题包括裂纹、界面润湿性差、结合强度低等。

2.3.1 焊接应力和裂纹

陶瓷与金属连接时,化学成分和热物理性能有很大差别,特别是线膨胀系数差异很大(如图 2-1 所示)。例如 SiC 和 Si_3N_4 的线膨胀系数分别只有 4×10^{-6}/K 和 3×10^{-6}/K,而 Al 和 Fe 的线膨胀系数分别高达 23.6×10^{-6}/K 和 11.7×10^{-6}/K。此外,陶瓷的弹性模量也很高。在焊接加热和冷却过程中陶瓷、金属各自产生差异较大的膨胀和收缩,在接头附近产生较大的热应力,热应力的分布极不均匀,使接合界面产生应力集中,以致造成接头区产生裂纹。当集中加热时,尤其是用高能密束热源进行熔焊时,靠近焊接接头的陶瓷一侧产生高应力区,很容易在焊接过程或焊后产生裂纹。

陶瓷与金属的焊接一般是在高温下进行,因此,焊接温度与室温之差也是增大接头区残余应力的因素。为了减小陶瓷与金属焊接接头的应力集中,在陶瓷与金

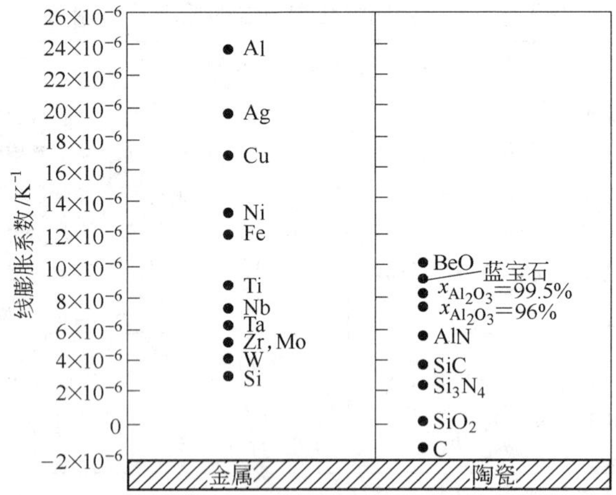

图 2-1　陶瓷和金属的线膨胀系数

属之间加入塑性材料或线膨胀系数接近陶瓷线膨胀系数的金属作为中间层是有效的。例如在陶瓷与 Fe-Ni-Co 合金之间，加入厚度为 20 μm 的铜箔作为过渡层，加热温度 1050℃、保温时间 10 min、压力 15 MPa 下可得到抗拉强度 72 MPa 的扩散焊接头。

中间层多选择弹性模量和屈服强度较低、塑性好的材料，通过中间层金属本身的塑性变形减小陶瓷中的应力。采用弹性模量和屈服强度较低的金属作为中间层是将陶瓷中的应力转移到中间层中。同时使用两种不同的金属作为复合中间层也是降低焊接应力的有效办法。一般是以 Ni 作为塑性金属，W 作为低线膨胀系数材料使用。

扩散焊时采用中间过渡层可以降低扩散温度、减小压力和减少保温时间，以促进界面扩散和去除杂质，同时也可以降低接头区产生的残余应力。Al_2O_3 陶瓷与 0Cr13 铁素体不锈钢扩散焊时，中间层厚度对减小残余应力的影响如图 2-2 所示。

陶瓷与金属扩散焊常用作中间层的金属主要有 Cu、Ni、Nb、Ti、W、Mo、铜镍合金、钢等。对这些金属的要求主要是线膨胀系数与陶瓷的相近，并且在构件制造和工作过程中不发生同素异构转变，以免引起线膨胀系数的突变，破坏陶瓷与金属的匹配而导致焊接失败。中间层可以直接使用金属箔片，也可以采用真空蒸发、离子溅射、化学气相沉积（CVD）、喷涂、电镀等方法将金属粉末预先置于陶瓷表面，再与金属进行焊接。

中间层厚度增大，残余应力降低，Nb 的线膨胀系数与氧化铝陶瓷的最接近，作用最明显。但是，中间层的影响有时比较复杂，如果界面有化学反应，中间层的作用会因反应物类型与厚度的不同而有所变化。中间层选择不当甚至会引起接头性能恶化。如由于化学反应形成脆性相，或由于线膨胀系数不匹配而增大应力，使接

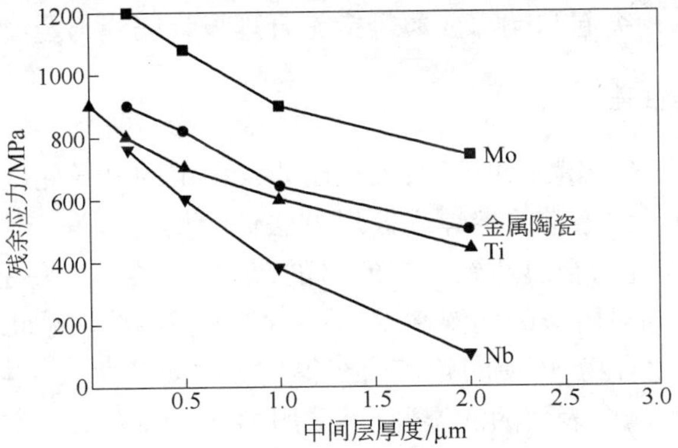

图 2-2　中间层厚度对 Al_2O_3/不锈钢接头残余应力的影响

（加热温度 1300℃，保温时间 30 min，压力 100 MPa）

头区出现裂纹等。

陶瓷与金属钎焊时，为了最大限度地释放钎焊接头的应力，选用一些塑性好、屈服强度低的钎料，如纯 Ag、Au 或 Ag-Cu 钎料等；有时还选用低熔点活性钎料，例如，用 Ag52-Cu20-In25-Ti3 和 In85-Ti15 铟基钎料真空钎焊 AlN 和 Cu。铟基钎料对 AlN 陶瓷有很好的润湿性，控制钎焊温度和时间可以形成组织性能较好的钎焊接头，如图 2-3 所示。

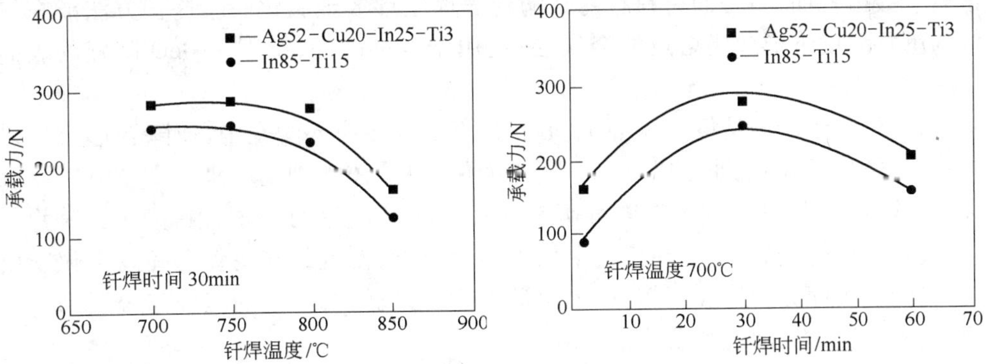

图 2-3　钎焊温度和时间对接头承载力的影响

为避免陶瓷与金属接头出现焊接裂纹，除添加中间层或合理选用钎料外，还可采用以下工艺措施：

（1）合理选择被焊陶瓷与金属，在不影响接头使用性能的条件下，尽可能使两者的线膨胀系数相差最小。

（2）应尽可能地减小焊接部位及其附近的温度梯度，控制加热速度，降低冷却速度，有利于应力松弛而使焊接应力减小。

(3) 采取缺口、突起和端部变薄等措施合理设计陶瓷与金属的接头结构。

2.3.2　界面润湿性差

陶瓷材料含有离子键或共价键,表现出非常稳定的电子配位,很难被金属键的熔融金属润湿,所以用通常的熔焊或钎焊方法使金属与陶瓷产生熔合或钎合是很困难的。为了使陶瓷与金属达到钎焊的目的,最基本条件之一是使钎料对陶瓷表面产生润湿,或提高对陶瓷的润湿性,最后达到钎焊连接。例如,采用活性金属 Ti 在界面形成 Ti 的化合物,可使陶瓷表面获得良好的润湿性。

为了改善被焊陶瓷表面的润湿性,可采用如下两种方法:

(1) 陶瓷表面的金属化处理(也称为陶瓷金属化法)　陶瓷表面的金属化处理有 Mo-Mn 法、蒸发金属化法、溅射金属化法、离子注入法等。

1) Mo-Mn 法是在 Mo 粉中加入质量分数为 10% ~25% 的 Mn 以改善金属镀层与陶瓷的润湿性。Mo-Mn 法由陶瓷表面处理、金属膏剂化、配制与涂敷、金属化烧结、镀镍等工序组成,是最常用的一种陶瓷表面金属化法。

2) 蒸发金属化法是利用真空镀膜机在陶瓷上蒸镀金属膜,如先蒸镀 Ti、Mo,再在 Ti-Mo 金属化层上电镀一层 Ni。蒸发金属化法的优点是蒸镀温度低(300 ~ 400℃),能适应各种不同的陶瓷,获得良好的气密性。

3) 溅射金属化法是将陶瓷放入真空容器中并充入氩气,利用气体放电产生的正离子轰击靶面,将靶面材料溅射到陶瓷表面上形成金属化膜。这种方法能在较低的沉积温度下形成高熔点的金属层,适用于各种陶瓷,特别是 BeO 陶瓷的表面金属化。

4) 离子注入法是将 Ti 等活性元素的离子直接注入陶瓷中,使陶瓷形成可以被一般钎料润湿的表面。以 Al_2O_3 陶瓷为例,离子注入剂量范围为 2×10^{16} ~ 3.1×10^{17} 个/cm^2 时,Ti 的注入深度可达 50 ~ 100 nm,陶瓷表面润湿性得到大大改善。

(2) 活性金属化法　在钎料中加入活性元素,使钎料与陶瓷之间发生化学反应,使陶瓷表面分解形成新相,产生化学吸附,形成结合牢固的陶瓷与金属结合界面,这种方法称为活性金属化法。

活性金属化法常用的活性金属是过渡族金属,如 Ti、Zr、Hf、Nb、Ta 等。这些金属元素对氧化物、硅酸盐等具有较大的亲和力,可以在陶瓷表面形成反应层。反应层主要由金属与陶瓷的复合物组成,这些复合物可以被熔化的金属润湿,达到与金属钎接的目的。活性金属化法钎焊过程一般是在 10^{-2} Pa 以上的真空或在高纯惰性保护气氛中进行,一次完成钎焊过程。

陶瓷与金属钎焊用钎料含有活性元素 Ti、Zr 或 Ti、Zr 的氧化物和碳化物,它们对氧化物陶瓷具有一定的活性,在一定的温度下能够直接发生反应。

采用 Ag-Cu-1.75Ti 钎料在氩气中钎焊 Si_3N_4 陶瓷和 Cu 的研究表明,金属 Cu

表面越光滑，Si_3N_4/Cu 钎焊接头的抗剪强度越高。钎焊时稍施加压力（2.5 kPa），使先熔化的富 Ag 钎料被挤出，剩余的钎缝中富 Cu 相增多，减缓接头应力，可以提高接头的抗剪强度。但压力进一步增大后，钎料挤出太多，Ti 不足以与陶瓷反应并润湿陶瓷，会降低接头强度。

2.3.3 界面反应和结合强度

陶瓷与金属接头在界面间存在着原子结构能级的差异，陶瓷与金属之间是通过过渡层（扩散层或反应层）而结合的。两种材料之间的界面反应对接头的形成和性能有很大的影响。接头界面反应的物相结构是影响陶瓷与金属结合的关键。

在陶瓷与金属扩散焊时，陶瓷与金属界面发生反应形成化合物，所形成的物相结构取决于陶瓷与金属（包括中间层）的种类，也与焊接条件（如温度、表面状态、中间合金及厚度等）有关。SiC 与金属的界面反应一般生成该金属的碳化物、硅化物或三元化合物，有时还生成四元、多元化合物或非晶相，反应式为

$$Me + SiC \longrightarrow MeC + MeSi$$

$$Me + SiC \longrightarrow MeSi_xC_y$$

例如，SiC 与 Zr 界面反应生成 ZrC、Zr_2Si 和三元化合物 $Zr_5Si_3C_x$。SiC 陶瓷与金属接头中可能出现的界面反应产物见表 2-10。

Si_3N_4 与金属的界面反应一般生成该金属的氮化物、硅化物或三元化合物，例如 Si_3N_4 与 Ni-20Cr 合金界面反应生成 Cr_2N、CrN 和 Ni_5Si_2，但与 Fe、Ni 及 Fe-Ni 合金则不生成化合物。Si_3N_4 陶瓷与金属接头中可能出现的界面反应产物见表 2-11。Si_3N_4 陶瓷与金属 Ti、Mo、Nb 界面反应中，当分别用 N_2 和 Ar 作保护气氛时，即使采用相同的加热温度和时间，所得到的界面反应产物也不相同。

表 2-10 SiC 陶瓷与金属连接接头的界面反应产物

接头组合	温度/K	时间/ks	压力/MPa	气氛	反应产物
SiC/Ni	1223	5.4	0	Ar	$Ni_2Si + C, Ni_5Si + C, Ni_3Si$
SiC/Fe-16Cr	1223	57.6	0	Ar	$(Ni,Cr)_2Si + C, (Ni,Cr)_5Si_2 + C, (Cr_3Ni_5Si_{1.8})C$
SiC/Fe-17Cr	1223	57.6	0	Ar	$(Fe,Cr)_7C_3, (Fe,Cr)_4SiC, \alpha + C$
SiC/Fe-26Ni	1223	14.4	0	Ar	$(Fe,Ni)_2Si + C, (Fe,Ni)_5Si_2 + C, \alpha + C$
SiC/Ti-25Al-10Nb	973	3600	0	—	$(Ti,Nb)C, (Ti,Nb)_3(Si,Al), (Ti,Nb)_5(Si,Al)_3, (Ti,Nb)_5(Si,Al)_3C$
SiC/Zr/SiC	1573	3.6	7.3	真空	$Zr_5Si_3C_x, Zr_2Si, ZrC_x$
SiC/Mo	1973	3.6	20	真空	$Mo_5Si_3C, Mo_5Si_3, Mo_2C$

续表 2-10

接头组合	温度/K	时间/ks	压力/MPa	气氛	反应产物
SiC/Al-Mg/SiC	834	7.2	50	真空	Mg_2Si，MgO，Al_2MgO_4，Al_8Mg_5
SiC/Ti/SiC	1673	3.6	7.3	真空	Ti_3SiC_2，$Ti_5Si_3C_x$，TiC，$TiSi_2$，Ti_5Si_3
SiC/Ta/SiC	1773	28.8	7.3	真空	TaC，$Ta_5Si_3C_x$，Ta_2C
SiC/Nb/SiC	1790	7.2	7.3	真空	NbC，Nb_2C，$Nb_5Si_3C_x$，$NbSi_2$
SiC/Cr/SiC	1573	1.8	7.3	真空	$Cr_5Si_3C_x$，Cr_3SiC_x，Cr_7C_3，$Cr_{23}C_6$
SiC/V/SiC	1573	7.2	7.3	真空	$V_5Si_3C_x$，V_5Si_3，V_3Si，V_2C
SiC/Al/SiC	873	7.2	50	真空	Al-Si-C-O 非晶相

表 2-11　Si_3N_4 陶瓷与金属连接接头的界面反应产物

接头组合	温度/K	时间/ks	压力/MPa	气氛	反应产物
Si_3N_4/Incoloy909	1200	14.4	200	Ar	TiN，$Ni_{16}Nb_6Si_7$
Si_3N_4/Ni-20Cr/Si_3N_4	1473	3.6	50	真空	CrN，Cr_2N，Ni_5Si_2
Si_3N_4/Ti	1073	7.2	0	N_2	TiN + Ti_2N
	1323	7.2	0	Ar	TiN + Ti_2N + Ti_5Si_3
Si_3N_4/Mo	1473	3.6	0	N_2	Mo_3Si，Mo_5Si_3
	1473	3.6	0	Ar	Mo_3Si，Mo_5Si_3，$MoSi_2$
Si_3N_4/Cr	1473	3.6	—	—	CrN，Cr_2N，Cr_3Si
Si_3N_4/Nb	1473	3.6	0	N_2	Nb_5N，Nb_4N_3，$Nb_{4.62}N_{2.14}$
	1673	3.6	7.3	Ar	Nb_5Si_3，$NbSi_2$，Nb_2N，$Nb_{4.62}N_{2.14}$
Si_3N_4/V/Mo	1523	5.4	20	真空	V_3Si，V_5Si_3
Si_3N_4/AISI316	1273	86.4	7	真空	α-Fe，γ-Fe
Si_3N_4/Ni-Cr	1073 ~ 1473	5 ~ 70	0	Ar	Ni_2Si，Ni_3Si_2，Cr_3Si，Cr_5Si_3，$(Cr,Si)_3Ni_2Si$
Si_3N_4/Ni-Nb-Fe-36Ni/MA6000	1473	3.6	100	—	NbN，Ni_8Nb_6，Ni_6Nb_7，Ni_3Nb

Al_2O_3 与金属的界面反应一般生成该金属的氧化物、铝化物或三元化合物，例如 Al_2O_3 与 Ti 的界面反应生成 TiO 和 $TiAl_x$。Al_2O_3 陶瓷与金属接头中可能出现的界面反应产物见表 2-12。ZrO_2 与金属的界面反应一般生成该金属的氧化物和锆化物，例如 ZrO_2 与 Ni 的反应生成 NiO_{1-x}、Ni_5Zr 和 Ni_7Zr_2。

扩散条件不同，界面反应产物不同，接头性能有很大差别。加热温度提高，界面扩散反应充分，接头强度提高。用厚度 0.5 mm 的铝作中间层对钢与氧化铝进行扩散焊时，加热温度对接头抗拉强度的影响如图 2-4 所示。

表 2-12 Al_2O_3 陶瓷与金属连接接头的界面反应产物

接头组合	温度/K	时间/ks	压力/MPa	气氛	反应产物
Al_2O_3/Cu/Al	803	1.8	6	真空	Al + $CuAlO_2$、Cu + $CuAl_2O_4$
Al_2O_3/Ti/1Cr18Ni9Ti	1143	1.8	15	真空	TiO、$TiAl_x$
Al_2O_3/Cu/AISI1015	1273	18	3	O_2	Cu_2O、$CuAlO_2$、$CuAl_2O_4$
Al_2O_3/Cu/Al_2O_3	1313	86.4	5	真空	Cu_2O、$CuAlO_2$
Al_2O_3/Ta-33Ti	1373	1.8	3	真空	TiAl、Ti_3Al、Ta_3Al
Al_2O_3/Ni	—	—	—	—	NiO、Al_2O_3、NiO · Al_2O_3
Ni/ZrO_2/Zr	1273	3.6	2	真空	Ni_5Zr、Ni_7Zr_2
ZrO_2/Ni-Cr-(O)/ZrO_2	1373	10.8	10	真空	$NiO_{1-x}Cr_2O_{3-y}ZrO_{2-z}$, $0<x,y,z<1$

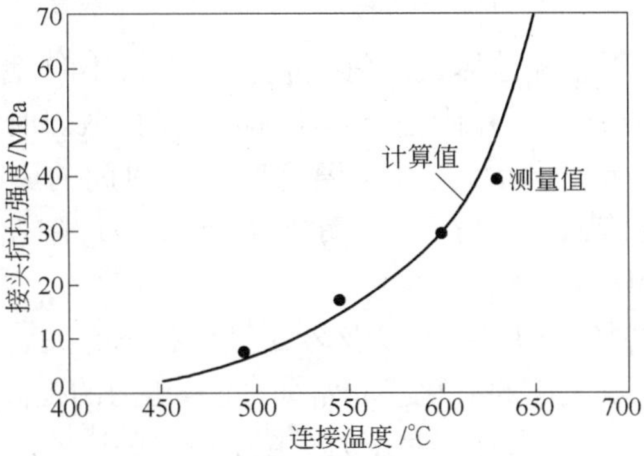

图 2-4 加热温度对扩散焊接头强度的影响

但是，温度过高可能使陶瓷的性能发生变化，或出现脆性相而使接头性能降低。此外，陶瓷与金属扩散焊接头的抗拉强度与金属的熔点有关，在氧化铝与金属的接头中，金属熔点提高，接头抗拉强度增大。

陶瓷与金属扩散焊接头抗拉强度（σ_b）与保温时间（t）的关系为：

$$\sigma_b = B_0 t^{1/2}$$

式中，B_0 为常数。但是，在一定加热温度下，保温时间存在一个最佳值。Al_2O_3/Al 扩散焊接头中，保温时间对接头抗拉强度的影响如图 2-5*a* 所示。用 Nb 作中间层扩散连接 SiC 和不锈钢时，时间过长后出现了强度较低、线膨胀系数与碳化硅（SiC）的相差很大的 $NbSi_2$ 脆性相，而使接头抗剪切强度降低，如图 2-5*b* 所示。用 V 作中间层扩散连接 AlN 时，保温时间过长后也由于 V_5Al_8 脆性相的出现而使接头抗剪切强度降低。

扩散焊中施加压力是为了使接触面处产生微观塑性变形，减小表面不平整和破坏表面氧化膜，增加表面接触面积，为原子扩散提供条件。为了防止陶瓷与金属结构件发生较大的变形，扩散焊时所施加的压力一般较小（<100 MPa），这一压力

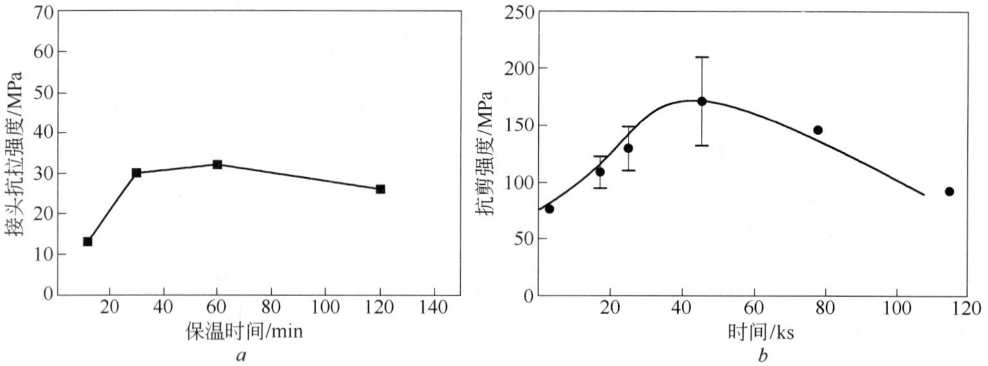

图 2-5　保温时间对接头强度的影响

a—对抗拉强度的影响；*b*—对剪切强度的影响

范围足以减小表面不平整和破坏表面氧化膜。压力较小时，增大压力可以使接头强度提高，如 Cu 或 Ag 与 Al_2O_3 陶瓷、Al 与 SiC 陶瓷扩散焊时，施加压力对接头抗剪强度的影响如图 2-6*a* 所示。与加热温度和保温时间的影响一样，压力也存在一个获得最佳强度的值，如 Al 与 Si_3N_4 陶瓷、Ni 与 Al_2O_3 陶瓷扩散焊时，压力分别为 4 MPa 和 15 ~ 20 MPa。

压力的影响与材料的类型、厚度以及表面氧化状态有关。用贵金属（如金、铂）连接 Al_2O_3 陶瓷时，金属表面的氧化膜非常薄，随着压力的提高，接头强度提高直到一个稳定值。Al_2O_3 与 Pt 扩散连接时压力对接头抗弯强度的影响如图 2-6*b* 所示。

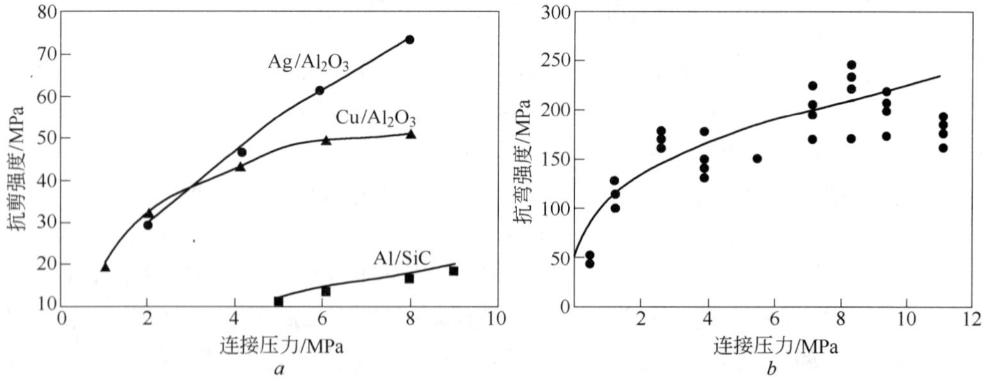

图 2-6　压力对扩散焊接头强度的影响

a—对剪切强度的影响；*b*—对抗弯强度的影响

表面粗糙度对扩散焊接头强度的影响十分显著。因为表面粗糙会在陶瓷中产生局部应力集中而容易引起脆性破坏。Si_3N_4/Al 接头表面粗糙度对接头抗弯强度的影响如图 2-7 所示，表面粗糙度由 0.1 μm 改变为 0.3 μm 时，接头抗弯强度从

470 MPa 降低到 270 MPa。

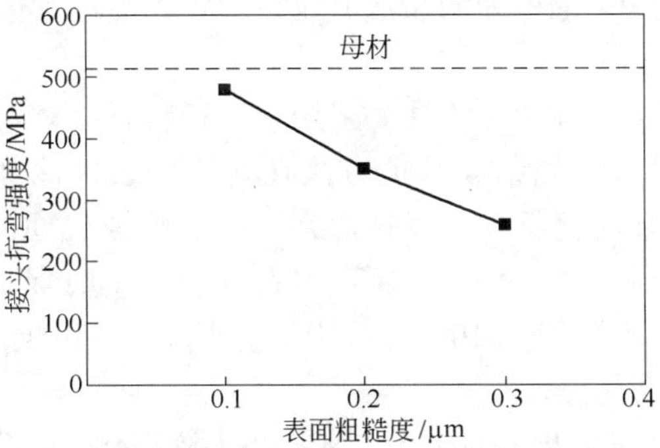

图 2-7 表面粗糙度对接头抗弯强度的影响

界面反应与焊接环境条件有关。在真空扩散焊中，避免 O、H 等参与界面反应，有利于提高接头的强度。图 2-8 示出用 Al 作中间层连接 Si_3N_4 时，环境条件对接头抗弯强度的影响。氩气保护下焊接接头强度最高，抗弯强度达到 500 MPa。空气中焊接时接头强度低，界面处由于氧化产生 Al_2O_3，沿 Al/Si_3N_4 界面产生脆性断裂。虽然加压能破坏氧化膜，但当氧分压较高时会形成新的氧化物层，使接头强度降低。在高温（1500℃）下直接扩散连接 Si_3N_4 陶瓷时，由于高温下 Si_3N_4 陶瓷容易分解形成孔洞，在 N_2 气氛中焊接可以限制 Si_3N_4 陶瓷的分解，N_2 气压力高时接头抗弯强度较高。在 1 MPa 氮气中焊接的接头抗弯强度比在 0.1 MPa 氮气中焊接的接头抗弯强度高 30% 左右。

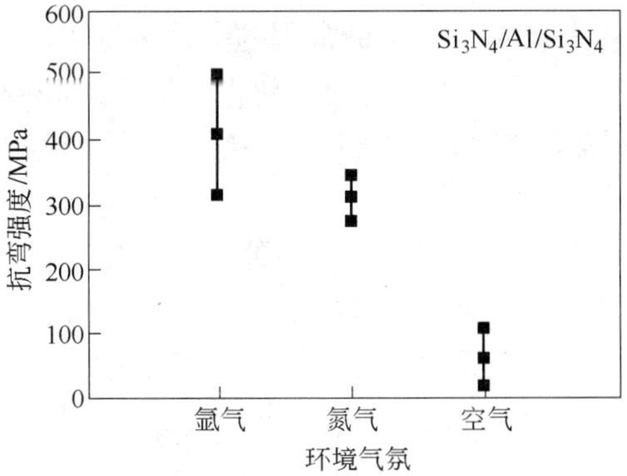

图 2-8 环境条件对接头抗弯强度的影响

2.4 陶瓷 - 金属异种材料的钎焊

陶瓷与金属材料的钎焊工艺比金属材料之间的钎焊复杂很多，因为多数情况下要对陶瓷表面金属化处理或采用活性金属化钎料才能进行钎焊。陶瓷与金属材料常用的钎焊工艺有两种：

(1) 陶瓷金属化法(也称为两步法) 先在陶瓷表面进行金属化后，再用普通钎料进行钎焊；

(2) 活性金属法(也称为一步法) 采用活性钎料直接对陶瓷与金属进行钎焊。

陶瓷金属化法是采用烧结或其他方法在陶瓷的表面涂镀一层金属作为中间层，然后再用钎料把金属镀层和金属钎焊在一起。陶瓷表面的金属化不仅可以用于改善非活性钎料对陶瓷的润湿性，还可以在高温钎焊时保护陶瓷不发生分解产生孔洞。如 Si_3N_4 陶瓷在真空(10^{-3} Pa)中，达到 1100℃以上时 Si_3N_4 陶瓷就要发生分解，产生孔洞。

当用耐热钎料进行钎焊时，因为钎焊温度比较高，Si_3N_4 很容易分解。陶瓷在高温下易分解的问题可以通过将 Si_3N_4 表面金属化或改变钎焊气氛加以解决。另外，在金属与 Si_3N_4 陶瓷之间设置金属中间层还可以防止在钎焊过程中 Si 扩散进入焊缝形成脆性硅化物。陶瓷金属化法在工业上已得到广泛应用，但这种传统的连接方法工艺复杂，费时耗资。

近年来陶瓷的直接钎焊成为研究的热门。直接钎焊技术可使陶瓷构件的制造工艺变得简单，而且能满足陶瓷高温状态使用的要求。直接钎焊陶瓷的关键是使用活性钎料，在钎料能够润湿陶瓷的前提下，还要考虑高温钎焊时陶瓷与金属线膨胀差异引起的应力和裂纹，以及夹具定位等问题。

2.4.1 陶瓷表面的金属化

2.4.1.1 Mo-Mn 法陶瓷金属化法

Mo-Mn 陶瓷烧结粉末金属化法是最常用的一种陶瓷表面金属化法。在 Mo 粉中加入 10%～25% Mn 是为了改善金属镀层与陶瓷的结合。Mo-Mn 金属化法工艺过程由陶瓷表面清洗处理、金属膏剂化、配制与涂敷、金属化烧结、镀镍和钎焊等工序组成。

金属化膏剂的制备和涂覆工艺是：将各种原料的粉末按比例称好，加入适量的硝棉溶液、醋酸丁酯、草酸二乙酯等，经球磨稀释后用毛刷或用喷涂的办法均匀地涂覆在陶瓷的钎焊面上。涂覆后，将陶瓷放入钼坩埚中，在一定的烧结温度和一定露点的氢气炉中烧结。烧结后的金属化层应连续致密，无斑点、裂纹、起泡、氧化、粘砂等缺陷。

对于不同组分的陶瓷要选用相应的金属化膏剂，这样才能达到陶瓷表面金属化的最佳效果。配方的正确选择是陶瓷表面金属化工艺的关键。表 2-13 是常用的 Mo-Mn 法烧结金属粉末的配方和烧结工艺参数。

一般钎料(如银铜钎料)对陶瓷金属化层的润湿性还不能达到钎焊的要求，所以通常要在 Mo-Mn 金属化层上再镀一层镍来增加金属化层对钎料的润湿性。镀镍层的厚度约为 4 ~ 6 μm，镀镍后的陶瓷还需在氢气炉中 1000℃ 的温度下烧结 15 ~ 25 min，这道工序称之为二次金属化。

表 2-13　常用的 Mo-Mn 法金属化配方和烧结工艺参数

序号	配方组成/%								适用陶瓷	涂层厚度/μm	金属化温度/℃	保温时间/min
	Mo	Mn	MnO	Al_2O_3	SiO_2	CaO	MgO	Fe_2O_3				
1	80	20	—	—	—	—	—	—	75% Al_2O_3	30 ~ 40	1350	30 ~ 60
2	45	—	18.2	20.9	12.1	2.2	1.1	0.5	95% Al_2O_3	60 ~ 70	1470	60
3	65	17.5	95% Al_2O_3粉　17.5						95% Al_2O_3	35 ~ 45	1550	60
4	59.5	—	17.9	12.9	7.9	1.8 ($CaCO_3$)	—	—	95% Al_2O_3 (Mg-Al-Si)	60 ~ 80	1510	50
5	50	—	17.5	19.5	11.5	1.5	—	—	透明刚玉	50 ~ 60	1400 ~ 1500	40
6	70	9	—	12	8	1	—	—	99% BeO	40 ~ 50	1400	30
									95% Al_2O_3		1500	60

近年来随着材料表面工程技术的发展，一些新的陶瓷表面金属化方法，如物理气相沉积（PVD）技术、热喷涂法以及离子注入法等，开始应用于陶瓷表面金属化处理，并取得了很好的效果。

2.4.1.2　蒸发金属化法

蒸发金属化是利用真空镀膜机在陶瓷件上蒸镀金属膜，从而实现陶瓷表面金属化的一种方法。在蒸镀陶瓷件时，将清洗好的陶瓷件包上铝箔，只露出需要金属化的部位，放入镀膜机的真空室内。当真空度达到 4×10^{-3} Pa 后，将陶瓷件预热到 300 ~ 400℃，保温 10 min。先蒸镀 Ti，然后再蒸镀 Mo，形成金属化层。蒸镀后还需要在 Ti、Mo 金属化层上再电镀一层厚度为 2 ~ 5 μm 的 Ni，最后在真空炉中用厚度为 0.5 mm 的无氧紫铜片与陶瓷件进行钎焊（采用 BAg72Cu 钎料）。

蒸发金属化法的优点是金属化温度低（300 ~ 400℃），能适应各种不同的陶瓷，如 99% Al_2O_3 陶瓷、99% BeO 陶瓷、石英等进行金属化，陶瓷没有变形、破裂的危险，能获得良好的气密性。这种方法较 Mo-Mn 法、活性法有更高的封接强度。缺点是蒸镀高熔点金属比较困难。

2.4.1.3　溅射金属化法

溅射金属化是将陶瓷放入真空容器中并充以一定压强的氩气，然后在电极之间加上直流电压，形成气体辉光放电，利用气体放电产生的正离子轰击靶面，把靶面材料溅射到陶瓷表面上形成金属化膜，从而实现金属化。溅射沉积前可先用正离子轰击陶瓷的表面，以获得“原子清洁”的陶瓷表面，提高金属层与陶瓷之间的结合强度。溅射沉积时，工件可以旋转，使陶瓷金属化面对准不同的溅射金属，依次沉积所需要的金属膜。沉积到陶瓷表面的第一层金属化材料是 Mo、W、Ti、Ta 或

Cr，第二层金属化材料为 Cu、Ni、Au 或 Ag。在溅射过程中，陶瓷的沉积温度应保持在 150～200℃。

与蒸镀金属化法相比，溅射金属化法操作工艺简单，涂层厚度均匀、与陶瓷结合牢固，可涂覆大面积的金属膜。溅射金属化法还具有能制备金属合金及其氧化物薄膜的特点，能在较低的沉积温度下制备高熔点的金属涂层。可适用于任何种类的陶瓷，特别是 BeO 陶瓷的表面金属化。

2.4.1.4　离子注入法

离子注入涂覆装置与溅射涂覆装置相似，该设备的阴极为安放陶瓷工件的支架，阳极是作为蒸发源的热丝，热丝材料为待涂覆的金属材料，真空容器内通入适量的氩气。当阴、阳极之间接上直流高压电（2～5 kV）后，在阴、阳极之间形成氩的等离子体。在直流电场的作用下，氩的正离子轰击清洗陶瓷工件的表面达到净化陶瓷表面的目的，轰击时间由陶瓷材料的组分和表面状态决定。溅射清洗完后移开活动挡板，开始加热热丝，使金属蒸发。金属蒸汽在电场作用下被电离成正离子并被加速向作为阴极的陶瓷表面移动，在轰击陶瓷表面的过程中形成结合牢固的金属涂层。

离子注入法的优点是金属化温度低（工件沉积温度小于 300℃），沉积速率高（与电镀的沉积速率相近），涂层结合牢固，适用于各种不同的陶瓷材料。缺点是只适宜沉积一些比较容易蒸发的金属材料，对一些熔点比较高的金属沉积比较困难。

2.4.1.5　热喷涂法

利用低压等离子弧喷涂技术在 Si_3N_4 陶瓷表面喷涂两层 Al。喷涂第一层前，先将陶瓷预热到略高于 Al 的熔点温度以增强 Al 对 Si_3N_4 陶瓷的吸附。第一层喷涂的 Al 不能太厚，一般不超过 2 μm。在第一层的基础上再喷涂第二层厚度约 200 μm 的 Al，热喷涂后的 Si_3N_4 陶瓷直接以 Al 涂层为钎料在 700℃ ×15 min、加压 0.5 MPa 的条件下钎焊，接头的抗弯强度达到 340 MPa，比直接用 Al 箔在同样的条件下钎焊的接头抗弯强度（230 MPa）高许多。

2.4.2　陶瓷钎焊的钎料

陶瓷金属化后再进行钎焊，使用最广泛的一种钎料是 BAg72Cu。也可以根据需要，选用其他的钎料。陶瓷与金属连接常用的钎料见表 2-14。

表 2-14　陶瓷与金属连接常用的钎料

钎　料	成分/%	熔点/℃	流点/℃
Cu	100	1083	1083
Ag	>99.99	960.5	960.5
Au-Ni	Au 82.5，Ni 17.5	950	950
Cu-Ge	Ge 12，Ni 0.25，Cu 余量	850	965

续表 2-14

钎　料	成分/%	熔点/℃	流点/℃
Ag-Cu-Pd	Ag 65,Cu 20,Pd 15	852	898
Au-Cu	Au 80,Cu 20	889	889
Ag-Cu	Ag 50,Cu 50	779	850
Ag-Cu-Pd	Ag 58,Cu 32,Pd 10	824	852
Au-Ag-Cu	Au 60,Ag 20,Cu 20	835	845
Ag-Cu	Ag 72,Cu 28	779	779
Ag-Cu-In	Ag 63,Cu 27,In 10	685	710

陶瓷直接钎焊,钎料的选定至关重要。这种钎料都含有活性元素 Ti、Zr 或 Ti、Zr 的氧化物和碳化物,它们对氧化物陶瓷具有一定的活性,在一定的温度下能够直接发生反应。用于直接钎焊陶瓷的高温活性钎料见表 2-15。

表 2-15　用于直接钎焊陶瓷的高温活性钎料

钎　料	熔化温度/℃	钎焊温度/℃	用途及接头性能
92Ti-8Cu	790	820 ~ 900	陶瓷-金属的连接
75Ti-25Cu	870	900 ~ 950	陶瓷-金属
72Ti-28Ni	942	1140	陶瓷-陶瓷,陶瓷-石墨,陶瓷-金属
50Ti-50Cu	960	980 ~ 1050	陶瓷-金属的连接
50Ti-50Cu(原子比)	1210 ~ 1310	1300 ~ 1500	陶瓷与蓝宝石,陶瓷与锂的连接
7Ti-93(BAg72Cu)	779	820 ~ 850	陶瓷-钛的连接
5Ti-68Cu-26Ag	779	820 ~ 850	陶瓷-钛的连接
100Ge	937	1180	自粘接碳化硅-金属 (σ_b = 400 MPa)
49Ti-49Cu-2Be	—	980	陶瓷-金属的连接
48Ti-48Zr-4Be	—	1050	陶瓷-金属
68Ti-28Ag-4Be	—	1040	陶瓷-金属
85Nb-15Ni	—	1500 ~ 1675	陶瓷-铌(σ_b = 145 MPa)
47.5Ti-47.5Zr-5Ta	—	1650 ~ 2100	陶瓷-钽
54Ti-25Cr-21V	—	1550 ~ 1650	陶瓷-陶瓷,陶瓷-石墨,陶瓷-金属
75Zr-19Nb-6Be	—	1050	陶瓷-金属
56Zr-28V-16Ti	—	1250	陶瓷-金属
83Ni-17Fe	—	1500 ~ 1675	陶瓷-钽(σ_b = 140 MPa)

其中二元系钎料以 Ti-Cu、Ti-Ni 为主,这类钎料蒸气压较低,700℃时小于 1.33×10^{-3} Pa,可在 1200 ~ 1800℃ 范围使用。三元系钎料为 Ti-Cu-Be 或 Ti-V-Cr,其中 49Ti-49Cu-2Be 具有与不锈钢相近的耐腐蚀性,并且蒸气压较低,在防泄漏、防氧化的真空密封接头中使用。不含 Cr 的 Ti-Zr-Ta 系钎料,也可以直接钎焊 MgO 和 Al_2O_3 陶瓷,这种钎料获得的接头能够在温度高于 1000℃ 的条件下工作。目前国

内研制的 Ag-Cu-Ti 系钎料，能够直接钎焊陶瓷与无氧铜，接头抗剪强度可达 70 MPa。

由于陶瓷与金属连接多是在氢气炉或真空炉中进行，当用陶瓷金属化法对真空电子器件钎焊时，对钎料的要求是：

（1）钎料中不含有饱和蒸汽压高的化学元素，如 Zn、Cd、Mg 等，以免在钎焊过程中这些化学元素污染电子器件或造成电解质漏电；

（2）钎料的含氧量不能超过 0.001%，以免在氢气中钎焊时生成水汽；

（3）钎焊接头要有良好的松弛性，能最大限度地减小由陶瓷与金属的线膨胀系数差异而引起的热应力。

在选择陶瓷与金属连接的钎料时，为了最大限度地释放钎焊接头的应力，有时也不得不选用一些塑性好、屈服强度低的钎料，如纯 Ag、Au 或 Ag-Cu 共晶钎料等。

玻璃化法是利用毛细作用实现连接，这种方法不加金属钎料而加无机材料（玻璃体），如氧化物、氟化物的钎料。氧化物钎料熔化后形成的玻璃相不仅能向陶瓷渗透而且能浸润金属表面，最后形成连接。典型的玻璃化法氧化物钎料配方见表 2-16。

表 2-16　典型的玻璃化法氧化物钎料配方

系　列	配方组成/%	熔制温度/℃	线膨胀系数/K^{-1}
Al-Y-Si	Al_2O_3 15、Y_2O_3 65、SiO_2 20	—	$(7.6 \sim 8.2) \times 10^{-6}$
Al-Ca-Mg-Ba	Al_2O_3 49、CaO 3、MgO 11、BaO 4	1550	—
	Al_2O_3 45、CaO 36.4、MgO 4.7、BaO 13.9	1410	8.8×10^{-6}
Al-Ca-Ba-B	Al_2O_3 46、CaO 36、BaO 16、B_2O_3 2	(1320)	$(9.4 \sim 9.8) \times 10^{-6}$
Al-Ca-Ba-Sr	Al_2O_3 44 ~ 50、CaO 35 ~ 40、BaO 12 ~ 16、SrO 1.5 ~ 5	1500 (1310)	$(7.7 \sim 9.1) \times 10^{-6}$
	Al_2O_3 40、CaO 33、BaO 15、SrO 10	1500	9.5×10^{-6}
Al-Ca-Ta-Y	Al_2O_3 45、CaO 49、Ta_2O_3 3、Y_2O_3 3	(1380)	$(7.5 \sim 8.5) \times 10^{-6}$
Al-Ca-Mg-Ba-Y	Al_2O_3 40 ~ 50、CaO 30 ~ 40、MgO 10 ~ 20 BaO 3 ~ 8、Y_2O_3 0.5 ~ 5	1480 ~ 1560	$(6.7 \sim 7.6) \times 10^{-6}$
Zn-B-Si-Al-Li	ZnO 29 ~ 57、B_2O_3 19 ~ 56、SiO_2 4 ~ 26、Li_2O 3 ~ 5、Al_2O_3 0 ~ 6	(1000)	4.9×10^{-6}
Si-Ba-Al-Li-Co-P	SiO_2 55 ~ 65、BaO 25 ~ 32、Al_2O_3 0 ~ 5、Li_2O 6 ~ 11、CaO 0.5 ~ 1、P_2O_5 1.5 ~ 3.5	(950 ~ 1100)	10.4×10^{-6}
Si-Al-K-Na-Ba-Sr-Ca	SiO_2 43 ~ 68、Al_2O_3 3 ~ 6、K_2O 8 ~ 9、Na_2O 5 ~ 6、BaO 2 ~ 4、SrO 5 ~ 7、CaO 2 ~ 4、另含少量 Li_2O、MgO、TiO_2、B_2O_3	(1000)	$(8.5 \sim 9.3) \times 10^{-6}$

注：括号中的数据为参考温度。

调整钎料配方可以获得不同熔点和线膨胀系数的钎料，以便适用于不同的陶瓷和金属的连接。这种玻璃体中间材料实际上是 Si_3N_4 陶瓷本身晶粒间的黏结相（如 Al_2O_3、Y_2O_3、MgO 等）以及杂质 SiO_2，是烧结时就有的。在超过 1530℃ 的高温下（约相当于 Y-Si-Al-O-N 的共晶点）进行连接，不需加压，通常用氮气保护。

玻璃体固化后没有韧性，无法承受陶瓷的收缩，只能靠配制成分使其线膨胀系数尽量与陶瓷的线膨胀系数接近。这种方法实际应用也是相当严格和困难的。

2.4.3　陶瓷金属化钎焊工艺

以 Mo-Mn 法为例，陶瓷金属化钎焊连接的工艺流程见图 2-9。具体的工艺步骤为：

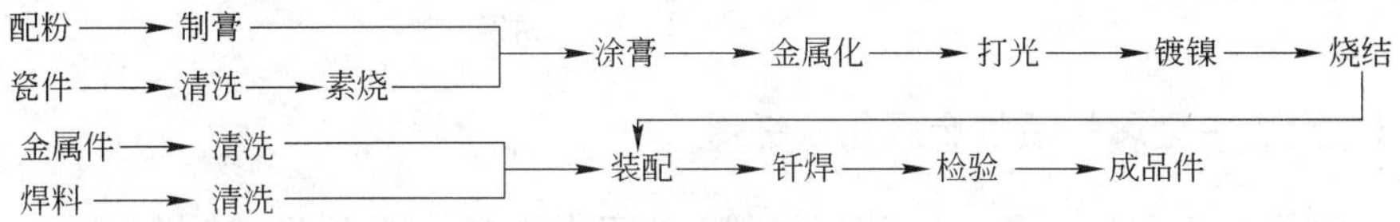

图 2-9　Mo-Mn 法陶瓷金属化钎焊连接的工艺流程

（1）零件的清洗　陶瓷件可以在超声波清洗机中用清洗剂清洗，然后用去离子水清洗并烘干。金属件则要通过碱洗、酸洗的办法去除金属表面的油污、氧化膜等，并用流动水清洗、烘干。清洗过的零件应立即进入下一道工序，中间不得用裸手接触。

（2）涂膏剂　这是陶瓷金属化的重要工序，膏剂多由纯金属粉末加适量的金属氧化物组成，粉末粒度在 1～5 μm 之间，用有机黏结剂调成糊状，用毛笔或其他一些喷涂的方法均匀地涂刷在需要金属化的陶瓷表面上。涂层厚度大约 30～60 μm。

（3）陶瓷金属化　将涂好的陶瓷件放入氢气炉中，在 1300～1500℃ 温度下保温 0.5～1 h。

（4）镀镍　金属化层多为 Mo-Mn 层，难与钎料浸润，必须再镀上一层厚度 4～5 μm 的镍。

（5）装架　将处理好的金属件和陶瓷件装配在一起，在接缝处装上钎料。

（6）钎焊　在氢气炉或真空炉中进行，钎焊温度由钎料而定。在钎焊过程中加热和冷却速度都不能过快，以防止陶瓷件炸裂。

（7）检验　对一些特殊要求的陶瓷封接件，如真空器件或电器件，要进行泄漏、热冲击、热烘烤和绝缘强度等检验。

陶瓷金属化法钎焊的应用实例如下。

图 2-10 是某石油检测仪器中使用的探针元件，材料为紫铜与不锈钢，元件之

间用 Al_2O_3 陶瓷隔离，陶瓷起绝缘作用，要求钎焊后密封无泄漏。

钎焊工艺采用 Mo-Mn 法使 Al_2O_3 陶瓷管一端的孔内和管的外表面待焊部位金属化，然后在金属化层的外面再镀上厚度 35 μm 的镍层。使用 BAg72Cu 钎料，在真空度为 1.33×10^{-2} Pa、钎焊温度为 850℃ 的条件下，保温 5 min 即可获得的光洁致密的接头。

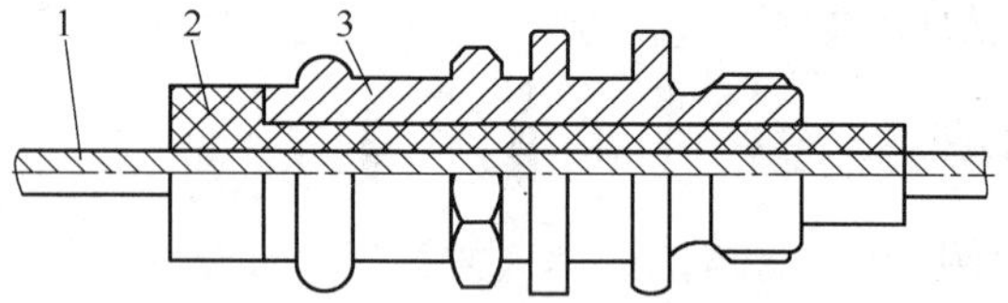

图 2-10　陶瓷探针元件的钎焊

1—紫铜；2—陶瓷；3—不锈钢

2.4.4　陶瓷-金属的活性金属化法钎焊

过渡族金属（如 Ti、Zr、Hf、Nb、Ta 等）具有很强的化学活性，这些金属元素对氧化物、硅酸盐等具有较大的亲和力，可以通过化学反应在陶瓷表面形成反应层。反应层主要由金属与陶瓷的复合物组成，这些复合物在大多数情况下能表现出与金属相同的结构，可以被熔化的金属润湿，达到与金属连接的目的。

过渡族金属元素比较活泼，在活性钎焊时，活性元素的保护是一个非常重要的问题，因为这些元素一旦被氧化后就不能再与陶瓷发生反应。因此活性钎焊过程一般都是在 10^{-2} Pa 以上的真空或在高纯惰性保护气氛中进行，一次完成钎焊连接。

2.4.4.1　活性钎料

活性钎料通常以 Ti 作为活性元素。可适用于钎焊氧化物陶瓷、非氧化物陶瓷以及各种无机介质材料。由于是用活性金属与陶瓷直接钎接，工序简单，所以发展很快。

表 2-17 是常用的几种活性金属化法的比较。

表 2-17　几种常用的活性金属化法的比较

钎 料	钎料加入方式	钎焊温度/℃	保温时间/min	陶 瓷 材 料	金属材料	特点及应用
Ag-Cu-Ti	Ag69Cu26Ti5 在陶瓷表面预涂厚度为 20～40 μm 的 Ti 粉，然后用厚度为 0.2 mm 的 BAg72Cu 钎料施焊	850～880	3～5	高氧化铝、蓝宝石、透明氧化铝、镁橄榄石、微晶玻璃、云母、石墨以及非氧化物陶瓷	Cu，Ti，Nb	对陶瓷润湿性良好，接头气密性好，应用广泛。常用于大件匹配性钎接和软金属与高强度陶瓷钎接。缺点是钎料含 Ag 量大，蒸汽压高易沉积陶瓷表面，使绝缘性能下降

续表 2-17

钎 料	钎料加入方式	钎焊温度/℃	保温时间/min	陶 瓷 材 料	金属材料	特点及应用
Ti-Ni	Ti71.5Ni28.5 用厚度为 10～20 μm 的 Ni 箔做钎料施焊	990±10	3～5	高氧化铝、镁橄榄石陶瓷	Ti	钎焊温度较高，蒸汽压较低，对陶瓷润湿性良好，特别适用于 Ti 与镁橄榄石陶瓷的匹配钎接。缺点是钎焊温度范围窄，零件表面清理严格
Cu-Ti	Ti 25%～30% Cu 余量，用符合上述匹配的 Ti(Cu)箔或粉末做钎料施焊	900～1000	2～5	高氧化铝镁橄榄石以及非氧化物陶瓷	Cu，Ti，Ta，Nb，Ni-Cu	钎焊温度较高，蒸汽压低，对陶瓷润湿性良好，合金脆硬，适用于匹配钎接或高强度陶瓷钎接

2.4.4.2 活性钎焊连接工艺

以活性金属 Ti-Ag-Cu 法为例，陶瓷－金属活性钎焊连接的工艺流程见图 2-11。

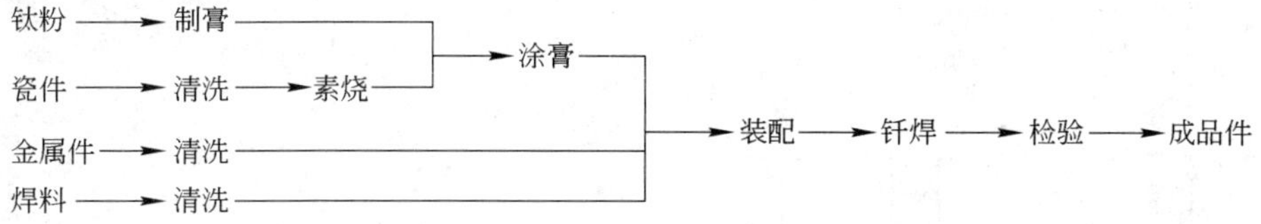

图 2-11 陶瓷活性钎焊连接工艺流程

具体的钎焊工艺步骤如下：

(1) 零件清洗 陶瓷件可在超声波清洗机中清洗，金属件通过碱洗、酸洗去除金属表面的油污、氧化膜等。清洗过的零件立即进入下一道工序。

(2) 制膏剂 制膏所用的钛粉纯度应在 99.7% 以上，粒度在 53～41 μm(270～360 目)范围。制膏剂时取重量为钛粉一半的硝棉溶液，加上少量的草酸二乙酯稀释，调成膏状。

(3) 涂膏剂 用毛笔或其他喷涂的方法将活性钎料膏剂均匀地涂覆在陶瓷的钎接面上。涂层要均匀，厚度一般在 25～40 μm 左右。

(4) 装配 陶瓷表面的膏剂晾干后与金属件及 BAg72Cu 钎料装配在一起。

(5) 钎接 在真空炉中进行钎接。当真空度达到 5×10^{-3} Pa 时，逐渐升温到 779℃使钎料熔化，然后再升温至 820～840℃，保温 3～5 min 后(温度过高或保温时间过长都会使得活性元素与陶瓷件反应强烈，引起钎缝组织疏松，形成漏气)降温冷却。在加热或冷却过程中，注意加热、冷却速度，以避免因加热、冷却过快而造成陶瓷开裂。

（6）检验　对钎接件要进行耐烘烤性能检验和气密性检验。对真空器件或电器件，要进行漏气、热冲击、热烘烤和电绝缘强度等检验。

2.4.5　陶瓷与金属钎焊结构应用实例

2.4.5.1　几个应用实例

陶瓷与金属连接结构在电子工业中应用广泛，在机械、冶金、能源等领域的应用也正在发展。一些应用实例如图 2-12 所示。

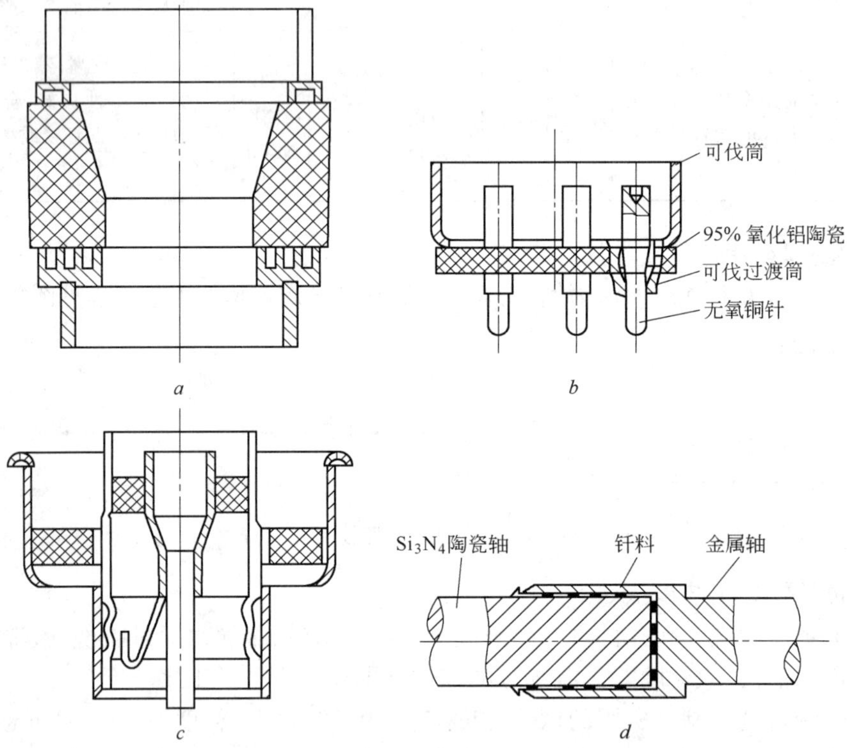

图 2-12　陶瓷与金属钎焊结构的应用实例

a—真空开关管外壳；*b*—套封型过渡针封芯柱；*c*—内外套封与过渡针封复合结构；*d*—陶瓷涡轮轴与金属轴连接结构

A　汽车发动机增压器转子

为了提高汽车发动机性能和节约燃料，陶瓷与金属的复合零件受到人们的重视。Si_3N_4 陶瓷由于比重小、高温强度好以及不需润滑而耐磨损，用于汽车发动机增压器转子有很好的前景。这种陶瓷与钢复合的转子比传统的全金属转子质量轻 40% 左右，耐温达到 1000℃，这些特性提高了涡轮的加速性能和燃烧效率，减少了尾气排放。这类复合转子在重载柴油发动机上也有所应用。

这种汽车发动机增压器转子结构如图2-13*a*所示,其结构为Si_3N_4陶瓷涡轮与金属轴复合体,通过加中间层的活性钎料和套筒连接成整体。形成这种陶瓷与金属复合结构的关键有两点:

(1) 采用厚度2~4 mm的Ni-W合金与Ni组成多层缓冲层,它能使陶瓷中的最大应力从直接连接时的1250 MPa降低到210 MPa。

(2) 选用活性钎料,无需对Si_3N_4陶瓷进行金属化就能很好地润湿其表面,实现钎焊。钎焊的真空度为3×10^{-2} Pa。

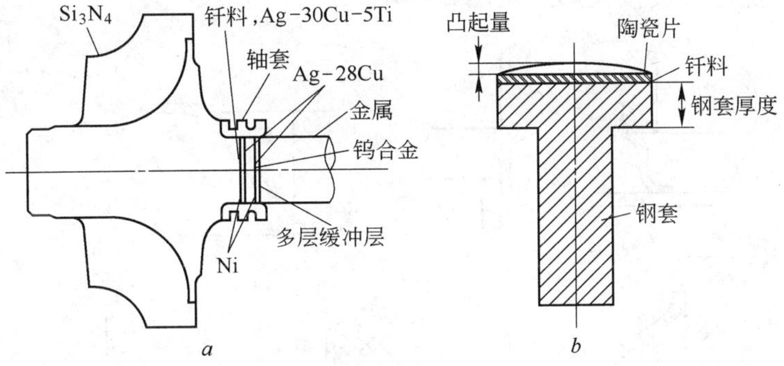

图2-13 陶瓷与金属复合结构的实例
a—陶瓷与金属复合增压器转子; *b*—Si_3N_4与钢复合陶瓷挺柱

B 陶瓷与金属摇杆

某汽车公司推出了一种陶瓷与金属复合摇杆。这种摇杆局部采用Si_3N_4陶瓷,可使磨损降低为全金属件的1/10~1/5,从而延长了维修保养的期限。这种摇杆是将Si_3N_4陶瓷镶片通过中间层与钢制基体连接而成。Si_3N_4陶瓷镶片表面事先涂覆以钛层,然后在干氢气氛中850℃温度下用BAg72Cu钎料钎焊到钢制基体上。由于使用温度不高(主要是耐磨损),中间层采用厚度0.5 mm的Cu片就可满足工艺要求。

C 陶瓷与金属挺柱

挺柱和凸轮是发动机配气机构中一对重要的摩擦副,在工作过程中挺柱的接触面受到激烈的摩擦。用Si_3N_4陶瓷制成的复合陶瓷挺柱与目前常用的冷激铸铁和硬质致密铸铁挺柱相比,耐磨性能更为优越。

Si_3N_4与钢复合挺柱结构示意图如图2-13*b*所示。Si_3N_4陶瓷与钢套采用钎焊技术连接。这种Si_3N_4陶瓷与钢的复合挺柱可用于重载柴油发动机,具有很好的应用前景。

2.4.5.2 钎焊接头设计注意事项

A 合理选择钎接匹配材料

选择线膨胀系数相近的陶瓷与金属相互匹配,如Ti与镁橄榄石陶瓷和Ni与

95% Al_2O_3 陶瓷，在室温至800℃范围内，线膨胀系数基本一致。利用金属的塑性减小钎接应力，如用无氧铜与95% Al_2O_3 陶瓷钎接，虽然金属与陶瓷的线膨胀系数差别很大，但由于充分利用了软金属的塑性与延展性，仍能获得良好的连接。

选择高强度、高导热系数陶瓷，如BeO、AlN等，可以减小钎焊接头处的热应力，提高钎缝结合强度。

B　利用金属件的弹性变形减小应力

利用金属零件的非钎接部位薄壁弹性变形，设计成“挠性钎接结构”以释放应力。典型的挠性钎接接头形式见图2-14。

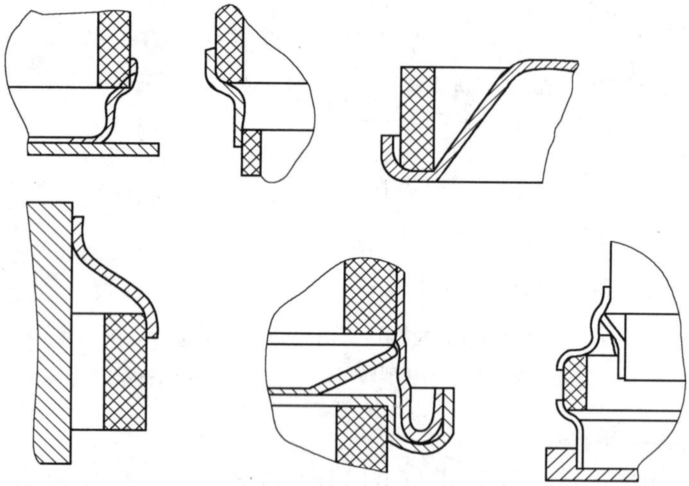

图2-14　典型的挠性钎接接头形式

C　避免应力集中

陶瓷件设计应避免尖角或厚薄相差悬殊，尽量采用圆形或圆弧过渡。套封时改变金属件端部形状，使封口处金属端减薄，可增加塑性，减小应力集中。

控制钎焊件加热温度，防止产生焊瘤。钎料的线膨胀系数一般都比较大，如果钎料堆积，会造成局部应力集中，导致陶瓷炸裂。

D　重视钎料的影响

尽量选用强度低、塑性好的钎料，如Ag-Cu共晶、纯Ag、Cu、Au等，以最大限度地释放应力。在保证密封的前提下，钎料层尽可能薄。选择适宜的焊脚长度，套封时焊脚长度对接头强度影响很大，一般以0.3～0.6 mm为宜。

2.5　陶瓷与金属的扩散焊

与其他焊接方法相比，扩散焊对陶瓷与金属的焊接显示出明显的优越性。如焊接接头质量好、工艺过程稳定、焊件变形小，可一次焊成多个接头和大截面焊口，焊接工艺参数容易控制,能焊接其他方法所难焊的高熔点陶瓷与金属的连接件,以及难熔金属、活性金属等。

2.5.1 陶瓷与金属扩散焊的特点

在陶瓷与金属的焊接中,扩散焊具有广泛的应用和可靠的质量控制。其中以陶瓷与铜的扩散焊研究得较多,应用也比较广泛。陶瓷材料扩散焊工艺主要有:

(1) 同种陶瓷材料直接连接;

(2) 用另一种薄层材料连接同种陶瓷材料;

(3) 异种陶瓷材料直接连接;

(4) 用第三种薄层材料连接异种陶瓷材料。

由于材料焊接性的差异,有直接扩散焊和带中间层的扩散焊。陶瓷与金属焊接时,常采用添加中间层的扩散焊以及共晶反应扩散焊等。陶瓷材料扩散焊的主要优点是:连接强度高,尺寸容易控制,适合于连接异种材料。主要不足是扩散温度高、时间长且在真空下连接,设备昂贵、成本高,试件尺寸和形状受到限制。

陶瓷与金属的扩散焊既可在真空中,也可在氢气氛中进行。通常金属表面有活性膜时更易产生相互间的化学作用。因此在焊接真空室中充以还原性的活性介质(使金属表面保持一层薄的活性膜)会使扩散焊接头具有更高的强度。

氧化铝陶瓷与无氧铜之间的扩散焊接温度只要达到900℃就可得到满意的接头强度。更高的强度指标要在1030~1050℃焊接温度下才能获得,因为此时铜具有很大的塑性,在压力下产生变形,使实际接触面增大。影响扩散焊接头强度的主要因素是加热温度、保温时间、施加的压力、环境介质、被连接面的表面状态以及被连接材料之间的化学反应和物理性能(如线膨胀系数)的匹配。

2.5.2 扩散焊的主要工艺参数

2.5.2.1 加热温度

加热温度对扩散过程的影响最显著,连接金属与陶瓷时温度一般达到金属熔点的90%以上。固相扩散焊时,元素之间相互扩散引起的化学反应,可以形成足够的界面结合。反应层的厚度(X)可以通过下式估算:

$$X = K_0 t^n \exp(-Q/(RT)) \tag{2-1}$$

式中,K_0 为常数;t 为连接时间,s;n 为时间指数;Q 为扩散激活能,J/mol,取决于扩散机制;T 为热力学温度,K;R 为气体常数,等于8.314 J/(K·mol)。

加热温度对接头强度的影响也有同样的趋势,根据拉伸试验得到的温度对接头抗拉强度(σ_b)的影响可以用下式表示:

$$\sigma_b = B_0 \exp(-Q_{app}/(RT)) \tag{2-2}$$

式中,B_0 为常数;Q_{app} 为表观激活能,可以是各种激活能的总和。

加热温度提高使接头强度提高，但是温度过高可能使陶瓷的性能发生变化，或出现脆性相而使接头性能降低。

陶瓷与金属接头的抗拉强度与金属的熔点有关，在氧化铝陶瓷与金属的扩散焊接头中，金属熔点提高，接头抗拉强度增大。

2.5.2.2　保温时间

SiC/Nb 扩散焊接头中反应层厚度与保温时间的关系如图 2-15 所示。

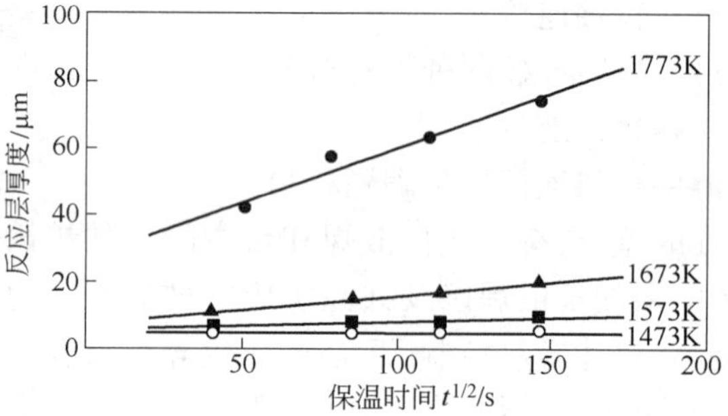

图 2-15　SiC/Nb 扩散焊接头中反应层厚度与保温时间的关系

保温时间对扩散焊接头强度的影响也有同样的趋势，抗拉强度（σ_b）与保温时间（t）的关系为：

$$\sigma_b = B_0 t^{1/2}$$

式中，B_0 为常数。

在其他条件相同时，随着加热温度和连接时间的增加，扩散焊反应层厚度也增加，如图 2-16 所示。

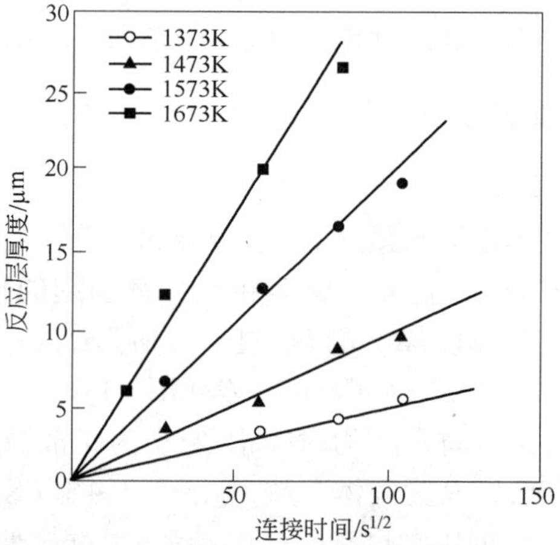

图 2-16　SiC/Ti 反应层厚度与加热温度和时间的关系

2.5.2.3　压力

为了防止构件发生大的变形，陶瓷与金属扩散焊时所加的压力一般小于

100 MPa，这一压力范围足以减小表面不平整和增加表面接触。

固相扩散连接陶瓷与金属时，陶瓷与金属界面会发生反应形成化合物，所形成的化合物种类与连接条件（如温度、表面状态、杂质类型与含量等）有关。不同类型陶瓷与金属接头中可能出现的界面反应产物见表2-18。

表2-18 不同类型陶瓷与金属接头中的界面反应产物

接头组合	界面反应产物	接头组合	界面反应产物
Al_2O_3/Cu	$CuAlO_2$、$CuAl_2O_4$	Si_3N_4/Al	AlN
Al_2O_3/Ti	$NiO\cdot Al_2O_3$、$NiO\cdot SiAl_2O_3$	Si_3N_4/Ni	Ni_3Si、Ni(Si)
SiC/Nb	Nb_5Si_3、$NbSi_2$、Nb_2C，$Nb_5Si_3C_x$、NbC	Si_3N_4/Fe-Cr 合金	Fe_3Si、Fe_4N、Cr_2N、CrN，Fe_xN
SiC-Ni	Ni_2Si	AlN/V	V(Al)、V_2N、V_5Al_8、V_3Al
SiC/Ti	Ti_5Si_3、Ti_3SiC_2、TiC	ZrO_2/N-Cr-(O)/ZrO_2	$NiO_{1-x}Cr_2O_{3-y}ZrO_{2-z}$，$0<x,y,z<1$

扩散条件不同，反应产物不同，接头性能有很大差别。一般情况下，真空扩散焊的接头强度高于在氩气和空气中连接的接头强度。

陶瓷与金属扩散焊时采用中间层，不仅降低了接头产生的残余应力，还可以降低加热温度，减小压力和缩短保温时间。但中间层的选择很关键，选择不当会引起接头性能的恶化。如由于化学反应激烈形成脆性反应物而使接头抗弯强度降低，或由于线膨胀系数的不匹配而增大残余应力，或使接头耐腐蚀性能降低，甚至导致产生裂纹。中间层可以以不同的形式加入，通常以粉末、箔状或通过金属化加入。

2.5.3 陶瓷与金属扩散焊的应用实例

Al_2O_3、SiC、Si_3N_4 及 WC 等陶瓷研究和开发较早，发展比较成熟。而 AlN、ZrO_2 陶瓷发展得相对较晚，它们的焊接应用正处于研发之中。

有关陶瓷接头的性能试验，以往主要以四点或三点弯曲及剪切或拉伸试验来检验，表2-19列出各种陶瓷材料组合扩散焊的工艺参数及强度性能。但陶瓷属于脆性材料，只有强度指标不够完全，测量接头的断裂韧度是有必要的。

表2-19 各种陶瓷材料组合扩散焊的工艺参数及强度性能

连接材料	加热温度/℃	保温时间/min	压力/MPa	中间层及厚度	环境气氛	强度/MPa
Al_2O_3/Ni	1350	20	100	—	H_2	200^b(A)
Al_2O_3/Pt	1550	1.7~20	0.03~10	—	H_2	200~250(A)
Al_2O_3/Al	600	1.7~5	7.5~15	—	H_2	95(A)
Al_2O_3/Cu	1025~1050	155	1.5~5	—	H_2	153^b(A)

续表 2-19

连接材料	加热温度/℃	保温时间/min	压力/MPa	中间层及厚度	环境气氛	强度/MPa
Al_2O_3/Nb	1600	60	8.8	—	真空	120(B)
Al_2O_3/Cr	1100	15	120	—	真空	57～90^b(S)
Al_2O_3/Fe	1375	1.7～6	0.7～10	—	H_2	220～231(A)
Al_2O_3/低碳钢	1450	120	<1	Co	真空	3～4(S)
	1450	240	<1	Ni	真空	0(S)
Al_2O_3/高合金钢	625	30	50	0.5mm Al	真空	41.5^b(T)
Al_2O_3/Pt/Al_2O_3	1650	240	0.8	—	空气	220(A)
94% Al_2O_3/Cu	1050	50～60	10～12	—	真空	230(B)
Al_2O_3/Cu/Al_2O_3	1025	15	50	—	真空	177(B)
	1000	120	6	—	真空	50(S)
Al_2O_3/Ni/Al_2O_3	1350	30	50	—	真空	149(B)
	1250	60	15～20	—	真空	75～80(T)
Al_2O_3/Fe/Al_2O_3	1375	2	50	—	真空	50(B)
Al_2O_3/Ag/Al_2O_3	900	120	6	—	真空	68(S)
Al_2O_3/Cu_4Ti	800	20	50	—	真空	45^b(T)
Si_3N_4/Invar	727～877	7	0～0.15	0.5mm Al	空气	110～200(A)
Si_3N_4/Nimonic80A	1100	6～60	0～50	—	真空	—
	1200	—	—	Cu, Ni, Kovar	—	—
Si_3N_4/Si_3N_4	770～986	10	0～0.15	10～20 μm Al	空气	320～490(B)
	1550	40～60	0～1.5	ZrO_2	真空	175(B)
	1500	60	21	无	1 MPa 氮气	380(A)室温～230(A)1000℃
	1500	60	21	无	0.1 MPa 氮气	220(A)室温～135(A)1000℃
Si_3N_4/WC-Co	610	30	5	Al	真空	208^b(A)
	610	30	5	Al-Si	真空	50^b(A)
	1050～1100	180～360	3～5	Fe-Ni-Cr	真空	>90(A)
Si_3N_4/Al/Si_3N_4	630	300	4	—	真空	100(S)
Si_3N_4/Ni/Si_3N_4	1150	0～300	6～10	—	真空	20(S)
Si_3N_4/Invar/AISI316	1000～1100	90～1440	7～20	—	真空	95(S)
Si_3N_4/钢	610	30	10	Al-Si/Al/Al-Si	真空	200(B)
SiC/Nb	1400	30	1.96	—	真空	87(S)
SiC/Nb/SiC	1400	600	—	—	真空	187 室温，>100(800℃)

续表 2-19

连接材料	加热温度/℃	保温时间/min	压力/MPa	中间层及厚度	环境气氛	强度/MPa
SiC/Nb/SUS304	1400	60	—	—	真空	125
SiC/SUS304	800~1517	30~180	—	—	真空	0~40
AlN/AlN	1300	90	—	25 μm V	真空	120(S)
ZrO_2/Si_3N_4	1000~1100	90	>14	>0.2 mm Ni	真空	57(S)
ZrO_2/Cu/ZrO_2	1000	120	6	—	真空	97(T)
ZrO_2/ZrO_2	1100	60	10	0.1 mm Ni	真空	150(A)
	900	60	10	0.1 mm Cu	真空	240(A)
BeO/Cu	250~450	10	10~15	Ag 25 μm	真空	—

注:强度值后面括号中的字母代表各种性能试验方法:A 代表四点弯曲试验,B 代表三点弯曲试验,T 代表拉伸试验,S 代表剪切试验;上标 b 代表最大值。

陶瓷的硬度与强度较高,不易发生变形,所以陶瓷与金属的扩散连接除了要求被连接的表面非常平整和清洁外,扩散连接时还必须压力大(0.1~15 MPa)、温度高(通常为金属熔点 T_m 的 70%~90%),焊接时间也比其他焊接方法长得多。陶瓷与金属的扩散连接中,最常用的陶瓷材料为氧化铝陶瓷和氧化锆陶瓷。与此类陶瓷焊接的金属有铜(无氧铜)、钛(TA1)、钛钽合金(Ti-5Ta)等。

氧化铝陶瓷具有硬度高塑性低的特性,在扩散焊时仍将保持这种特性。即使氧化铝陶瓷内存在玻璃相(多半分布在刚玉晶粒的周围),陶瓷也要加热到 1100~1300℃以上才会出现蠕性,陶瓷与大多数金属扩散焊时的实际接触首先是在金属的塑性变形过程中形成的。表 2-20 列出了各种 Al_2O_3 陶瓷与不同金属相匹配的组合、扩散焊条件及接头强度。

表 2-20 各种 Al_2O_3 陶瓷与不同金属扩散焊条件及接头强度

陶瓷-金属组合		气 氛	加热温度/℃	抗弯强度/MPa
95%氧化铝瓷(含 MnO)	Fe-Ni-Co	H_2	1200	100
	Fe-Ni-Co	真空	1200	120
	不锈钢	H_2	1200	100
	不锈钢	真空	1200	200
	Ti	真空	1100	140
	Ti-Mo	真空	1100	100
72%氧化铝瓷	Fe-Ni-Co	H_2	1200	100
	不锈钢	干 H_2	1200	115
	不锈钢	真空	1200	115
	Ti	真空	1100	125
	Ni	真空	1200	130

续表 2-20

陶瓷 - 金属组合		气　氛	加热温度/℃	抗弯强度/MPa
99.7% 氧化铝瓷	不锈钢	真空	1250 ~ 1300	180 ~ 200
	Ni	真空	1250 ~ 1300	150 ~ 180
	Ti	真空	1250 ~ 1300	160
	Fe-Ni-Co	真空	1250 ~ 1300	110 ~ 130
	Fe-Ni 合金	真空	1250 ~ 1300	50 ~ 80
	Nb	真空	1250 ~ 1300	70
	Ni-Cr	H_2	1250 ~ 1300	100
	Ni-Cr	真空	1250 ~ 1300	100
	Pd	H_2	1250 ~ 1300	160
	Pd	真空	1250 ~ 1300	160
	3 号钢	H_2	1250 ~ 1300	50
	3 号钢	真空	1250 ~ 1300	50
94% 氧化铝瓷	不锈钢	H_2	1250 ~ 1300	30

注:1. 真空度均为 $10^{-2} \sim 10^{-3}$ Pa;

2. 保温时间 15 ~ 20 min。

陶瓷与金属直接用扩散焊连接有困难时,可以采用加中间层的方法,而且金属中间层的塑性变形可以降低对陶瓷表面的加工精度。例如在陶瓷与 Fe-Ni-Co 合金之间,加入厚度 20 μm 的 Cu 箔作为过渡层,采用压力 15 MPa,在温度 1050℃、时间为 10 min 工艺下可得到抗拉强度 72 MPa 的扩散焊接头。

中间过渡层可以直接使用金属箔片,也可以采用真空蒸发、离子溅射、化学气相沉积(CVD)、喷涂、电镀等。还可以采用前面介绍的烧结金属化法、活性金属化法、金属粉末或钎料等实现扩散焊接。扩散焊工艺不仅用于金属与陶瓷的焊接,也可用于微晶玻璃、半导体陶瓷、石英、石墨等与金属的焊接。各种介质与金属扩散焊的工艺参数见表 2-21。

表 2-21　各种介质与金属扩散焊的工艺参数

材 料 组 合	过 渡 层	加热温度 /℃	压力 /MPa	时间 /min	真空度/Pa	备　注
硅硼玻璃/可伐	Cu 箔 0.05 mm	590	5	20	5×10^{-2}	抗拉强度 10 MPa
硅铝玻璃/Nb	—	840	50 ~ 100	15	$(2 \sim 5) \times 10^{-2}$	抗拉强度 18 MPa, 耐 Cs,650℃,800 h
石英玻璃/Cu	蒸 Cu 5 ~ 10 μm	950	10	30	$10^{-1} \sim 5 \times 10^{-2}$	抗拉强度 29 MPa, 耐 700℃热冲击
微晶玻璃/Cu	—	850 ~ 900	5 ~ 8	15 ~ 20	$10^{-2} \sim 10^{-3}$	抗拉强度 139 MPa, 600℃热冲击 16 次

续表 2-21

材料组合	过渡层	加热温度/℃	压力/MPa	时间/min	真空度/Pa	备注
微晶玻璃/Al	—	620	8	60	10^{-2}	—
微晶玻璃/Cu	Al 箔	420	5	45	10^{-2}	—
94% Al_2O_3/Cu	—	1050	10~12	50~60	—	H_2 中,抗弯强度 230 MPa
94% Al_2O_3/Ni、Mo、可伐	Cu 箔	1050	18	15	—	H_2 中
95% Al_2O_3/Cu	—	1000~1020	20~22	20~25	—	H_2 中,ϕ135 mm 瓷件
蓝宝石/Fe-Ni 合金	—	1000~1100	2	10	5×10^{-2}	合金中含 Ni 46%
BeO/Cu	Ag 箔 25 μm	250~450	10~15	10	—	—
ZnS 光学陶瓷/Cu、可伐	—	850	8~10	40	—	Ar 中
ZnO-TiO/Ti	CVD 沉积 Ni	750	15	15	10^{-2}	—
Al_2O_3-SiC-Si/Ni-Cr	沉积 Ni	650	15	15	10^{-2}	(Ni-Cr)合金中 Ni 80%,Cr 20%
ZrO_2/Pt	Ni 箔	1150~1300	2~3	5~20	10^{-2}	—
硅晶体/Cu	镀 Au、(Ni)	370	20	60	10^{-1}	—
硅晶体/Mo	镀 Ag 6~8 μm,夹 Ag 箔 10~30 μm	400	5~300	50~60	—	300~-196℃ 热循环 5 次
硅晶体/W	—	1100~1150	17	30	10^{-1}	—
硅晶体/W	Al 箔 0.1 mm	500	23	60	10^{-1}	—
钇石榴石铁氧体/Cu	Cu 箔 0.6 mm	1000~1050	16~20	15~20	10^{-1}	抗拉强度 68 MPa
Mn(Ni)/Zn 铁氧体磁头	Al-Mg 玻璃 1~10 μm	550~750	10~50	15~90	10^{-1}	焊后不影响铁氧体电磁性能
石墨/Ti	化学镀 Ni 10~30 μm	850	3	35	10^{-1}	—
石墨/Ti	Ni 箔 1 μm	850	1	35	10^{-1}	—
石墨/Ti	Ni 箔 1 μm	1100	7	45	10^{-1}	—
石墨/不锈钢	—	1250~1300	1~2	5	5×10^{-4}	—
石墨/Mo、Nb	Cr、Ni 粉	1650~1750	1	5	—	惰性气体,Cr 粉 80%,Ni 粉 20%

表 2-22 列出了无氧铜与 Al_2O_3 陶瓷在 H_2 气氛中扩散焊的工艺参数,表 2-23 列出了 Fe-Ni 合金与 α-Al_2O_3 蓝宝石扩散焊的工艺参数,表 2-24 列出铜与硫化锌

陶瓷扩散焊的工艺参数。

表 2–22　无氧铜与 Al_2O_3 陶瓷在 H_2 气氛中扩散焊的工艺参数

陶瓷与金属	厚度 /mm	工艺参数						
		焊接温度 /℃	保温时间 /min	压力 /MPa	加热速度 /℃·min⁻¹	冷却速度 /℃·min⁻¹	总加热时间/min	总冷却时间/min
Al_2O_3/无氧 Cu	7 +0.4	1000	20	19.6	10	3	60 ~ 70	120
Al_2O_3/无氧 Cu	7 +0.4	1000	20	21.56	15	10	70	120
Al_2O_3/Cu	7 +0.5	1000	20	21.56	10	3	70	120
Al_2O_3/Cu	7 +0.5	1000	20	19.6	10	10	60	120

表 2–23　Fe-Ni 合金与 α-Al_2O_3 蓝宝石扩散焊的工艺参数

金属/陶瓷	气体	工艺参数				
		焊接温度 /℃	保温时间 /min	压力 /MPa	加热速度 /℃·min⁻¹	冷却速度 /℃·min⁻¹
Fe-Ni 合金/蓝宝石	H_2	1000	10	0.98	20	5
Fe-Ni 合金/蓝宝石	H_2	1000	10	1.98	20	5
Fe-Ni 合金/蓝宝石	H_2	1050	15	17.64	20	5
Fe-Ni 合金/蓝宝石	H_2	1100	10	4.9	20	5
Fe-Ni 合金/蓝宝石	H_2	1200	10	1.96	20	6
Fe-Ni 合金/蓝宝石	H_2	1250	15	4.9	20	7
Fe-Ni 合金/蓝宝石	H_2	1300	10	4.9	20	7
Fe-Ni 合金/蓝宝石	H_2	1300	15	7.24	20	7

表 2–24　铜与硫化锌陶瓷扩散焊的工艺参数

异种材料	介质	工艺参数			
		焊接温度/℃	保温时间/min	压力/MPa	真空度/Pa
Cu/硫化锌陶瓷	Ar	850	35	7.81	1.33×10^{-1}
Cu/硫化锌陶瓷	Ar	800	40	7.81	1.33×10^{-1}
Cu/硫化锌陶瓷	Ar	850	35	9.8	1.33×10^{-1}
Cu/硫化锌陶瓷	Ar	800	40	9.8	1.33×10^{-1}
Cu/硫化锌陶瓷	Ar	850	40	9.8	1.33×10^{-1}

陶瓷与金属扩散连接的接头强度，除了与材料本身的性能有关外，连接工艺对陶瓷/金属扩散焊接头的力学性能起决定性作用。扩散连接的工艺参数直接影响结合界面的物相结构和强度性能；另一组陶瓷与金属扩散连接的工艺参数和接头强度见表 2–25。

表 2-25 陶瓷与金属扩散连接的工艺参数和接头强度

材料组合		中间层厚度/μm	截面尺寸/mm	温度/K	时间/min	压力/MPa	气氛/mPa	接头强度/MPa
SiC组合	SiC/Ta/SiC	20	$\phi6$	1773	480	7.3	1.33	72(剪切)
	SiC/Nb/SiC	12	$\phi6$	1790	600	7.3	1.33	187(剪切)
	SiC/V/SiC	25	$\phi6$	1373 ~ 1673	30 ~ 180	30	1.33	130(剪切)
	SiC/Ti/SiC	20	$\phi6$	1773	60	7.3	1.33	250(剪切)
	SiC/Cr/SiC	25	$\phi6$	1473	30	7.3	1.33	89(剪切)
	SiC/Al-Si/Kovar	600	8×8	873	30	4.9	30	113(弯曲)
	SiC/Ni/SiC	—	—	1200	—	15	—	90(—)
	SiC/Cu/SiC	—	—	1020	—	20	—	80(—)
	SiC/Co-50Ti/SiC	100	$\phi6$	1723	30	20	1.33	60(剪切)
	SiC/Fe-50Ti/SiC	100	$\phi6$	1623	45	20	1.33	133(剪切)
Si_3N_4组合	Si_3N_4/Ni-20Cr/Si_3N_4	125	15×15	1473	60	100	0.14	100(弯曲)
		125	15×15	1423	60	100	Ar	300(弯曲)
	Si_3N_4/V/Mo	25	$\phi10$	1328	90	20	5	118(剪切)
	Si_3N_4/Invar/AISI316	250	$\phi10$	1323	90	7	2	95(剪切)
	Si_3N_4/AISI316	—	$\phi10$	1373	180	7	1	37(剪切)
	Si_3N_4/Fe-36Ni + Ni/MA6000	2000 + 1000	3.5×2.5	1473	120	100	—	75(弯曲)
	Si_3N_4/Ni	—	$\phi10$	1273	60	5	6.65	32(拉伸)
	Si_3N_4/Ni-Cr/Si_3N_4	200	15×15	1423	60	22	Ar	160(弯曲)
	Si_3N_4/Ni + Ni-Cr + Ni + Ni-Cr + Ni/Si_3N_4	10 + 60 + 60 + 60 + 10	15×15	1423	60	22	Ar	391(弯曲)
	Si_3N_4/Cu-Ti-B + Mo + Ni/40Cr	50 + 100 + 1000	$\phi14$	1173	40	30	6	180(剪切)
Al_2O_3组合	Al_2O_3/Ti/1Cr18Ni9Ti	200	$\phi10$	1143	30	15	1.33	32(拉伸)
	Al_2O_3/1Cr18Ni9Ti	—	$\phi10$	1273	60	7	1.33	18(拉伸)
	Al_2O_3/Cu/Al	200	20×20	773	20	6	1.33	108(拉伸) 55(剪切)
	Al_2O_3/Cu/AISI1015	100	$\phi10$	1273	30	3	O_2	100(弯曲)
	Al_2O_3/Al-Si/低碳钢	2200	$\phi32$	873	30	5	30	23(拉伸)
	Al_2O_3/Ti-5Ta/Al_2O_3	700	$\phi16$	1423	20	0.2	0.13	56(拉伸)
	Al_2O_3/Ag	—	$\phi8$	1173	0	3	Ar	70(拉伸)
	Al_2O_3/SUS321	—	$\phi13$	1300	10	25	1.33	60(拉伸)
	Al_2O_3/AA7075	—	$\phi10$	633	600	6	665	60(剪切)
ZrO_2组合	ZrO_2/Ni-Cr/ZrO_2	125	$\phi15$	1373	120	10	100	574(弯曲)
	ZrO_2/Ni-Cr-(O)/ZrO_2	126	$\phi15$	1373	120	10	100	620(弯曲)
	ZrO_2/AISI316/ZrO_2	100	$\phi15$	1473	60	10	100	720(弯曲)

2.6　陶瓷与金属的电子束焊接

2.6.1　陶瓷与金属电子束焊的特点

20世纪60年代以来,国外已开始将电子束焊应用到金属与陶瓷的焊接工艺中,这种方法扩大了选用材料的范围,也提高了陶瓷焊接件的气密性和力学性能,满足了多方面的需要。

电子束焊是一种高能密度的电子束轰击焊件使其局部加热和熔化的焊接方法。陶瓷与金属的电子束焊是一种很有效的焊接方法,由于是在真空条件下,能防止空气中的氧、氮等污染,有利于陶瓷与金属的焊接,焊后的气密性良好。

电子束经聚焦能形成很细小的直径,可小到0.1～1.0 mm范围,其功率密度可提高到10^7～10^9 W/cm^{2}的程度。因而电子束穿透力很强,加热面积很小,焊缝熔宽小、熔深很大,熔宽与熔深之比可达到1∶10～1∶50。这样不仅焊接热影响区小,而且应力也很小。这对于陶瓷精加工件作为最后一道工序,可以保证焊后结构的精度。

这种方法的缺点是设备复杂,对焊接工艺要求较严,生产成本较高。陶瓷与金属的真空电子束焊接时,焊件的接头形式有多种,比较合适的接头形式以平焊为最好。也可以采用搭接或套接,工件之间的装配间隙应控制在0.02～0.05 mm,不能过大,否则可能产生未焊透等缺陷。

陶瓷与金属真空电子束焊机,由电子光学系统(包括电子枪和磁聚焦、偏转系统)、真空系统(包括真空室、扩散泵、机械泵)、工作台及传动机构、电源及控制系统四部分组成。电子束焊机的主要部件是电子光学系统,它是获得高能量密度电子束的关键,在配以稳定、调节方便的电源系统后,能保证电子束焊接的工艺稳定性。电子束焊枪的加速电压有高压型(110 kV以上)、中压型(40～60 kV)和低压型(15～30 kV),对于陶瓷与金属的焊接,最合适的是采用高真空度低压型电子束焊枪。

2.6.2　陶瓷与金属电子束焊的工艺过程

陶瓷与金属电子束焊的工艺过程如下:

(1) 把焊件表面处理干净,将装配好的工件放在预热炉内;

(2) 当真空室的真空度达到1.33×10^{-2} Pa之后,开始用W丝热阻炉对工件进行预热;

(3) 在预热恒温下,让电子束扫射被焊工件的金属一侧,开始焊接;

(4) 焊后降温退火,预热炉要在10 min之内使电压降到零值,然后使焊件在真空炉内自然冷却1 h,缓冷以后才能出炉。

电子束焊的焊接参数主要是:加速电压、电子束电流、工作距离(被焊工件至聚焦筒底的距离)、聚焦电流和焊接速度。陶瓷与金属真空电子束焊的工艺参数对接头质量影响很大,尤其对焊缝熔深和熔宽的影响更加敏感,这也是衡量电子束焊接质量的重要指标。选择合适的焊接参数可以使焊缝形状、强度、气密性等达到设计要求。

氧化铝陶瓷(85%、95% Al_2O_3)、高纯度 Al_2O_3、半透明的 Al_2O_3 陶瓷之间的电子束焊接时,可选择如下工艺参数:功率 3 kW,加速电压 150 kV,最大的电子束电流为 20 mA,用电子束聚焦直径 0.25 ~0.27 mm 的高压电子束焊机进行直接焊接,可获得良好的焊接质量。

高纯度 Al_2O_3 陶瓷与难熔金属(W、Mo、Nb、Fe-Co-Ni 合金)电子束焊接时,也可采用上述工艺参数用高压电子束焊机进行焊接。同时还可用厚度 0.5 mm 的 Nb 片作为中间过渡层,进行两个半透明的 Al_2O_3 陶瓷对接接头的电子束焊接。还可以用直径 1.0 mm 的金属钼针与氧化铝陶瓷实行电子束焊接。

真空电子束焊接目前多用于难熔金属(W、Mo、Ta、Nb 等)与陶瓷的焊接,而且要使陶瓷的线膨胀系数与金属的线膨胀系数相近,达到匹配性的连接。由于电子束的加热斑点很小,可以集中在一个非常小的面积上加热,这时只要采取焊前预热、焊后缓慢冷却以及接头形式合理设计等措施,可以获得合格的焊接接头。

2.6.3 陶瓷与金属电子束焊应用实例

在石油化工等部门使用的一些传感器需要在强烈浸蚀性的介质中工作。这些传感器常常选用氧化铝系列的陶瓷作为绝缘材料,而导体就选用 18-8 不锈钢。不锈钢与陶瓷之间应有可靠的连接,焊缝必须耐热、耐腐蚀、牢固可靠和致密不泄漏。

陶瓷是一根长度为 15 mm,外径为 10 mm,壁厚 3 mm 的管子。陶瓷与金属管之间采用动配合。陶瓷管两端各留一个 0.3 ~1.0 mm 的加热膨胀间隙,以防止焊接加热时产生应力使陶瓷管爆裂。采用真空电子束焊方法焊接 18-8 不锈钢管与陶瓷管,接头为搭接焊缝,电子束焊的工艺参数见表 2-26。

表 2-26 18-8 不锈钢与陶瓷真空电子束焊的工艺参数

材 料	母材厚度 /mm	工艺参数				
		电子束电流 /mA	加速电压 /kV	焊接速度 /m · min^{-1}	预热温度 /℃	冷却速度 /℃ · min^{-1}
18-8 钢/陶瓷	4 +4	8	10	62	1250	20
18-8 钢/陶瓷	5 +5	8	11	62	1200	22
18-8 钢/陶瓷	6 +6	8	12	60	1200	22
18-8 钢/陶瓷	8 +8	10	13	58	1200	23
18-8 钢/陶瓷	10 +10	12	14	55	1200	25

首先对陶瓷和金属焊件表面进行清理，采取酸洗法除去油脂及污垢。电子束焊接前先以 40 ~ 50℃/min 的加热速度分级将工件加热到 1200℃，保温 4 ~ 5 min，然后关掉预热电源，以使陶瓷件预热均匀。

当接头温度降低时，对工件的其中一端进行焊接，焊接时加热要均匀。第一道焊缝焊好后，要重新将工件加热到 1200℃，然后才能进行第二道焊缝的焊接。

接头焊完之后，以 20 ~ 25℃/min 的冷却速度随炉冷却，不可过快。焊后冷却过程中，由于收缩力的作用，陶瓷中首先产生轴向挤压力。所以工件要缓慢冷却到 300℃以下时才可以从加热炉中取出，以防挤压力过大，挤裂陶瓷。

相对于金属和塑料，陶瓷材料的硬度高，不易燃，不活泼。因此陶瓷可用在高温、腐蚀性强、高摩擦性的环境中，包括：高温条件下各种物理性质的持久稳定性、低的摩擦系数（尤其在重载荷、低润滑条件）、低线膨胀系数、抗腐蚀性、热绝缘性、电绝缘性、低密度的场合。

很多工业部门应用工程陶瓷制造部件，包括电子装置的陶瓷基片，涡轮增压器的转子和汽车发动机中的挺杆头。现代陶瓷应用的其他例子有：食品加工设备中使用的无油润滑轴承、航空涡轮叶片、原子核燃料棒、轻质装甲板、切削工具、磨料、热隔板及熔炉和窑炉耐热部件等。

未来的发展很可能来自提高陶瓷 - 金属材料的加工制造技术，以降低元件成本和改善性能，对高性能材料提出更高标准的要求并需要使用更多的陶瓷 - 金属复合材料。陶瓷与金属材料的连接将是一个备受关注的发展领域。

3 硬质合金与钢的焊接

硬质合金是一种高效的工具材料,它是将高熔点、高硬度的金属碳化物粉末与黏结剂混合,用粉末冶金法压制成各种所需形状的工件。硬质合金具有高硬度、高强度、耐磨损、耐高温、抗腐蚀和线膨胀系数小等优点。硬质合金与钢的焊接主要用于机械加工的刀具、刃具、模具、采掘工具以及以耐磨作为主要性能的各种零部件,特点是可以节省大量的贵重金属,提高零部件的使用寿命。硬质合金焊接在各工业部门已经得到广泛的应用,并收到了显著的效果。

3.1 硬质合金的分类、性能及用途

硬质合金是金属碳化物粉末与钴的混合物,常用的金属碳化物是碳化钨、碳化钛、碳化铌和碳化钒等,它们能使硬质合金具有高硬度和高耐磨性。硬质合金的黏结剂主要是金属钴或金属镍等,它能保证硬质合金具有一定的强度和韧性。

3.1.1 硬质合金的分类及用途

3.1.1.1 常用硬质合金的分类、成分及用途

我国常用硬质合金的分类、化学成分、使用性能及用途见表3-1。表中硬质合金牌号中的字母意义如下:Y是原冶金工业部标准;G和T是硬质合金分类代号,G和T后面的数字表示Co或TiC的含量百分比;牌号末尾如有X、J、G等字母是表示碳化物颗粒的粗细,X表示细颗粒硬质合金,它比一般颗粒的合金具有较高的耐磨性,但强度稍低;J表示为极细颗粒的碳化物,耐磨性提高;G是粗颗粒碳化物的合金,具有很好的强度。

我国生产的硬质合金主要分为YT和YG两大类。YT类是由碳化钛、碳化钨和钴等组成,主要成分为TiC、WC和Co,多用于制作切削钢材的刀具。YG类是碳化钨和钴的合金,主要成分是WC和Co,多用于制造切削铸铁件、淬火钢、不锈钢等的刀具,以及用于制造各种硬质合金量具、模具、地质采矿和石油钻井用的采掘工具等。此外,还有YW类加入少量碳化钽或碳化铌等贵重金属碳化物的Ti-W-Co类硬质合金,用做切削特殊耐热合金材料的刀具。

3.1.1.2 用于各类工具的硬质合金

另一种分类方法是将用于切削、采掘等用途的各类硬质合金分为金属陶瓷硬质合金和钢结硬质合金两类。

A　金属陶瓷硬质合金

金属陶瓷硬质合金是将难熔的金属碳化物粉末(如 WC、TiC 等)和黏结剂(如 Co、Ni 等)混合,加压成形,再经烧结而成的粉末冶金材料。例如生产中应用最广泛的 W-Co 类硬质合金(YG3、YG6、YG8 等)和 W-Co-Ti 类硬质合金(YT5、YT15、YT30 等)。用这类硬质合金制作的刀具耐高温、耐磨损,广泛用于量具、模具,也用于制造凿岩钎头、钻头等。

表 3-1　常用硬质合金的分类、化学成分、使用性能及其用途

类别	牌　号	化学成分(质量分数)/%				使用性能及用途
		WC	TiC	TaC(NbC)	Co	
钨钴合金	YG3X	97	—	—	3	属细颗粒 W-Co 类合金,有极高的耐磨性,但使用强度、耐冲击性、耐振动性和韧性较差。适用于铸铁、有色金属及其合金的精加工和半精加工,如精镗、精车等。也可用于合金钢、淬火钢的精加工。还适用于制作在强磨粒磨损条件下工作的工具和耐磨零件
	YG6X	94	—	—	6	细颗粒 W-Co 类合金,耐磨性高于 YG6,强度接近于 YG6,耐冲击、耐振动和耐崩刃性较 YG6 稍差。适用于加工冷硬合金铸铁与耐热合金钢,也适于普通铸铁的精加工以及钢材、有色金属的细丝拉伸模具
	YG6	94	—	—	6	耐磨性较高,介于 YG8 和 YG3 之间。适用于铸铁、有色金属及合金、不锈钢与非金属材料连续切削时的粗或半精加工,也用于有色金属线材的拉伸模、地质勘探、煤炭采掘用钻头等
	YG6A	91 ~ 93	—	1 ~ 3	6	是一种含有少量碳化铌的细颗粒 W-Co 类合金,由于加入少量稀有元素,耐磨性及强度高。适用于冷硬铸铁、有色金属及合金的半精加工,也适用于高锰钢、淬火钢、不锈钢、耐热钢的半精加工和精加工
	YG8	92	—	—	8	使用强度高,抗冲击、抗振动性较 YG6 合金好,但耐磨性和允许的切削速度较 YG6 低。适用于铸铁、有色金属及合金或非金属的粗加工、断续切削和钻深孔、扩孔等,还适用于拉丝模、采掘用钻头、喷嘴、顶尖、导向装置等
	YG8C	92.0	—	—	8	属粗晶粒 W-Co 合金,耐磨性比 YG8 低,但有较高的使用强度、耐冲击性、耐振动性和韧性。主要用于凿岩工具,也可用于钢管、钢棒、耐热钢和奥氏体不锈钢的大负荷粗车和铸钢件的刨削
	YG15	85.0	—	—	15	使用强度较高,抗冲击性好,但耐磨性较低。适用于凿岩工具,也可用于制造压缩率大的钢棒和钢管拉伸模具、冲压模具等

续表 3-1

类别	牌 号	化学成分(质量分数)/%				使用性能及用途
		WC	TiC	TaC(NbC)	Co	
钨钴钛合金	YT30	66	30	—	4	耐磨性和允许的切削速度是 W-Co-Ti 合金中最高的,可高速切削,但使用强度、耐冲击、耐振动和耐崩刃性较差,焊接和刃磨时应加倍小心。适用于碳钢和合金钢的精加工,如小断面精车、精镗、精扩及淬火钢的精车
	YT15	79	15	—	6	耐磨性优于 YT5 和 YT14,但强度和抗冲击性较差。适于钢材的半精加工和精加工,如精车和半精车、精铣和半精铣、扩孔等
	YT14	78	14	—	8	使用强度高,抗冲击和抗振性好,耐磨性略低于 YT15。适用于碳钢与合金钢的粗加工和半精加工,如不平整断面和连续切削时的粗车、间断切削时的半精车、连续面的粗铣、铸孔的扩钻等
	YT5	85	5	—	10	在 W-Co-Ti 合金中强度最高,抗冲击和抗振性最好,但耐磨性较差。适用于碳钢与合金钢(锻件、冲压件等)的粗加工及断续切削,如粗车、粗刨、粗铣及钻孔等
通用合金	YW1	84	6	4	6	热硬性较好,能承受一定的冲击负荷,是一种通用性较好的合金。适用于铸铁及钢件加工,如耐热钢、高锰钢、不锈钢等难加工钢材的加工
	YW2	82	6	4	8	耐磨性稍低于 YW1,但使用强度高且能承受较大的冲击负荷,允许用较高的切削速度。适用于耐热钢、高锰钢、不锈钢及高合金钢等难加工钢材的粗加工和半精加工,也可用于铸铁的加工
碳化钛镍钼合金	YN10	15	62	1	Ni 10 Mo 12	TiC 基和以 Ni-Mo 为黏结剂,价格低于以 Co 作黏结剂的合金。性能与 YT30 相似,耐磨性优良,但焊接性较差,通常做成可换式机械固定刀具使用。适用于碳钢、合金钢、工具钢、淬火钢等连续切削时的精加工;对于尺寸较大的工件和表面粗糙度要求高的工件,精加工的效果尤为显著

注:Y—冶金部标准;G、T—分类标记,后面数字表示钴或碳化钛的质量分数,如 YG8 是由 8% 钴和 92% 碳化钨组成,YT15 是 15% 碳化钛,其余为碳化钨和钴等;A—含 TaC(NbC)的钨钴类合金;W—通用合金;牌号末尾如有 X(细)、J(极细)、G(粗)等字母表示碳化物颗粒的粗细。

B　钢结硬质合金(简称 DT 合金)

钢结硬质合金是以一种或几种碳化物(如 TiC、WC 等)为硬化相,以合金钢(如高速钢、铬钼钢等)粉末为黏结剂,经配料、混料、压制和烧结而成的粉末冶金材料。这是一种新型的工具材料,可分为如下两种。

(1) 高速钢结硬质合金　这种钢结硬质合金含 TiC 为 35%,含高速钢的质量分数为 65%,经淬火 - 回火后的硬度为 69 ~ 73HRC。

（2）铬钼钢结硬质合金　这种钢结硬质合金含 WC 为 50%，含铬钼钢的质量分数为 50%。

钢结硬质合金是近 30 年来发展起来的一种新型工模具材料，它是在合金钢的基体上均匀分布 30% ~50% 硬质颗粒，经过烧结、压制而成，因而既具有像硬质合金那样的高硬度、高强度、高耐磨性，又具有合金钢的可冷热加工性能，如锻、车、铣、刨、磨、热处理等。

钢结硬质合金（简称钢结合金），以碳化钨或碳化钛为硬质相，以钢为黏结相（其体积分数一般在 50% 以上），针对不同的使用要求，可选用不同的钢种为基体，包括铬钼工具钢、高速钢、不锈钢和高锰钢等。

钢结硬质合金的硬度和耐磨性与某些硬质合金牌号相近，又具有工具钢的可机械加工、热处理、锻造和焊接等特点，是介于硬质合金与工具钢之间的工具材料，适用于工具钢由于耐磨性不够，而硬质合金由于韧性不够和难加工成形而受到限制的场合。

钢结硬质合金在保持高硬度和耐磨性的基础上，较大幅度地提高了强度和韧性，而且在激冷激热交变冲击下具有很好的抗热裂性，综合性能好，适于在较大冲击负荷条件下使用。

钢结硬质合金广泛用于制造各种形状复杂的刀具，如机械加工中常用的麻花钻头、铣刀等，也用于制造高温工作的各种模具、工具和耐磨零件等。钢结硬质合金应用广泛，在各类冷作磨具、温作磨具、剪切工具及各种耐磨零件方面得到成功应用，显示出很高使用寿命。根据多年的应用结果，这类合金的应用特点可概括为：

（1）使用寿命比合金工具钢提高十几倍到几十倍；工模具成本比合金工具钢减少 70% ~90%。

（2）钢结硬质合金应用领域：

1）模具：冷镦、引伸、落料、冲裁、拉拔、弯曲、冲孔、挤压、铆装、粉末件成形及整形模等；

2）刀具：铣刀、切料、剪切、镗杆等，其中滚剪刀、横剪刀、V 形冲模的使用寿命比合金钢刀具提高几十倍。使用这种刀具剪切硅钢片，具有毛刺小、质量高、稳定性好、辅助工时少等许多优点。

碳化钨基钢结硬质合金还被大量用于制造圆形、直形的薄片刀具，以切割铝箔、不锈钢箔、塑料、电路板、纸制品和化纤材料等。

我国至今已研制成功多种型号的冷热用钢结硬质合金，并且已规模化生产。它作为一种可加工、高耐磨的材料，已经广泛应用于各种拉伸模、冲裁模、挤压模、压型模、整形模、冷热轧辊、耐磨零件，使用寿命比常用工模具钢提高十几倍甚至几十倍以上，取得了显著的经济效益。

3.1.2 硬质合金的性能

表3-2是一些常用硬质合金的力学性能和物理性能。硬质合金的力学性能和物理性能与其化学成分之间有以下的变化规律。

表3-2 常用硬质合金的力学性能和物理性能

牌 号	硬度 HRA	抗弯强度 /MPa	冲击韧性 $/J \cdot cm^{-2}$	弹性模量 /MPa	导热系数 $/J \cdot (cm \cdot s \cdot K)^{-1}$	0~300℃ 线膨胀系数$/K^{-1}$
YG3X	≥92	≥1100	—	—	—	4.1×10^{-6}
YG3	≥91	≥1200	—	68~69	0.88	
YG6X	≥91	≥1400	≥0.2		0.79	4.4×10^{-6}
YG6	≥89.5	≥1450	≥0.26	63~64	0.79	4.5×10^{-6}
YG6A	≥92	≥1400	—	—	—	—
YG8	≥89	≥1500	≥0.25	60~61	0.75	4.5×10^{-6}
YT30	≥92.8	≥900	≥0.03	40~41	0.21	7.0×10^{-6}
YT15	≥91	≥1150		52~53	0.33	6.51×10^{-6}
YT14	≥90.5	≥1200	≥0.07		0.33	6.21×10^{-6}
YT5	≥89.5	≥1400		59~60	0.63	6.06×10^{-6}
YW1	≥92	≥1200	—	—	—	—
YW2	≥91	≥1350	—	—	—	—
YN10	≥92	≥1100	—	—	—	—
W18Cr4V	—	—	—	—	—	$(10.4 \sim 12.6) \times 10^{-6}$

(1) 硬度 硬质合金的硬度一般为86~93HRA,并随着硬质合金中Co含量的增加而降低。在YT类硬质合金中,硬质合金的硬度随其中的TiC含量的增加而提高。硬质合金的热硬性比较好,只有当使用温度高于500℃时,硬度才开始降低。但是在1000~1100℃的高温下,硬质合金的硬度仍可高达73~76HRA。

(2) 抗弯强度 常温时硬质合金的抗弯强度为90~150MPa,并且Co含量越高抗弯强度越高。

(3) 冲击韧性 硬质合金的脆性很高,几乎与温度无关。在高温时,钢的冲击韧性比硬质合金大数百倍。在镶焊硬质合金工具时,不允许对硬质合金刀片做冲击性的压紧。硬质合金的冲击韧性与合金中Co含量有关。Co含量越高,冲击韧性也越高。

(4) 导热系数 W-Co合金的导热系数为0.58~0.88 J/(cm·s·K),比高速钢约高1倍,而W-Ti-Co合金的导热系数仅为0.17~0.21 J/(cm·s·K),比高速钢低。硬质合金的导热系数随Co含量的增加而增加,而W-Ti-Co合金的导热系数随TiC含量的增加而降低。

(5) 线膨胀系数 硬质合金的线膨胀系数低于高速钢、碳素钢和铜的线膨胀系数。W-Co合金的线膨胀系数较小,并且随Co含量的增加而增加,W-Ti-Co合金的线膨胀系数比W-Co合金高,且随TiC的增加而略增。

YT 类合金与 YG 类合金相比有更高的硬度、热硬性、抗氧化性、抗腐蚀性，但在抗弯强度、抗压强度和导热系数方面，YG 类更好些。在硬质合金中加入 TaC 对强度影响不太显著，但明显提高了合金的热硬性，在 900 ~ 1000℃时超过 YT 类合金。

3.2 硬质合金的焊接特点

硬质合金主要用于制造刀具、量具、模具、采掘工具以及整体刀具等双金属结构。切削部分为硬质合金，基体为碳素钢或低合金钢，通常为中碳钢。这类工件在工作时受到相当大的应力作用，特别是压缩弯曲、冲击或交变载荷，要求接头强度高、质量可靠。硬质合金具有高硬度和耐磨性好的特点，但也存在脆性高、韧性差等缺点。

大部分硬质合金工具是采用焊接的方法镶嵌在中碳钢或低合金钢基体上使用。焊接工艺与硬质合金的使用性能密切相关，焊接性能的好坏直接影响到硬质合金的使用效果。

3.2.1 一般焊接性特点

硬质合金含有较高含量的碳化物和合金元素，虽然可以进行焊接加工，但焊接时容易出现淬硬组织和裂纹。必须采取有效的工艺措施，才能获得满意的焊接接头。生产中硬质合金与钢的焊接常用的方法有：氧 - 乙炔火焰钎焊、真空钎焊、电弧焊、惰性气体保护焊、摩擦焊、等离子弧焊、真空扩散焊和电子束焊等。

硬质合金与钢焊接时有如下的特点。

（1）线膨胀系数与焊接裂纹的关系。

硬质合金的尺寸较小，一般是固定在一个比较厚大的钢支撑材料上使用。钎焊是把硬质合金和基体金属连接在一起的焊接方法。硬质合金的线膨胀系数（$4.1 \sim 7.0 \times 10^{-6}/℃$）与普通钢的线膨胀系数（$12 \times 10^{-6}/℃$）相比差别很大，硬质合金只有钢的约 1/3 到 1/2，线膨胀系数的差异使钎缝冷却时产生很大的应力，导致裂纹产生。

加热时硬质合金和钢都自由膨胀，但冷却时钢的收缩量比硬质合金大得多。此时焊缝处于受压应力状态，而在硬质合金表面上则承受拉应力。如果残余应力大于硬质合金的抗拉强度或抗裂性要求时，硬质合金的表面就可能产生裂纹。这是硬质合金钎焊时产生裂纹的最主要原因之一。

（2）硬度与裂纹敏感性的关系。

硬质合金的硬度与耐磨性和焊接裂纹敏感性成正比，硬质合金的硬度越高，钎焊时产生裂纹的可能性越大。而且，一般精加工或超精加工所用的硬质合金，在钎焊时容易发生裂纹。根据不同牌号的硬质合金的硬度和强度大小可以判断硬质合金的焊接裂纹敏感性，其由差到好的排列顺序如下：

YG 类：YG3X、YG3、YG4、YG6X、YG6、YG8、YG11、YG15

YT 类：YT60、YT30、YW1、YT15（YW2）、YT14、YT5

以上两类硬质合金,从左至右表明硬度和耐磨性逐渐降低,而强度和韧性增加,钎焊裂纹发生的可能性减小。

(3) 焊接应力的影响。

焊接接头区的残余应力是一种潜在的危害,尽管焊接后硬质合金工件上不一定能马上发现裂纹,但在随后的刃磨、保管或使用过程中却容易产生裂纹,造成工具报废。当硬质合金的钎焊面积越大时,产生的焊接应力越大,发生裂纹的可能性也越大。

在焊接硬质合金工具时,必须采取措施使焊接应力尽量减小,可采取降低钎焊温度、焊前预热及缓冷、选用塑性好的钎料、加补偿垫片、改进接头结构等措施。钎焊大面积硬质合金时,无论其强度高低,均应采取特殊措施,以减小焊接应力和防止裂纹的产生。

(4) 氧化问题。

硬质合金在空气中加热到800℃以上时,硬质合金的表面开始氧化,生成疏松的氧化物层,同时伴随有脱碳现象。当加热至950~1100℃时,硬质合金表面层会发生急剧的氧化,形成的氧化薄膜使硬质合金变脆,降低硬质合金的力学性能。硬质合金表面氧化层的存在,也降低了焊缝的强度、硬度。在焊接时应采取措施尽量减少硬质合金焊接部位的氧化现象,是提高焊接质量的重要措施。

3.2.2 基体材料的选择和槽形设计

3.2.2.1 基体材料的选择

硬质合金通常与基体材料连接在一起使用,基体材料的选择主要是考虑硬质合金使用时所受载荷的大小。一般载荷的硬质合金刀具的基体材料可用45钢或40Cr钢。需要淬硬的刀体可选用9SiCr钢,因为9SiCr钢焊后淬火用的冷却介质温度比40Cr钢高,对硬质合金有利。

9SiCr钢做小刀体时还可采用空冷或压缩空气气冷的冷却方式,也能使刀杆达到一定硬度。一些受力、受冲击和切削热量大的硬质合金刀具的基体材料,如大型龙门刨的刀杆,可用50钢或55钢。高精度硬质合金刀具可用W18Cr4V高速钢做基体材料,焊后采用空冷。由于高速钢的线膨胀系数与硬质合金较接近,焊接应力也较小,因此刀具的使用寿命也较高。表3-3是常用的硬质合金工具刀体所用的材料。

表3-3 硬质合金刀体所用的材料

刀具类别	刀体名称	推荐使用钢号
车刀	刀杆	T7、T8、T9、40Cr、45Cr
钻头	柄部	T8、9CrSi、45Cr、W9Cr4V2、W18Cr4V
扩孔钻		T8、9CrSi、40Cr、W9Cr4V2、W18Cr4V
铰刀		T7、9CrSi、40Cr、45Cr、W9Cr4V2、W18Cr4V
镶齿装配式铣刀	铣刀盘	45、50、40Cr

硬质合金模具的基体材料只承受轻微载荷时可用 45 钢制造，受冲击载荷的可用 50 钢或 55 钢，冲击载荷较强时可用 40Cr 或 9SiCr 钢。受强烈冲击或反复热振动的模具要用 9SiCr 钢，条件特别恶劣或尺寸较大时也可用 W18Cr4V 高速钢，以提高模具的热稳定性和减小钎焊应力。

3.2.2.2　槽形设计

硬质合金刀具与钢钎焊质量的好坏还决定于刀槽形状的设计是否合理。硬质合金刀具槽形设计的原则是：

（1）尽量减少钎焊面，避免采用封闭和半封闭槽形结构，以减小钎焊应力，防止产生裂纹，尽可能采用自由焊槽形，以使钎焊应力降低到最低限度；

（2）焊接前装配硬质合金时应尽量靠硬质合金的自重或靠钢基体上的凸台、凹槽等部位定位，尽量避免使用夹具固定硬质合金；

（3）设计槽形时应考虑在钎焊过程中便于排渣，避免因钎缝中夹渣而使钎缝强度降低或发生脱焊现象；

（4）钎焊后刀头部分不应黏附过多的焊料，以免刃磨困难，尤其是在设计硬质合金多刃刀具时应特别加以注意。

封闭和半封闭刀槽的设计如图 3-1 所示。这种刀槽形状增加了焊接面，使硬质合金刀片的焊接应力大大增加，并使应力分布复杂化，容易使硬质合金刀片发生裂纹，降低刀具的使用寿命。

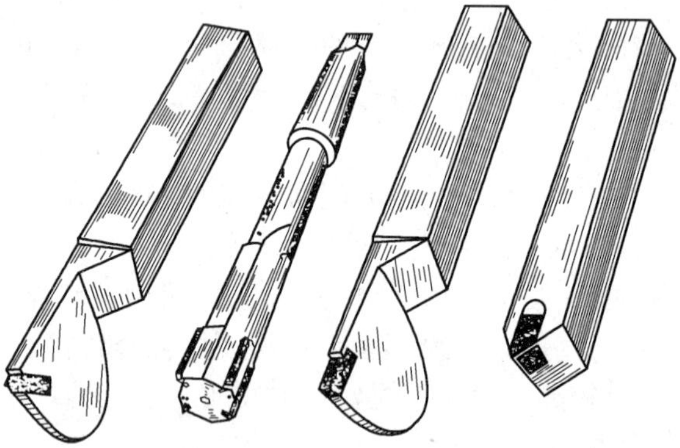

图 3-1　封闭和半封闭刀槽的硬质合金刀具

较为合理的开口槽的槽形设计如图 3-2 所示。这种设计使硬质合金刀片在钎焊时仅受到两个钎焊面的应力，在钎焊时发生裂纹的可能性比封闭或半封闭槽的刀具要小，刀具的使用寿命也较长。

硬质合金自由焊刀具的槽形设计见图 3-3。这种设计可以减少槽形的钎焊面，既能减小应力，避免裂纹产生，又不增加刀槽的加工工序。这种设计使硬质合金刀片与钢基体的焊接面减少至一个，而在侧面钎缝处仅留下刀片厚度的 30% ～

40%,起到刀片的定位作用。自由焊槽形的设计能使钎焊应力降低到最低限度,大大减小了钎焊裂纹的产生,可提高刀具使用寿命 10% ~30%。

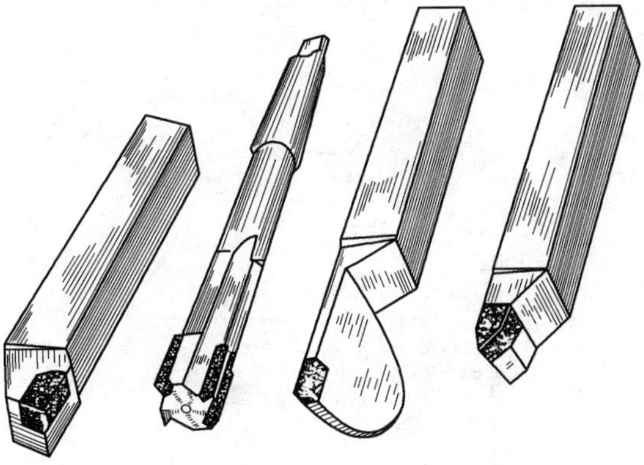

图 3-2 开口槽的硬质合金刀具

一些大钎焊面的硬质合金刀具、量具或模具的槽形设计,可以采取开工艺沟的办法使一个大的焊接面分割成几个小块,以减小钎焊应力和避免产生裂纹(见图 3-4)。同时工艺沟还能起到排渣的作用,保证钎缝有足够的强度。工艺沟的宽度和深度约为 1.5 ~2 mm,工艺沟的数量可以根据钎焊面的大小确定。

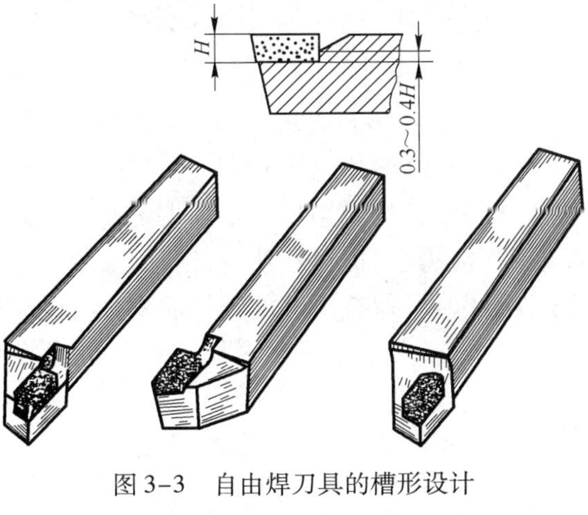

图 3-3 自由焊刀具的槽形设计

将硬质合金刀片立焊可以成倍增加硬质合金刀片切削部分的厚度,而且硬质合金的抗压强度无论在常温或高温下都要比钢高得多,能够承受较大的切削力和切削热,能避免产生裂纹或发生崩刃现象。双重刀片叠焊法还可以将两种不同牌号的硬质合金刀片叠焊在一起(如图 3-5 所示),如下层焊 YG8 刀片,上层焊 YT15、YT30、YG3X、YG6X 等刀片。由于上下两层硬质合金的线膨胀系数比较接近,上层硬质合金刀片在钎焊后不会发生裂纹,而且钎焊后残余应力很小。

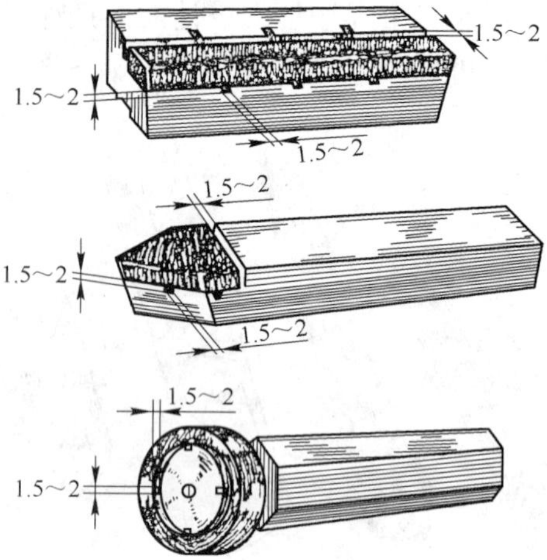

图 3-4　减小钎焊应力的槽形设计(单位:mm)

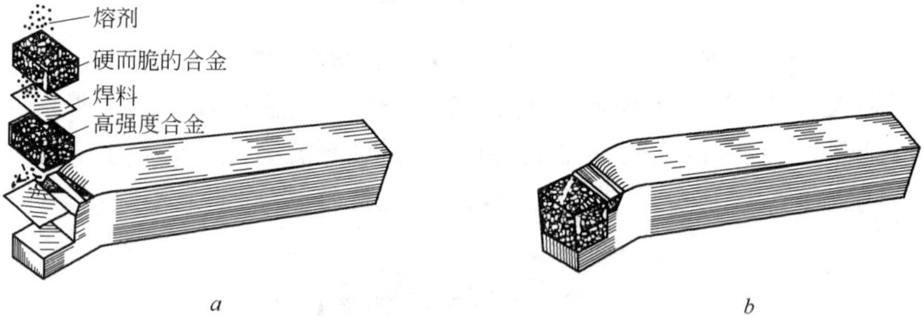

图 3-5　硬质合金刀片的重叠钎焊

a—钎焊时的情况;*b*—焊好后的双层硬质合金刀具

矿山采掘用的硬质合金工具的使用特点是冲击负荷大、震动大,要求硬质合金片既要焊得牢固,又要钎焊应力小,这样在使用过程中才不会发生硬质合金刀头脱焊和崩刃。在设计这类槽形时要留有足够的钎焊面积,保证钎缝有足够的强度,又要考虑尽量减小钎焊应力。这类钎焊一般采用一字形或十字形,其槽形呈 U 形(如图 3-6 所示)。

当硬质合金块的长度不超过 20 mm 时,刀槽的宽度

$$B = b + (0.1 \sim 0.15)\,\mathrm{mm}$$

式中,b 为硬质合金宽度。当硬质合金块的长度大于 20 mm 时,要考虑采用补偿垫片的钎焊方法,在钎缝中夹一层塑性比较好的金属片,以减小钎焊应力和防止发生裂纹。这时槽形的宽度

$$B = b + 2C + (0.15 \sim 0.25)\,\mathrm{mm}$$

式中,C 是补偿垫片的厚度。

对于浸铜焊或一些比较特殊条件下的钎焊,为了固定硬质合金刀片或便于使

硬质合金定位,可设计带有工艺墙的槽形(如图 3-7 所示),并尽量减小工艺墙的厚度和高度,刀片与刀槽之间的配合可参照 3 级精度中的第二种或第三种过渡配合的公差尺寸。装配时用木槌轻轻将硬质合金敲入槽中,钎焊后将工艺墙磨去。

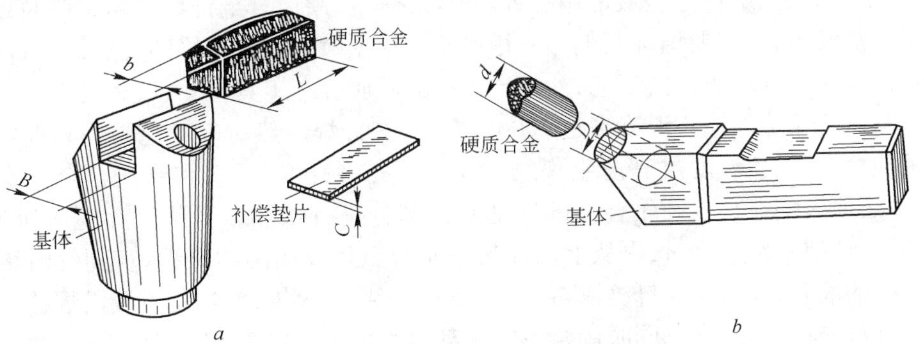

图 3-6 矿山采掘用硬质合金工具的槽形设计

a—U 形槽形结构;*b*—圆柱形槽形结构

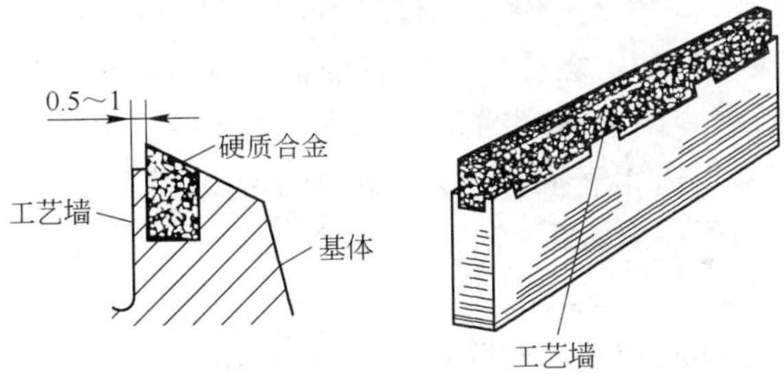

图 3-7 工艺墙槽形设计

基体槽形加工的表面粗糙度对钎缝强度有较大的影响,粗糙度越低钎缝的强度越高(见表 3-4)。但是粗糙度越低加工越困难。一般表面粗糙度 R_a -6.3 左右即可。硬质合金量具的槽形加工精度应高一些,以能得到外观又薄又均匀的钎缝。

表 3-4 基体槽形表面粗糙度对钎缝强度的影响

槽形加工	粗糙度 R_a /μm	硬质合金	基体材料	钎 料	熔 剂	钎缝平均剪切强度/MPa
刨	25～50	YT15	45 钢	紫 铜	脱水硼砂	88.3
铣	3.2～6.3	YT15	45 钢	紫 铜	脱水硼砂	122.1
磨	0.8～1.6	YT15	45 钢	紫 铜	脱水硼砂	159.8

3.3 硬质合金与钢的钎焊

3.3.1 硬质合金与钢的钎焊特点

硬质合金与钢的钎焊方法主要有:氧 - 乙炔火焰钎焊、高频感应钎焊、接触电阻钎焊、浸铜钎焊、加热炉中钎焊和真空钎焊等。

3.3.1.1　常用的钎焊方法

A　氧－乙炔火焰钎焊

氧－乙炔火焰钎焊是最常用的钎焊方法之一。硬质合金钎焊可用一般的氧－乙炔气焊设备，不需要增加其他的专用设备。根据氧－乙炔火焰的特点，采用合理的加热方式和选用正确的工艺，能焊出优质的硬质合金工具。

氧－乙炔焰的焰心温度高达3000℃左右，在钎焊加热时应避免用焰心直接喷射硬质合金，以免温度过高产生裂纹。钎焊前先将钎剂、钎料和硬质合金依次放好，用还原火焰在靠近硬质合金的底部基体部分进行预热。当预热温度达到700～800℃钎剂开始熔化时，再从上面加热硬质合金片及周围的钎缝，直到钎料熔化成晶亮的液态，并沿侧面钎缝渗至表面。此时应抬高火焰，使焰尾继续沿焊缝四周加热，以保持钎焊温度。同时用金属棒拨动刀片沿刀槽往复移动2～3次，调整并压紧刀片，把多余的钎料及熔渣排出。排渣后，即停止加热并用加压棒在硬质合金顶面的中心部分加压，停留2～3 s，待钎料凝固后，即可送入保温箱或保温介质中保温2～3 h，使之缓慢冷却。缓冷后的硬质合金刀具，如再经过消除应力的回火处理，能收到更好的效果。回火温度约300℃，保温6 h后随炉冷至室温。

氧－乙炔火焰钎焊适用于批量比较小的中小型硬质合金刀具、模具和量具，也适于野外修复损坏的硬质合金采掘工具。

B　高频感应钎焊

高频感应钎焊是利用频率为600 kHz，功率在10～100 kW之间的高频感应加热电源，产生高频电流。当高频电流穿过感应器时产生高频交变磁场，在感应器中的被焊金属中产生感应电流。高频加热速度很快，可以在很短时间内加热到很高的温度，使钎料熔化。

高频感应钎焊使用的感应器大多是用直径5～10 mm的紫铜管绕制而成。感应器的几何形状和尺寸选择是否合适，是决定高频感应钎焊的加热速度、温度均匀性、生产效率及钎焊质量的重要因素。

在焊接前，应根据被焊刀具的大小调节高频感应设备的输出功率，使工件加热速度适中，温度均匀。功率过大使工件局部过热和钎料熔化不完全，易使硬质合金产生裂纹；功率太小，则加热时间过长，容易造成刀体氧化，影响生产效率。一般硬质合金焊接的加热速度为30～60℃/s，钨钛钴合金的加热速度应为10～40℃/s。

高频感应钎焊加热速度快，钎焊效率高，操作简单，劳动条件比较好。适用于大批量的自动或半自动钎焊。但是设备投资大，耗电量大。

C　接触钎焊

接触钎焊是在专门用于钎焊硬质合金刀具的钎焊机或对焊机上进行，焊接变压器的次级线圈电压小于36 V，电流在1000 A以上。钎焊时将工件夹在两个紫铜电极之间,当次级线圈输出的强大电流通过焊接工件时,利用硬质合金和钢基体之间的接触电阻产生的热量作为焊接热源使钎料熔化。

接触钎焊常用于钎焊硬质合金车刀、刨刀等工具。接触钎焊的焊接效率高,大截面的硬质合金车刀、刨刀只需 4 ~5 min 即可焊一把。在加热过程中断电 1 ~2 次,直至晶亮的液态钎料布满整个钎缝。由于加热时间短,氧化和热变形小,并且操作方便。但是加热过程中电极容易烧伤工件表面,有时也会因电极或硬质合金表面未清理干净,或接触面的电阻过大而无法导电加热。

D 浸铜钎焊

浸铜钎焊是将被焊工件的钎焊部分浸入熔化的液态钎料中,利用毛细作用使液态钎料沿工件的钎缝渗入,从而达到钎焊的目的。浸铜钎焊通常以盐浴炉、焦炭炉或油炉做热源,钎料和钎剂都置于石墨或耐热不锈钢坩埚中加热至液态。这种钎焊方法适用于成批生产各种硬质合金刀具和钻探用的硬质合金钻头等。可以一次加热完成多刃硬质合金刀具的钎焊,有较高的钎焊效率。

采用浸铜钎焊的硬质合金多刃刀具要求刀片槽有深度 0.3 ~0.4 mm 的夹持刀片用的工艺墙,并且刀片与刀片槽配合要好。装配前用四氯化碳仔细清洗刀片和刀槽,用尖片将刀片铆紧,然后在刀具离钎缝 2 mm 外的非焊接面上涂上厚度约为 1 ~3 mm 的保护涂料层。待阴干后,放入 250 ~300℃的烘箱内烘烤 30 min,即可进行钎焊。

3.3.1.2 常用的保护涂料

硬质合金钎焊中常用的保护涂料有以下几种:

(1) 印刷用的黑色油墨和 240 号粒度的石英粉,按 1:2 的比例混合均匀,调成糊状,即可使用;

(2) 用 Al_2O_3 粉末 20%,石墨粉末 80% 混合均匀后,再与 5% 的水和 50% 的水玻璃(模数为 1.2,密度为 1.6)液体调配而成,氧化铝越多,涂层的强度越高。

3.3.1.3 钎焊中应采取的工艺措施

当浸铜钎焊的坩埚升温至 450 ~550℃时开始放入硼砂,加热至 750 ~780℃时加入钎料。在加热过程中,硼砂首先熔化,然后是钎料。当钎料熔化后,硼砂浮在钎料上。硼砂既可以防止钎料氧化,又避免了钎料中的金属挥发,并使焊液温度均匀。

钎焊前可以用铁丝检查钎料的温度是否适中。将铁丝插入铜液中再抽出来,若铁丝上均匀地粘上一层薄铜,即表明钎料的温度合适,可以进行焊接;如果铁丝上粘的铜太多太厚,表明钎料温度过低;如果铁丝上黏结的铜太少,并且铁丝取出后铜液不断地往下滴,表明钎料的温度过高。

浸铜钎焊前要先对工件进行预热,预热温度为 400 ~500℃,然后再放入硼砂溶液中进行第二次预热，当温度达到700℃时，即可沉入铜液中浸焊。浸焊的时间随刀具形状和尺寸大小不同而异，按截面最小的尺寸计算，每毫米需12 s。为了防止工件表面的涂料脱落，在铜液中浸焊时，不能来回摆动工件。浸焊到规定的时间后，应缓缓提起工件，防止焊料因来不及冷凝而流失。焊接好后，应对工件进行保温缓冷，以减小应力。一些基体需要淬硬的工件，可在加热钎焊的同时进行淬火处理。

3.3.2　硬质合金用钎料与钎剂

3.3.2.1　钎料选择

对硬质合金钎料的主要要求是：

(1) 钎料应对被钎焊的硬质合金和钢基体有良好的润湿性，保证钎料具有良好的流动性与渗透性；

(2) 硬质合金的使用特点之一是有较高的热硬性，所以要保证钎焊焊缝在常温和高温下有足够高的强度；

(3) 钎料的熔点要尽可能的低，以减小钎焊应力，防止发生裂纹，但钎料的熔点要高于钎缝的工作温度300℃以上，以保证刀具在高速切削时能正常工作；

(4) 钎料中不应含有低蒸发点的元素，以免在钎焊加热时因钎料中的元素蒸发而影响接头质量或有害于人体健康。

硬质合金与钢的钎焊通常用铜基及银基钎料，常用钎料及配用的钎剂见表3-5。

表3-5　硬质合金与钢钎焊时用的钎料和钎剂

钎料		钎剂及其配方(质量分数) /%
型号	熔化温度 /℃	
B-Cu62Zn	900 ~ 905	200（前苏联）：硼酐66、硼砂19、氟化钙15 YJ-6：硼酸80、硼砂14.5、氟化钙5.5
B-Cu60ZnMn	890 ~ 905	
801	890 ~ 911	
B-Cu47ZnMnNiCo (841)	855 ~ 865	
B-Ag45CuZn (HL303)	660 ~ 725	QJ102：脱水氟化钾42、氟硼酸钾23、硼酐35
B-Ag50ZnCuCdNi (HL315)	632 ~ 688	

硬质合金与钢钎焊的钎料根据其熔点和钎焊温度分为高温钎料、中温钎料和低温钎料三大类。钎焊温度在1000℃以上的钎料称为高温钎料，如紫铜和106钎料等；中温钎料的钎焊温度在850 ~ 1000℃之间，如H62、H68黄铜钎料等；低温钎料是指钎焊温度在650 ~ 850℃之间，如B-Ag-1和L-Ag-49等含银钎料。表3-6所示是常见的硬质合金与钢钎焊用钎料的成分、性能及使用范围。

表 3-6 硬质合金与钢钎焊用钎料的成分、性能和使用范围

钎料名称	化学成分/%									熔点/℃	使用范围
	Cu	Fe	Ni	Mn	Si	Al	Zn	Sn	Ag		
铜铁镍合金	72	12	10	4.2	1.8	—	—	—	—	1200	适于大负荷及切削刃温度在900℃以下的切削加工
铜镍合金	70	—	30	—	—	—	—	—	—	1220	
铜锌镍合金(白铜)	68.7	—	27.5	—	—	0.3	3.0	—	—	1170	
电解铜	99.9	—	—	—	—	—	—	—	—	1083	适于大负荷及切削刃温度在700℃以下的切削加工
含镍黄铜	68	—	5	—	—	—	27	—	—	1000	
H68 黄铜	68	—	—	—	—	—	32	—	—	950	适于中负荷切削加工,工作温度在600℃以下者
锰黄铜	60	1.2	—	1.2	—	—	37.6	—	—	920	
105 钎料	58	—	—	4	—	—	38	—	—	909	
H62 黄铜	62	—	—	—	—	—	38	—	—	900	
银基钎料	30	—	—	—	—	—	24.7	0.3	45	820	适于镶焊低钴和高钛合金,如 YG3、YG2、YG3X 及 YT30 等
106 钎料	—	—	—	20	—	—	—	—	80	970	
107 钎料	58	—	—	4	—	—	38	—	—	909	
B-Ag-1	18	—	5	8	—	—	20	—	49	700	
L-Ag-49	15	—	—	—	—	—	16	—	45	615	

注:L-Ag-49 钎料还含有 24% Cd。

紫铜钎料的钎焊温度高而焊缝强度低,多用于真空钎焊。纯铜钎料属单相组织,比较容易控制钎焊温度,对各类硬质合金都有良好的润湿性,塑性好、价格最便宜。紫铜钎焊焊缝的剪切强度约为 150 MPa,可在 400℃以下使用。

H68 黄铜的钎焊温度比紫铜低得多,但因焊缝强度过低,不经常使用。H62 黄铜的熔点和钎焊温度比较低,焊缝具有一定的室温强度,是比较常用的硬质合金钎料。一般用于钎焊在中、小负荷条件下使用的硬质合金工具。需要高温强度的焊缝或焊接面较小的情况下,应采用 105 钎料。

L-Ag-49 低温银钎料在国外使用比较普遍,因为它的熔点较低(690 ~ 710℃),对硬质合金有较好的润湿性,有钎焊方便和钎焊应力小等优点。必要时还可以使用紫铜片做补偿垫片,几乎可以完全消除钎焊应力,避免钎焊裂纹。钎焊一些易裂的硬质合金或一些大钎焊面的硬质合金工具,可以采用 L-Ag-49 低温银钎料。

由于用 L-Ag-49 银钎料钎焊的工件随着使用温度的提高,焊缝强度迅速下降,所以用 L-Ag-49 钎料的工件工作温度应限制在 200℃以下。与 L-Ag-49 银钎料配合使用的钎剂中含有较多的氟化物和氯化物,对焊后清理要求较高,否则会因清洗不干净而导致工件表面腐蚀。

B-Ag-1 钎料是一种超低温银钎料,熔点在 600 ~ 610℃左右,能使硬质合金接头区的应力进一步降低,也可用紫铜片做补偿垫片来钎焊一些易裂的工件。由于 B-Ag-1 银钎料的超低熔点以及对碳化钨有良好的润湿性,也适用于金刚石大锯片等某些金刚石工具的钎焊。但 B-Ag-1 银钎料的价格高，高温强度低，只适宜在低于 150℃的温度下使用。该钎料中镉含量为 24%，钎焊温度比较高时容易蒸发，有害于人体健康。在钎焊时除了必须控制钎焊温度外，还应在钎焊操作处安装排气装置。钎焊后也应注意将钎焊残渣清洗干净，以免工件腐蚀。

3.3.2.2 钎剂的选择

钎剂的作用是使刀杆和硬质合金钎焊表面的氧化物还原，使钎料能很好地润湿被钎焊的金属表面。一般钎剂的熔点要低于钎料熔点 100℃以上，并有较好的流动性和较低的黏度。钎焊加热过程中熔化了的钎剂能保护钎料和钎焊面，同时起到对氧化物的还原作用。表 3-7 是常用的硬质合金与钢钎焊用钎剂的化学成分和适用范围。

表 3-7 常用硬质合金钎剂的化学成分和适用范围

$Na_2B_4O_7$	B_2O_3	$H_2B_4O_7$	KF	$LiCl_2$	NaF/CaF_2	适用范围
100	—	—	—	—	—	适于熔点在 850℃以上的硬钎料钎接
70	—	30	—	—	—	适于熔点在 1000℃以下的钎料钎接用
85	—	—	15	—	—	适用于高碳化钛类硬质合金钎接
80	20	—	—	—	—	适于熔点在 1000℃以上的钎料钎接用
55	15	—	20	—	10	适于高碳化钛硬质合金钎接用
60	30	—	—	—	10	适于 W-Co 和 W-Ti-Co 类硬质合金钎接用
70	—	10	20	—	—	适于 W-Ti-Co 类硬质合金钎焊用
50	—	35	15	—	—	适用于低温银钎料
—	70	—	—	30	—	适用于低温银钎料

硼砂是硬质合金与钢钎焊时最常用的钎剂，使用中应注意各种硼砂的适用范围。

（1）工业硼砂（生硼砂）在使用前应先进行脱水处理，因为工业硼砂内含有 10 份结晶水（$Na_2B_4O_7 \cdot 10H_2O$），再加上它在空气中吸收了大量水分，在钎焊加热过程中会产生大量泡沫，不但使钎焊操作困难，而且也影响焊缝的质量，最好不采用。

（2）脱水硼砂（$Na_2B_4O_7$）：可用于钎焊各种牌号的硬质合金工件，钎焊温度范围为 850～1150℃，适合作为紫铜、黄铜、Cu-Zn 钎料、银钎料等的钎焊熔剂，但不适于熔点低于 800℃的钎料之钎焊用。脱水硼砂存放时必须注意防潮，若受潮应烘干后再使用。

硼砂的脱水处理是将工业硼砂盛在钢制坩埚内，将坩埚放入 850℃的电阻炉或焦炭炉内加热，加热过程中坩埚内的硼砂冒出大量的白色泡沫。随着加热温度的升高，泡沫逐渐减少，直至泡沫消失。等硼砂全部熔化成液体时即可停止加热，将坩埚内绿色透明的液态硼砂倒在铁盒内，冷却后即自动裂碎成绿色玻璃状碎块。

脱水后的硼砂颜色与熔炼时间长短有关,熔炼时间越长硼砂的颜色越深,但对钎焊的质量没有影响。将熔炼后的硼砂块捣碎,用250~177 μm(60~80目)筛子过筛后装入瓶内待用。

(3) 脱水硼砂(85~90)% +氟化钾(10~15)%的混合熔剂:主要用于YT60、YT30等牌号硬质合金的钎焊。因氟化钾有毒性,钎焊时在加热设备附近必须装有强力通风设备,及时将有害气体排出。

氟化物和氯化物有较强的吸水性,在配制含有氟化物和氯化物的熔剂时,也应对其进行脱水处理。脱水时将氟化物和氯化物放在陶瓷或不锈钢的坩埚中加热至270℃左右,保温3~4 h,直到不冒烟为止。脱水后的氟化物和氯化物应储存在密闭的玻璃容器内。使用含氟化物或氯化物的熔剂时应注意通风,及时排除有害气体。钎焊后应及时清洗焊件,以免残余的熔剂腐蚀焊缝和基体金属。

大多数钎剂都容易吸潮,要注意密封保存,做到随用随取。也可以将钎剂预先调制成糊状,糊状熔剂是将配制好的钎剂加少量酒精、松香油、凡士林油等调成糊状,涂抹在待焊的工件表面。使用低温银钎料时,也可用水将钎剂调成糊状使用,糊状钎剂应现配现用。

3.3.3 硬质合金与钢的钎焊工艺特点

3.3.3.1 焊前准备

焊前准备如下所述:

(1) 焊前应先检查硬质合金是否有裂纹、弯曲或凸凹不平等缺陷。钎焊面必须平整,如果是球形或矩形的硬质合金钎焊面也应符合一定的几何形状,保证合金与基体之间有良好的接触,才能保证钎焊质量。

(2) 对硬质合金进行喷砂处理,没有喷砂设备的情况下,可用手拿住硬质合金,在旋转着的绿色碳化硅砂轮上磨去钎焊面上的氧化层和黑色牌号字母。如不去除硬质合金钎焊面上的氧化层,钎料不易润湿硬质合金。经验证明,钎焊面上若有氧化层或黑色牌号字母,应进行喷砂处理,否则钎料不易润湿硬质合金,钎缝中仍会出现明显的黑色字母,使钎焊面积减少,发生脱焊现象。

(3) 在清理硬质合金钎焊面时,最好不用化学机械研磨或电解磨削等方法处理,因为它们都是靠腐蚀硬质合金表面层的黏结剂钴来加快研磨或提高磨削效率的,而硬质合金表面的钴被腐蚀掉后,钎料就很难再润湿硬质合金,容易造成脱焊。特殊情况下,硬质合金钎焊面必须用上述方法或电火花线切割处理时,可将处理后的硬质合金再进行喷砂处理或用碳化硅砂轮磨去表面层。喷砂后的硬质合金可用汽油、酒精清洗,以去除油污。

(4) 钎焊前应仔细检查钢基体上的槽形是否合理,尤其是对易裂牌号的硬质合金和大钎焊面的硬质合金工件,更应严格检查。刀槽也应进行喷砂处理和清洗去除油污。清洗量大时，可采用碱性溶液煮沸 10 ~ 45 min。用高频或浸铜钎焊的多刃刀具及复杂量具，最好用饱和硼砂水溶液煮沸 20 ~ 30 min，取出烘干后再进行焊接。

（5）钎料使用前用酒精或汽油擦净，并根据钎焊面裁剪成形。钎焊一般硬质合金刀具或模具时，钎料厚度 0.4 ~ 0.5 mm 左右比较合适，大小与钎焊面相似即可。当用焦炭炉加热时，钎料可适当增加。在钎焊硬质合金多刃刀具、量具等工件时，应尽量缩小钎焊片的面积，一般可将钎料片剪成钎焊面的 1/2 左右。当钎焊技术熟练时，可将钎料片减少至钎焊面的 1/3 或更小。减少钎料可使焊后工件外形美观、刃磨更方便。

3.3.3.2　钎焊过程

硬质合金工具的钎焊工艺是否正确对焊接质量有至关重要的影响。加热速度也对钎焊质量有明显的影响。快速加热会使硬质合金片产生裂纹和温度不均匀；但加热过慢，又会引起表面氧化，使接头强度降低。表 3-8 是部分硬质合金允许的加热速度。

表 3-8　不同牌号硬质合金焊接时允许的加热速度

硬质合金片长度 /mm	YG8	YT5	YT15	YT30
	钎焊时允许的加热速度 /℃ · s^{-1}			
20 以下	80 ~ 100	60 ~ 80	50 ~ 60	30 ~ 40
20 ~ 40	20 ~ 30	15 ~ 20	12 ~ 15	10 ~ 12

钎焊硬质合金工具时，均匀加热刀杆和硬质合金片是保证接头质量的基本条件。如果硬质合金片加热温度高于刀杆，熔化后的钎料润湿了硬质合金片而不能润湿刀杆。这时接头强度就会降低，在沿钎缝剪切合金片时，钎料不破坏，而随合金片脱开。在焊层上还可看到刀杆支撑面铣刀痕迹。如加热速度过快，刀杆温度高于硬质合金片时，会出现相反的现象。

钎剂、钎料和硬质合金安放顺序和相互位置对钎焊质量有直接的影响。正确地安放钎剂、钎料和硬质合金的方法是：将钎料放在刀槽上，撒上钎剂，再放硬质合金，在硬质合金顶面沿侧面钎缝处再撒上一层钎剂。这样在钎焊时便于掌握钎焊温度，减少焊缝外黏附的多余钎料。

硬质合金与钢氧 - 乙炔火焰钎焊的操作技术要点：

（1）为了防止硬质合金刀片在钎焊过程中脱碳或过烧，要选用碳化焰；

（2）钎焊温度 1000℃左右为宜，从实际经验看，即硬质合金刀片加热呈亮红色。如果刀片呈暗红色或白亮色时不能钎焊，因为前者温度过低，后者温度过高，已出现过烧现象；

（3）焊炬由左向右、由右向左、由上向下反复对刀体进行加热，使刀体和刀片受热均匀一致；

（4）钎焊时焊嘴与刀杆的间距约为50 mm，焊嘴与刀杆端倾斜角度为110°，这样可有效地利用火焰热量和加热平衡。钎焊过程中，要使火焰始终覆盖在整个钎焊部位，使之与空气隔离，以防止氧化或产生气孔；

（5）钎焊速度应按刀片的大小来确定。钎焊40钢与YT15硬质合金的车刀应尽量在1 min内完成，这样能有效地防止硬质合金过烧或脱碳；

（6）钎焊之后，仍需用火焰对刀片部位进行加热，然后慢慢地将焊嘴离开，使焊件缓慢冷却，以防止裂纹。

钎焊过程中要正确地控制工件的钎焊温度。钎焊温度过高，会造成钎缝氧化和含锌钎料中锌元素的蒸发；钎焊温度过低，钎缝会因钎料的流动性不好而偏厚，钎缝内有大量的气孔和夹渣，这是造成脱焊的主要原因。钎焊温度应比钎料熔点高30～50℃，这时钎料的流动性、渗透性好，易于渗透布满整个钎缝。钎料熔化后用紫铜加压棒将硬质合金沿槽窝往复移动2～3次，以排除钎缝中的熔渣。移动距离为硬质合金长度的1/3～1/5左右。

钎焊后的冷却速度是影响钎焊裂纹的主要因素之一。冷却时硬质合金片表面产生瞬时拉应力，硬质合金的抗拉应力大大低于其抗压应力。尤其是YT60、YT30、YG3X等硬质合金、钎焊面积较大和基体小而硬质合金较大的工件，更应注意钎焊后的冷却速度。通常是将焊后工件立即插入石灰槽或木炭粉槽中，使工件缓慢冷却。这种方法操作简单，但是无法控制回火温度。有条件的可在钎焊后立即将工件放入220～250℃的炉内回火6～8 h。采用低温回火处理能消除部分钎焊应力，减少裂纹和延长硬质合金工具的使用寿命。

3.3.3.3 焊后清理

要对焊好的硬质合金工件进行焊后清理，以便将钎缝周围的熔剂残渣清除干净，否则在刀具刃磨时多余的熔剂残渣会将砂轮堵塞，使磨削困难。焊后的熔剂残渣也会腐蚀钎缝和基体。常用的清除方法如下：

（1）将焊后已冷却的工件放入沸水中煮1～2 h，然后再进行喷砂处理，即可清除钎缝四周黏附的残余钎剂及氧化物等；

（2）将工件放入酸洗槽中进行酸洗（盐酸与水浓度为1∶1），酸洗时间大约1～4 min，然后放入冷水槽和热水槽中反复清洗干净。

3.3.3.4 钎焊质量检验

主要检查硬质合金与钢钎焊接头质量以及硬质合金有无裂纹存在。正常的钎缝应均匀无黑斑，钎料未填满的钎缝不大于钎缝总长度的10%，钎缝宽度应小于0.15 mm。刀片钎焊歪斜，不符合图纸要求的应重焊。

硬质合金刀片的裂纹倾向可用下列方法检查：

（1）刀具经喷砂清理后，先用煤油清洗，然后用肉眼或放大镜观察。当刀片上有裂纹时，表面上会出现明显的黑线；

(2) 用65%的煤油、30%的变压器油及5%的松节油调成溶液，加入少量苏丹红，将预检查的刀具放入该溶液中浸泡约10～15 min。取出用清水洗净，涂上一层高岭土，烘干后检查表面。如刀具上有微裂纹，溶液的颜色便在白土上显示出来，用肉眼可明显地看到。

3.3.4　钎焊硬质合金的缺陷及防止措施

3.3.4.1　硬质合金钎焊裂纹产生的原因

导致硬质合金钎焊工件上产生裂纹的因素是多方面的，如槽形设计、钎焊工艺、加热过程及冷却条件等。

(1) 一些硬度高、强度低的硬质合金，如YT60、YT30、YG2和YG3X等，容易产生钎焊裂纹。尤其是这些牌号的硬质合金的钎焊面积比较大时更应当引起重视。

(2) 封闭式或半封闭式的槽形，是增加钎焊应力促使造成裂纹的重要原因。采用自由开口式槽形，应在满足钎缝强度使用要求的情况下，尽可能减少钎焊面积，以减小钎焊应力。

(3) 焊接加热速度太快或焊后冷却速度过快会造成热量分布不均匀，产生较大应力引起裂纹。快速加热时，硬质合金外层受压应力，中间受拉应力，超过允许的加热速度时，可能产生可见的裂纹和内部裂纹。钎焊后快速冷却时，外层上会出现拉应力，而引起合金中出现裂纹。应避免将工件放在潮湿的地面上，或放在潮湿的石灰槽中，这会使硬质合金因剧冷而产生裂纹。

(4) 硬质合金本身有缺陷，在焊前检查时未能发现而导致钎焊后发生裂纹。对于大面积或特殊形状的硬质合金，钎焊前必须逐块地严格进行检查。硬质合金在烧结过程中的缺陷，如小裂纹、崩角、疏松等，钎焊加热后可能扩大而形成大裂纹。

(5) 钎焊后刃磨不当也会产生裂纹，如砂轮的材料、硬度和粒度等选用不合适，磨削时用水冷却、磨削余量留得过大、磨削工艺不当等也易造成裂纹。

3.3.4.2　减少硬质合金钎焊裂纹的措施

减少硬质合金钎焊裂纹的措施如下：

(1) 在钎缝中加补偿垫片是减小焊接应力的有效措施之一。在钎缝中加补偿垫片的方法很多，如用铁丝网、冲孔填片、镍铁合金垫片和在硬质合金上电镀纯铁等。由于这些补偿物的熔点高于钎料熔点200℃以上，钎焊时垫片不熔化而夹在钎缝中间。钎缝冷却时，硬质合金和基体金属之间的钎缝各层有充分塑性变形，使钎缝各部分能比较自由地收缩，减小了钎焊应力。但是加补偿垫片会导致钎缝强度的大幅度下降(见表3-9)。

其中采用附加铁丝网或冲孔垫片的钎缝强度降低约60%。由50% Ni和50% Fe所组成的Ni-Fe合金补偿垫片虽然能较好地消除应力和不降低钎缝强度，但因其中Ni含量过多不宜在生产中大量使用。生产中用厚度为0.4～0.5 mm的低碳钢片或镀镍铁片做补偿垫片，可取得很好的效果。

表3-9 钎缝中垫放附加材料对钎缝强度的影响

附加材料	硬质合金	基体材料	钎 料	熔 剂	钎缝平均剪切强度/MPa
铁丝网	YT15	45钢	62黄铜	脱水硼砂	121
镀镍铁	YT15	45钢	62黄铜	脱水硼砂	186
硬质合金镀铁	YT15	45钢	62黄铜	脱水硼砂	77

(2) 采用双层硬质合金钎焊法是一种防止裂纹的有效措施。这种方法不需要特殊材料，便于推广使用。它能消除YT30、YT60、YG2、YG3X等高硬度硬质合金的钎焊裂纹。它是将高强度的YG8硬质合金作垫片与基体焊在一起，然后将强度低硬度高的硬质合金再焊在它的上面。它的优点在于使钎焊应力集中在作为垫片的高强度硬质合金上，而上面容易发生裂纹的硬质合金因与YG8焊在一起，线膨胀系数比较接近，钎焊后应力小，不会产生裂纹。由于有两层硬质合金叠焊在一起，使整个硬质合金的抗压强度提高，增加了刀具的使用寿命。

(3) 用紫铜片做补偿垫片时虽然可以有效地减小钎焊应力和防止产生裂纹，但须使用熔点低于850℃的钎料，如L－Ag－49银钎料，否则在钎焊时容易使紫铜片熔化而失去作用。用紫铜做垫片时，因紫铜本身比较软，不适于在冲击或重载荷和高温情况下使用。

(4) 当钎焊狭长条形状的硬质合金工件时，为了减小钎焊应力和防止发生裂纹，可采用双层硬质合金钎焊，下面的一层是由小块硬质合金拼成，成为预制"裂纹"形式。这种方法对消除裂纹特别有效，可在大型硬质合金刀具和特殊硬质合金的模具上使用。

3.3.4.3 硬质合金钎焊发生脱焊的原因

硬质合金钎焊发生脱焊的原因如下：

(1) 硬质合金的钎焊面在焊前未经过喷砂或磨光处理，钎焊面上的氧化层降低了钎料的润湿作用，削弱了钎缝的结合强度。

(2) 钎剂选择不当也会发生脱焊，例如采用生硼砂作为钎剂时，因生硼砂含水分较多而不能有效地起到脱氧作用，结果钎料不能很好地润湿被钎焊面，而发生脱焊现象。

(3) 正确的钎焊温度应在钎料熔点以上30～50℃时最为合适，温度过高或过低都可能发生脱焊。加热温度过高会使钎缝中产生氧化现象。用含锌的钎料会使钎缝呈蓝色或白色。当钎焊温度过低时,会形成比较厚的钎缝,钎缝内部布满了气孔和夹渣。以上两种情况会使钎缝的强度下降,当刃磨或使用时容易发生脱焊。

(4) 钎焊过程中没有及时地排渣或排渣不充分,使大量的钎剂熔渣残留在钎缝中,降低了钎缝的强度,造成脱焊。

3.3.5 硬质合金与钢的真空钎焊技术

真空钎焊技术从20世纪40年代开始至今,已发展成为一种应用广泛的焊接技术。最早出现在电子工业上钎焊铜和不锈钢的零件,后来又应用到航空工业、原子能工业,现在被广泛应用于空气分离设备、石油化工设备、机械、车辆、船舶等工业部门。

3.3.5.1 硬质合金阀座的真空钎焊

真空技术的发展,使硬质合金与钢的真空钎焊技术受到关注并获得应用。工作在腐蚀性介质中的硬质合金与马氏体不锈钢真空钎焊而成的阀座,既要求耐磨,又要求能抗腐蚀。阀座材料为YG3硬质合金和4Cr13马氏体不锈钢,二者线膨胀系数相差3倍,钎缝受力小于100MPa。

硬质合金阀座真空钎焊步骤如下:

(1) 真空钎焊时,选用BCu97NiB钎料,用夹具定位,以保证阀座上下两段的同心度;

(2) 冷态抽真空到 2×10^{-2} Pa,以650℃/h的速率加热到1000℃,保温30 min,充高纯氩气使炉内压力上升到2~3 Pa;

(3) 以450℃/h的速率加热到1100℃,保温10 min,关闭电源;

(4) 随炉内压力缓冷到600℃以下,充氩气冷却到300℃以下,启动风扇加速冷却到65℃以下出炉。

钎缝外观光洁致密,满足使用要求。

3.3.5.2 印制电路板硬质合金切刀头的真空钎焊

印制电路板硬质合金切刀头的功能是在高速旋转(5000~8000 r/min)过程中,将印制电路板多余引线切除,要求刀片与刀体的连接强度高,切应力大于200 MPa。刀体材料为9SiCr钢,硬质合金为YG8。每块硬质合金的面积约1200 mm^2,厚度为2 mm。要求钎焊后刀体的变形量不大于0.5 mm。

印制电路板硬质合金切刀头的钎焊接头容易产生裂纹,为了保证接头质量,钎料选用厚度20~30 μm的非晶态高强度镍基钎料BNi82.5Cr7Si4.5B3Fe。

印制电路板硬质合金切刀头真空钎焊的工艺步骤:

(1) 装配前,在两片非晶态箔状钎料之间夹置厚度0.5 mm的紫铜(T2)补偿片。紫铜片的作用不仅是吸收钎焊应力,更重要的是紫铜片与镍基钎料能形成Ni-Cu固溶体的钎缝金属。

(2) 采用专用夹具,用螺纹旋具上紧夹具,保证夹紧力均匀。

(3) 冷态抽真空到 5×10^{-2} Pa,以 500℃/h 的速率加热到 900℃,保持 20 ~ 30 min,以 450℃/h 速率加热到 1050℃,保持 10 ~ 12 min,切断电源。

(4) 真空冷却到450℃,充氩气冷却到300℃,气体风扇冷却到65℃以下出炉。

3.3.5.3 刮刀式硬质合金钻头的真空钎焊

刮刀式硬质合金钻头是地质勘探或石油钻井使用的硬质合金钻头。过去采用火焰或高频钎焊,在大气介质中进行焊接,导致硬质合金氧化,使钻头寿命降低。另外,如果使用银基钎料火焰钎焊,虽然钎焊温度低,但接头强度仍不很高,很难满足大口径(直径 ϕ215 mm 以上)油井深孔(直径 >2000 mm)钻进的要求。

改用真空钎焊时,钻头基体材料为 35CrMo 钢,切削齿材料为 YG11C 的硬质合金钻头。选用 BCu81Ni 钎料,真空度为 5×10^{-2} Pa,钎焊温度 1150℃,钎焊保温时间为 15 min,获得的钻头接头抗拉强度 σ_b >450 MPa,用于大口径深孔钻进,钻头寿命可提高约 2 ~3 倍。

3.4 硬质合金与钢的焊接实例

3.4.1 YT15 合金与 40 钢的火焰钎焊

3.4.1.1 材质特点及焊接问题

刀片部分的材料为 W-Ti-Co 硬质合金 YT15,成分组成为:WC 78% ~80%,TiC 15% ~16%, Co 5% ~6%;刀体部分的材料为 40 钢。这两种材料焊接时常见的问题如下:

(1) 出现淬硬组织。由于母材金属含碳、碳化物及合金元素较多,焊后在 40 钢母材一侧产生马氏体淬硬组织。

(2) 产生热裂纹。这是因为母材金属含硫量较高,合金偏析等造成的。

(3) 形成冷裂纹。由于两种材质的线膨胀系数不同,焊接时产生残余应力,在冷却到低温时冷裂纹倾向较大。

3.4.1.2 钎焊前的准备及钎剂、钎料

钎焊前的准备及钎剂、钎料如下:

(1) 采用机械方法加工镶嵌槽。

1) 在刀体前部加工刀片的镶嵌槽,槽的形状和角度与刀片一致,确保装配严密;

2) 对镶嵌槽内部及周围进行清理,彻底清除油污及杂质,最后再放置 YT15 合金刀片。

(2) 选用填充材料。

1) 选用钎剂为 QJ301,主要成分:硼砂 30%,硼酸 70%;钎焊温度 850 ~

1150℃;选用钎料牌号为 HL105(型号为 BCu58ZnMn)。

2) 钎焊设备与用具注意配套使用,选用 H01-12 型焊炬,配用 5 号焊嘴。氧气压力为 0.7 MPa,乙炔压力为 0.01 ~ 0.1 MPa。

3.4.1.3 操作技术要点

操作技术要点如下:

(1) 为了防止 YT15 硬质合金刀片脱碳或过烧,钎焊时要选用碳化焰,钎焊温度 1000℃左右为宜。

(2) 钎焊时焊炬反复对刀体进行加热,使刀体和硬质合金受热均匀一致。

(3) 钎焊过程中,要使火焰始终覆盖在整个钎焊部位,使钎焊区与空气隔离。

(4) 应在 1 min 之内钎焊完成,这样能防止 YT15 硬质合金刀片过烧或脱碳。

(5) 钎焊之后,仍要用火焰对刀体部位进行加热,然后使其缓慢冷却,以防止裂纹。

3.4.2 YT05 硬质合金与 40Cr 钢的真空钎焊

硬质合金滚齿刀是齿轮生产中应用较多的一种滚齿刀。它既可加工各种齿轮,又能在加工硬齿面齿轮时,用刮削加工代替磨齿工艺。这种滚齿刀是由 YT05 硬质合金与 40Cr 中碳调质钢采用真空钎焊工艺焊接而成的。

(1) 滚齿刀材质。刀体材质为 40Cr 钢,刀片材质为 YT05 硬质合金。

(2) 填充材料。

1) 钎料 选用厚度为 0.2 mm 的片状纯铜钎料 BCu(Cu 99.95%),熔化温度 1083℃,钎焊温度 1100 ~ 1150℃;

2) 钎剂 选用钎剂牌号为 YJ1,主要成分为硼砂,熔化温度为 800 ~ 1150℃。

也可以选用硬钎剂 QJ201,化学成分为:硼酸 80%,硼砂 14.5%,氟化钙 5.5%;钎焊温度为 850 ~ 1150℃。

(3) 钎焊操作要点。

1) 将钎料按齿形剪好,夹置于刀体与刀片之间。用夹具将刀片固定在刀体上,夹具与焊件的接触部位要涂以钎剂,然后装入真空炉中。

2) 在冷态将炉内抽真空到 5×10^{-2} Pa,然后以 450℃/h 的速度将炉温加热到 1000℃,并给炉中填充高纯氩气,保证炉内压力为 2 ~ 3 Pa,稳定 30 ~ 40 min,使刀体内外温度均匀。

3) 以 250℃/h 的速度将炉温加热到 1120℃,保温 15 min,然后使炉温随炉内压力冷却到 900℃以下;再次对炉内填充高纯氩气,使炉内压力升高到 4×10^4 Pa。

4) 当炉温冷却到 400℃以下时,加大氩气填充量,使炉内压力上升到 8×10^4 Pa,然后启动风扇搅拌氩气,当炉温冷却到 65℃以下出炉工件。

5) 滚齿刀(包括夹具)出炉后严禁碰撞,在空气中自然冷却,这时车间的环境温度不应低于零度。

6）刀体与刀片完全冷却收缩后，慢慢拆卸夹具，使夹具和滚齿刀不受损坏，然后清理钎焊好的滚齿刀。

3.4.3 CW50 钢结硬质合金与 45 钢的焊接

3.4.3.1 摩擦焊

生产中采用摩擦焊对 CW50 钢结硬质合金（WC50CrMo）与 45 钢进行焊接时，主要困难是在两种母材金属的热影响区出现淬硬组织。从摩擦焊接头热处理后的金相组织看，在 45 钢母材一侧有马氏体淬硬组织，在 CW50 钢结硬质合金一侧为马氏体加碳化物，硬度达 720HV。

采用摩擦焊工艺对 CW50 钢结硬质合金与 45 钢进行焊接时，如果工艺参数选择不合理会使焊接接头处产生裂纹。采用 C20 型摩擦焊机，主轴电动机功率为 17 kW，主轴转速为 2000 r/min，最大轴向压力为 1200 MPa，加压方式为液压，移动夹具进行加压。

CW50 钢结硬质合金与 45 钢摩擦焊的工艺参数见表 3-10。

表 3-10 CW50 钢结硬质合金与 45 钢摩擦焊的工艺参数

被焊材料	工艺参数				
	摩擦压力 /MPa	摩擦时间 /s	摩擦转速 /r · min^{-1}	顶锻压力 /MPa	停车时间 /s
45 钢 + CW50CrMo	100 ~ 150	6	2000	300 ~ 350	0.8

注：表中焊接参数是在 C20 型摩擦焊机上测定的。

3.4.3.2 闪光对焊

采用连续闪光对焊方法焊接 CW50 钢结硬质合金与 45 钢时，主要经历以下两个过程。

A 烧化过程

两种母材金属在烧化过程中，接触面上的平均电阻值远大于焊件本身电阻，接触面上的析热在加热中起主导作用。由于烧化期间焊件之间的压强极低，焊件间仅通过称为“过梁”的液体金属熔滴相连。

在烧化过程中，整个端面上形成了一薄层液体金属，以保护内部金属不受氧化，而液体金属本身在顶锻力的作用下被挤出接头，液面的氧化物也随之被挤出，避免了产生夹杂。

B 顶锻过程

两种母材金属接头烧化之后要迅速靠拢，把液体金属及氧化物在凝固前挤出接头。这时，在顶锻力作用下，接头局部产生较大的塑性变形，使两种母材金属结合面上形成共同晶粒，从而可获得牢固的焊接接头。

C　焊接工艺参数

采用 UN1-75 型通用闪光对焊机，额定功率为 75 kW，二次空载电压为 3.5 ~ 7 V，顶锻压力为 300 MPa，焊机送进机构为杠杆，闪光对焊截面积达 600 mm^2，焊机夹紧方式为螺旋夹紧。采用闪光对焊工艺对 CW50 钢结硬质合金与 45 钢进行焊接时，推荐的工艺参数见表 3-11。

表 3-11　CW50 钢结硬质合金与 45 钢闪光对焊的工艺参数

被焊材料	伸出长度 /mm		烧化量 /mm		顶锻压力 /MPa	顶锻速度 /$mm \cdot s^{-1}$
	CW50	45 钢	CW50	45 钢		
45 钢 + CW50CrMo	12	20	4	20	120 ~ 160	20

注：表中焊接参数是在 UN1-75 型闪光对焊机上测定的。

采用闪光对焊工艺焊接 CW50 钢结硬质合金与 45 钢的焊接接头，热处理后金相组织的特点如下：

（1）在 CW50 钢结硬质合金热影响区一侧，发生碳化物集聚现象，因此淬硬倾向较大。

（2）在 45 钢热影响区一侧，有 CW50 合金呈带状或网状分布，组织为马氏体加碳化物，硬度高达 730HV。

（3）CW50 钢结硬质合金与 45 钢闪光对焊接头的强度较高，但由于碳化物的存在，接头的塑性较低。

3.4.4　YG8 硬质合金与 0Cr13 不锈钢的真空钎焊

WC－Co 系硬质合金具有很高的硬度、耐磨性及良好的热硬性和热导率，但其冲击韧性低，而且市场价格贵，需要与钢连接才能发挥其优良的综合性能。0Cr13 铁素体不锈钢具有较高的耐蚀性，与 YG8 硬质合金的连接件可在腐蚀性介质中使用。

但两种材料之间的线膨胀系数相差悬殊，硬质合金的线膨胀系数一般仅为铁素体不锈钢的 1/3 ~ 1/2。钎焊冷却过程中由于钢侧较大的收缩量而使得在硬质合金侧形成较大的拉应力，致使接头性能很差。同时，由于 0Cr13 钢中含有 13% Cr，易在其表面形成 Cr_2O_3 氧化膜以及在钎焊冷却中形成铬的化合物，给钎焊带来了困难。

3.4.4.1　试验材料及工艺方法

采用 CuMnCo 钎料，对 YG8 硬质合金和 0Cr13 不锈钢进行真空钎焊。试验母材 0Cr13 及 YG8 硬质合金的试样尺寸均为 16.5 mm × 16.5 mm × 5 mm。CuMnCo 钎料的成分(质量分数)为:86% ~ 88% Cu、9.5% ~ 10.5% Mn、2.5% ~ 3.5% Co。试验测得其熔化温度范围在 991 ~ 1045℃。

用 01 号金相砂纸将 0Cr13 钢的钎焊面及铺展试验面的氧化皮去除,同时保证其钎焊面平整。在涂有 W3.5 金刚石研磨膏的铸铁上将 YG8 的钎焊面及铺展试验面磨亮。随后用蘸有丙酮的脱脂棉将钎焊面及铺展试验面的油渍除尽。

铺展试验选用母材的 16.5 mm × 16.5 mm 面为铺展面,用分析天平称取 105 ± 5 mg 的 CuMnCo 细条钎料卷成小粒,放在铺展面正中。

选用 16.5 mm × 5 mm 面为钎焊面。钎料的规格根据具体的钎缝间隙来确定,尺寸尽量与钎缝接近。考虑到铜基钎料在真空钎焊过程中的挥发,一般在钎缝体积的基础上增加 10% 的量。接头采用对接的形式,装于专用的夹具中,硬质合金置于 0Cr13 钢上。

钎焊试验在 WZS-20 真空炉中进行,冷态真空度一般在 7×10^{-3} Pa 以上,热态真空度保持在 5×10^{-2} Pa 以上。根据钎料的熔点,钎焊温度选择在 1040 ~ 1100℃。每隔 15℃ 进行实验,并用钼丝控制钎缝间隙在 0.20 mm,以确定最佳的钎焊温度。随后用钼丝控制钎缝间隙在 0.05 mm、0.10 mm、0.20 mm、0.30 mm 及 0.40 mm 并在最佳温度条件下进行实验,以确定最佳钎缝间隙。钎焊过程中真空炉的加热速度应当与母材性能及设备的抽真空效率相适应。先以 11℃/min 加热至 850℃,保温 30 min 后继续以 11℃/min 的升温速度加热至钎焊温度,保温 15 min 后炉冷。

钎焊结束后,对铺展试样上 CuMnCo 钎料的润湿角用量角仪进行测量。参照 GB/T14452—1993 标准,根据 A 型试样尺寸,将钎焊后试件线切割成长约 34 mm、宽(5 ± 0.25) mm、高(5 ± 0.25) mm 的试样,在 CMT-5205 万能试验机上进行三点弯曲试验,测量钎焊接头的抗弯强度。制作金相试样时,先在涂有 W3.5 金刚石研磨膏的铸铁上将试样接头部位磨平,然后在抛光机上用 W3.5 及 W1.5 的金刚石研磨膏将试样抛光。0Cr13 侧采用 HF 4 mL + HNO_3 4 mL + H_2O 100 mL 溶液腐蚀,钎缝组织采用 $FeCl_3$ 5 g + HCl 15 mL + H_2O100 mL 溶液腐蚀。

3.4.4.2 钎焊温度对接头性能及显微组织的影响

不同钎焊温度下铺展试验和钎焊接头三点弯曲试验的结果见表 3-12。铺展试验结果显示 CuMnCo 钎料在各钎焊温度下对母材的润湿角均小于 20°,润湿性良好。三点弯曲试验结果表明:钎焊温度在 1070℃ 的钎焊接头抗弯强度最高。

对钎焊接头的金相分析可看出,在较高的钎焊温度下,硬质合金侧界面区的反应产物数量有明显的变化。与 1070℃ 钎焊温度下得到的钎缝组织相比,1100℃ 钎焊温度下在硬质合金侧界面区的反应产物明显增多。

表 3–12　不同钎焊温度下铺展试验和钎焊接头三点弯曲试验的结果

钎焊温度/℃	YG8 润湿角 /(°)	0Cr13 润湿角 /(°)	抗弯强度 /MPa	断裂特征
1040	19	18	400	断于钎缝上
1055	16	14	325	断于钎缝上
1070	13	11	445	断于 YG8 一侧
1085	11	9	296	断于 YG8 一侧
1100	7	6	270	断于 YG8 一侧

表 3–13 为不同钎焊温度下钎缝中心区和界面处元素含量的能谱(EDS)分析结果。可以看到,在两个钎缝界面区有明显的 Fe、Co 元素富集。进一步对界面区内鹅卵石状产物扫描,其中富集 Fe、Co 元素。各钎焊温度下 0Cr13 钢侧反应产物中 Fe、Co 元素的含量之和约为 81%,而硬质合金侧约为 76%。因此鹅卵石状的反应物实际上是 Fe-Co 基的多元固溶体。由于 Fe-Co 基固溶体中还溶入 Cu、Cr、Mn 等元素,具有较高的硬度,但塑性较差。

表 3–13　不同钎焊温度下钎缝中心区和界面处元素含量的能谱(EDS)分析结果(%)

分析区域	Fe	Co	Cu	Mn	Cr	C
1040℃-A 区	38.81	37.74	9.05	3.29	5.35	5.77
1055℃-A 区	41.00	33.72	8.62	3.57	5.18	7.19
1070℃-A 区	41.62	36.07	8.74	2.72	5.19	4.61
1085℃-A 区	44.58	31.30	9.10	2.83	5.05	6.39
1100℃-A 区	48.46	27.97	9.95	1.73	5.58	5.70
1040℃-B 区	46.29	33.21	7.09	3.86	6.37	2.13
1055℃-B 区	47.84	34.87	6.74	2.68	5.18	1.64
1070℃-B 区	50.03	30.57	7.12	2.40	6.18	2.65
1085℃-B 区	55.30	25.75	7.70	2.06	5.85	2.54
1100℃-B 区	56.56	24.65	6.92	1.42	5.21	4.13
1040℃-C 区	0.79	0.83	88.24	6.96	—	2.85
1055℃-C 区	1.39	1.04	90.09	4.44	—	2.80
1070℃-C 区	0.95	0.67	90.18	5.27	—	2.69
1085℃-C 区	0.79	0.49	91.12	5.43	—	1.91
1100℃-C 区	1.62	0.70	92.34	3.07	—	1.70

注:A 区—靠 YG8 硬质合金侧;B 区—靠 0Cr13 钢侧;C 区—钎缝中心。

此外，较多的Cr元素溶入了Fe-Co基固溶体，使钎缝组织中避免形成化合物相，有利于降低接头的脆性。钎焊温度直接影响元素的扩散和冶金结合能力。钎焊温度较低时母材及钎料中元素的扩散、反应能力较弱，接头难以形成良好的冶金结合；钎焊温度较高时，母材及钎料中元素的扩散、反应能力较强，形成了过多的Fe-Co基固溶体，降低了钎缝组织的塑性，导致接头的综合力学性能下降。因此，在适当的钎焊温度下才能使钎焊接头得到良好的冶金结合及适量的界面区反应产物。

由表3-13可见，钎缝中心区主要元素是含量约90%的Cu，合金元素主要为约5%的Mn，形成均匀的Cu-Mn基固溶体，具有良好的塑性，能有效释放硬质合金侧的钎焊残余应力。由于Mn的饱和蒸气压较高，在高温真空钎焊条件下大量挥发，使得其含量与钎料原始成分相比下降很多。由于钎料原始成分中的Co与母材中扩散而来的Fe在钎缝界面区形成Fe-Co基固溶体，使得钎缝中心区中Co含量较低。此外，一定量的Mn溶入了Fe-Co基固溶体中，使得Mn含量有一定程度的减少。同时，Mn、Co等元素在钎缝中心区的总含量随钎焊的温度升高而下降。因此，钎料中元素的扩散随温度变化而增强，钎料中元素的扩散及其与母材元素的相互作用是形成钎焊接头冶金结合的重要因素。

3.4.4.3 钎缝间隙对接头组织与性能的影响

通过三点弯曲试验、SEM及EDS分析真空钎焊温度、钎缝间隙对钎缝组织、元素分布及接头力学性能的影响。表3-14为不同钎缝间隙下钎焊接头的三点弯曲试验结果，可以看到，钎焊温度为1070℃，钎缝间隙为0.20 mm时钎焊接头的抗弯强度最高（约为445 MPa）。从断口特征来说，钎缝间隙0.05~0.20 mm时，三点弯曲试样断在硬质合金一侧；而钎缝间隙0.30~0.40 mm时，断在钎缝上。钎缝中心区组织为均匀的Cu-Mn基固溶体，但在两个界面反应区产生了适量Fe-Co基固溶体。

表3-14 不同钎缝间隙下钎焊接头的三点弯曲试验结果

钎焊温度 /℃	钎缝间隙 /mm	抗弯强度 /MPa	断裂特征
1070	0.05	82	断于硬质合金（YG8）一侧
	0.10	392	断于硬质合金（YG8）一侧
	0.20	445	断于硬质合金（YG8）一侧
	0.30	360	断于钎缝上
	0.40	331	断于钎缝上

金相分析表明，钎缝间隙对钎缝显微组织有明显的影响。在较小的钎缝间隙（0.05 mm）条件下，钎缝组织中出现大量的反应产物，并贯穿整个钎缝组织。随钎缝间隙的增加，钎缝组织中的反应产物有所减少，母材较多地溶入钎料中。钎缝间隙0.20 mm时在钎缝组织的两个界面处产生适量的反应产物，钎缝中心区为均匀的Cu-Mn基固溶体。

由表 3-14 可见,较小间隙的钎缝不能有效释放钎焊残余应力。较小的钎缝间隙使母材中的 Fe 与钎料中的 Co 反应,促进了硬质合金侧的 Co 元素向钎缝中溶解而形成了大量的反应产物。过多的反应产物会明显降低钎缝组织的塑性,使钎焊接头的性能变差。在炉冷条件下得到的硬质合金侧组织由于过大的钎焊残余应力易使接头区产生裂纹。足够宽的钎缝间隙才能有效释放硬质合金侧的钎焊残余应力,但过宽的钎缝间隙使得元素扩散能力减弱,难以形成良好的冶金结合。因此,适当的钎缝间隙是形成冶金结合的钎缝组织的必要条件。

铺展试验表明 CuMnCo 钎料对 YG8 硬质合金与 0Cr13 不锈钢有良好的润湿性,在各钎焊温度下 0Cr13 钢上的润湿性好于 YG8 上的润湿性。钎焊温度 1070℃ 得到了力学性能最佳钎焊接头,并在钎缝组织的两个界面反应区产生了适量的 Fe-Co 基固溶体,在钎缝中心区形成了均匀、塑性良好的 Cu-Mn 基固溶体。在最佳钎焊温度下,钎缝间隙为 0. 20 mm 时得到的接头具有最高的抗弯强度 445 MPa。

3. 4. 5　YG8 硬质合金与 42CrMo 钢的真空钎焊连接

硬质合金与钢进行钎焊时,由于硬质合金的润湿性差,且与钢的物理性能相差悬殊(如线膨胀系数二者之比近 1∶3),很难获得较为理想的焊接接头。因线膨胀系数差异引起残余应力,导致钎焊工件产生裂纹。因此,选择合适的钎料和钎焊工艺来改善硬质合金的润湿性,减小硬质合金与钢钎焊接头的应力显得尤为重要。

硬质合金与钢的钎焊主要用于铣削刀具的制造,接头主要承受弯曲载荷,最常用的钎料是铜基钎料。铜基钎料中应用最多的是黄铜,为了提高接头强度及润湿性常加入 Mn、Ni、Fe 等元素,如 BCu58ZnMn、BCuMnZnSi 等钎料。银基钎料具有良好的强度和塑性,钎焊接头产生的热应力较小,可配合 QJ102 钎剂使用。但银基钎料的高温强度低,所以用银基钎料焊接的工件,工作温度一般限制在 200℃ 以下。银基钎料熔点较低(650 ~ 700℃),而中碳合金钢的淬火温度一般在 850 ~ 890℃,故工件不能进行焊后淬火。黄铜钎料的熔点也比较低,且塑性韧性差,在快速淬火中会发生马氏体相变,焊接件也不适宜进行焊后热处理。故传统的钎料不能很好地满足硬质合金与钢在钎焊性能上的要求。这就需要寻求一种能将硬质合金与钢很好地连接起来,熔点尽可能低(但高于钢的奥氏体化温度),接头具有良好的塑性,且能很好地松弛接头残余应力的钎料。

通过进行工艺试验,获得具有合适的熔点范围、良好的塑性,并具有单相固溶体组织的 CuMnNi 合金钎料,并用该钎料对 YG8 硬质合金与 42CrMo 钢在不同钎焊温度、不同钎缝宽度下进行了真空钎焊试验,分析工艺参数和接头显微组织对力学性能的影响。

3. 4. 5. 1　钎焊方法

钎料主要成分(质量分数)为:5% ~ 30% Mn,6% ~ 20% Ni,50% ~ 90% Cu;通

过熔炼、锻造、轧制获得。熔炼钎料的原材料有1号电解铜、18号电解锰和18号电解镍。称取一定的原料放入石墨坩埚中，用感应炉进行熔炼。熔炼后的钎料锭通过锻造和轧制的方法制成厚度约0.2 mm的薄带，每次的轧制变形量为40%，中间进行再结晶退火，退火工艺为850℃×30 min。根据差示扫描量热仪(DSC)测得钎料的熔点为945~990℃。

钎焊试验母材为YG8硬质合金和42CrMo钢。YG8的主要成分(质量分数)为:92% WC,8% Co;主要性能为:抗弯强度为1500 MPa,室温冲击韧性为2.45 J/cm^2,硬度为89HRA,线膨胀系数为4.5×10^{-6}/K。42CrMo钢的主要成分(质量分数)为:0.38%~0.45% C,0.17%~0.37% Si,0.50%~0.80% Mn,0.9%~1.2% Cr;线膨胀系数为11.8×10^{-6}/K。

母材制成16.5 mm×16.5 mm×5.0 mm的长方形试样，在磨床上将钎焊面(5.0 mm×16.5 mm)和两个大面(16.5 mm×16.5 mm)磨成表面粗糙度R_a = 0.8 mm。

薄片钎料用10%的稀硫酸清洗去除氧化皮，并打磨光亮。钎焊前将所有材料(母材、钎料、钼丝)在丙酮中浸泡5~10 min,用干净的丝绸布擦洗，吹干。在FA1104电子天平上(精度10^{-4} g)称取钎焊所需的钎料，用WZS-20型真空烧结炉进行真空钎焊(真空度为1×10^{-2}~9×10^{-3} Pa)。钎焊工艺参数为:850℃×30 min +(1000~1060)℃×20 min,钎缝宽度为0.05~0.40 mm;钎焊接头采用对接形式。钎焊后的试样经磨平，用线切割机制成5 mm×5 mm×33 mm的三点弯曲试样。

3.4.5.2 钎料的润湿性

采用润湿角测量仪测量钎料在1000℃、1015℃、1030℃、1045℃、1060℃时对母材的润湿角以表征钎料在不同钎焊温度下的润湿性。即将一定质量的钎料放在母材上，在规定的温度下保持一定时间，冷凝后测出钎料的润湿角θ,以其大小来评定润湿性的好坏，θ角越小，润湿性越好。

温度对钎料润湿性的影响如图3-8所示。在1000~1060℃范围内，随着温度

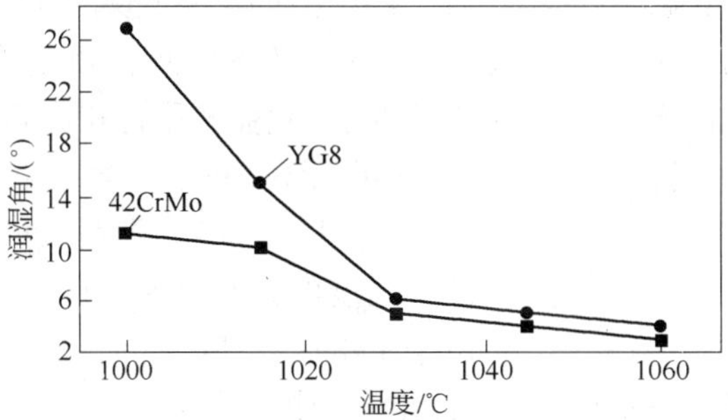

图3-8 温度对钎料润湿性的影响

的升高，润湿角逐渐减小，钎料对两种母材的润湿性越来越好。当温度小于1030℃时，润湿角较大；当温度高于1030℃后，润湿角明显减小，均小于6°。该钎料对两种母材均具有良好的润湿性，最佳钎焊温度为1030℃，选择钎焊温度为1030℃以上可保证润湿性能。

3.4.5.3　不同钎焊工艺接头的性能

用CMT5205型电子万能试验机测试钎焊试样的三点弯曲强度，加载点在钎缝处，数据取3个试样的平均值。

试验表明，固定钎缝宽度0.2 mm，随着钎焊温度的升高，接头抗弯强度先增大后减小，在1030℃时获得的最高接头抗弯强度为444 MPa，断裂位于硬质合金处。固定钎焊温度1030℃，随着钎缝宽度的增加，接头抗弯强度先升高至一定值后又下降。在1030℃下钎焊，钎缝宽度为0.3 mm时，接头抗弯强度最高可达510 MPa，断裂位于硬质合金处。

3.4.5.4　不同钎焊工艺接头的显微组织

采用JSM-6480型扫描电镜（SEM）观察钎焊接头的显微组织；用电子探针（EPMA）分析钎焊接头的元素分布；用扫描电镜附带的能谱仪（EDS）分析不同温度下钎焊接头的成分。

分析表明，随着钎焊温度的上升，在钎缝两侧界面区逐渐出现灰色区域，灰色区域从形貌上看，外形不规则，多呈鹅卵石状，推测为钎焊过程中产生的单相固溶体。钎焊温度1000℃和1015℃时，只在42CrMo钢一侧发现少量的灰色区域，在YG8硬质合金一侧未发现；钎焊温度1030℃时，硬质合金侧开始出现不连续的灰色区域，并随着温度升高，沿硬质合金与钎料的交界处形成一条连续的带状灰色区域且逐渐加宽。

钎焊温度为1030℃的钎焊接头中Co元素在钎缝两侧界面区明显富集，Fe在钢侧界面区富集，Ni元素向硬质合金侧扩散，Cu、Mn元素向硬质合金侧也存在一定的扩散。Fe、Co、Ni等元素扩散能力的差异可能是引起以下现象的原因，即硬质合金界面一侧只有在温度较高时才出现灰色区域，并随着温度的升高而加宽，而在钢一侧，灰色区域在1000℃时就已经出现。随着钎焊温度的升高，钎缝中心区的Mn和Ni含量逐渐下降。Mn含量下降是钎焊温度升高和高真空的挥发和扩散所致；Ni含量的减少则是由于随钎焊温度的升高，向硬质合金和钢两侧扩散逐渐增加的原因。

42CrMo钢一侧灰色区域随着钎焊温度的升高，Co、Cu、Ni含量逐渐上升，其中Co的上升幅度最大，其次是Ni。Mn含量却在下降，这有可能与Mn的挥发有关；Fe含量也逐渐下降。钎焊温度越高，元素的扩散越明显。

YG8硬质合金侧的灰色区域（1000℃和1015℃未见灰色区域）中，Fe、Ni、Cu的含量随着钎焊温度的上升而增加，Co、Mn的含量则随着钎焊温度的上升而下降。

以上分析表明，两侧母材中的 Co、Fe 分别通过钎缝区向两侧扩散，而钎料中的 Cu、Mn、Ni 向两侧界面处扩散。这种扩散随温度的升高而加剧，最终在母材两侧形成以 Co、Fe、Ni 元素为主，含有 Cu、Mn 元素的钎缝界面区（灰色区域）。

Co、Fe、Ni 属过渡族元素，在元素周期表上位置相近，原子半径和电负性差异小，易形成置换固溶体。由三元相图可知：在钎焊温度范围内，Ni、Co、Fe 三组元形成单相 FeCoNi 固溶体，在低温下存在 FeCoNi 和 Fe 的固溶体。由于 Cu、Mn 的原子序数与 Co、Fe、Ni 的相近，电负性差小，所以 FeCoNi 固溶体中可能溶解部分 Mn 和 Cu。因此界面处的灰色区域为钎焊过程中生成的 FeCoNi 固溶体。

CuMnNi 钎料中各元素的原子序数与对界面冶金结合起关键作用的 Fe、Co 的相近，有利于 Fe、Co 穿过钎缝区扩散，生成 FeCoNi 固溶体，实现良好的冶金结合。随着钎焊温度的升高，这种效果更加明显。温度太低，钎料流动性差，元素扩散不充分，不利于界面冶金结合；但随着温度的升高，Mn 的挥发越来越严重，使得钎料熔点提高，流动性下降，对界面冶金结合也有一定的影响，不利于接头强度的提高。所以 1030℃ 为最佳钎焊温度。

CuMnNi 钎料是单相固溶体，具有很好的塑性，可以对钎焊应力有效的松弛。当钎缝宽度较小时，在硬质合金侧的断口特征为脆性断裂；若钎缝宽度过大，会使得 Co、Fe 扩散困难，接头的冶金结合下降。三点弯曲断口发生在钎缝处，接头强度下降。所以当钎缝宽度为 0.3 mm 时可得到最高的接头强度。

综上所述，当钎焊温度高于 1030℃ 时，钎料在两种母材上的润湿角明显减小（小于 6°），此时 CuMnNi 钎料对 YG8 硬质合金和 42CrMo 钢具有良好的润湿性。钎焊温度为 1030℃，钎缝宽度为 0.3mm 时，接头可获得最高抗弯强度（510 MPa）。在钎缝区存在 Fe、Co、Ni 等元素的扩散，并在钎缝界面处形成以 FeCoNi 为基的单相固溶体，有利于接头的冶金结合，提高了接头的力学性能。

3.4.6　Cu 基微晶钎料高频钎焊 0Cr18Ni9Nb 钢与 YG6 硬质合金

YG6 硬质合金具有高硬度、高强度、耐磨损等优点，被广泛应用于刀具、采掘工具以及以耐磨损为主要性能的零件。由于硬质合金与钢之间的线膨胀系数差异较大，焊接接头存在较大的残余应力，易产生裂纹。再加上 YG6 硬质合金含有较高含量的 WC，焊接过程中易发生过烧现象，因此焊接性较差。

高频钎焊加热速度快，加热温度范围宽，短时间局部集中加热可有效防止接头区组织粗化，适合于难熔异质金属之间的连接。但是实践表明，常规的晶态钎料在母材上润湿效果不好，导致钎缝的连续性和均匀性较差，制约硬质合金与钢钎焊质量的提高。应用快速凝固技术制备的 Cu 基微晶钎料，成分组织均匀，纯净度高，浸润性和流动性好，物理性能和力学性能优良，可提高钎焊接头质量。因此，Cu 基微晶钎料高频钎焊不锈钢与硬质合金具有重要的工程应用价值。

选用 Cu-Sn 微晶钎料（Sn 的质量分数为 7% 和 13.5%）对 0Cr08Ni9Nb 与 YG6 硬质合金进行高频钎焊，研究钎焊接头的组织形态和界面元素分布，分析钎料成分对钎缝组织的影响，可为硬质合金与不锈钢的钎焊连接提供依据。

3.4.6.1 钎焊工艺方法

应用 $w(Sn)=7\%$ 和 13.5% 的 Cu-Sn 微晶钎料对 0Cr08Ni9Nb 不锈钢与 YG6 硬质合金进行高频钎焊。

试验用 YG6 硬质合金的化学成分（质量分数）为：$w(WC)94\%$，$w(Co)6\%$；试件尺寸为 5 mm × 5 mm × 3 mm。0Cr08Ni9Nb 不锈钢的化学成分（质量分数）为：$w(C) \leqslant 0.07\%$，$w(Cr)17.0\% \sim 19.0\%$，$w(Ni)8.0\% \sim 11.0\%$，$w(Nb) \leqslant 0.15\%$，$w(Si) \leqslant 1.00\%$，$w(Mn) < 2\%$，$w(S) \leqslant 0.03\%$，$w(P) \leqslant 0.035\%$，余量 Fe；试件规格为 5 mm × 5 mm × 10 mm。

Cu-Sn 微晶钎料用高纯金属 Cu 和 Sn（99.99%）经高频感应加热熔配而成。采用单辊技术制备出宽度约 5 mm，厚度约 50 μm 的 Cu-7% Sn 和 Cu-13.5% Sn 微晶态钎料箔带。两种钎料的熔点分别为：1312 K 和 1250 K。

钎剂选用 QJ102，其成分为：(33 ~ 37)% B_2O_2 + (21 ~ 25)% KBF4 + (40 ~ 44)% KF。

钎焊前，先用丙酮清洗钎料箔及母材的待焊表面，再将用酒精调和成膏状的 QJ 102 均匀涂于其上，然后将 0Cr18Ni9Nb/Cu-Sn/YG6 装配成搭接接头形式。利用高频感应电源加热焊件进行钎焊。电源频率 385 kHz，钎焊电流 25A，保温时间 25 s。

制备钎焊接头金相试样，选用 $FeCl_3$ 5 g + HCl 100 mL + C_2H_5OH 100 mL 溶液浸蚀试样，浸蚀时间 5 s。用 D/MAX-2500 V 型 X 射线衍射仪（XRD）分析钎缝相组成，用扫描电镜和能谱仪分析接头组织及界面元素的分布。

在感应钎焊过程中，Cu 基微晶钎料表现出了良好的润湿性和铺展性，液态钎料与母材之间发生了原子扩散，实现了 0Cr18Ni9Nb 与 YG6 硬质合金的钎焊连接。钎接接头组织致密均匀，无夹渣和气孔缺陷。

3.4.6.2 钎焊接头组织形貌

A 0Cr18Ni9Nb/Cu-7% Sn/YG6 接头组织

0Cr18Ni9Nb/Cu-7% Sn/YG6 钎缝组织由 α-Cu 固溶体和少量金属间化合物组成，钎料中锡含量的增加使钎缝化合物数量有所增加。界面附近母材组织无明显粗化现象。0Cr18Ni9Nb/Cu-7% Sn/YG6 钎缝整体饱满、致密，钎料附着率高。这表明 Cu-7% Sn 微晶钎料在钎焊过程中表现出良好的润湿性和铺展性，达到了较理想的填缝效果。

Cu-7% Sn 钎料在完成填缝后的凝固过程中，可形成 α-Cu 固溶体相和为数极少的 Cu_3Sn 相。此外，钎缝中除了上述两相之外，还有少量的化合物相。钎缝组织均匀而且纯净，无气孔、夹渣等缺陷，达到良好的钎接效果。

B 0Cr18Ni9Nb/Cu-13.5%Sn/YG6 接头组织

0Cr18Ni9Nb/Cu-13.5%Sn/YG6 钎缝区相组成较为复杂。钎缝中同时存在着 α-Cu 相、Cu_3Sn 相、Cu_9NiSn_3 相和 $Ni_{17}Sn_3$ 相。

由 Cu-Sn 二元相图可知，如果没有元素的溶解和扩散，Cu-13.5%Sn 钎料经过凝固和固态相变过程，应该形成 α-Cu 与 Cu_3Sn 两相组织。而事实上，由于不锈钢中的 Ni 发生了向液态钎料中的溶入，除了 α-Cu 与 Cu_3Sn 相之外，钎缝中还存在着 Cu_9NiSn_3 和 $Ni_{17}Sn_3$ 相。

0Cr18Ni9Nb/Cu-13.5%Sn/YG6 接头的钎缝整体形貌与 0Cr18Ni9Nb/Cu-7%Sn/YG6 接头的钎缝相似，也是十分饱满致密，钎缝与母材结合面上无未钎焊附着的缺陷，这表明 Cu-13.5%Sn 钎料对硬质合金和不锈钢的润湿性和铺展性很好，达到良好的填缝效果。此外，由于加热时间短，保温时间仅为 10 s，钎缝两侧组织未发生明显的粗化现象。

Cu-13.5%Sn 钎缝中无气孔、夹渣等缺陷，钎缝组织由四种不同形状、颜色的物相组成，分别是：呈板块状的灰色相、长块状白色相、方块状黑色相和分布于白色相上的条状浅灰色相。因所用钎料为含 13.5%Sn 的 Cu 基微晶钎料，钎缝中所形成的主相为 α-Cu 固溶体。从各相所占钎缝组织的面积比例可以看出，呈板块状的灰色相即为 α-Cu 固溶体。对其他三相所在区域进行能谱分析表明，长块状白色相中的 Cu、Sn 元素含量与 Cu_3Sn 相当，可以判定该相为 Cu_3Sn 相。再对比测点 2 和测点 3 中 Cu、Sn、Ni 三者的含量，可以推断出，方块状黑色相为 Cu_9NiSn_3 相，条状浅灰色相为 $Ni_{17}Sn_3$ 相。

复杂的相组成对钎缝的力学性能有一定的影响，但由于 Cu_3Sn 相含量少，Cu_9NiSn_3 和 $Ni_{17}Sn_3$ 相含量更少，因此不会对接头性能造成大的负面影响。从表 3-15 的能谱分析结果可以看出，钎缝中出现了 Fe、Cr、Ni 等元素，说明在母材向液态钎料溶解的同时，也发生了钎料向母材的扩散。用 Cu-Sn 钎料能够实现 0Cr18Ni9Nb 与 YG6 硬质合金的冶金结合。

表 3-15 Cu-13.5%Sn 钎焊接头元素分析结果（质量分数，%）

测点位置	组织形态	Cu	Sn	Fe	Cr	Ni	Co
测点 1	长块状白色 Cu_3Sn 相	61.20	32.04	2.03	0.73	1.05	0.32
测点 2	方块状黑色 Cu_9NiSn_3 相	57.32	29.58	1.92	1.01	9.04	—
测点 3	条状浅灰色 $Ni_{17}Sn_3$ 相	6.75	22.40	—	0.06	69.81	—

3.4.6.3 钎焊接头区合金元素分布

使用钎焊方法所获得的接头，可能存在两种结合状况：一是当钎料成分与母材金属之间互不固溶时，纯属“黏附型”连接，钎缝金属成分基本上是原钎料的成分，结合强度较低；二是液态钎料与母材发生合金化作用，形成的钎缝是一种新的合金，钎缝强度就是新合金的强度，不再受原始钎料强度的影响。通过这种结合方式形成的钎焊接头强度较高。

为了分析 Cu 基微晶钎料高频钎接过程中的冶金结合程度，对 0Cr18Ni9Nb/Cu-7% Sn/YG6 接头中钎缝和界面进行能谱分析（EDS），表 3-16 为钎缝中部任意两个测点的 EDS 分析结果。

表 3-16　Cu-7%Sn/YG6 钎焊接头元素分析结果（质量分数，%）

测点位置	Cu	Sn	Fe	Cr	Ni	Co
测点 1（钎缝中部）	87.55	6.31	2.13	1.39	1.28	1.21
测点 2（钎缝中部）	88.73	7.92	2.12	1.53	0.52	0.73

可以看出，一方面钎料层中出现了 Fe、Cr、Ni 和 Co 等原始 Cu-7% Sn 微晶钎料不含有的，原来只属于 0Cr18Ni9Nb 不锈钢与 YG6 硬质合金的合金元素，这表明在钎焊过程中，钎料两侧的母材被高温的液态钎料所溶解，使得母材中的元素扩散溶入了钎缝中；另一方面，两个母材紧邻界面的微区中存在 Cu 和 Sn 元素，这是钎料中的 Cu、Sn 元素在钎焊过程中扩散的结果。这表明在钎焊过程中结合界面处发生了原子扩散，实现了不锈钢和硬质合金之间的冶金结合。

综上所述，Cu 基微晶钎料在高频感应钎焊 YG6 硬质合金与 0Cr18Ni9Nb 钢过程中，表现出了良好的润湿性和铺展性。0Cr18Ni9Nb/Cu-Sn/YG6 接头中钎缝组织由主相 α-Cu 固溶体和少量金属间化合物组成。接头组织致密、均匀，未产生夹渣和气孔等缺陷。界面附近母材无明显的粗化现象。

4　金属间化合物的焊接

金属间化合物具有长程有序的超点阵结构，原子间保持金属键及共价键的共存性，使它们能够同时兼顾金属的塑性和陶瓷的高温强度，含有 Al、Si 元素的金属间化合物还具有良好的抗氧化性能和低密度。20 世纪 80 年代以来，Ni_3Al 塑化研究、Ti_3Al 和 TiAl 基合金塑性的改善以及 Fe_3Al 性能的提高，使金属间化合物高温结构材料的研究和开发应用取得重大进展。同时金属间化合物的焊接也日益引起众多研究者的关注。

4.1　金属间化合物的分类及特性

金属间化合物的成分可以在一定范围内偏离化学计量而仍保持其结构的稳定性，在合金状态图上表现为有序固溶体。金属间化合物的长程有序超点阵结构保持很强的金属键及共价键结合，使其具有许多特殊的物理、化学性能和力学性能，如特殊的电学性能、磁学性能和高温性能等，是一种很有发展前景的新型高温结构材料。

4.1.1　金属间化合物的分类

近年来在国内外重点研究并取得重大进展的金属间化合物主要为 Ti-Al、Ni-Al 和 Fe-Al 三个体系的 A_3B 和 AB 型金属间化合物，其中 A_3B 型金属间化合物主要为 Ti_3Al、Ni_3Al 和 Fe_3Al；AB 型金属间化合物主要为 TiAl、NiAl 和 FeAl。几种重要金属间化合物的物理性能见表 4-1。

表 4-1　几种重要金属间化合物的物理性能

金属间化合物		结　构	杨氏模量/GPa	熔点/℃	有序临界温度/℃	密度/$g\cdot cm^{-3}$
Ti-Al 系	Ti_3Al	DO_{19}	110～145	1600	1100	4.20
	TiAl	$L1_0$	176	1460	1460	3.90
Ni-Al 系	Ni_3Al	$L1_2$	178	1390	1390	7.50
	NiAl	B_2	293	1640	1640	5.86
Fe-Al 系	Fe_3Al	DO_3	140	1540	540	6.72
	FeAl	B_2	259	1250～1400	1250～1400	5.56

金属间化合物的研究和开发应用一直很受重视。目前，在 A_3B 型中，Ti_3Al、Ni_3Al 和 Fe_3Al 基合金的研究已经成熟，脆性问题已解决，正进入工业应用。在 AB 型中，TiAl 基合金的室温脆性已有改善，铸造 TiAl 合金初步进入工业应用，变形

TiAl 合金正在深入研究。由于 NiAl 合金的室温脆性问题仍有待解决，在 500℃以上的强度也偏低，还需开展大量的研究工作。FeAl 合金的研究已日趋深入，正在探索工业应用。

4.1.2　金属间化合物的特性

4.1.2.1　Ti-Al 系金属间化合物

在 Ti-Al 系中有两个金属间化合物（Ti_3Al、TiAl）的研究受到重视。以 Ti_3Al 金属间化合物为基的合金称为 Ti_3Al 基合金，以 TiAl 金属间化合物为基的合金称为 γ-TiAl 基合金（简称 TiAl 合金）。Ti-Al 系二元相图如图 4-1 所示。

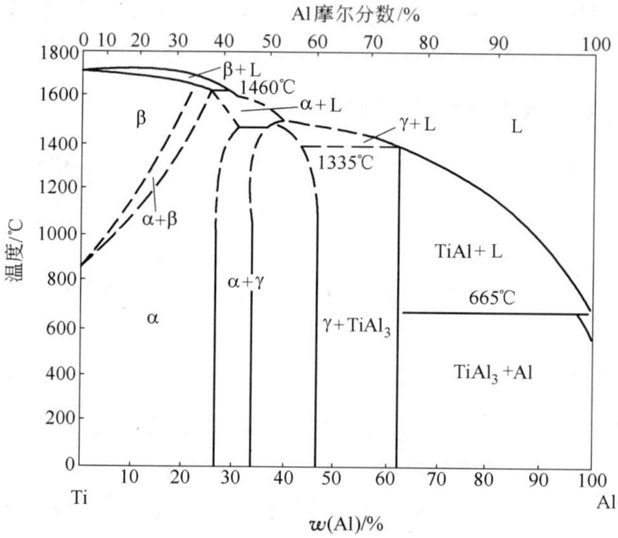

图 4-1　Ti-Al 系二元相图

Ti_3Al、TiAl 合金与 Ti 基合金、Ni 基合金性能的比较见表 4-2。由表可见，Ti_3Al、TiAl 基合金具有与 Ti 基合金相近的密度，与 Ni 基合金相近的优良的高温性能，是一种极具应用前景的高温结构材料。

表 4-2　Ti_3Al、TiAl 合金与 Ti 基合金、Ni 基合金性能的比较

性　能	Ti 基合金	Ti_3Al 基合金	TiAl 基合金	Ni 基高温合金
密度/$g \cdot cm^{-3}$	4.5	4.1～4.7	3.7～4.3	7.9～9.5
弹性模量/GPa	95～115	100～145	160～180	206
屈服强度/MPa	380～1150	700～990	350～600	800～1200
抗拉强度/MPa	480～1200	800～1140	440～700	1250～1450
蠕变极限/℃	600	750	750①～950②	800～1090

续表 4-2

性　能	Ti 基合金	Ti_3Al 基合金	TiAl 基合金	Ni 基高温合金
抗氧化极限/℃	600	650	800③ ~950④	870 ~1090
室温塑性/%	10 ~25	2 ~10	1 ~4	3 ~25
高温塑性/%	12 ~50	10 ~40	10 ~20	20 ~80
室温断裂韧度/$MPa\cdot m^{1/2}$	12 ~80	13 ~35	10 ~30	30 ~100
晶体结构	hcp/bcc	DO_{19}	$L1_0$	fcc/$L1_2$

① 双态组织；

② 全层片组织；

③ 无涂层；

④ 涂层/控制冷却。

Ti_3Al 属于密排六方有序 DO_{19} 超点阵结构，密度较小（4.1 ~4.7 g/cm^3），弹性模量较高（100 ~145 GPa）。与镍基高温合金相比质量可减轻 40%，高温下（800 ~850℃）具有良好的高温性能，但室温塑性很低，加工成形困难。解决这些问题的办法是加入 β 稳定元素，如 Nb、V、Mo 等进行合金化，其中以 Nb 的作用最为显著。主要是通过降低马氏体转变点（Ms），细化 α_2 相，减小滑移长度，另外还能促使形成塑性和强度较好的 $\alpha_2+\beta$ 的两相组织。

TiAl 具有面心四方有序 $L1_0$ 超点阵结构。除了具有很好的高温强度和抗蠕变性能外，TiAl 还具有密度小（3.7 ~3.9 g/cm^3）、弹性模量高（160 ~180 GPa）和抗氧化性能好等特点，是一种很有吸引力的航空与航天用高温结构材料。

TiAl 的室温塑性可以通过合金化和控制微观组织得到改善。含有双相（$\alpha_2+\gamma$）层片状组织合金的塑性和强度优于单相（γ）组织的合金。对合金元素 V、Cr、Mn、Nb、Ta、W、Mo 等进行试验表明：在 Ti-Al48 合金中加入 1% ~3% 的 V、Mn 或 Cr 时，塑性可以得到改善（伸长率≥3%）。提高合金的纯度也有助于提高其塑性，例如当氧含量由 0.08% 降到 0.03% 时，Ti-Al48 合金拉伸时的伸长率由 1.9% 提高到 2.7%。

合金化是塑化和韧化 Ti_3Al 的基本途径。添加 Nb 可以提高 Ti_3Al 合金的强度、塑性和韧性；V 也可使合金的塑性得到改善，但对合金的强度和抗氧化性能不利；增加 Al、Mo、Ta 的含量有利于提高合金的高温强度和抗蠕变性能等。

我国研发的 Ti_3Al 基合金、Ti_2AlNb 基合金的成分见表 4-3。其中，用 TAC-1B 合金制造的零件成功地参加了“神舟号”飞船的飞行，研制的多种航空航天用发动机重要结构件也完成了飞行试验。用 TD2 合金制作的航空发动机涡轮导风板也经受了发动机试车考验。我国宇航工业正在试用这类合金以部分替代镍基高温合金制造发动机热端部件。

表 4-3　我国研发的 Ti_3Al 基合金、Ti_2AlNb 基合金的成分

牌　号	合金类别	合金成分(摩尔分数)/%	相 组 成
24-11 25-11 8-2-2	Ti_3Al 基合金 (属第一类)	Ti-24Al-11Nb Ti-25Al-11Nb Ti-25Al-8Nb-2Mo-2Ta	α_2 和 B_2/β 两相组织
TAC-1 TAC-1B TD2 TD3	Ti_3Al 基合金 (属第二类)	Ti-24Al-14Nb-3V-(0 ~ 0. 5)Mo Ti-23Al-17Nb Ti-24. 5Al-10Nb-3V-1Mo Ti-24Al-15Nb-1. 5Mo	固溶态 α_2+B_2 两相组织 或稳态 α_2+B_2+O 三相组织
TAC-3A TAC-3B TAC-3C TAC-3D	Ti_2AlNb 合金 (属第三类)	Ti-22Al-25Nb Ti-22Al-27Nb Ti-22Al-24Nb-3Ta Ti-22Al-20Ni-7Ta	O 相合金(正交相) 含少量 B_2/β 相

一些典型 Ti_3Al 合金的力学性能和高温持久寿命见表 4-4。

表 4-4　典型 Ti_3Al 合金的常温力学性能和高温持久寿命

合　金	屈服强度/MPa	抗拉强度/MPa	伸长率/%	高温持久寿命①/h
Ti-24Al-11Nb	761	967	4. 8	—
Ti-24Al-14Nb	790 ~ 831	977	2. 1 ~ 3. 3	59. 5 ~ 60
Ti-25Al-10Nb-3V-1Mo	825	1042	2. 2	—
Ti-24. 5Al-17Nb	952	1010	5. 8	>360
Ti-24. 5Al-17Nb-1Mo	980	1133	3. 4	476

① 650℃,380 MPa。

4. 1. 2. 2　Ni-Al 系金属间化合物

Ni-Al 系金属间化合物主要包括 Ni_3Al 和 NiAl。Ni_3Al 的熔点为 1395℃,在熔点以下具有面心立方有序 $L1_2$ 超点阵结构。Ni_3Al 具有独特的高温性能,在 800℃以前,其屈服强度随温度升高而增加。

Ni-Al 二元合金相图如图 4-2 所示。在 Ni-Al 二元系中,除了 Ni、Al 的固溶体外,还存在 5 种稳定的二元化合物,即 Ni_3Al、NiAl、Ni_5Al_3、Al_3Ni_2、Al_3Ni。其中 Ni_3Al、Al_3Ni_2、Al_3Ni 通过包晶反应形成。Ni_5Al_3 是通过包析反应形成,而 NiAl 通过匀晶转变形成。除了 NiAl 单相区存在一个较宽的成分范围 45% ~60% Ni(摩尔分数)外,其他化合物成分范围较窄,例如低温 Ni_3Al 相的成分范围为 73% ~75% Ni(摩尔分数)。

研究表明,在 Ni-Al 系合金中,只有 Ni_3Al 和 NiAl 基合金有作为结构材料应用的潜力,其他 3 种化合物因熔点很低,无法与高温合金竞争。

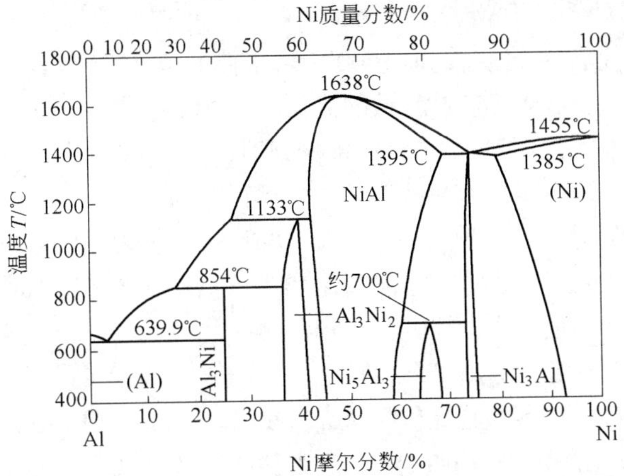

图 4-2 Ni-Al 二元合金相图

Ni_3Al 的室温塑性可以通过微合金化得到改善。微量元素 B 对提高多晶体 Ni_3Al 室温塑性的作用与 Al 含量密切相关。只有在 Al 含量小于 25% 时，B 才能有效地改善 Ni_3Al 的室温塑性，抑制沿晶断裂倾向。

B 含量对 Ni_3Al 的伸长率(δ)和屈服强度(σ_s)的影响如图 4-3 所示。在 Ni_3Al 中添加 0.02% ~0.05% 的 B 元素后，室温伸长率由 0 提高到 40% ~50%。但当 Al 含量高于 25% 后，随着 Al 含量的增加，塑性急剧下降，并使断裂由穿晶向沿晶转变。

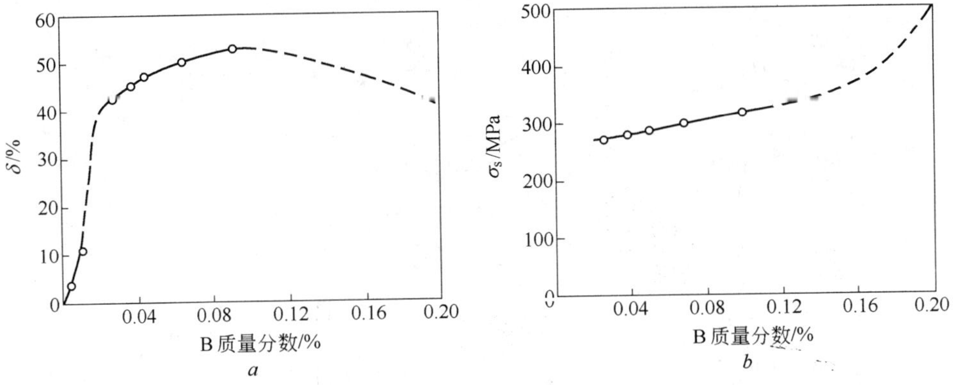

图 4-3 硼对 Ni_3Al 的伸长率(δ)和屈服强度(σ_s)的影响

a—伸长率；*b*—屈服强度

在 Ni_3Al 基体中加入 Fe 和 Mn，通过置换 Ni 和 Al，改变原子间键合状态和电荷分布，也可以提高合金的室温塑性。此外，通过固溶强化还可进一步提高 Ni_3Al 的室温和高温强度，但通常只有那些置换 Al 亚点阵位置的固溶元素才能产生的强化效果。

NiAl 金属间化合物熔点较高(1600℃),呈体心立方有序 B_2 超点阵结构,具有较高的抗氧化性,是一种有应用前景的高温结构材料。影响 NiAl 金属间化合物实用化的主要问题是室温时独立的滑移系少,塑性很低,并且在 500℃以上强度低。

在 NiAl 中加入 Fe,可以通过形成两相组织(Ni, Fe)(Fe, Ni)和 $(Ni, Fe)_3(Fe, Ni)$ 来提高强度和改善伸长率,加入 Ta 或 Nb 通过析出第二相粒子强化,提高蠕变强度。此外,还可以通过机械合金化加入 Al_2O_3、Y_2O_3 和 ThO_2 弥散质点,改善其蠕变强度和高温强度,但室温塑性下降。

4.1.2.3　Fe-Al 系金属间化合物

Fe-Al 系金属间化合物主要包括 Fe_3Al 和 FeAl。Fe_3Al 具有单晶 DO_3 型有序超点阵结构,弹性模量较大,熔点较高,比重较小。在室温下是铁磁性的,有序 DO_3 相饱和磁化强度比无序 α 相低 10%。由于在很低的氧分压下,Fe_3Al 能形成致密的氧化铝保护膜,显示了优良的抗高温氧化的能力。

Fe-Al 二元合金相图如图 4-4 所示。铝稳定 α-Fe 相中 Al 原子分数在 18% ~ 20% 以下,室温和高温下为无序 α-Fe(Al)固溶体相。Al 原子百分含量 25% ~ 35% 时,Fe-Al 金属间化合物具有 DO_3 型有序结构,点阵常数为 0.578 nm,随着温度和 Al 含量变化,逐渐向部分有序 B_2 结构及无序 α-Fe(Al)结构转变。DO_3 向 B_2 型结构转变的有序化温度约为 550℃;B_2 与 α-Fe(Al)结构的转变温度约为 750℃。Al 原子分数 36.5% ~50% 时,室温下稳定的 Fe-Al 具有 B_2 型有序结构,随 Al 含量及热处理工艺的不同,点阵常数为 0.289 ~0.291 nm。

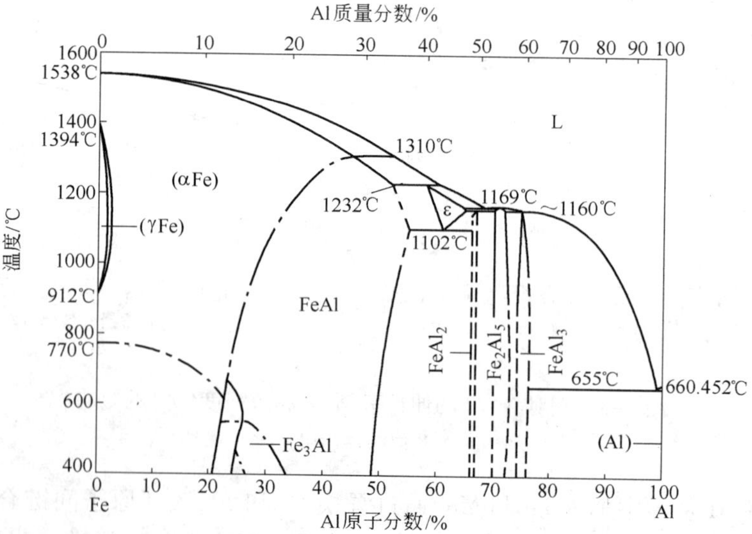

图 4-4　Fe-Al 二元合金相图

在 Fe-Al 二元合金状态图中，$FeAl_2$(49.2% ~50% Al)、Fe_2Al_5(54.9% ~56.2% Al)、$FeAl_3$(59.2% ~59.6% Al)这三种脆性金属间化合物的成分范围很窄，而 Fe_3Al 以及附近的 α-Fe(Al)固溶体的成分范围较宽，有利于 Fe_3Al 性能的稳定。

Fe-27Al 和 Fe-28Al-1Cr 合金室温力学性能见表4-5。几种典型 Fe_3Al 基合金的成分及高温力学性能见表4-6。

表4-5 典型 Fe_3Al 金属间化合物的化学成分及力学性能

合 金	屈服强度/MPa	抗拉强度/MPa	伸长率/%	硬度 HRC	弹性模量/GPa
Fe-27Al	483	831	2.8	—	—
Fe-28Al-1Cr	455	750	2	29	140

表4-6 典型 Fe_3Al 基合金的成分及性能

合金	成分/%	207 MPa 持久强度①		室温拉伸性能		600℃拉伸性能	
		时间/h	伸长率/%	$\sigma_{0.2}$/MPa	δ/%	$\sigma_{0.2}$/MPa	δ/%
FA-61	Fe-28Al	2	34	393	4.3	345	33.4
FA-122	Fe-28Al-5Cr-0.1Zr-0.05B	13	49	480	16.4	474	31.9
FA-91	Fe-28Al-2Mo-0.1Zr	208	55	698	5.7	567	20.9
FA-130	Fe-28Al-5Cr-0.5Mo-0.1Zr-0.05B	202	61	554	12.6	527	31.2

① 试验温度 593℃。

Fe_3Al 力学性能主要受 Al 含量的影响，Al 原子分数从 23% ~29% 的 DO_3 结构 Fe_3Al 的室温力学性能见图4-5。Fe-23.7Al 和 Fe-28.7Al 周期性疲劳性能如图4-6所示。

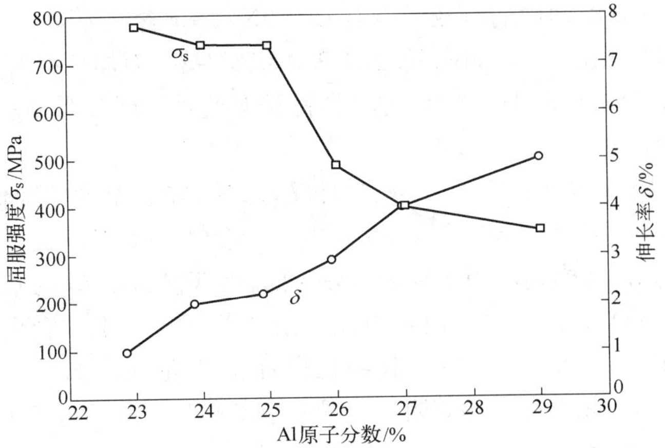

图4-5 不同铝含量对 Fe_3Al 合金屈服强度和伸长率的影响

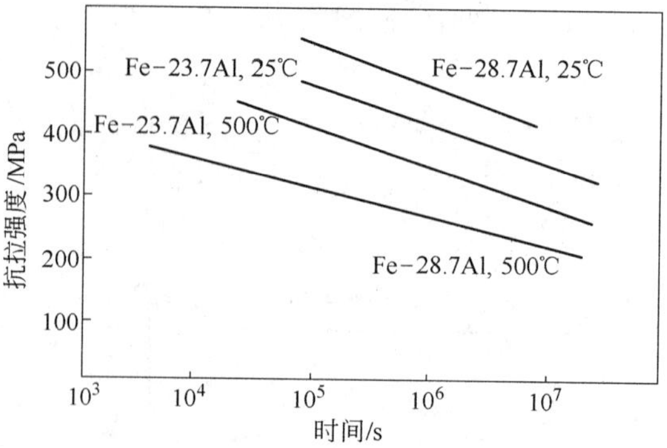

图 4-6　Fe-23. 7Al 和 Fe-28. 7Al 在 25℃和 500℃疲劳强度比较

Fe_3Al 的屈服强度(σ_s)在 Al 含量 24% ~26% 最高(750 MPa),然后迅速下降到 350 MPa,此时 Al 含量高达 30%。Al 含量 24% ~26% 时,Fe_3Al 合金由于从有序 DO_3 相中沉淀出无序 α 相而产生时效强化,所以屈服强度高。更高 Al 含量的合金由于 500℃时的成分在 α + DO_3 相区之外,所以没有时效强化。而 Fe_3Al 合金的伸长率随 Al 含量的增加而增加,由图 4-5 可以看出 Al 含量由 23% 增加到 29% 时,Fe_3Al 的伸长率由 1% 提高到 5%。

在室温同一应力下,由于位错类型不同,Fe-23. 7Al 比 Fe-28. 7Al 疲劳寿命长;而 500℃时则相反,由于 Fe-23. 7Al 第二相强化作用,Fe-23. 7Al 比 Fe-28. 7Al 疲劳性能好。金属和合金的屈服强度通常都随温度的升高而降低,但 Fe_3Al 的屈服强度从 300℃开始则随温度升高而增大,在 550℃左右达到峰值,以后随温度升高而急剧下降。Fe_3Al 屈服强度的这种反常温度关系发生在 Al 含量为 23% ~32% 的 Fe_3Al 合金中。

改善 Fe_3Al 室温塑性的有效元素有 Cr 和 Nb。Cr 含量为 2% ~6% 的 Fe-28Al 合金的室温屈服强度由 279 MPa 降低到 230 MPa 左右,而伸长率由 4% 上升到 8% ~10%;600℃时的屈服强度略有上升,塑性稍有改善。断裂类型从穿晶解理断裂变为混晶断裂。

Nb 在 Fe_3Al 中的溶解度低,1300℃时仅为 2%,随着温度的降低,溶解度迅速下降,700℃的溶解度为 0. 5%。Fe-25Al-2Nb 合金经 1300℃淬火后,在 700℃时效 8 h,空冷,获得 $L2_1$ 结构共晶相。延长时效时间,则获得固溶 Al 的 C_{14} 结构的 Fe_2Nb 相。从室温到 600℃,沉淀强化使屈服强度提高了 50%。上述合金再加入 2% Ti,明显改善热稳定性。B 对 Fe_3Al 晶粒细化很有效,其他元素如 Ce、S、Si、Zr 和稀土也有细化作用,Mo 元素在高温有阻碍晶粒长大的作用。加入 0. 5% TiB_2 可以控制晶粒尺寸,提高力学性能。Si、Ta 和 Mo 也可以明显提高 Fe_3Al 的屈服强度,但使 Fe_3Al 塑性大大降低。

FeAl 合金的弹性模量较大，熔点高，比强度较大。低 Al 含量的 FeAl 合金有严重的环境脆性，而较高 Al 含量的 FeAl 合金由于晶界本质弱，在各种试验条件下都表现出极低的塑性和脆性。即使细化晶粒也很难增加 FeAl 合金的塑性。

FeAl 拉伸强度和塑性与温度有一定的关系。粗晶 Fe-40Al 从室温升高到650℃，强度一直保持在 270 MPa，温度高于 650℃ 时强度迅速下降，塑性由室温 8% 提高到 968℃ 的 40%。室温下 FeAl 合金的断裂形式表现为沿晶断裂，高温下为穿晶解理断裂。粉末挤压的 Fe-35Al、Fe-40Al 合金的屈服强度随温度由室温到600℃的升高而缓慢降低，其中 Fe-40Al 合金从 650 MPa 降至 400 MPa，Fe-35Al 合金从 500 MPa 降至 400 MPa，而伸长率由室温的 7% 上升到 500℃ 的 25%，但在600℃时出现了塑性降低，同时又变为沿晶断裂。

FeAl 力学性能受合金元素的影响较大，含有不同合金元素的 FeAl 合金的力学性能见图 4-7。

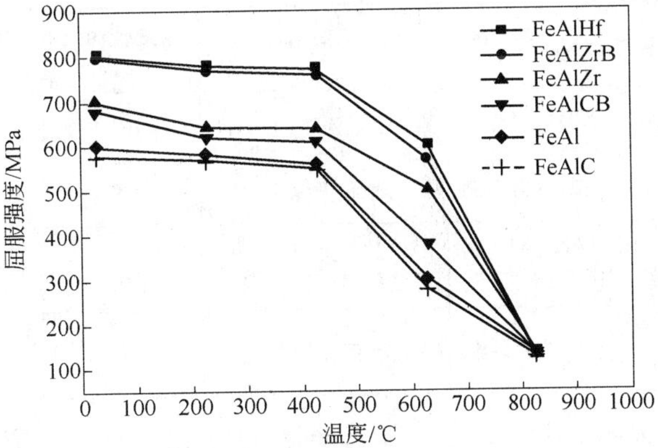

a

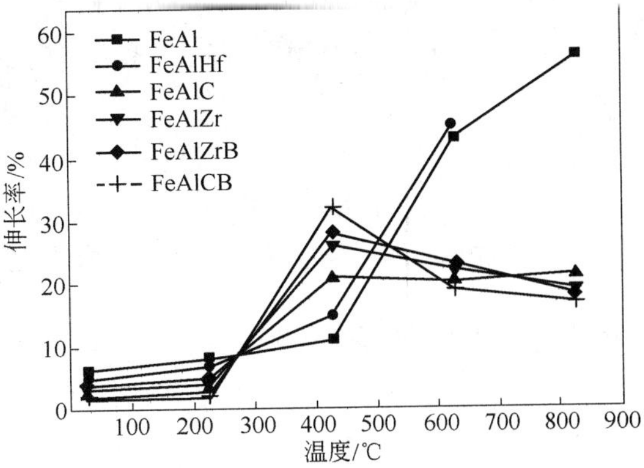

b

图 4-7 合金元素对 FeAl 力学性能的影响

a—屈服强度；*b*—伸长率

在 B_2 结构有序 FeAl 合金中加入的 Cr、Mn、Co、Ti 等元素能够使 FeAl 合金产生固溶强化，而 Nb、Ta、Hf、Zr 等元素也容易形成第二相强化。并且，Y、Hf、Ce、La 等亲氧元素可以抑制空洞形成，改善 FeAl 合金的致密性。Hf 的强化作用较大，在 27 ~ 427℃，屈服强度保持在 800 MPa，室温塑性略有降低，高温塑性大大增加，827℃时 FeAl 合金伸长率高达 50%。

采用适当的热加工工艺（包括锻造、挤压、热轧、温轧等）也能提高 Fe-Al 金属间化合物的性能。在热轧和控温轧制前采用锻造和挤压的中间加工工艺，可达到破坏铸锭中的柱状晶，细化晶粒的目的，改变后续轧制工艺的加工性能。再结晶温度以上的热轧使 Fe_3Al 金属间化合物的晶粒进一步细化，再结晶温度以下的温轧可以使晶粒成为条状形态，有利于降低氢原子的扩散通道，提高 Fe_3Al 的室温塑性。不同热加工和热处理工艺获得的 Fe_3Al 的力学性能见表 4-7。

表 4-7　不同热加工和热处理获得的 Fe_3Al 的力学性能

合金系	热加工工艺	热处理	抗拉强度 /MPa	屈服强度 /MPa	伸长率 /%
Fe_3Al (5.1% Cr, 0.01% Zr, 0.05% B)	经锻造再轧制 经锻造再轧制 经挤压再轧制	再结晶温度以上退火 再结晶温度以下退火 再结晶温度以下退火	461 590 639	260 310 340	6.3 10.1 12.3
Fe_3Al (4.5% Cr, 0.05% Zr)	铸锭直接轧制 经锻造再轧制	再结晶温度以下退火 再结晶温度以下退火	671 690	380 420	7.1 12.5
Fe_3Al (2.35% Cr, 0.01% Ce)	经锻造再轧制	再结晶温度以下退火	705	470	10.3

热处理工艺对 Fe_3Al 的力学性能有显著的影响。通过多道控温轧制后再经过低于再结晶温度条件下退火，然后进行淬火的热处理工艺，可使 Fe_3Al 的力学性能有显著的提高，屈服强度达到 700 MPa 左右，室温伸长率由 2% ~3% 提高到 12%。

机械合金化是制备 Fe_3Al 的一种新工艺，它是在高能球磨机中进行球磨，形成细微组织的合金，在固相状态下达到合金化的目的。利用机械合金化技术合成的 Fe_3Al 基合金，抗拉强度达到 690 MPa，室温伸长率达到 10%。

4.2　Ti-Al 金属间化合物的焊接

4.2.1　TiAl 同种材料的焊接

TiAl 金属间化合物可以采用氩弧焊、电子束焊、扩散焊、钎焊、自蔓延高温合成反应等方法进行连接。TiAl 熔焊存在的主要问题是焊接热裂纹和接头力学性能的降低。

4.2.1.1 TiAl 合金的电子束焊

采用电子束焊接 TiAl 合金时,冷却速度对焊接裂纹倾向影响很大。对 TiB_2 颗粒强化的 Ti-48Al 合金(强化相 TiB_2 的体积分数为 6.5%),电子束焊所用的工艺参数和热影响区冷却速度见表 4-8,冷却速度对裂纹倾向的影响见表 4-9。

表 4-8 电子束焊时所用的焊接参数及 HAZ 冷却速度

预热温度/℃	加速电压/kV	电子束流/mA	焊接速度/mm·s^{-1}	HAZ 冷却速度/K·s^{-1}
27	150	2.2	2	90
27	150	2.5	6	650
27	150	3.5	12	1320
27	150	4.0	12	1015
27	150	6.0	24	1800
170	150	2.5	6	400
300	150	2.2	2	35
335	150	2.5	6	200
335	150	4.0	12	310
470	150	2.0	6	325

表 4-9 冷却速度对热影响区裂纹倾向的影响

HAZ 冷却速度/K·s^{-1}	0	300	700	1000	1800	2700
裂纹率/mm·条$^{-1}$	0	0	0.14	0.23	0.45	0.57

当热影响区冷却速度低于 300℃/s 时,裂纹敏感性随冷却速度的增加呈直线增加,从裂纹断口上看属固态裂纹,没有热裂纹的迹象。由此可见,当焊接参数选择合适时,用电子束焊接 TiAl 合金可以获得无裂纹的接头。试验表明,当焊接速度为 6 mm/s 时,防止裂纹产生所需的预热温度为 250℃。

4.2.1.2 TiAl 合金的扩散焊

A 直接扩散焊

工艺参数(温度、时间、压力等)对 TiAl 合金扩散焊接头的性能有很大影响。表 4-10 给出了直接扩散焊的工艺参数和接头性能。在 Ti-48Al 双相铸造合金的扩散连接过程中,随着加热温度、保温时间和压力的增加,扩散焊接头的抗拉强度逐渐增加。在 1200℃、3.8 ks 和 15 MPa 压力条件下,得到了没有界面显微孔洞和界面结合良好的扩散焊接头,接头的室温抗拉强度达到 225 MPa。

高温拉伸试验表明(见图 4-8),接头在 800℃和 900℃高温下的抗拉强度有所下降,抗拉强度约 180 MPa,比母材降低约 40%。

表 4-10　TiAl 扩散焊的工艺参数、界面反应产物及接头抗拉强度

被焊材料	工艺参数				界面产物	抗拉强度/MPa
	加热温度/℃	保温时间/ks	压力/MPa	气氛		
Ti-52Al	1000	3.6	10	真空	γ，$\gamma+\alpha_2$	—
Ti-48Al-2Cr-2Nb	1000	3.6	10	真空	α_2	—
Ti-48Al	1000	2.16	10	Ar	TiO_2，Al_2TiO_5，γ	—
Ti-48Al	1200	3.8	15	Ar	$\gamma+\alpha_2$	225
Ti-47Al	1100	3.6	30	Ar	γ，$\gamma+\alpha_2$	400
Ti-47Al-2Cr	1250	3.6	30	真空	α_2/γ	530
Ti-48Al-2Mn-Nb	1200~1350	0.9~2.7	15	真空	γ，α_2	250

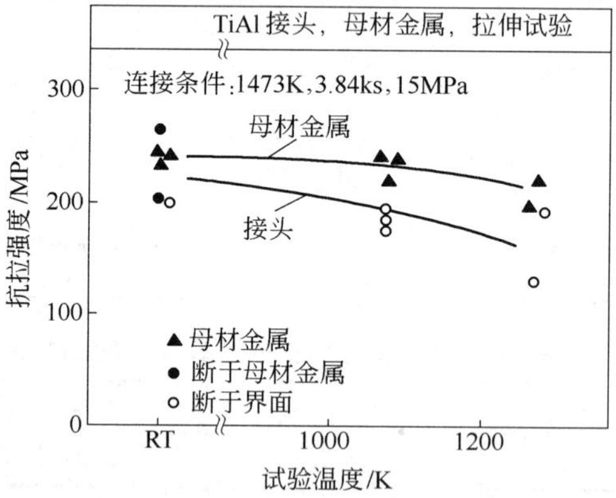

图 4-8　不同温度下 TiAl 扩散焊接头的抗拉强度

接合界面的显微组织对接头性能影响很大，一般情况下，扩散焊接头经过真空加热处理后，晶粒发生长大。例如，在 1200℃、3.84 ks 和 10 MPa 条件下进行 TiAl 的扩散焊，然后将接头在 1300℃、7.2 ks 和 1.3 MPa 条件下进行真空热处理。金相观察表明，晶粒直径由扩散焊态的 65 μm 增加到约 130 μm，接头抗拉强度也有所下降。

B　加中间层的扩散焊

为了提高 TiAl 扩散焊接头的性能，有时采用加入中间过渡层的方法进行扩散焊。中间层可以是纯金属，也可以是含有活性元素或降低熔点元素的合金。表 4-11 给出 TiAl 扩散焊常用中间层及工艺参数。由表可见，采用中间层可以使 TiAl 在相对低的温度和压力下进行扩散焊。此外，采用较低熔点的 Ti-15Cu-15Ni 作中间层，对 Ti-48Al-2Cr-2Nb 合金进行了过渡液相连接，可以很好地改善界面接触，提高扩散焊接头的性能。

表 4-11 TiAl 扩散焊用中间层及工艺参数

被焊材料	工艺参数				界面产物	抗拉强度 /MPa
	加热温度 /℃	保温时间 /ks	压力 /MPa	气氛		
Ti-52Al/V/Ti-52Al	1000	1.8	15	真空	Al_3V	200
Ti-48Al-2Cr-2Nb/Ti-15Cu-15Ni/Ti-48Al-2Cr-2Nb	1150	0.03 ~ 0.12	—	真空	β-Ti + α_2	—
Ti-52Al/Al/Ti-52Al	900	3.84	10 ~ 30	真空	$TiAl_3$, $TiAl_2$	200

C TiAl 的超塑性扩散焊

利用超塑性扩散连接 TiAl 金属间化合物，可以大大降低扩散焊所需的温度和时间。对于 Ti-47Al-Cr-Mn-Nb-Si-B 合金，在加热温度 923 ~ 1100℃、压力 20 ~ 40 MPa 和真空度 4.5×10^{-4} Pa 条件下进行超塑性扩散连接，可以获得性能良好的扩散焊接头，拉伸试验断于母材基体。试验表明，TiAl 金属间化合物晶粒尺寸在 0.4 μm 以下、加热温度 880℃以上、变形率为 10% 时，才能实现 TiAl 的超塑性扩散焊。

4.2.2 TiAl 与 40Cr 钢的焊接

TiAl 金属间化合物显微组织对力学性能非常敏感，含有较多合金元素时，线膨胀系数较低，与异种材料焊接时，易产生较大的应力。采用熔焊方法，接头成分复杂，极易生成脆性金属间化合物，热裂纹倾向严重。因此，TiAl 金属间化合物异种材料的焊接较多采用扩散焊和钎焊方法。

4.2.2.1 TiAl 与 40Cr 钢的扩散焊

A 焊接工艺及参数

TiAl 金属间化合物与 40Cr 钢之间化学成分差别较大，相容性较差，扩散焊时可选用纯 Ti 箔、V 箔和 Cu 箔作为中间层。

焊前将 TiAl 金属间化合物与 40Cr 钢的待焊面油污、锈蚀采用机械方法或化学方法去除，然后按 TiAl/Ti/V/Cu/40Cr 的顺序装配后立即放入真空炉中。中间层纯 Ti 箔、V 箔和 Cu 箔的厚度分别为 30 μm、100 μm、20 μm。扩散焊工艺参数为：加热温度 950 ~ 1000℃，焊接压力 20 MPa，保温时间 20 min。

B 扩散焊接头力学性能

加热温度和合金层成分对 TiAl 与 40Cr 钢扩散焊接头抗拉强度的影响见图 4-9。

在相同的扩散焊工艺参数条件下，选用 Ti、V、Cu 中间层获得的 TiAl/40Cr 钢扩散焊接头抗拉强度均高于以 V、Cu 作为中间层时接头的抗拉强度。并且随着加热温度的升高，扩散焊接头的抗拉强度逐渐升高。因为当温度较低时，基体的强度

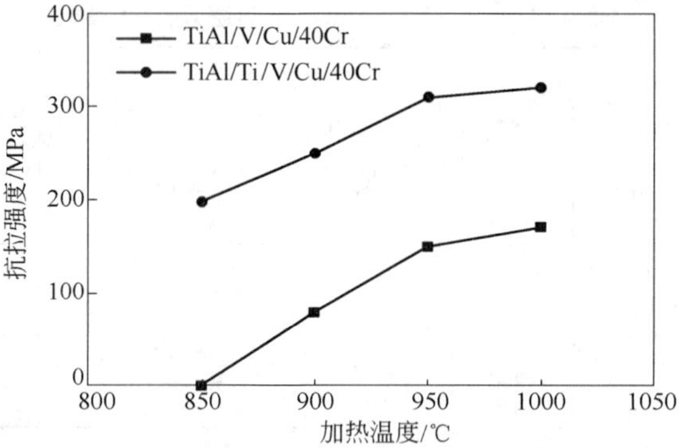

图 4-9　加热温度和合金层成分对 TiAl/40Cr 扩散焊接头抗拉强度的影响

仍然很高，在同等压力条件下，塑性变形不足，被焊表面之间的物理接触不够充分，在扩散焊界面处可能存在大量的缺陷，没有形成很好的冶金结合。随着温度的升高，被焊材料的屈服强度急剧下降，被焊表面之间物理接触的面积迅速增加，焊合率提高。

通过对 TiAl/40Cr 钢扩散焊接头的断口成分分析（见表 4-12）发现，以 Ti、V、Cu 作为中间层的 TiAl/40Cr 钢扩散焊接头的断裂位置发生在 TiAl 与中间层 Ti 箔界面处。而以 V、Cu 作为中间层的 TiAl/40Cr 钢扩散焊接头的断裂发生在 TiAl 与中间层 V 箔界面位置。

表 4-12　TiAl/40Cr 钢扩散焊接头断口的成分分析（%）

接　头	Ti	Al	Cr	Nb	V	Cu	Fe
Ti、V、Cu 为中间层	50. 19	45. 96	2. 02	1. 83	—	—	—
	67. 90	25. 31	3. 19	3. 61	—	—	—
V、Cu 为中间层	39. 25	38. 97	0	2. 07	19. 71	—	—

C　扩散界面附近的微观组织

在以 Ti、V、Cu 作为中间层的 TiAl/40Cr 钢扩散焊接头的能谱分析见表 4-13，X 射线衍射图见图 4-10。可见采用 Ti、V、Cu 作为中间层进行扩散焊接后，接头靠近 TiAl 一侧生成 Ti_3Al 金属间化合物，在富 Ti 一侧生成 α-Ti 固溶体，并且这些生成物不随温度的变化而发生改变，只是随加热温度的升高，元素扩散比较充分，扩散反应层的厚度逐渐增加。

表 4-13　TiAl/40Cr 钢扩散焊接头的能谱分析（%）

接　头	位　置	Ti	Al	Cr	Nb	V
Ti、V、Cu 为中间层	近 TiAl 侧	74. 3	25. 3	0. 33	0. 10	—
	近 Ti 侧	95. 5	0. 21	0. 09	0. 17	—
V、Cu 为中间层	近 TiAl 侧	60. 94	21. 34	—	—	17. 18
	近 V 侧	16. 62	68. 89	—	—	14. 49

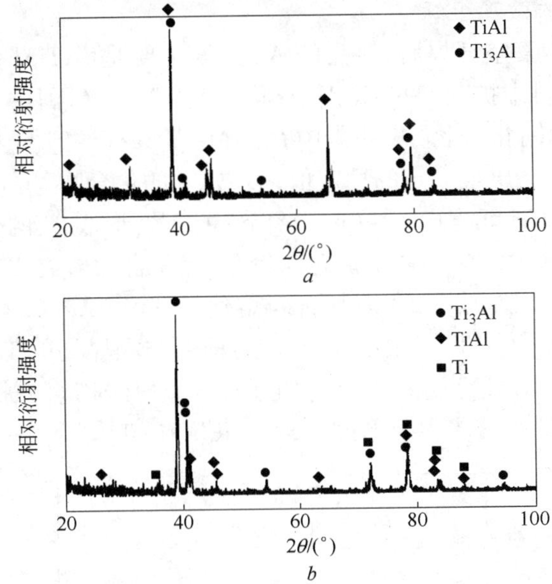

图 4-10 以 Ti、V、Cu 为中间层的 TiAl/40Cr 扩散焊接头的 X 射线衍射图
a—接头靠近 TiAl 一侧；*b*—接头富 Ti 一侧

在 Cu 箔与 40Cr 钢的接触界面上，没有明显的金属间化合物形成过渡层，元素浓度没有出现稳定的过渡平台。这也是以 Ti、V、Cu 作为中间层的 TiAl/40Cr 钢扩散焊接头断裂发生在 TiAl 与 Ti 箔界面上的主要原因。而选用 V、Cu 作为中间层时，TiAl/40Cr 钢扩散焊接头的能谱分析发现在接头靠近 TiAl 一侧生成 Ti_3Al，在 V 一侧生成 Al_3V，增加 TiAl 与 V 箔界面处的脆性，容易引起 TiAl/40Cr 钢扩散焊接头的脆性断裂。

4.2.2.2 TiAl 与 40Cr 钢的真空钎焊

A 焊接工艺及参数

TiAl 与 40Cr 钢真空钎焊时，采用 Ti 含量为 4%、熔化温度为 800℃、厚度为 0.2 mm 的 Ag-Cu-Ti 合金作为钎料，以改善 TiAl 与 40Cr 钢钎焊接头的结合性和增加接头强度。

焊前将 TiAl 与 40Cr 钢待焊表面经过平磨处理，然后用 10% HF + 40% HNO_3 + 50% 蒸馏水溶液对 TiAl 的待焊表面浸泡 1 ~ 2 min，去除氧化膜，然后再用清水漂洗干净，吹干。最后将 TiAl 与 40Cr 钢置于丙酮溶液中，去除表面油污后再进行吹干。TiAl 与 40Cr 钢的真空钎焊工艺参数为：钎焊温度 900℃，保温时间 10 ~ 15 min，真空度为 1.33×10^{-2} Pa。力学性能实验表明，以 Ag-Cu-Ti 合金作为钎料获得的 TiAl 与 40Cr 钢钎焊接头的抗拉强度高达 400 MPa，接近于母材 TiAl 的抗拉强度。

B　钎焊接头的微观组织

TiAl 与 40Cr 钢真空钎焊后，接头的 Ag 元素主要是沿 TiAl 晶界渗透，略有些 Ag 从 Ag-Cu-Ti 钎料中扩散到 40Cr 钢中；同时 Ag-Cu-Ti 钎料中又有较多的 Cu 元素扩散到 TiAl 金属间化合物中，并集中在 TiAl 与 Ag-Cu-Ti 钎料的界面上，因此 Cu 元素的浓度分布会出现一定的稳定值，形成 Cu 的化合物。在 TiAl 与 Ag-Cu-Ti 钎料界面，TiAl 中的 Ti 元素向 Ag-Cu-Ti 钎料中扩散，形成 Ti 的化合物，但是研究发现在整个钎焊接头中，Fe 元素扩散距离较小，无化合物形成。

TiAl 与 40Cr 钢钎焊时，Ag-Cu-Ti 钎料熔化后，除了 Ag、Cu、Ti 元素向 TiAl 中扩散外，还有一些 Ag、Cu、Ti 元素沿晶界发生迁移，与晶界处的 Ti、Al 原子交换，实现 Ag-Cu-Ti 钎料向 TiAl 金属间化合物的迁移。X 射线衍射分析（见图 4-11）表明，TiAl 与 40Cr 钢钎焊接头主要形成 Ag 与 $AlCu_2Ti$ 相。

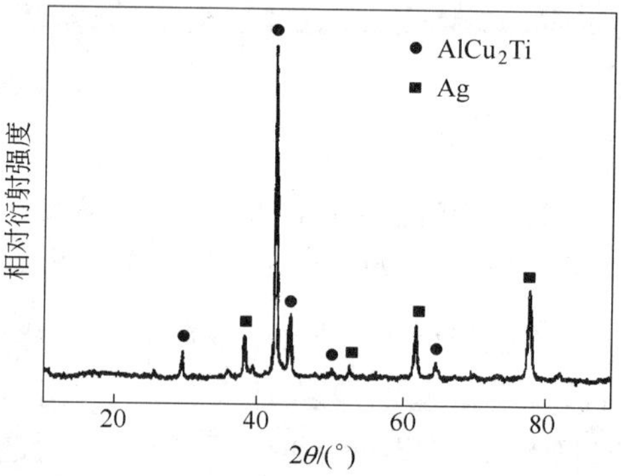

图 4-11　TiAl 与 40Cr 钢钎焊接头的 X 射线衍射图

4.2.3　TiAl 与 SiC 陶瓷的焊接

4.2.3.1　TiAl 与 SiC 的扩散焊

A　焊接工艺及参数

TiAl 与 SiC 陶瓷扩散焊前，将 Al 含量为 53% 的 TiAl 合金与含有 2% ~3% Al_2O_3 的烧结 SiC 陶瓷的待焊表面用丙酮擦洗干净，再用清水冲洗并进行风干。然后由下至上按照 SiC/TiAl/SiC 的顺序将焊接件组装好，同时在上下两个 SiC 的不连接表面各放置一片云母，以防止 SiC 与加压棒连接在一起。

扩散焊接过程中采用电阻辐射加热方式进行加热。TiAl 与 SiC 陶瓷扩散焊的工艺参数为：加热温度 1300℃，焊接压力 35 MPa，保温时间 30 ~45 min，真空度 6.6×10^{-3} Pa。

B　扩散焊接头的力学性能

扩散焊接后，TiAl 与 SiC 扩散焊接头区出现三个反应层，各反应层内的化学成分见表 4–14。

表 4–14 TiAl 与 SiC 扩散焊接头反应层的化学成分(质量分数,%)

反应层	Ti	Al	Si	C	Cr
1	33.5	62.4	0.8	2.1	1.2
2	54.2	4.4	28.8	12.3	0.3
3	44.3	10.2	5.3	40.1	0.1

反应层内各元素的化学成分差别较大,使得 TiAl 与 SiC 扩散焊接头形成的组织结构有所不同;并且随着保温时间的延长,扩散焊接头中反应层厚度增加,在一定时间内能够达到稳定状态,使接头具有一定的强度。不同保温时间下 TiAl 与 SiC 扩散焊接头的剪切强度见图 4–12。

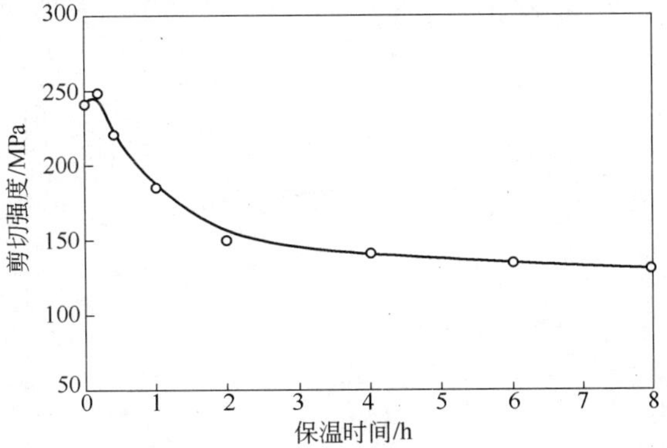

图 4–12 不同保温时间下 TiAl 与 SiC 扩散焊接头的剪切强度

TiAl 与 SiC 扩散焊接头的剪切强度试验结果表明,加热温度 1300℃ 时,随着保温时间的增加,TiAl 与 SiC 接头的剪切强度开始迅速降低,而后减缓,并在 4 h 后趋于稳定。在保温时间为 30 min 时,接头强度达到 240 MPa。通过电子探针分析 TiAl 与 SiC 扩散焊接头剪切断口的化学成分见表 4–15。

表 4–15 电子探针分析 TiAl 与 SiC 扩散焊接头剪切断口的化学成分(质量分数,%)

保温时间/h	Ti	Al	C	Si	表面相
0.5	53.6	5.4	11.1	29.9	$Ti_5Si_3C_x$
	53.1	5.8	10.8	30.3	$Ti_5Si_3C_x$
	46.2	47.8	5.6	0.4	TiAl
	54.1	6.2	10.2	29.5	$Ti_5Si_3C_x$
8	43.1	8.2	44.2	4.5	TiC
	43.8	8.7	43.4	4.1	TiC
	44.1	7.9	45.6	2.4	TiC
	44.5	8.1	44.8	2.6	TiC

TiAl 与 SiC 扩散焊接头的剪切断裂位置随着保温时间的变化而发生改变。保温时间为 30 min 时，所形成的 TiC 层很薄（0.58 μm），接头的剪切强度取决于 TiC + $Ti_5Si_3C_x$ 层，断裂发生在（$TiAl_2$ + TiAl）与（TiC + $Ti_5Si_3C_x$）的界面上。

TiC 虽然属于高强度相，并且与 SiC 晶格相容性好，但当厚度较大且溶解了一定数量的 Al 原子后，其强度会降低，并成为容易断裂层。保温时间为 8 h 时，TiC 层增加到一定的厚度（2.75 μm），并且溶解了较多的 Al 原子。接头的断裂强度取决于 TiC 层的厚度，因而断裂发生在相应的 TiC 单相层内。

TiAl 与 SiC 扩散焊接头有时处于高温工作环境中，这就要求接头必须具有一定的高温强度，而 TiAl 与 SiC 扩散焊接头的高温剪切强度对试验温度也存在一定的敏感性。加热温度 1300℃、保温时间为 30 min 时，试验温度对 TiAl 与 SiC 扩散焊接头高温剪切强度的影响见图 4-13。

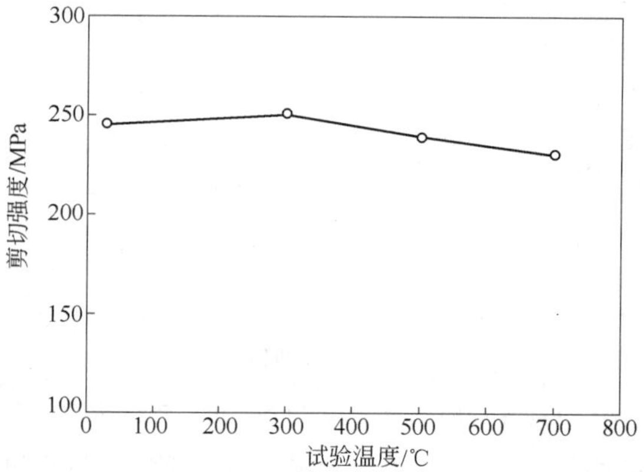

图 4-13　试验温度对 TiAl 与 SiC 扩散焊接头高温剪切强度的影响

随着试验温度的增加，TiAl 与 SiC 扩散焊接头剪切强度只是稍有降低，在 700℃的试验温度下，接头剪切强度仍能够维持在 230 MPa。当试验温度高于 700℃时，TiAl 与 SiC 扩散焊接头的高温剪切强度对试验温度的敏感性也会降低。因此，只要 700℃时 TiAl 与 SiC 扩散焊接头具有足够的剪切强度，整个接头能够满足强度的使用要求。

C　扩散焊接头的微观组织

TiAl 与 SiC 扩散焊接头的强度以及在使用过程中的破坏位置取决于扩散焊后接头区形成的组织结构。TiAl 与 SiC 扩散焊接头不同层面的 X 射线衍射分析见图 4-14。

TiAl 与 SiC 扩散焊接头靠近 TiAl 一侧的反应层 1 主要形成（$TiAl_2$ + TiAl），靠近 SiC 陶瓷一侧反应层 3 形成单相 TiC，中间反应层 2 形成（TiC + $Ti_5Si_3C_x$）的混合相。因此 TiAl 与 SiC 扩散焊接头的组织结构从 TiAl 到 SiC 依次由（$TiAl_2$ + TiAl）、

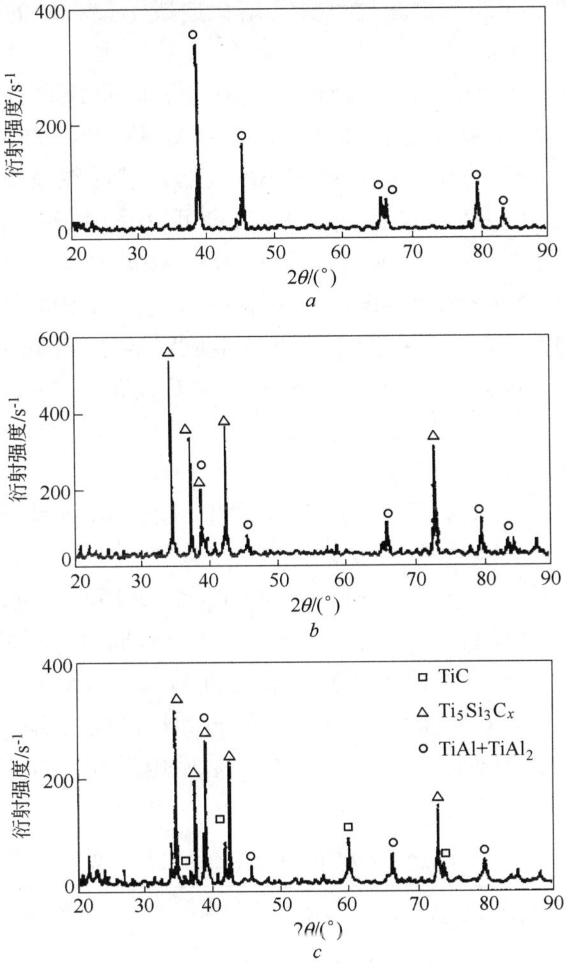

图 4-14　TiAl 与 SiC 扩散焊接头的 X 射线衍射图

a—反应层 1；*b*—反应层 2；*c*—反应层 3

（TiC + $Ti_5Si_3C_x$）然后过渡到 TiC。

TiAl 金属间化合物除了采用扩散焊能够实现与 SiC 陶瓷的焊接，还能实现 Ti-6Al-4V 合金与 Al_2O_3 陶瓷的扩散焊接。

Ti-6Al-4V 与 Al_2O 陶瓷扩散焊接时，选用强化相为 TiB_2、基体为具有 $\gamma + \alpha_2$ 全层片状组织的 Ti-48Al 复合材料作为中间层。相互匹配的扩散焊工艺参数为：加热温度 1300℃、保温 1 h，加热 1250℃、保温 10 h 或者加热 1200℃、保温 100 h。

加热 1200℃保温 100 h 时，在 Ti-6Al-4V 与 Ti-48Al 界面处形成 $\gamma + \alpha_2$ 全层片状组织区、富 Al 的 α 相区和 Ti-B 化合物区；在加热 1250℃保温 10 h 时，在 Ti-48Al 与 Al_2O_3 陶瓷界面处，由于陶瓷中杂质的存在而使界面附近发生瞬时的熔化，没有形成特征明显的界面组织。但是这种局部熔化造成了接头中的残余应力，使界面处容易发生破坏，成为接头的薄弱区。

采用热等静压法对 Ti-6Al-4V 合金与 TiAl 金属间化合物直接进行扩散焊接，接头力学性能测试表明，接头抗拉强度可达 Ti-6Al-4V 母材的 70%。界面微观组织显示，靠近 Ti-6Al-4V 合金一侧是由细小的 α 板条状晶粒及残留的 β 相组成。

TiAl 与结构钢，可以直接进行扩散焊接，也可以采用银基钎料作为中间层合金。直接扩散焊的工艺参数为：加热温度 1010℃，保温时间 1 h，焊接压力为 18 ~ 20 MPa，接头的抗拉强度达 280 MPa。采用银基钎料作为中间层进行扩散焊时，由于银基钎料与结构钢之间发生扩散反应可以生成固溶体，因此室温下接头的抗拉强度可达 TiAl 金属间化合物母材的 60%，500℃ 高温下的接头抗拉强度可达 310 MPa。

4.2.3.2　TiAl 与 SiC 的钎焊

采用红外钎焊、真空钎焊等方法可以实现 TiAl 与 SiC 的钎焊连接。

A　焊接工艺及参数

红外钎焊时，采用氩气保护，钎料可选择 Ti-15Cu-15Ni，熔点 932℃，钎焊温度 1100 ~ 1200℃。采用电阻辐射加热的高真空炉中钎焊时，可选用多种钎料。

TiAl 与 SiC 陶瓷钎焊时，选用厚度 20 μm 的 Ag-Cu-Ti 钎料（成分 Ag 68.32%，Cu 27.14%，Ti 4.54%）。焊前将 Ag-Cu-Ti 钎料和焊接件表面用丙酮擦洗干净，再用清水冲洗并风干，装配后放入真空炉中。采用电阻辐射加热方式进行钎焊。TiAl 与 SiC 钎焊的工艺参数见表 4-16。

表 4-16　TiAl 与 SiC 钎焊的工艺参数

钎　料	钎焊温度/℃	保温时间/min	加热速度 /℃ · min^{-1}	冷却速度 /℃ · min^{-1}	真空度/Pa
Ag-Cu-Ti	900	10 ~ 30	30	20	6.6×10^{-3}

B　钎焊接头的力学性能

TiAl 与 SiC 钎焊接头的剪切强度见图 4-15。随着钎焊保温时间的增加，钎焊接头的剪切强度逐渐降低但是降低幅度不大。TiAl 与 SiC 钎焊接头的剪切强度主要决定于钎焊温度和钎料，因为钎焊后钎缝形成的组织结构是影响强度的直接原因。TiAl 与 SiC 钎焊时，控制保温时间为 10 min 时，钎焊接头的剪切强度可达 173 MPa。

C　钎焊接头的微观组织

TiAl 与 SiC 钎焊接头金相组织观察发现，TiAl 与 SiC 钎焊时，由于钎料的熔化与元素之间的相互扩散，在 TiAl 与 SiC 钎焊接头出现了具有不同组织结构的扩散反应层，每个反应层内的化学成分见表 4-17。

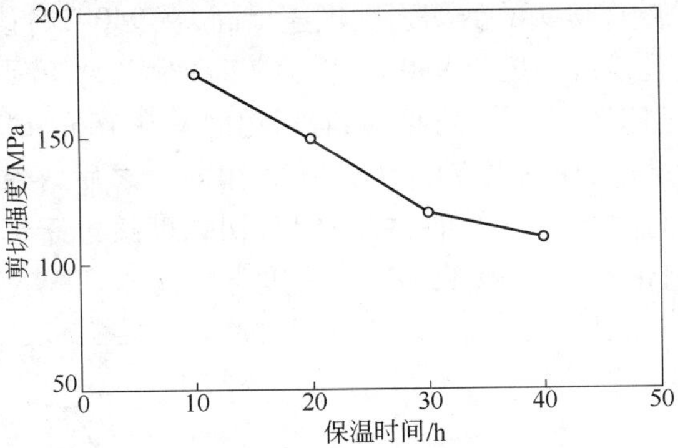

图 4-15 TiAl 与 SiC 钎焊接头的剪切强度

表 4-17 TiAl 与 SiC 钎焊接头扩散反应层的化学成分(%)

反应层	Ag	Cu	Ti	Si	Al	Cr
1	0 ~ 0.35	17.57 ~ 26.03	51.54 ~ 43.61	2.39 ~ 1.03	28.06 ~ 28.59	0.43 ~ 0.39
2	6.69 ~ 2.71	27.28 ~ 25.63	32.57 ~ 51.71	29.31 ~ 13.72	4.15 ~ 5.95	0 ~ 0.28
3	83.32 ~ 83.08	13.85 ~ 15.09	0.78 ~ 0	2.23 ~ 1.82	0.86 ~ 0	0
4	0.86 ~ 0.99	64.35 ~ 62.58	24.40 ~ 23.92	1.03 ~ 1.42	9.36 ~ 10.80	0 ~ 0.29

注：表中数据按钎焊时间 10 ~ 30 min 的顺序排列，表中碳元素的含量未计算在内。

TiAl 与 SiC 钎焊接头靠近 TiAl 母材一侧的第一个扩散反应层中，钎焊时 Ag-Cu-Ti 钎料中已熔化的 Cu 不断向 TiAl 母材中扩散，形成了一种 Ti-Al-Cu 合金。这种合金是钎焊时由液相凝固而成，并且随着保温时间从 10 min 延长到 30 min，合金层厚度也由 8 μm 增加到 15 μm。

TiAl 与 SiC 钎焊接头靠近 SiC 陶瓷一侧的第二个扩散反应层中主要存在 Ti、Cu 和 Si 元素，形成了 Ti-Cu-Si 合金，并且这些元素的含量以及这一扩散反应层的厚度随钎焊时间而变化。当钎焊保温时间由 10 min 增加到 40 min 时，Ti 元素的含量由 32.57% 增加到 51.71%，Si 元素含量由 29.31% 降低至 13.72%，伴随着钎焊过程中 Ti 元素不断向 SiC 中的扩散，扩散反应层厚度由 0.4 μm 增至 2.9 μm。

TiAl 与 SiC 钎焊接头中间的两个反应层 3、4 由于 Ag-Cu-Ti 钎料本身经熔化后形成的成分发生偏析，主要含有 Ag 和 Cu，是一种富 Ag、Cu 相的凝固组织。

4.2.4 Ti_3Al 合金的扩散焊

Ti_3Al 金属间化合物可采用扩散焊实现其连接。图 4-16*a* 所示是焊接压力 9 MPa、保温时间 30 min 条件下，连接温度对 Ti_3Al 合金扩散焊接头剪切强度的影响。在 800 ~ 840℃ 的加热温度范围，接头的剪切强度较低而且变化缓慢；连接温度超过840℃时，扩散焊接头的剪切强度迅速提高，在940℃时达到751 MPa。

图4-16*b*所示是连接温度为990℃、压力12 MPa条件下保温时间对Ti_3Al合金扩散焊接头剪切强度的影响。可见，随着保温时间从15 min提高到30 min，扩散焊接头的剪切强度迅速提高；当保温时间超过30 min之后，接头剪切强度上升的速度变慢。当保温时间为70 min时，接头的剪切强度接近于母材；保温时间继续增加时，由于晶粒粗化和长大，接头的剪切强度下降。

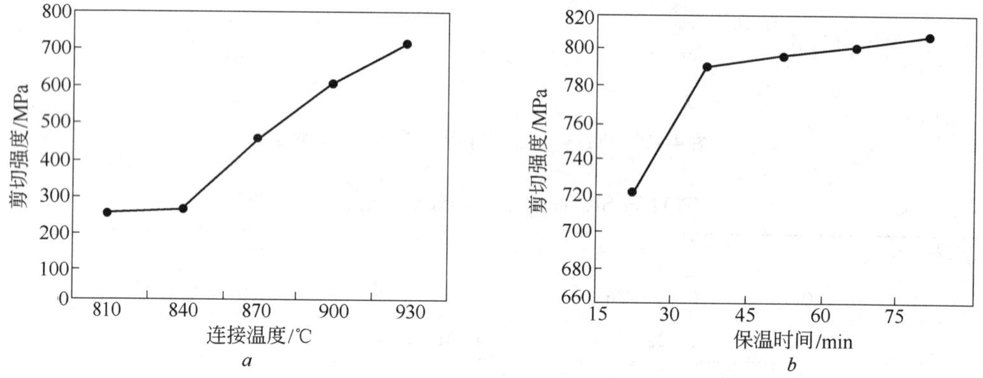

图4-16 扩散焊温度和保温时间对Ti_3Al合金接头剪切强度的影响

a—连接温度的影响；*b*—保温时间的影响

Ti_3Al合金的扩散焊加热温度通常在1000℃左右，所需的保温时间根据加热温度和压力而定。如图4-17所示是Ti_3Al合金扩散连接温度与保温时间的关系曲线，可以看出，在压力不变的情况下，随着连接温度的升高可适当减少扩散焊的保温时间。图4-18是Ti_3Al合金扩散连接压力和保温时间的关系曲线，其连接温度为980℃。图中曲线的右上方为完全焊合区，左下方区间内的扩散焊参数不能获得完全焊合的接头。由图中曲线可以看出，提高扩散焊压力能加速界面扩散，显著

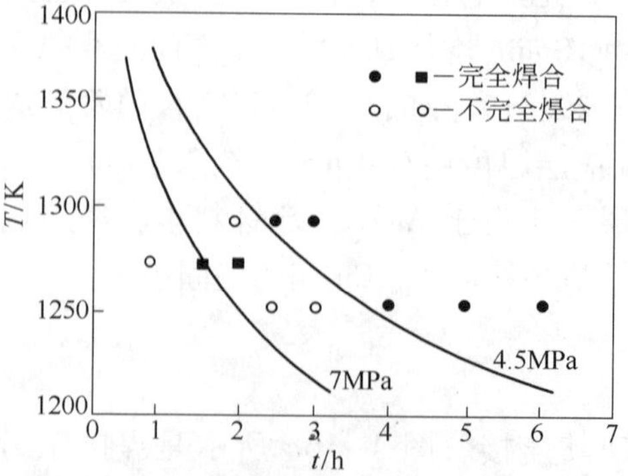

图4-17 Ti_3Al合金扩散连接温度与保温时间的关系

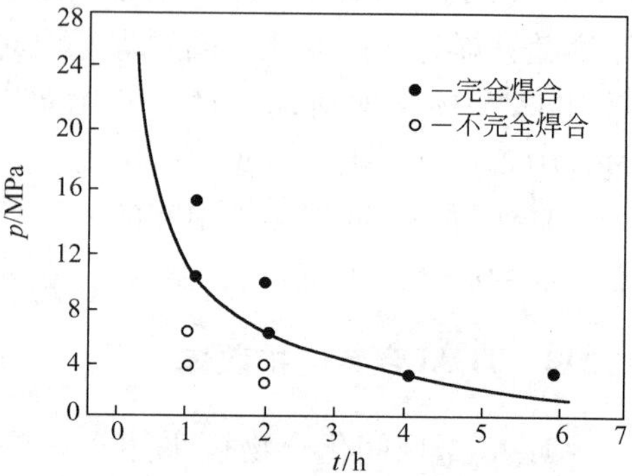

图4-18 Ti_3Al合金扩散连接压力与保温时间的关系

缩短扩散连接时间。但压力太大对扩散焊带来另外一些不利的影响，如变形、裂纹等，因此在实际应用中应综合考虑工艺参数的合理配合，一般不采用这种压力很大的连接参数。

4.3 Ni-Al 金属间化合物的焊接

Ni-Al 金属间化合物焊接时的主要问题是焊接裂纹。Fe、Hf 元素有阻止热影响区热裂纹的作用，当合金中含有 10% Fe 和 5% Hf 时能大大改善焊接性能。调整 Ni_3Al 基合金中晶界元素 B 的含量，也有利于消除合金的焊接热裂纹。

4.3.1 NiAl 合金的瞬时液相扩散焊

NiAl 合金常温塑性和韧性差，熔化焊时易在表面形成连续的 Al_2O_3 膜而使其焊接性很差，因此 NiAl 合金常采用瞬间液相扩散焊和钎焊连接。

很多情况下将 NiAl 用于以 Ni 基合金为主体的结构中，采用钎焊法可以实现 NiAl 与 Ni 基合金的连接。

铸造 Ni-48Al 合金与工业纯 Ni 瞬间液相扩散焊时，可采用厚度 51 μm 的非晶态钎料 BNi-3 为中间层。BNi-3 钎料的成分为 Ni-Si4.5%-B3.2%（摩尔分数），钎料的固相线温度 984℃，液相线温度 1054℃。当加热温度达到 1065℃后，钎料熔化形成液相，当保温时间为零时，液相与固相之间基本上没有发生扩散（或只有很少的扩散），钎焊接头中的元素分布如图 4-19 所示，此时接头组织全部为共晶组成。随着保温时间的增加，基体 NiAl 开始不断地向液相中溶解，使原来不含 Al 的 Ni-Si-B 共晶液相中开始含 Al，并不断提高其 Al 含量。

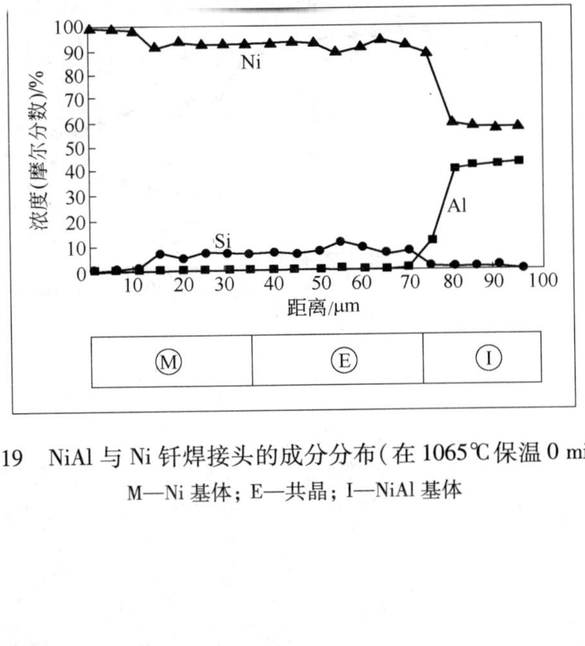

图 4-19 NiAl 与 Ni 钎焊接头的成分分布（在 1065℃保温 0 min 后）

M—Ni 基体；E—共晶；I—NiAl 基体

当保温时间为 5 min 时，NiAl/Ni-Si-B/Ni 钎焊接头中共晶组织的平均 Al 含量约 2%（见图 4-20），并由 Ni 基体开始向液相中外延生长，进行等温凝固。由于保温时间较短，所得接头中除部分为 Ni 外延生长的等温凝固组织外，主要是共晶组织。在界面附近的 Ni 基体中由于 B 的扩散形成了一个硼化物区，其宽度相当于 B 在 Ni 基体中的扩散深度。

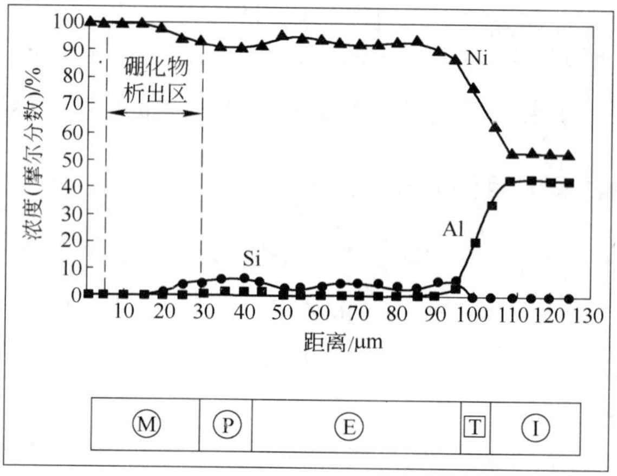

图 4-20　NiAl 与 Ni 钎焊接头的成分分布（在 1065℃ 保温 5 min 后）
M—Ni 基体；P—外延生长的先共晶；E—共晶；T—贫 Al 的过渡区；I—NiAl 基体

从图 4-20 中还能看到，在界面附近 NiAl 中由于 Al 向液相扩散而形成了一个贫 Al 区。保温 2 h 后 NiAl/Ni 扩散焊接头的成分分布如图 4-21 所示，此时接头中的共晶组织已完全消失，但界面附近 Ni 基体中的硼化物仍然存在。

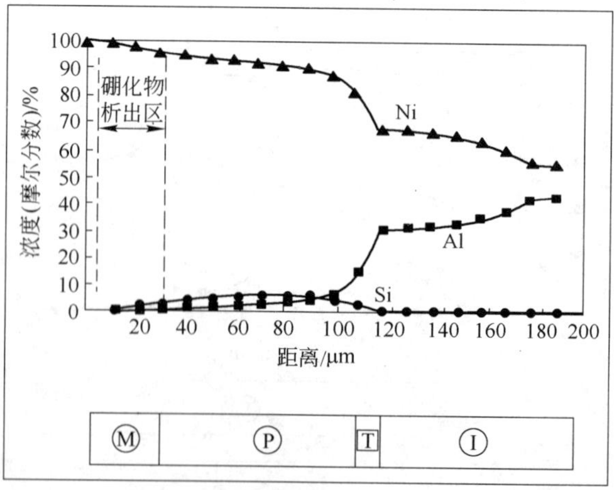

图 4-21　NiAl/Ni 扩散焊接头的成分分布（在 1065℃ 保温 2 h 后）
M—Ni 基体；P—外延生长的先共晶；T—贫 Al 的过渡区；I—NiAl 基体

对于国产的NiAl合金(如IC6合金),瞬间液相扩散焊时,中间层成分在母材的基础上进行了调整,将母材中的Al去掉,为提高抗氧化性加入了约7% Cr,还添加了3.5% ~4.5% B,做成0.1 mm的粉末层。扩散加热温度为1260℃,等温凝固及成分均匀化时间为36 h,所得到的扩散焊接头在980℃、100 MPa拉力的作用下,持久时间可达到100 h。

这种方法的典型应用是美国GE公司NiAl单晶对开叶片的研制,制造过程如图4-22所示。先铸造实心叶片,用电火花线切割将叶片从中间切成两半,然后加工叶片内部的空腔结构,最后一道工序是将两半叶片焊接在一起。采用的是瞬间液相扩散焊技术,可获得与NiAl单晶力学性能相当的接头。

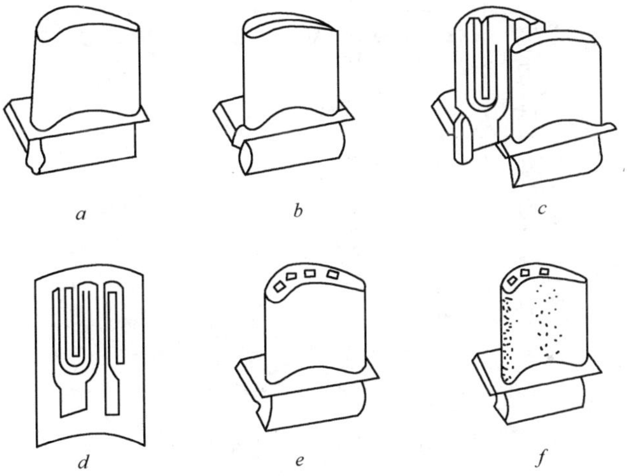

图4-22 NiAl单晶合金叶片的制造过程

a—实心铸造;*b*—线切割;*c*—加工内腔;*d*—加工连接用中间层;*e*—TLP连接;*f*—最终加工

4.3.2 Ni_3Al 合金的熔焊

4.3.2.1 Ni_3Al 合金的电子束焊

采用可对能量进行精确控制的电子束焊接Ni_3Al基合金时,焊接速度较小时可以获得没有裂纹的焊接接头。试验中采用的两种含Fe的Ni_3Al合金的化学成分见表4-18。

表4-18 含Fe的Ni_3Al基合金的化学成分

合 金	化学成分(摩尔分数)/%				
	Ni	Al	Fe	B	其 他
IC-25	69.9	18.9	10.0	0.24(0.05%)	Ti 0.5 + Mn 0.5
IC-103	70.0	18.9	10.0	0.10(0.02%)	Ti 0.5 + Mn 0.5

注:括号内的数字为质量分数。

焊接裂纹的产生主要与焊接速度和 Ni_3Al 合金中的 B 含量有关，随着焊接速度的增加，焊接裂纹率显著增加。电子束焊接速度对两种 Ni_3Al 基合金（IC-103、IC-25）裂纹率的影响如图 4-23 所示，当焊接速度超过约 13 mm/s 后，IC-25 合金对裂纹很敏感。B 元素对改善 Ni_3Al 的室温塑性起着非常有利的作用，但对改善焊接性的作用并不明显。虽然加入 B 能改善晶界的结合，但当 B 含量超过一定的限量时会导致合金热裂纹倾向增大（见图 4-24），焊接裂纹率最低时的 B 含量约为 0.02%。

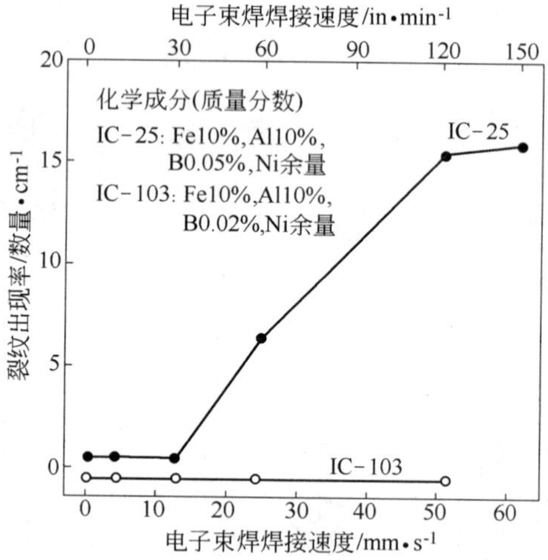

图 4-23　电子束焊 Ni-Fe 铝化物时焊接速度对裂纹的影响

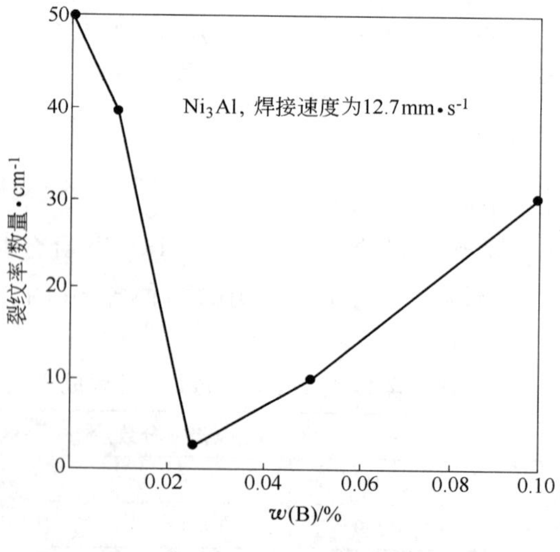

图 4-24　B 对 Ni_3Al 焊接热裂纹倾向的影响

由图 4-23 可见，当 B 含量由 IC-25 合金中的 0.05% 降低到 IC-103 合金中的 0.02% 时，裂纹完全消除，焊接速度一直达到 50.8 mm/s 时，IC-103 合金一直没有出现焊接裂纹。

B 在高温 Ni 基合金中也有类似的作用。在高温 Ni 基合金中加入微量 B 可强化晶界、提高高温强度，但过量的 B 易在晶界形成脆性化合物，而且可能是低熔点的，会导致热影响区的局部熔化和热塑性降低，并引起热影响区的液化裂纹。但是，在 Ni_3Al 焊接热影响区中没有发现局部熔化现象，在裂纹表面也没有观察到有液相存在。因此，适量的降低 B 含量虽然对室温塑性有一定影响，但对改善 Ni_3Al 基合金的焊接性是非常必要的。

根据从 Gleeble-1500 热模拟试验机上测得的 IC-25 和 IC-103 两种合金升温过程中的热塑性变化曲线（图 4-25 和图 4-26）可以看到，二者在 1200 ~ 1250℃之间有很大的差别。1200℃时 IC-25 和 IC-103 拉伸时的伸长率分别为 0% 和 16.1%。IC-25 合金的断口形貌是脆性的晶间断裂，但 IC-103 合金的断口呈塑性断裂特征，表现出较高的拉伸延性。

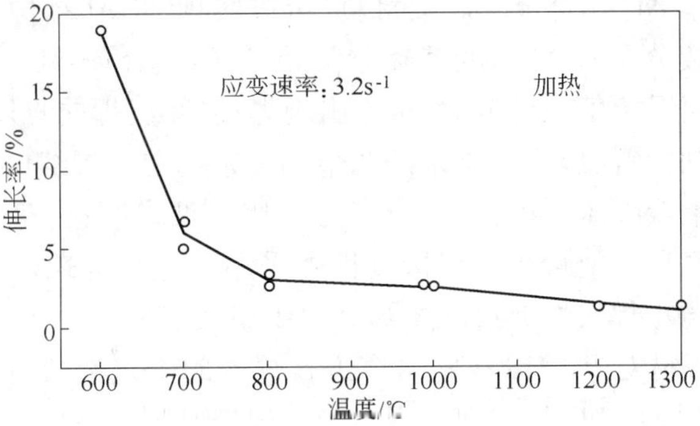

图 4-25 IC-25 合金在升温时拉伸塑性与温度的关系

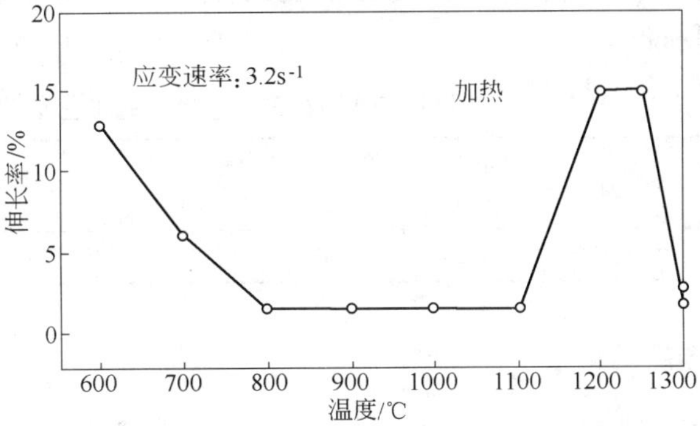

图 4-26 IC-103 合金升温时拉伸塑性与温度的关系

Ni_3Al 合金的断裂形貌与晶界的结合强度密切相关。晶界结合强度低于材料的屈服强度时，断口形貌是无延性的晶间断裂，断裂应变随着晶界结合强度的增加而增加。1200℃时 IC-103 合金的断裂应变比 IC-25 合金高很多，此时 IC-103 合金的晶界结合强度比 IC-25 合金高很多。这也表明 B 对这些含 Fe 的 Ni_3Al 合金高温塑性的影响与它对室温塑性的影响并不一致。B 虽然显著地提高 Ni_3Al 的室温塑性，但在高温时效果不明显，特别是在 600～800℃ 中温范围内，含硼 Ni_3Al 存在一个脆性温度区，这是一种动态脆化现象，与试验环境气氛中的氧含量有关。因此，B 含量高的 IC-25 合金在焊接速度超过 13 mm/s 的电子束焊接接头中表现出来的较高的热影响区裂纹倾向，是由于其高温下的晶间弱化和热应力的作用造成的。

4.3.2.2　Ni_3Al 合金的焊条电弧焊

Ni_3Al 合金采用焊条电弧焊时，焊材的选择尤为重要，选择合理的焊材可以直接弥补 Ni_3Al 合金焊接性差的劣势，减少或消除焊接裂纹。

Ni_3Al 母材不能用作焊接材料，因为焊接时极易出现裂纹。高温合金中 Ni818 是比较适宜的用于 Ni_3Al 合金的焊接材料，可以实现 Ni_3Al 结构件的无裂纹焊接。这种焊材的主要成分是在 Ni 基的基础上，添加 0.04C-15Cr-7Fe-15Mo-3.5W-1Mn-0.25V。为了保证焊接工艺稳定性，防止出现焊接裂纹，焊前必须清除焊件表面的氧化皮、氧化膜、油污等，以避免外来的非金属夹杂物混入焊缝熔池。

在保证焊接冶金要求的前提下，应考虑采用小坡口焊接，尽量减小焊缝尺寸，控制焊接热影响区尽可能最小。焊接过程中采用小电流低速焊接，控制焊接热输入，加强散热，以防止焊接熔池过热及焊后组织粗大。

采用 Ni818 焊材对 IC-218 铸造合金进行焊接的工艺参数见表 4-19。焊缝表面成形良好，经化学腐蚀后从宏观上观察未发现表面裂纹，将焊缝解剖也未发现有焊接裂纹、内部气孔或夹渣等缺陷。焊缝的强度达到了 450 MPa，焊缝拉断在熔合区处，属韧性断裂。由于熔合区的合金化很复杂，这就使得焊缝的强度（熔合区的强度）比母材和焊材低。

表 4-19　Ni818 焊材焊接 IC-218 铸造合金的工艺参数

母　材	坡口角度 /(°)	焊前清理	焊条直径 /mm	预热温度 /℃	焊接电流 /A	焊缝处理	工艺特点
IC-218	45	机械打磨	3.2	200	130	750℃ ×2 h 退火	多层堆高

4.3.3　Ni_3Al 与碳钢的焊接

通过加入 B、Fe、Mn、Cr、Ti、V 等合金元素，Ni-Al 金属间化合物具有良好的室温塑性和高温强度。与异种材料焊接时，采用熔焊方法焊缝及热影响区容易产生裂纹，目前 Ni-Al 金属间化合物异种材料的焊接大多采用扩散焊和钎焊。

碳钢中合金元素含量较少，Ni_3Al 与碳钢可以采用不加中间层、直接进行真空扩散焊。焊接工艺参数见表 4-20。

表 4-20 Ni_3Al 与碳钢扩散焊的工艺参数

加热温度/℃	保温时间/min	加热速度 /℃·min^{-1}	冷却速度 /℃·min^{-1}	焊接压力/MPa	真空度/Pa
1200～1400	30～60	5	10	2	3×10^{-3}

Ni_3Al 与碳钢之间润湿性及相容性良好，在扩散界面处，母材之间能够结合紧密，形成的扩散接头厚度约为 20～40 μm。加热温度 1400℃、保温 30 min 与加热温度 1200℃、保温 60 min 时 Ni_3Al 与碳钢扩散焊接头的显微硬度分布见图 4-27。

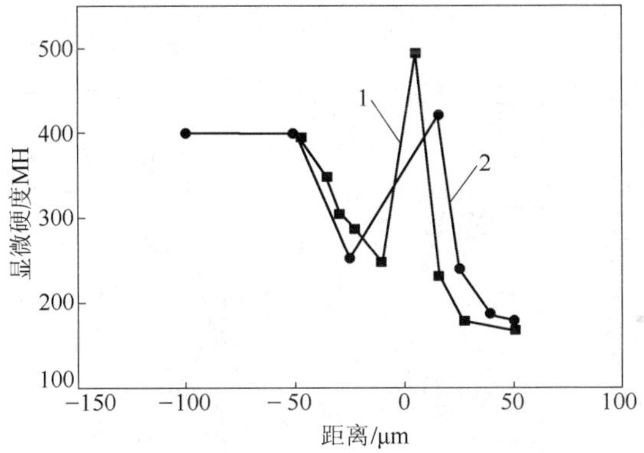

图 4-27 Ni_3Al 与碳钢扩散焊接头的显微硬度分布

1—1400℃×30 min；2—1200℃×60 min

Ni_3Al 金属间化合物显微硬度约为 400HM，越接近 Ni_3Al 与碳钢扩散焊界面，由于扩散显微空洞的存在以及扩散元素含量不同，导致 Ni_3Al 晶体结构发生了无序化转变，显微硬度开始下降至 230HM。而在 Ni_3Al 与碳钢扩散焊接头中间部位，由于扩散焊时经过一定的元素扩散，组织细小，显微硬度升高至 500HM，随后显微硬度开始下降至扩散焊接后碳钢母材的显微硬度 200HM。

Ni_3Al 与碳钢扩散焊接头能否满足在工作条件下的使用性能，主要取决于扩散焊母材中的各种元素在界面附近的分布。在加热温度 1200℃、保温时间 60 min 与加热温度 1000℃、保温时间 60 min、焊接压力为 2 MPa 条件下，Ni_3Al 与碳钢扩散焊接头的元素分布见图 4-28 和图 4-29。

加热温度 1200℃、保温时间 60 min 时，Ni_3Al 与碳钢扩散焊接头的 Ni、Al、Fe 元素浓度变化主要体现在晶粒边界处，晶粒边界的扩散起主要作用。在扩散界面上，重结晶后的晶粒较大，元素浓度波动较小，只是在接头靠近碳钢一侧的微小区

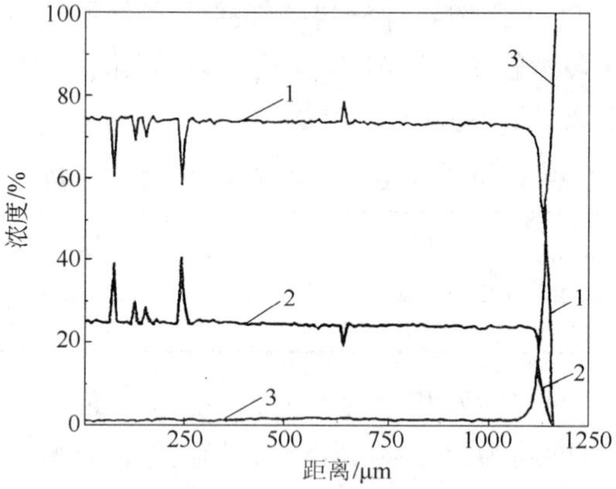

图 4-28　1200℃ ×60 min 时 Ni_3Al 与碳钢扩散焊接头的元素分布

1—Ni; 2—Al; 3—Fe

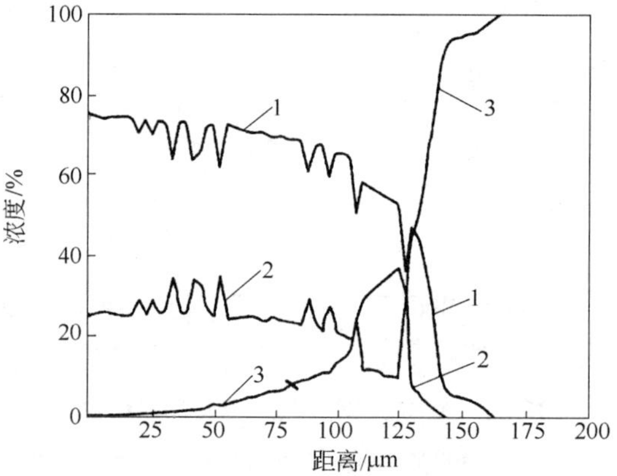

图 4-29　1000℃ ×60 min 时 Ni_3Al 与碳钢扩散焊接头的元素分布

1—Ni; 2—Al; 3—Fe

域内，Ni、Al、Fe 元素浓度骤然变化到碳钢母材中各元素的初始浓度值。加热温度 1000℃、保温时间 60 min、焊接压力为 2 MPa 时，温度较低，重结晶现象较少发生、晶粒生长较慢，而压力的作用使 Ni_3Al 与碳钢晶粒之间的体积扩散占主导，元素浓度变化起伏较大。

4.3.4　Ni_3Al 与不锈钢的焊接

Ni_3Al 金属间化合物具有比不锈钢更高的耐高温和抗腐蚀性能，因此在一些对零部件抗高温腐蚀性能要求较高的场合，有时要将 Ni_3Al 金属间化合物与不锈钢进行焊接。研究表明 Ni_3Al 与不锈钢可以采用不添加中间层而直接进行真空扩散焊，其工艺参数见表 4-21。

表 4-21 Ni_3Al 与不锈钢扩散焊的工艺参数

加热温度/℃	保温时间/min	加热速度 /℃ · min^{-1}	冷却速度 /℃ · min^{-1}	焊接压力/MPa	真空度/Pa
1200 ~ 1380	30 ~ 60	20	30	0 ~ 9	3.4×10^{-3}

加热温度 1380℃、保温 30 min 与加热温度 1200℃、保温 60 min 时 Ni_3Al 与不锈钢扩散焊接头的显微硬度分布见图 4-30。Ni_3Al 与不锈钢扩散焊接头的显微硬度最大升高至 450HM，越靠近不锈钢母材一侧，显微硬度开始下降至不锈钢母材的显微硬度值 220HM。整个 Ni_3Al 与不锈钢扩散焊接头的显微硬度连续变化，这主要与接头处微观组织的连续性、晶粒的不断生长及元素浓度的变化有关。加热温度 1200℃、保温时间 60 min 条件下，Ni_3Al 与不锈钢扩散焊接头的元素分布见图 4-31。

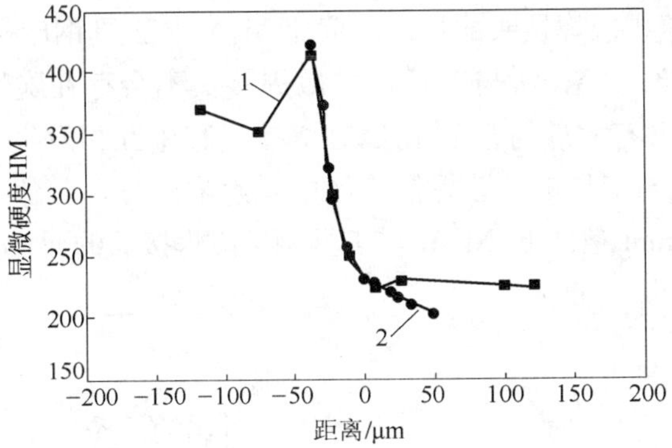

图 4-30 Ni_3Al 与不锈钢扩散焊接头的显微硬度分布

1—1380℃ ×30 min; 2—1200℃ ×60 min

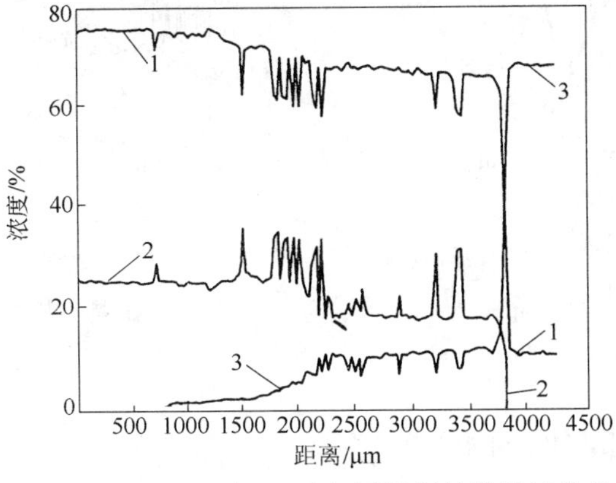

图 4-31 1200℃ ×60 min 时 Ni_3Al 与不锈钢扩散焊接头的元素分布

1—Ni; 2—Al; 3—Fe

不锈钢中合金元素含量较多，Ni_3Al 与不锈钢扩散焊接过程中，元素的扩散途径较为复杂，元素之间的相互影响比较大，因此 Ni_3Al 与不锈钢扩散焊接头元素浓度变化起伏较大，波动频繁，形成的中间化合物结构也较为复杂。

4.3.5　Ni_3Al 与工具钢的焊接

Ni_3Al 与工具钢（化学成分：C 0.32%，Si 0.3%，Mn 0.3%，Cr 3%，Mo 2.8%，V 0.5%）的焊接也常采用扩散焊方法。焊前，用机械法或化学清洗等方法将待焊零件表面的铁锈和油污去除，然后装配后迅速放入真空炉中。焊接工艺参数为：加热温度 1200 ~ 1400℃，保温时间 30 ~ 60 min，加热和冷却速度均为 30℃/min，扩散焊接时的真空度为 4.0×10^{-3} Pa。加热温度 1400℃、保温时间 30 min 与加热温度 1200℃、保温时间 60 min 条件下获得的 Ni_3Al 与工具钢扩散焊接头的显微硬度分布见图 4-32。

Ni_3Al 与工具钢扩散焊接头的显微硬度比 Ni_3Al 与工具钢母材都低，最小显微硬度只有 240HM，因此，在 Ni_3Al 与工具钢扩散焊接头不会存在脆性较大的化合物结构。因为工具钢中含有大量的合金元素，在焊接过程中互相发生一系列复杂的扩散反应，导致在 Ni_3Al 与工具钢扩散焊接头区中元素浓度分布起伏变化较大。加热温度 1200℃、保温 60 min 条件下，Ni_3Al 与工具钢扩散焊接头的元素分布见图 4-33。

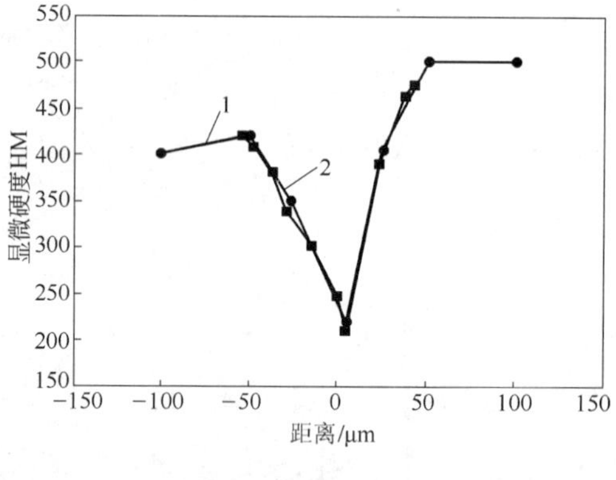

图 4-32　Ni_3Al 与工具钢扩散焊接头的显微硬度分布

1—1400℃ ×30 min；2—1200℃ ×60 min

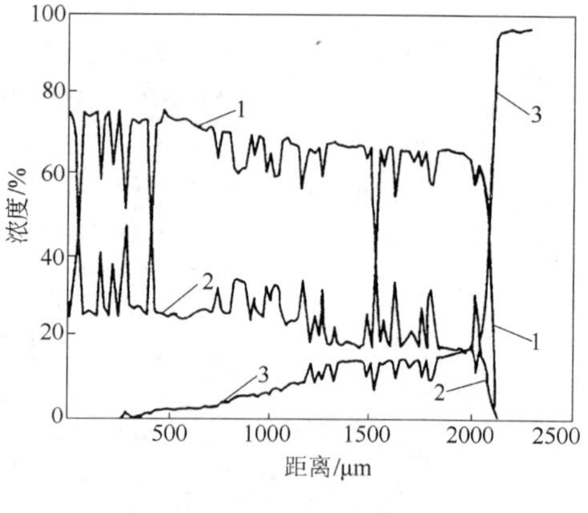

图 4-33　1200℃ ×60 min 时 Ni_3Al 与工具钢接头的元素分布

1—Ni；2—Al；3—Fe

4.4　Fe-Al 金属间化合物的焊接

焊接是阻碍 Fe-Al 金属间化合物推广应用的关键。尽管 Fe-Al 金属间化合物的焊接难度很大，但是由于工程结构上的迫切需求，众多研究者做出了很大努力，取得了一些重要的成果。国内外针对 Fe-Al 金属间化合物的焊接研究主要集中在焊接方法、工艺参数、合金元素对焊接性的影响以及提高接头组织性能等方面。目前,针对 Fe-Al 金属间化合物采用的焊接方法主要有熔焊(如电子束焊、钨极氩弧焊、焊条电弧焊)、固相焊(如扩散焊、摩擦焊)和钎焊等。

4.4.1　Fe_3Al 金属间化合物的熔焊

Fe-Al 系金属间化合物中最受关注的是 Fe_3Al 金属间化合物,目前在其制备工艺、合金成分设计、室温脆性、高温强度、组织结构等方面已取得进展,并已开始了对纳米晶 Fe_3Al 及单晶 Fe_3Al 的研究,以提高其力学性能和克服沿晶断裂。以 Fe_3Al 为基体的产品已在加热炉、热交换器、煤气化装置多孔过滤网和汽车活塞阀等方面得到应用。但作为一种极具发展潜力的高温结构材料,焊接是制约 Fe_3Al 金属间化合物大规模工程应用的主要障碍之一。

如果能够实现 Fe_3Al 与碳钢、不锈钢等异种材料的焊接,获得界面结合牢固的焊接接头,充分发挥异种材料各自的性能优势,将会推进 Fe_3Al 金属间化合物在抗氧化、耐磨、耐腐蚀等工程结构中的应用。

Fe_3Al 金属间化合物的焊接性较差,主要表现在以下两个方面:

一是 Fe_3Al 金属间化合物由于交滑移困难导致高的应力集中,造成室温脆性大,塑性低,焊接时容易产生冷裂纹;

二是 Fe_3Al 热导率低,导致焊接热影响区、熔合区和焊缝之间的温度梯度大,加之线膨胀系数较大,冷却时易产生较大的残余应力,造成热裂纹和再热裂纹。

4.4.1.1　Fe_3Al 的电子束焊

电子束焊接是利用电子枪产生的电子束聚焦在工件上,使焊件金属迅速熔化后再重新凝固。电子束斑直径小、焊缝窄,而且电子束高度聚焦、热输入集中,焊接在真空下进行,可避免氢致裂纹,焊缝质量好。

焊接方法、化学成分和工艺参数对 Fe_3Al 的焊接性有很大影响。采用电子束焊(EBW)对厚度 0.76 mm 的 Fe_3Al 金属间化合物薄板的焊接研究表明,采用电子束方法焊接时,由于焊接过程是在真空中进行,抑制了氢的有害作用,焊后不产生延迟裂纹。并且集中的高能量输入使焊接熔合区组织有所细化,焊缝组织为柱状晶,宽度窄,沿热传导方向生长,热影响区也十分窄小,在较低的焊速下无裂纹产生,接头变形也较小。因此富含 Cr、Nb、Mn 的 Fe_3Al 基合金焊后无裂纹出现,获得的焊接接头质量较好。

采用电子束焊时,焊接速度控制在 20 mm/s 以下,可以获得良好的 Fe_3Al 焊接接头。力学性能试验表明,断裂发生在热影响区,拉伸断口为沿晶和穿晶解理混合断口,这与焊前母材的断裂机制相同。可见电子束焊虽然热输入集中,但接头仍受 Fe_3Al 母材本质脆性的影响而呈脆性断裂特征。

用电子束焊对厚度 1 ~ 2 mm 的 Fe_3Al 基合金进行焊接，采用的工艺参数为：聚焦电流 800 ~ 1200 mA，焊接电流 20 ~ 30 mA，焊接速度 8.3 ~ 20 mm/s，真空度为 1.33×10^{-2} Pa。由于电子束焊能量集中以及在真空气氛中的 H、O 原子浓度很低，抑制了氢的作用，使焊接接头氢致延迟裂纹难以发生，因此焊接效果优于钨极氩弧焊。可以获得无裂纹和缺陷的焊缝，焊缝很窄（约是氩弧焊的一半），热影响区也很窄，焊后变形小，应力也较小。

电子束焊接 Fe_3Al 基合金的拉伸和弯曲试验表明，室温拉伸和弯曲时，断裂发生在 Fe_3Al 母材热影响区，抗拉强度为 289 MPa，焊缝并没有弱化焊接接头区的力学性能。因此，采用电子束焊，Fe_3Al 基合金表现出良好的焊接性，焊缝外形美观、性能优异。

Fe_3Al 基合金薄板电子束焊的焊接速度快，可控制在 4.2 ~ 16.9 mm/s 范围，焊接效率高，具有很好的应用前景。

4.4.1.2　Fe_3Al 的钨极氩弧焊

采用填丝钨极氩弧焊（TIG）进行 Fe_3Al 的焊接时，焊缝的快速凝固和冷却造成很大的应力，合金成分及工艺参数对 Fe_3Al 的焊接裂纹特别敏感。Fe_3Al 中添加 Zr 和 B 元素尽管能够细化 Fe_3Al 母材的组织，但难以阻止焊接冷裂纹。对于板厚 0.5 mm 的薄板，只有含 Cr 5.45%、Nb 0.97%、C 0.05% 的 Fe_3Al 基合金，在严格控制焊接速度及 TIG 焊热输入的条件下才无焊接裂纹产生。而厚度超过 1 mm 的 Fe_3Al 板材，更需严格控制热输入，或采用焊前预热和焊后缓冷工艺，才能有效地避免延迟裂纹。采用的预热温度通常为 300 ~ 500℃，焊后 600 ~ 700℃ × 1 h 后热处理。

可采用 Fe_3AlCr 合金、中低碳 CrMo 钢、18-8 不锈钢以及 Ni 基合金 Fe_3Al 合金作为钨极氩弧焊（TIG）的填充材料，进行 Fe_3Al 同种及异种材料的焊接。用中低碳 CrMo 钢焊丝作填充材料，焊缝成分连续变化，性能比较稳定，Fe_3Al 表现出较好的焊接性。虽然 Ni 基合金本身具有较高的韧性，但焊后 Fe_3Al 接头区的裂纹倾向仍较严重，这是由于 Ni 基焊丝的线膨胀系数大，凝固时收缩量大，产生较大的应力所致。此外，Ni 的加入使得熔合区成分、组织和相结构复杂化，熔池金属凝固时不能依附母材的半熔化晶粒形成联生结晶，而在熔合交界处形成组织分离区。同种材料、异种焊丝，在保证焊透的情况下，控制焊接电流和热输入，有利于提高 Fe_3Al 的抗裂性能。

A　试验母材

试验用 Fe_3Al 基合金是经过真空熔炼成铸锭后，采用热轧 - 控温轧制工艺轧制成的板材，并经过 1000℃ 均匀化退火。试板加工成厚度为 8 mm、5 mm 和 2.5 mm 的板材。为了获得组织致密、性能良好的 Fe_3Al 金属间化合物，熔炼前将原料 Fe 用球磨机滚料除锈，原料 Al 用 NaOH 溶液清洗并进行烘干。熔炼过程中真空度达到 1.33×10^{-2} Pa。试验用 Fe_3Al 基合金的化学成分及热物理性能见表 4-22。

表 4-22 Fe_3Al 基合金的化学成分及热物理性能

化学成分(质量分数)/%						
Fe	Al	Cr	Nb	Zr	B	Ce
81.0～82.5	16.0～17.0	2.40～2.55	0.95～0.98	0.05～0.15	0.01～0.05	0.05～0.15

热物理性能								
结构	有序临界温度/℃	杨氏模量/GPa	熔点/℃	线膨胀系数/K^{-1}	密度/$g \cdot cm^{-3}$	抗拉强度/MPa	伸长率/%	硬度 HRC
DO_3	480～570	140	1540	11.5×10^{-6}	6.72	455	3	≥29

Fe_3Al 基合金含有 Cr、Nb、Zr 等合金元素，显微组织由粗大的块状晶粒组成，在晶粒内部和边界分布有富含 Cr、Nb 的第二相粒子。这些第二相粒子阻碍位错沿晶界的运动，提高 Fe_3Al 的压缩变形速率，改善 Fe_3Al 的强度和塑、韧性。

Fe_3Al 焊接裂纹起源于 Fe_3Al 侧熔合区的部分熔化区，并在部分熔化区及 Fe_3Al 热影响区中扩展，只有少量裂纹扩展到焊缝中。Fe_3Al 裂纹的产生主要是由 Fe_3Al 的脆性本质、熔合区脆性相以及焊接应力引起的，主要包括以下几点：

(1) Fe_3Al 母材的晶粒状态。Fe_3Al 的晶粒越细，越有利于防止裂纹的产生；

(2) 焊接热输入。焊接热输入过小或较大，都容易导致焊接裂纹的产生；

(3) 部分熔化区中合金元素的偏析程度和脆性相数量；

(4) Fe_3Al 热影响区的微观组织结构。Fe_3Al 热影响区中无序结构及 B_2 部分有序结构越多，越有利于防止裂纹的产生和扩展；

(5) 接头中扩散氢的含量。接头中扩散氢的含量越低，其抗裂能力越强。

B 焊接材料的选择

Fe_3Al 基合金由于脆性大、熔焊性差，裂纹是其焊接时的主要问题。要求填充合金含有能提高 Fe_3Al 塑、韧性的合金元素，在焊接过程中通过合金过渡提高 Fe_3Al 熔合区的抗裂能力，避免焊接裂纹的产生。Cr 是提高 Fe_3Al 塑性最有效的合金元素，Ni 是常用的合金增韧元素。因此可采用 Fe-Cr-Ni 合金系作为 Fe_3Al 焊接的填充材料，填丝直径 2.5 mm。

焊前将待焊试样(Fe_3Al 金属间化合物、Q235 钢和 18-8 不锈钢)表面经过机械加工，以保证试样上、下表面平行。用化学方法去除试板和填充材料表面的氧化膜、油污和锈蚀等。试板表面机械和化学处理步骤为：砂纸打磨→丙酮清洗→清水冲洗→酒精清洗→吹干。

采取以下措施可防止或减少 Fe_3Al 焊接裂纹：

(1) 采用细晶粒的 Fe_3Al 母材；

(2) 适当增加焊接热输入，控制焊接电流和焊接速度；

(3) 采用合适的填充材料；

（4）加强对焊接过程的气体保护。

C　焊接工艺特点

在不预热条件下，采用填丝钨极氩弧焊（TIG）进行系列 Fe_3Al/Fe_3Al、Fe_3Al/Q235 钢和 Fe_3Al/18-8 钢的对接焊试验。填丝钨极氩弧焊（TIG）采用的焊接工艺参数见表 4-23。试验表明，焊接热输入对 Fe_3Al 接头裂纹敏感性的影响超过填充材料的影响。

表 4-23　Fe_3Al 填丝 TIG 采用的焊接工艺参数

焊接方法	工艺参数				
	焊接电流 I /A	焊接电压 U /V	焊接速度 v /cm · s^{-1}	氩气流量 L /min	焊接热输入 E /kJ · cm^{-1}
钨极氩弧焊（TIG）	100 ~ 115	11 ~ 12	0. 15 ~ 0. 26	7 ~ 10	4. 5 ~ 8. 5

Cr 含量对 Fe_3Al 的裂纹敏感性具有重要影响，焊材中 Cr 含量以 23% ~26% 为宜，保证有适量的 Cr 过渡到 Fe_3Al 熔合区中，提高接头的抗裂能力。受 Fe_3Al 热物理性能和焊缝成形等影响，Fe_3Al 基合金焊接宜采用小电流、低速焊的焊接工艺。根据板厚不同，适当调节焊接电流，控制合适的焊接热输入。钨极氩弧焊（TIG）时，在流动的氩气作用下，焊缝的冷却速度快于焊条电弧焊，因此可适当增大一些热输入。

在钨极氩弧焊（TIG）中，热影响区组织受焊接热循环的影响晶粒粗大，其高温抗氧化性也由于焊接中 Al 元素的烧损而略低于 Fe_3Al 母材。接头区的抗拉强度低于母材，且断在热影响区过热区。过热区在焊接热循环的作用下，经历了焊接加热和随后冷却过程，原本具有的较高的有序化程度明显降低。即使经过焊后热处理，过热区的有序度也难以恢复。所以过热区的强度和硬度有所降低而成为接头的薄弱环节。与 Fe_3Al 母材相比，热影响区过热区的抗拉强度和伸长率有所下降。

D　Fe_3Al 填丝 TIG 接头区的显微硬度

为了判定 Fe_3Al 焊接接头区组织性能的变化，采用显微硬度计对熔合区附近的显微硬度进行测定，试验中加载载荷为 50 g，加载时间为 10 s。

分别对 Fe_3Al/18-8 和 Fe_3Al/Q235 接头熔合区附近的显微硬度进行测定，并给出相应的测定位置。Fe_3Al/18-8 接头区的显微硬度分布如图 4-34 和图 4-35 所示。Fe_3Al 侧熔合区（FZ）附近的显微硬度高于热影响区及焊缝，最高硬度达 580HM；Fe_3Al 热影响区的显微硬度在 330 ~ 400HM。

与 Fe_3Al 侧熔合区相比，18-8 钢侧熔合区的显微硬度有所降低，这是由于 Fe_3Al 侧熔合区附近 Al 含量较高，易形成高硬度的脆性 Fe-Al 相。Fe-Al 系合金可能形成的金属间化合物的显微硬度如表 4-24 所示。Fe_3Al 侧熔合区尽管显微硬度较高，但并未出现 $FeAl_2$、Fe_2Al_5 等高硬度脆性相，焊接中生成的 Fe-Al 相可能是 Fe_3Al 和 FeAl 相的混合组织。

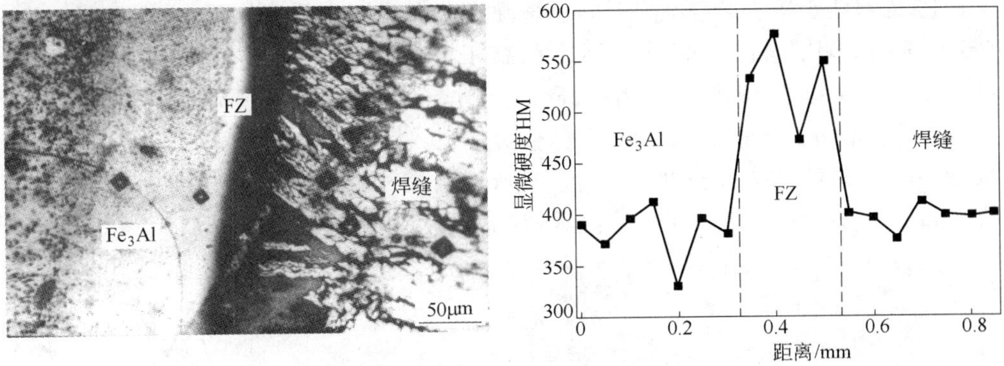

a b

图 4-34 Fe_3Al/18-8 接头 Fe_3Al 侧熔合区附近显微硬度分布

a—Fe_3Al/18-8 接头 Fe_3Al 侧熔合区附近金相图；*b*—显微硬度分布

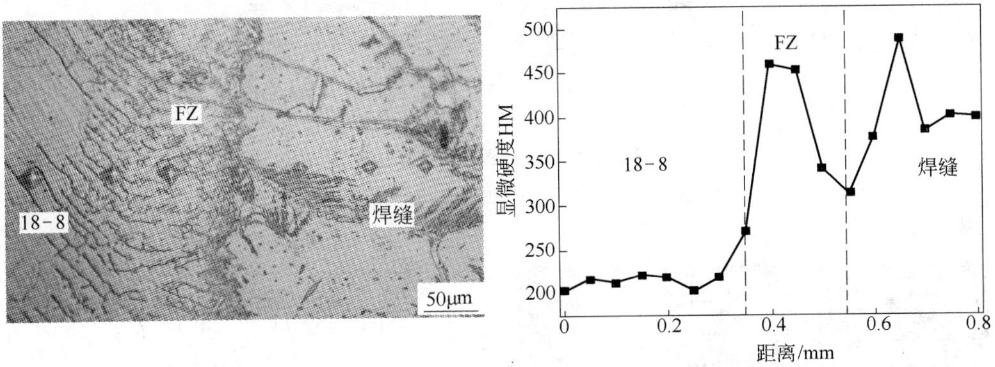

a b

图 4-35 Fe_3Al/18-8 接头 18-8 钢侧熔合区附近显微硬度分布

a—Fe_3Al/18-8 接头 18-8 钢侧熔金区附近金相图；*b*—显微硬度分布

表 4-24 Fe-Al 金属间化合物的显微硬度和铝含量

化 合 物	铝含量(质量分数)/%		显微硬度 HM
	根据状态图	根据化学分析	
Fe_3Al	13.87	14.04	370
FeAl	32.57	33.64	640
$FeAl_2$	49.13	49.32	1030
Fe_2Al_5	54.71	54.92	820
$FeAl_3$	59.18	59.40	990
Fe_2Al_7	62.93	63.32	1080

Fe_3Al/Q235 接头熔合区附近的显微硬度分布及测定位置如图 4-36 和图 4-37 所示。Fe_3Al 侧熔合区及焊缝的硬度稍高于 Q235 钢侧，这主要受 Fe-Al 合金相的影响。与 Fe_3Al/18-8 接头相比，Fe_3Al 侧熔合区的硬度有所降低，表明除了受 Fe-Al 相影响外，焊缝中 Cr、Ni 等合金元素也对熔合区的硬度有一定的影响。Fe_3Al/18-8 焊缝中 Cr、Ni 的含量高于 Fe_3Al/Q235 焊缝，导致焊缝组织硬度偏高。Fe_3Al 热影响区存在硬度低值区，显微硬度在 350HM 左右。

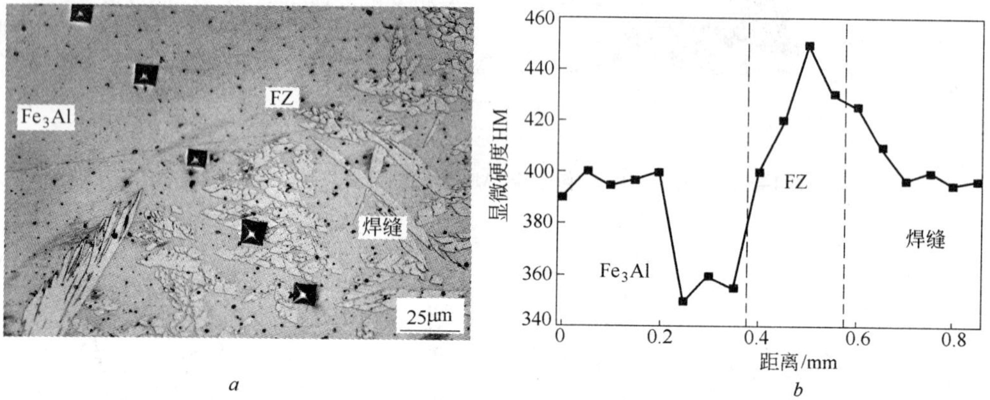

图 4-36　Fe_3Al/Q235 接头 Fe_3Al 侧熔合区附近显微硬度分布

a—Fe_3Al/Q235 接头 Fe_3Al 侧熔合区附近金相图；*b*—显微硬度分布

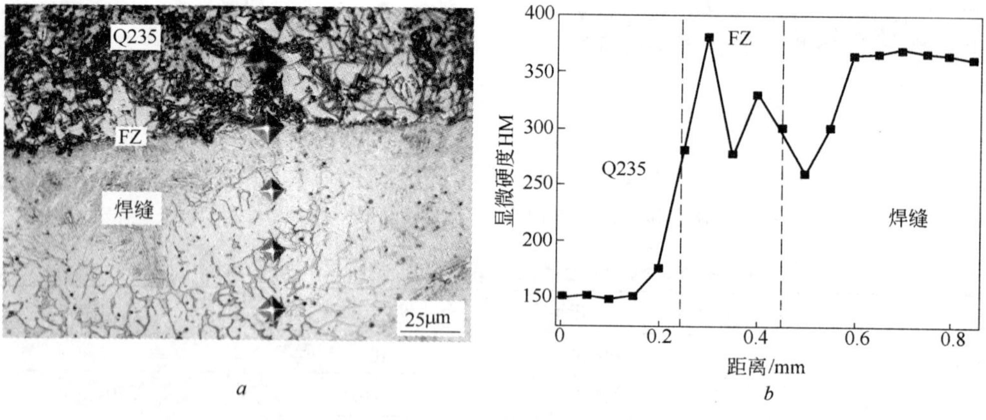

图 4-37　Fe_3Al/Q235 接头 Q235 钢侧熔合区附近显微硬度分布

a—Fe_3Al/Q235 接头 Q235 钢侧熔合区附近金相图；*b*—显微硬度分布

Fe_3Al/Fe_3Al 焊缝中 Al 含量高于 Fe_3Al/钢接头，较多的 Al 元素固溶在 α-Fe 相中，导致焊缝的硬度偏高，最高可达 480HM 左右，见图 4-38。熔合区的硬度稍高于 Fe_3Al/Q235 接头 Fe_3Al 侧熔合区，稍低于 Fe_3Al/18-8 接头。与 Fe_3Al/钢接头相似，Fe_3Al 热影响区中也存在低硬度区，显微硬度约为 325HM。

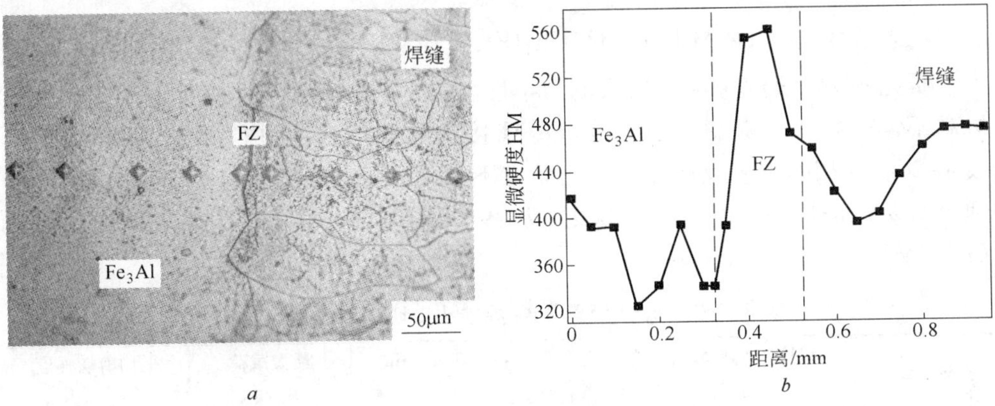

图 4-38 Fe_3Al/Fe_3Al 接头熔合区附近显微硬度分布

a—Fe_3Al/Fe_3Al 接头熔合区附近金相图；*b*—显微硬度分布

E Fe_3Al 热影响区局部软化及影响因素

Fe_3Al 热影响区存在一个硬度低值区，即局部软化区。在高温下 Al 从 Fe_3Al 侧扩散到焊缝，导致 Fe_3Al 热影响区微观组织结构发生变化。由于 Al 元素的缺失，使热影响区部分区域的组织不再是 DO_3 有序结构，而是无序结构。与 DO_3 结构相比，无序结构的塑性好，但强度和硬度较低。

此外，焊接冷却过程中，Fe_3Al 热影响区会发生有序结构转变，即部分有序的 B_2 结构向完全有序的 DO_3 结构的转变。这一转变过程是一个放热过程，放出的相变潜热能消除 Fe_3Al 中多余的空位等缺陷，使 Fe_3Al 热影响区的硬度降低。

焊接热输入对 Fe_3Al 局部软化区的硬度值有一定影响，随着焊接热输入的增大，硬度最低值逐渐降低，见表 4-25。随着焊接热输入的增大，热影响区高温停留时间增长，Al 元素的扩散量增大，焊后热影响区中的无序结构增多；此外，由于冷却速度减缓，Fe_3Al 有序结构转变即 B_2-DO_3 的转变量增加，放出的相变潜热相应增大，消除的晶格缺陷越多。在以上因素的共同影响下，导致软化区的硬度最低值降低。

表 4-25 Fe_3Al 热影响区的显微硬度最低值与焊接热输入的关系

接　头	焊接电流 I/A	焊接电压 U/V	焊接速度 v/cm · s^{-1}	热输入 E/kJ · cm^{-1}	显微硬度最低值 HM
Fe_3Al/18-8	90	10.5	0.18	3.94	342
Fe_3Al/18-8	95	11	0.18	4.36	330
Fe_3Al/18-8	100	11.8	0.18	4.92	318

注：电弧有效加热系数 η 取 0.75。

4.4.2　Fe_3Al 填丝 TIG 接头的剪切强度

工艺参数影响 Fe_3Al 接头的组织结构，进而决定接头的结合强度和断口形态。为了研究 Fe_3Al 填丝 TIG 焊接头的力学性能，采用 CMT5150 型微控电子万能试验机对不同焊接工艺条件下获得的 Fe_3Al 接头的剪切强度进行测定，试验结果见表 4-26。在相同工艺及填充合金的条件下，Fe_3Al/Q235 接头的剪切强度最大，达到 591.2 MPa；Fe_3Al/18-8 接头次之，为 497.1 MPa；Fe_3Al/Fe_3Al 接头的剪切强度最小，仅为 127.3 MPa。

表 4-26　Fe_3Al 填丝 TIG 焊接头剪切强度的试验结果

对接试样	焊接工艺参数 $I\times U$	焊接热输入 E/kJ · cm^{-1}	剪切面积 A/mm^2	最大载荷 F_m/kN	平均剪切强度 σ_τ/MPa
Fe_3Al/Q235	105 A × 11 V	5.78	26.5	15.5	591.2
			26.1	15.3	
Fe_3Al/18-8	105 A × 11 V	5.78	26.4	14.1	497.1
			25.5	12.7	
Fe_3Al/Fe_3Al	105 A × 11 V	5.78	25.4	4.1	127.3
			26.4	4.5	

显微组织分析表明，Fe_3Al/Q235 和 Fe_3Al/18-8 TIG 焊接头区焊缝的组织构成基本相同，都以 γ 奥氏体为基体，含有一定的铁素体组织，但由于 γ 所占的比例不同，导致接头的剪切强度存在差别。对于 Fe_3Al/Fe_3Al 接头，焊缝中固溶有较高含量的 Al 元素，形成脆性相，导致接头的硬度高、脆性大，甚至在焊缝中出现部分沿晶裂纹，造成其较低的剪切强度。

焊接热输入对接头的剪切强度有重要影响，表 4-27 是 Fe_3Al/18-8 接头的剪切强度随焊接热输入的变化情况。随焊接热输入的增加，Fe_3Al/18-8 接头的剪切强度逐渐增大，当焊接热输入约为 5.78 kJ/cm 时，剪切强度达到最大值 497.1 MPa，但当焊接热输入再增大时，剪切强度开始下降。

表 4-27　焊接热输入对 Fe_3Al/18-8 接头剪切强度的影响

对接试样	焊接工艺参数 $I\times U$	焊接热输入 E/kJ · cm^{-1}	剪切面积 A/mm^2	最大载荷 F_m/kN	平均剪切强度 σ_τ/MPa
Fe_3Al/18-8	90 A × 10 V	4.50	24.3	11.3	469.3
			24.5	11.6	
	105 A × 11 V	5.78	26.4	14.1	497.1
			25.5	12.7	
	120 A × 12 V	7.20	28.9	14.9	481.2
			29.5	14.2	

焊接热输入较小时,接头冷却速度较快,导致焊接应力增大,并易生成脆性相;随着焊接热输入的增大,接头冷却速度变缓,焊接应力得到释放,焊缝区组织趋于均匀,所以 Fe_3Al/18-8 焊接接头的剪切强度逐渐增大。但焊接热输入过大时,接头过热时间长,焊接区组织粗化,导致接头的剪切强度下降。

4.4.3 Fe_3Al 堆焊及焊条电弧焊

4.4.3.1 TIG 堆焊工艺及特点

将尺寸规格 40 mm×20 mm×6 mm 的 2.25Cr-1Mo 钢板待堆焊表面的油污和铁锈清除,采用钨极氩弧焊方法在 2.25Cr-1Mo 耐热钢基体上堆焊 Fe_3Al 合金(Fe 84%,Al 16%),焊接电流为 75 A。焊前母材需经 300℃ 预热,焊后进行 600℃ ×1 h 的后热处理。

通过扫描电镜观察,Fe_3Al 堆焊层与 2.25Cr-1Mo 耐热钢基体之间界面结合良好,形成的堆焊层熔合区宽度约为 300 μm。堆焊层内组织为粗大的柱状晶组织,每个柱状晶内分布有大量的针状物,通过电子探针分析,这些针状物含有大量的 Fe 和 Al,构成 α-Fe(Al) 固溶体。

熔合区是 Fe_3Al 与 2.25Cr-1Mo 耐热钢堆焊接头组织性能最薄弱的环节,Fe_3Al 与 2.25Cr-1Mo 堆焊接头熔合区化学成分的能谱分析见表 4-28。

表 4-28 Fe_3Al 与 2.25Cr-1Mo 堆焊接头熔合区化学成分的能谱分析(%)

位 置	Al	Cr	Mo
1	1.07	2.18	1.29
2	1.22	2.42	1.21
3	2.02	2.05	0.85
4	3.04	2.01	0.97
5	3.31	1.85	0.94
堆焊金属	8.15	1.08	0.43
基 体	—	2.43	1.19

注:表中的前 5 个位置分别为从熔合线开始,每隔 100 μm 取测定点。

在 Fe_3Al 堆焊层与 2.25Cr-1Mo 基体的边界附近,合金元素 Cr、Mo、Al 的浓度梯度变化比较显著,堆焊金属中的 Al 被大量稀释,堆焊层相结构中 Al 元素含量较低,主要形成单相 α-Fe (Al) 固溶体。

4.4.3.2 Fe_3Al 的焊条电弧焊

A 焊条电弧焊接

在不预热和焊后热处理条件下,采用焊条电弧焊(SMAW),进行系列 Fe_3Al/Fe_3Al、Fe_3Al/Q235 钢和 Fe_3Al/18-8 钢的对接焊试验。焊条电弧焊采用的工艺参数见表4-29。试验表明，焊接热输入过大或过小都易引起焊接裂纹。

表4-29　Fe_3Al 焊条电弧焊的工艺参数

焊条直径 Φ/mm	焊接电流 I/A	焊接电压 U/V	焊接速度 v/cm·s^{-1}	焊接热输入 $E(\eta=0.85)$ /kJ·cm^{-1}
2.5	100~120	24~26	0.2~0.3	8.84~13.26
3.2	125~140	24~27	0.25~0.35	9.18~12.85

焊条电弧焊(SMAW)采用的焊接材料为E309-16、E310-16型号的焊条，焊条直径为2.5 mm和3.2 mm。

焊接热输入过小时，焊缝冷却速度快，焊后产生明显的表面裂纹。焊接热输入过大，熔池过热时间长，导致焊缝组织粗化进而诱发裂纹。尤其是焊条电弧焊的熔渣附着在熔敷金属上导致散热缓慢和组织粗化。采用合适的焊接热输入，焊条电弧焊采用E310-16型焊条作焊接材料，可获得无裂纹的 Fe_3Al 接头。

B　焊条电弧堆焊

焊条电弧堆焊可以赋予零件表面耐磨、耐腐蚀、耐热等特殊性能。在石油化工及热加工生产中，大量存在用不锈钢堆焊耐热钢的结构，若以Fe-Al合金取代不锈钢作为堆焊层，或在零件表面形成一层 Fe_3Al 堆焊层，如可采用焊条电弧焊(SMAW)将 Fe_3Al 合金堆焊在18-8不锈钢、2.25Cr-1Mo钢或其他钢材基体上。可以发挥其优异的性能，可取得巨大的经济效益。

例如，将 Fe_3Al 合金堆焊在奥氏体不锈钢基体上。

将经中频感应炉熔炼的 Fe_3Al 合金浇铸成铸锭，经过多道热轧和热锻(温度控制在900℃以上)，制成直径为3.2 mm的棒料，用作焊条的焊芯。药皮选用低氢钾型，焊芯成分和堆焊金属的成分见表4-30。为了保证成分稳定，至少应堆焊三层。采用直流弧焊机，堆焊电压约为25 V，堆焊电流取下限(一般为90~110 A)，堆焊焊条移动速度约12 cm/min。堆焊时的飞溅较少，但脱渣性较差，堆焊下一层时要仔细清除残渣，可得到无裂纹的 Fe_3Al 堆焊层。

表4-30　Fe_3Al 焊芯成分和堆焊金属的成分(%)

材　料	Al	Cr	Fe	Ni	Ti	Si
Fe_3Al 焊芯	16.00	5.10	78.70	—	—	0.20
堆焊层	11.60	5.95	70.69	0.56	0.20	1.00

堆焊前将工件预热到500℃，保温30 min，堆焊后对焊件进行700℃×1 h退火处理。堆焊层金属以粗大的柱状晶为主，堆焊层的Al含量在堆焊过程中损失较大，导致堆焊层组织以α-Fe(Al)固溶体为主，但不影响堆焊层的抗氧化性能。在

空气炉中经 800℃ ×70 h 氧化后，不锈钢基体氧化严重，而 Fe_3Al 堆焊层氧化轻微，表明其高温抗氧化性能优于 18-8 不锈钢。

4.4.4　Fe_3Al 金属间化合物的固相焊

4.4.4.1　Fe_3Al 与 Q235 钢的扩散焊

Fe_3Al 金属间化合物具有较强的氢脆敏感性，熔焊过程中在接头处产生很大的热应力，易导致产生焊接裂纹，这是 Fe_3Al 作为结构材料应用的主要障碍，也是耐磨、耐蚀脆性材料焊接推广应用中急需解决的难题。

随着真空技术和计算机控制技术的不断进步，先进的真空扩散焊方法适合于常规熔焊方法难以焊接的高硬度材料。Fe_3Al 金属间化合物氢脆敏感性较强，与异种材料进行熔焊时，由于热物理性能和化学性能的差异，接头处易形成含铝量较高的 Fe-Al 脆性金属间化合物，使焊接接头的强韧性难以满足特定条件下的使用要求。

采用先进的真空扩散焊技术，通过控制焊接工艺参数对 Fe_3Al/钢扩散焊界面组织性能的影响，可以实现 Fe_3Al/Q235 钢以及 Fe_3Al/18-8 不锈钢的焊接。

A　焊前准备

采用机械法将 Fe_3Al 与 Q235 钢表面加工平整，用砂纸进行打磨去除焊件表面的油污和铁锈，然后放入丙酮中浸泡 30 min 后，用酒精擦洗、冷水冲洗后吹干。

B　焊接工艺及参数

将清洗干净的 Fe_3Al 金属间化合物与 Q235 钢焊件放入真空炉中进行扩散焊，工艺参数见表 4-31。

表 4-31　Fe_3Al 与 Q235 低碳钢扩散焊的工艺参数

加热温度/℃	保温时间/min	加热速度 /℃ · min^{-1}	冷却速度 /℃ · min^{-1}	焊接压力/MPa	真空度/Pa
1040 ~ 1060	45 ~ 60	15	30	15 ~ 17.5	1.33×10^{-4}

Fe_3Al/Q235 钢扩散焊接头的结合强度、断裂位置和断口形态取决于扩散焊接过程中的加热温度、保温时间和所施加的压力。其中加热温度决定元素的扩散活性；压力的作用是使 Fe_3Al/Q235 接触界面发生微观塑性变形、促进材料间的紧密接触，防止界面空洞并控制着焊接件的变形；保温时间决定着 Fe_3Al/Q235 钢扩散焊接头处各元素扩散的均匀化程度。

C　扩散焊接头的剪切强度

Fe_3Al 与 Q235 钢扩散焊接头的室温剪切强度见表 4-32。

表 4-32　Fe_3Al 与 Q235 钢扩散焊接头的室温剪切强度

序号	工艺参数	截面积/mm²	剪切力/N	剪切强度/MPa	平均剪切强度/MPa
1	1000℃ ×60 min, 17.5 MPa	9.98 ×8.02	3346	40.8	39.9
2	1000℃ ×60 min, 17.5 MPa	9.97 ×7.99	3115	39.1	
3	1020℃ ×60 min, 17.5 MPa	9.97 ×7.98	5370	67.5	67.5
4	1020℃ ×60 min, 17.5 MPa	9.98 ×8.00	5395	67.6	
5	1040℃ ×60 min, 15.0 MPa	9.95 ×7.96	5582	70.5	71.0
6	1040℃ ×60 min, 15.0 MPa	9.98 ×8.02	5712	71.4	
7	1060℃ ×30 min, 15.0 MPa	9.98 ×8.00	3377	42.3	43.4
8	1060℃ ×30 min, 15.0 MPa	10.00 ×7.98	3551	44.5	
9	1060℃ ×45 min, 15.0 MPa	9.97 ×7.96	5301	66.8	67.0
10	1060℃ ×45 min, 15.0 MPa	9.96 ×7.98	5341	67.2	
11	1060℃ ×60 min, 12.0 MPa	9.93 ×7.96	7762	98.2	95.8
12	1060℃ ×60 min, 12.0 MPa	10.00 ×7.93	7406	93.4	
13	1080℃ ×60 min, 12.0 MPa	9.95 ×7.98	6392	80.5	82.1
14	1080℃ ×60 min, 12.0 MPa	10.02 ×7.96	6668	83.6	

由表 4-32 可见，保温时间 60 min，压力从 17.5 MPa 降低到 12 MPa（保持焊接接头不发生变形）时，加热温度由 1000℃ 升高到 1060℃，Fe_3Al/Q235 钢扩散焊接头的剪切强度从 39.9 MPa 增加到 95.8 MPa。但当加热温度升高到 1080℃ 时，Fe_3Al/Q235 钢扩散焊接头的剪切强度降低到 82.1 MPa。因此在保持扩散焊接头不变形的条件下，加热温度不宜过高，因为温度过高时，Fe_3Al/Q235 钢扩散焊接头的组织会发生界面长大，不利于保证接头的剪切强度。

加热温度 1060℃ 时，随着保温时间的增加，扩散焊接头附近的原子得到充分的相互扩散，发生一定的界面反应，形成致密的中间扩散反应层，因此 Fe_3Al/Q235 钢扩散焊接头的剪切强度明显提高。但加热温度 1060℃、压力 12 MPa，将保温时间增加到 80 min 时扩散焊接头发生了变形。

Fe_3Al 基体、扩散反应层及 Q235 基体扩散焊接头不同区域显微硬度测定结果表明（见图 4-39），Fe_3Al 母材真空扩散焊接后显微硬度约为 490HM，Q235 钢显微硬度为 350HM，而中间扩散焊接头的显微硬度随工艺参数的变化有所不同。

保温时间 60 min、温度为 1020℃ 时，由 Fe_3Al 过渡到 Q235 钢扩散焊接头的显微硬度先降低后升高，在扩散焊界面处出现了峰值（550HM）。这主要是在接头近 Fe_3Al 一侧由于元素的扩散反应使 Fe_3Al 晶体结构发生无序化转变，因此，在近 Fe_3Al 一侧显微硬度有所降低，而且随着反应的进行，生成新的物相结构。但由于加热温度较低，元素来不及充分扩散，Al 元素有所聚集，形成的物相结构具有较高的显微硬度，在扩散焊界面出现了峰值。

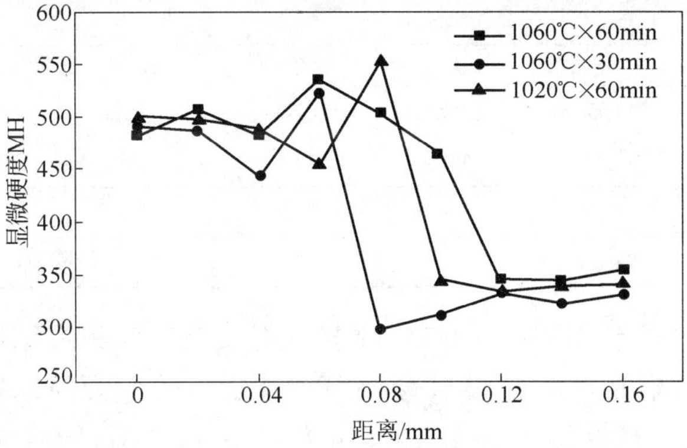

图 4-39 Fe_3Al 与 Q235 钢扩散焊接头的显微硬度

加热温度较高（1060℃），元素充分扩散，形成的物相结构显微硬度大约为520HM。当保温时间较短（30 min）时，即使在 1060℃下，在界面两侧母材处，都出现了显微硬度下降的现象，这也是由于元素的不充分扩散，使柯肯达尔效应扩散空洞没有完全消失所致。

根据表 4-24 中 Fe-Al 金属间化合物的显微硬度值比较，Fe_3Al/Q235 界面扩散反应层中无明显的高硬度脆性相（如 $FeAl_2$、Fe_2Al_5、$FeAl_3$、Fe_2Al_7 等）存在。

D 扩散界面附近的微观组织

扫描电镜（SEM）观察表明，整个 Fe_3Al/Q235 钢扩散焊接头主要包括基体部分、扩散反应层和界面两侧基体几个部分。Fe_3Al 一侧的显微组织越过扩散反应层向 Q235 一侧连续地延展，扩散界面呈镶嵌状互相交错。在扩散反应层靠 Fe_3Al 一侧，柱状晶晶粒较粗大，显微组织大多为等轴晶。在 Q235 钢一侧，由于 Al 元素的扩散过渡，使扩散层靠 Q235 一侧的铁素体晶粒也较粗大，并且由于 Al 为铁素体化元素，扩散反应层附近几乎全部为铁素体。

在靠近 Fe_3Al 一侧的扩散反应层中有第二相析出，析出物的分布形态各异，大多沿晶界呈不连续状分布。经电子探针分析（见表 4-33），这些白色第二相粒子中 C、Cr 含量较高，Fe、Al 含量低于基体，有可能形成碳铬化合物。这主要是因为 Fe_3Al 金属间化合物在焊接过程中，冷却速度快，溶质来不及充分扩散，凝固后在晶体内部使得 C、Cr 元素发生偏聚。

表 4-33 Fe_3Al 与 Q235 扩散反应层的电子探针成分分析

位置	序号	Fe	Al	C	Cr	Mn	Si
Fe_3Al 基体	1	82.6	16.6	0.14	1.02	0.15	0.18
	2	82.7	16.3	0.13	0.99	0.15	0.22
	3	81.9	17.2	0.13	1.01	0.13	0.20
	4	82.0	16.9	0.13	0.94	0.18	0.20

续表 4-33

位置	序号	Fe	Al	C	Cr	Mn	Si
第二相析出物	5	74.66	14.31	0.65	1.18	0.21	0.07
	6	77.90	15.90	0.61	1.18	0.23	0.10
	7	77.04	15.45	0.50	1.32	0.23	0.10
	8	78.77	13.10	0.22	1.26	0.20	0.06

将 X 射线衍射仪分析 Fe_3Al/Q235 钢扩散焊接头的相组成结果（见图 4-40 和图 4-41）与粉末衍射标准联合委员会（JCPDS）公布的标准粉末衍射卡进行对比知，Fe_3Al/Q235 钢扩散焊接头主要由 Fe_3Al 相和 α-Fe（Al）固溶体构成，存在少量的 FeAl 相，但不存在含铝更高的 Fe-Al 脆性相，有利于提高接头的韧性和抗裂能力，保证焊接接头的质量。

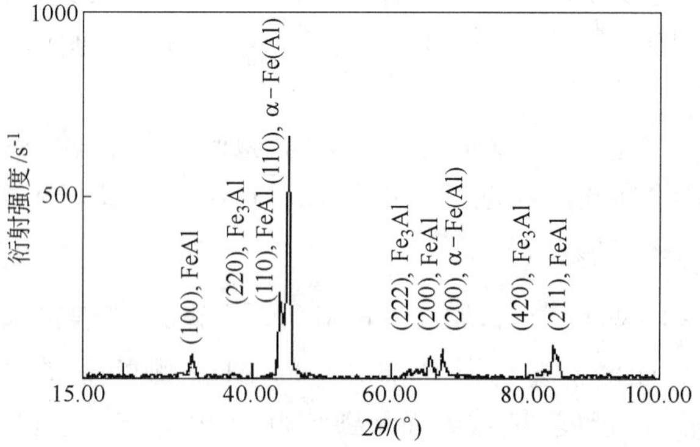

图 4-40　Fe_3Al/Q235 扩散界面近 Fe_3Al 侧的 X 射线衍射图

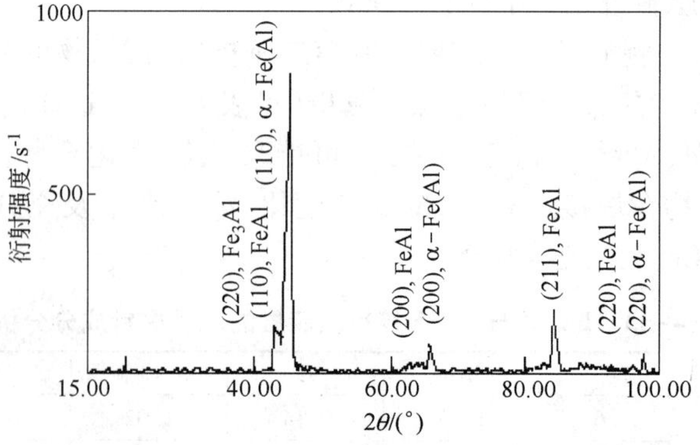

图 4-41　Fe_3Al/Q235 扩散界面近 Q235 侧的 X 射线衍射图

沿[110]晶向拍摄的 Fe_3Al/Q235 扩散反应层 Fe_3Al 一侧物相的 TEM 形貌、选区电子衍射图及指数标定结果表明，在反应层 Fe_3Al 一侧存在的 Fe_3Al 和 FeAl 物相之间的位向关系是 $(110)_{Fe_3Al} // (011)_{FeAl}$。靠近 Q235 钢一侧的扩散反应层中存在体心立方结构的 α-Fe(Al) 固溶体，晶格常数为 0.287 nm。在 FeAl 相和 α-Fe(Al) 固溶体之间分别存在着 $(1\bar{1}0)_{\alpha\text{-Fe(Al)}} // (011)_{FeAl}$ 和 $[001]_{\alpha\text{-Fe(Al)}} // [100]_{FeAl}$ 的晶体学取向关系。

Fe_3Al/Q235 钢扩散焊界面主要存在着 Al、Fe 元素的扩散，Fe_3Al/Q235 钢扩散焊接头元素的分布见图 4-42。

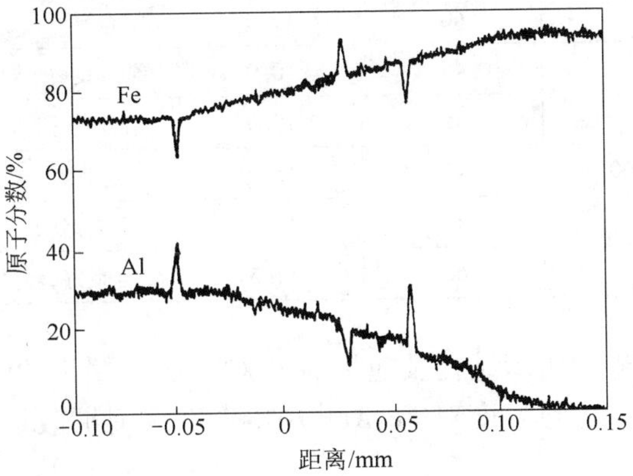

图 4-42　Fe_3Al/Q235 钢扩散焊接头的元素分布

从 Fe_3Al 基体经过 Fe_3Al/Q235 扩散反应层然后过渡到 Q235 钢，Al 元素含量从 27% 连续下降到 1%，而 Fe 元素含量从 73% 增加到 96%。

4.4.4.2　Fe_3Al 与 18-8 不锈钢的扩散焊

Fe_3Al 金属间化合物的抗氧化和耐腐蚀性能都优于 18-8 不锈钢，并且价格便宜，因此 Fe_3Al 与 18-8 不锈钢的焊接在生产中有应用前景。Fe_3Al 与 18-8 不锈钢的焊接可以采用扩散焊工艺。

A　扩散焊工艺及参数

Fe_3Al 与 18-8 不锈钢扩散焊前必须将整个焊接件表面的油污和铁锈去除，并将待焊表面用机加工或砂纸打磨至出现金属光泽。然后装配和放入真空炉中，进行扩散焊接。扩散焊工艺参数为：加热温度 1020～1060℃、保温时间 45～60 min、焊接压力为 12～15 MPa，真空度 $>1.33\times10^{-4}$ Pa。

B　扩散焊接头的剪切强度

Fe_3Al 与 18-8 钢扩散界面的结合状况及接头的剪切强度见表 4-34。

表 4-34　Fe_3Al 与 18-8 钢界面的结合状况及接头的剪切强度

序　号	加热温度/℃	保温时间/min	压力/MPa	界面结合状况	剪切强度/MPa
1	980	60	17.5	未结合，未变形	150
2	1000	60	17.5	结合稍差，未变形	220
3	1020	60	17.5	结合良好，未变形	235
4	1040	15	17.5	结合稍差，未变形	50
5		30	17.5	结合良好，未变形	151
6		45	17.5	结合良好，未变形	180
7		60	17.5	结合良好，未变形	246
8	1060	45	10.0	结合良好，未变形	175
9		45	12.0	结合良好，未变形	182
10		45	15.0	结合良好，未变形	186
11		45	17.5	结合良好，轻微变形	190
12		60	17.5	结合良好，轻微变形	195

扩散焊接头的界面组织结构及应力分布对扩散焊接头的强度、断裂位置和断口形貌有直接影响。加热温度对 Fe_3Al 与 18-8 不锈钢扩散焊接头剪切强度的影响见图 4-43。

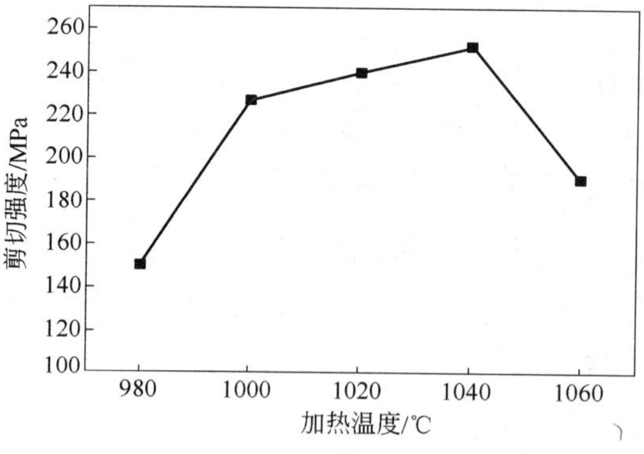

图 4-43　加热温度对 Fe_3Al/18-8 扩散焊接头剪切强度的影响

在 980～1040℃，随着加热温度的不断升高，Fe_3Al 与 18-8 不锈钢扩散焊接头的剪切强度逐渐从 150 MPa 增加到 246 MPa。但是温度低于 1000℃时，接头剪切强度随加热温度的增加升高很快；在 1000～1040℃范围内，随着加热温度的升高，接头剪切强度增加较为缓慢。当温度超过 1040℃并且不断上升时，Fe_3Al 与 18-8 不锈钢扩散焊接头的剪切强度随之下降，因此加热温度过高，接头处晶粒会出现明显粗大,降低接头的剪切强度。

Fe_3Al 与 18-8 不锈钢扩散焊接头元素扩散以及扩散反应层的形成也取决于保温时间。加热温度 1040℃时,保温时间对 Fe_3Al 与 18-8 不锈钢扩散焊接头剪切强度的影响见图 4-44。

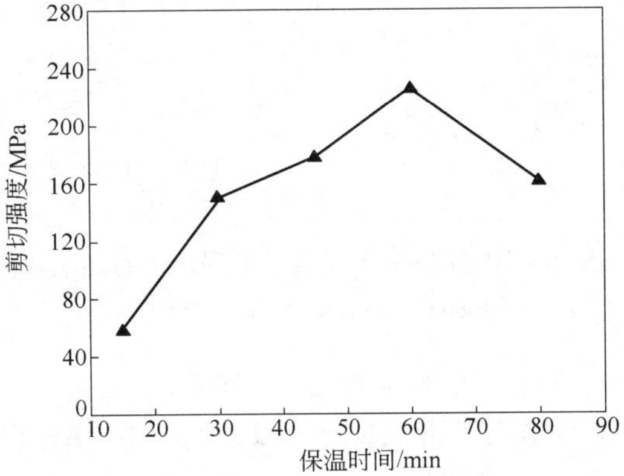

图 4-44　保温时间对 Fe_3Al 与 18-8 扩散焊接头剪切强度的影响

较长的保温时间能够使界面附近的原子充分扩散,并且发生界面反应,形成致密的中间反应层。Fe_3Al 与 18-8 不锈钢扩散焊接头的剪切强度随保温时间的增加明显提高,保温时间 60 min 时,剪切强度达 246 MPa。但当加热温度 1040℃、保温时间大于 60 min 时,Fe_3Al 与 18-8 不锈钢扩散焊接头区的组织粗化会使整个焊接件变形,导致接头剪切强度下降。因此,应该严格控制保温时间在 45 ~60 min。

通过对 Fe_3Al/CrMo 钢扩散焊界面的微观组织结构、剪切强度和氧化行为的研究发现,界面组织以柱状晶为主,柱状晶在界面处形核并向 CrMo 钢母材方向延伸,界面处没有裂纹和空洞等缺陷,也没有发现脆性相和中间相。其剪切强度约为 Fe_3Al/碳钢接头强度的两倍,裂纹从界面处起源并向 CrMo 母材扩展。在扩散焊过程中,Al 元素从 Fe_3Al 母材越过界面向 CrMo 钢中扩散,增强了 CrMo 钢的抗高温氧化能力。

Fe_3Al/钢异种材料扩散焊界面剪切断口形貌较多为解理断裂和准解理断裂,有少量的韧性断裂特征,如断口上撕裂棱的出现。Fe_3Al/Q235 扩散焊界面断裂位置在靠近 Fe_3Al 一侧的界面处,在解理断口上存在许多细小的河流条纹小平面;Fe_3Al 与 18-8 扩散焊界面的断裂有时产生于靠近 Fe_3Al 一侧的界面处,而有时偏向界面过渡区。

Fe_3Al 与 18-8 不锈钢扩散焊接头的显微硬度分布见图 4-45。

加热温度越低,元素扩散越不充分,使中间扩散反应层内元素聚集,浓度升高,导致形成显微硬度高于 Fe_3Al 基体的相结构,在 Fe_3Al 与 18-8 不锈钢扩散焊接头中存在显微硬度较高的峰值点。

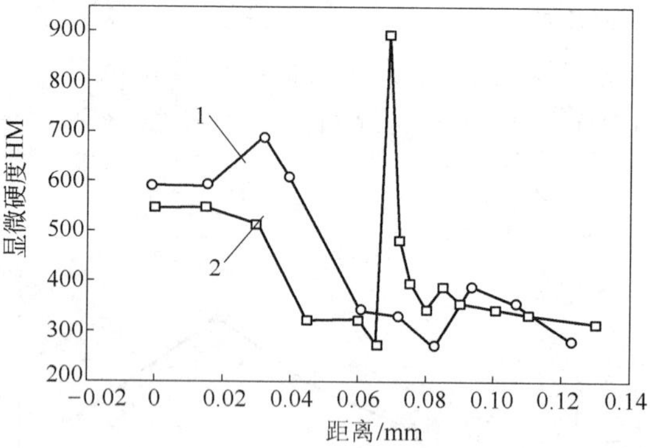

图 4-45　Fe_3Al 与 18-8 不锈钢扩散焊接头的显微硬度分布

1—1000℃ ×60 min；2—1040℃ ×60 min

C　扩散界面附近的微观组织结构

在 Fe_3Al 与 18-8 不锈钢扩散反应层近 Fe_3Al 一侧，Al 元素含量较高，主要存在 Fe_3Al 中 Al 的扩散，并与 Fe 元素发生反应，能够形成不同类型的 Fe-Al 金属间化合物。将 X 射线衍射（XRD）结果（见图 4-46）与标准粉末衍射卡比较表明，随

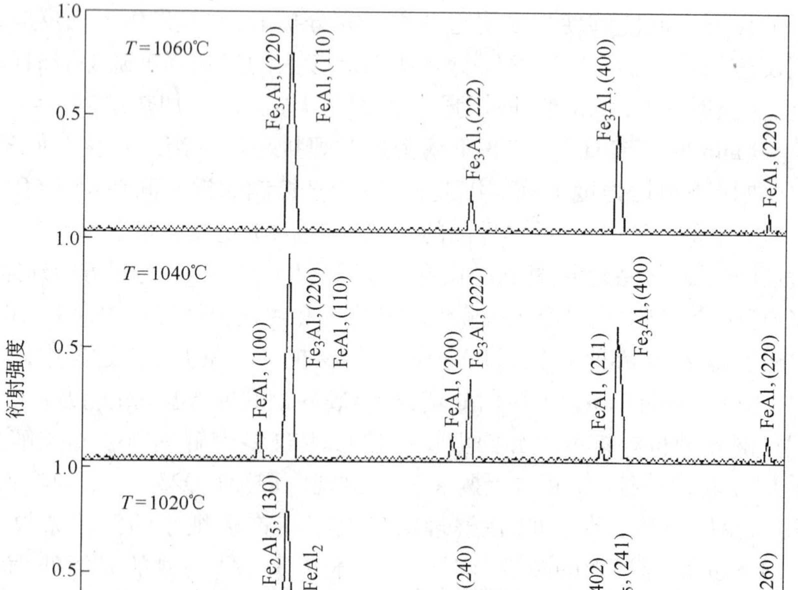

图 4-46　Fe_3Al 与 18-8 扩散反应层近 Fe_3Al 一侧形成的化合物 X 射线衍射图

着加热温度由 1020℃升高到 1060℃时，Fe_3Al 与 18-8 不锈钢扩散反应层近 Fe_3Al 一侧形成的化合物也逐渐从（$FeAl_2$ + Fe_2Al_5）→（Fe_3Al + FeAl + Fe_2Al_5）变化到（Fe_3Al + FeAl）。

加热温度较低时，Al 元素获得的能量低，扩散活性差，只是聚集在近 Fe_3Al 的边缘区，还没有来得及向 18-8 钢中进行扩散，因此在 Fe_3Al 一侧 Al 元素浓度较高，与 Fe_3Al 基体中的 Fe 元素化合形成 $FeAl_2$ 和 Fe_2Al_5 新相。$FeAl_2$ 和 Fe_2Al_5 中由于 Al 含量较高，脆性大，其显微硬度值高达 1000HM，并且这两种新相在加热过程中容易引起热空位，导致点缺陷，具有较低的室温塑韧性，容易发生解理断裂。提高扩散焊温度可促使 $FeAl_2$ 和 Fe_2Al_5 中的铝原子扩散，使之形成 Fe_3Al + FeAl 混合相。

18-8 不锈钢中含有 Ni、Cr 和 Ti 等合金元素，在扩散焊过程中获得一定的能量而向 Fe_3Al/18-8 钢接触界面扩散，与 Fe_3Al 中的 Fe、Al 元素形成各种化合物。Fe_3Al/18-8 扩散反应层近 18-8 钢一侧不同加热温度下形成的化合物 X 射线衍射图见图 4-47。

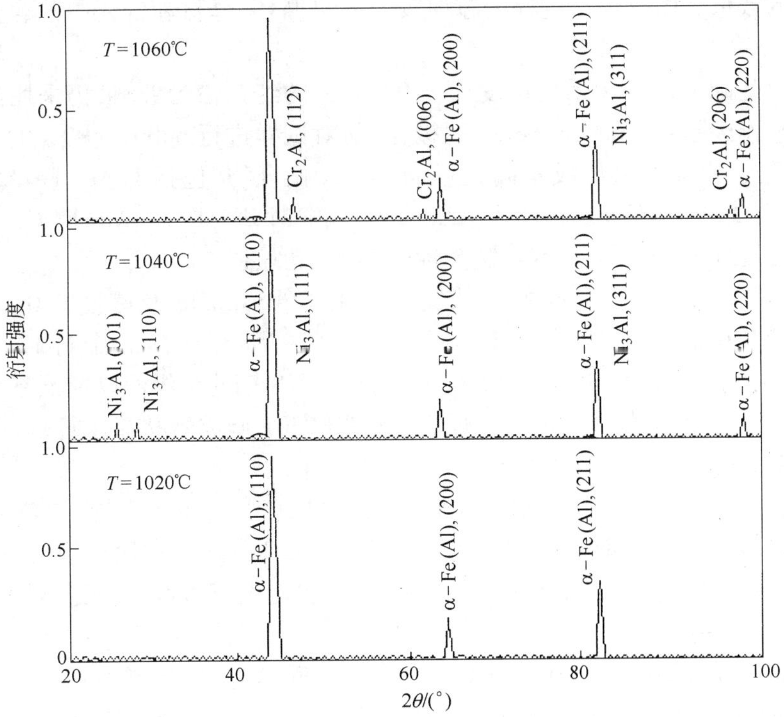

图 4-47 Fe_3Al/18-8 扩散反应层近 18-8 钢侧形成的化合物 X 射线衍射图

加热温度为 1020℃时，Fe_3Al 与 18-8 不锈钢扩散焊接头形成的化合物主要有 α-Fe（Al）固溶体；而温度升高至 1040℃时，不仅包括 α-Fe（Al）固溶体，还包括

Ni_3Al 金属间化合物；当温度高达 1060℃时，扩散层中出现少量的 Cr_2Al 相，影响 Fe_3Al 与 18-8 不锈钢扩散焊接头的塑韧性。

4.4.5　Fe_3Al 连接的其他方法

4.4.5.1　钎焊

Fe_3Al 基合金可采用钎焊方法连接，选择合适的钎料和钎焊工艺对实现 Fe_3Al 合金钎焊和保证接头性能是至关重要的。

例如，采用 Ni 基合金 BNi-2 钎料（7.0% Cr，3.1% B，4.5% Si，3.0% Fe，0.06% C，其余为 Ni）用红外真空钎焊工艺可实现厚度 1 mm 的 Fe_3Al 薄板的无裂纹连接，工艺参数为：钎焊温度 1150℃ ×2 s、24 s 和 240 s，真空度 5×10^{-5} Pa。由于钎料片厚度仅为 100 μm，且红外真空钎焊工艺加热速度很快（可达 900℃/min），可以在极短的时间内达到钎焊温度，能使 Fe_3Al 母材最低限度的少受焊接热循环的影响，从而有效避免了热影响区裂纹。在钎焊接头处有 $(Ni,Fe)_3Al$、$(Ni,Fe)_3(Si,Al)$、$(Fe,Ni,Cr)_3B$ 和 BCr 中间相生成，焊后经 1000℃均匀化热处理可以大大减少这些中间相的数量。由于焊接过程中施加较快的热循环，母材和钎料中的合金元素扩散距离较短。

在此基础上进一步采用纯度大于 99.99% 的纯铝箔为钎料，仍采用红外真空钎焊工艺连接厚度 2 mm 的 Fe_3Al 薄板，焊前对试样进行 600℃ ×90 s 的预热。钎焊温度不同，界面处可形成不同数量的 Fe- Al 化合物，包括 $FeAl_3$、Fe_2Al_5、$FeAl_2$、FeAl 和 Fe_3Al 等。当钎焊工艺为 1200℃ ×180 s 时，$FeAl_3$、Fe_2Al_5、$FeAl_2$ 等脆性较大的相明显减少，界面以具有一定塑性的 FeAl 相为主。

还可采用厚度 0.2 mm 的片状铜基钎料 BCu58ZnMn 及厚度 0.08 mm 纯铝 1060（L2）作中间层，配以钎剂 FB301，在空气炉中进行 Fe_3Al 合金与 18-8 不锈钢以及 Fe_3Al 与 Fe_3Al 的钎焊。将 Fe_3Al 合金与 18-8 钢的被焊面以及铜基钎料片用细砂纸打磨，去除氧化膜后清洗干燥；将钎剂 FB301 调成膏状涂于钎焊面上，然后组装成搭接接头。

将组装好的 Fe_3Al/18-8 钢试样放入空气炉中，上面压上重物，加热到 930℃，保温时间10 ~20 min，取出试样后空冷。将 Fe_3Al/Fe_3Al 试样用高温夹具夹紧，使被焊面紧密贴合，然后将试样放入加热炉中，加热温度 680℃，保温时间 20 ~30 min，出炉后空冷。

铜基钎料对 Fe_3Al 母材的润湿性良好，在 Fe_3Al 一侧出现 Cu 的晶间渗入现象，严重时导致裂纹产生；采用工业纯铝作中间层时，Fe_3Al/Fe_3Al 接头区域有明显的扩散反应区，接头处有高硬度脆性相 Fe_2Al_5 生成。随着保温时间的增长，界面元素扩散距离增大，但脆性相的数量也有所增加。

国内外对 Fe_3Al 焊接性的研究可见，Fe_3Al 的焊接性较差，熔焊时易产生裂纹。

薄板焊接时，采用高能量密度的焊接方法（如电子束焊）在较快焊速下可获得满意的焊接接头。厚度大于 2 mm 的中厚板，大多采用焊前预热及焊后热处理工艺且严格控制工艺参数才能获得无裂纹的焊接接头。

4.4.5.2 摩擦焊

采用连续驱动旋转摩擦焊可以将直径 15 mm 的 Fe_3Al（经 Y_2O_3 氧化物颗粒弥散强化处理）棒材连接起来，获得了质量较高的摩擦焊接头，摩擦产生的热量导致 Fe_3Al 变软并发生塑性变形进而实现连接。

摩擦焊接头根据组织特征的不同被分为四个区域：未受焊接过程明显影响的母材区、部分重结晶区、完全重结晶区和界面区。焊缝中没有发现裂纹、孔洞及其他焊接缺陷，母材的原始组织状态及晶粒尺寸对接头性能没有太大影响，Fe_3Al 基合金摩擦焊接头一般在界面区处发生断裂。

采用扩散焊、摩擦焊、钎焊等能得到界面结合紧密的接头，但在高温、高压、长时间保温的条件下，造成接头组织粗化，导致接头力学性能降低，且由于设备昂贵及工件尺寸受到限制等，其应用受到一定限制。工程实践中，应根据不同的使用要求，选择最合适的焊接方法，通过优化焊接填充材料，实现 Fe_3Al 合金或与其异种材料的无裂纹焊接，这将大大推动 Fe_3Al 作为高温结构材料的应用。

5 难熔金属及合金的焊接

常用的难熔金属主要有钨、钼、铌等，具有高温强度高、密度大、导热性好、弹性模量高等优点，主要应用在航空航天、核能、冶金、化工、电子等工业部门。难熔金属可以与其他金属形成异种连接构件使用，其中钢是最常用的异种连接金属，形成的异种连接结构既可以节约材料，又可以满足特殊性能要求。但这类材料由于室温韧性低，焊接加工有一定难度。

5.1 难熔金属的性能特点

5.1.1 难熔金属的物理和化学性能

难熔金属是指具有熔点高，热导率高，线膨胀系数小、弹性模量高以及良好的高温使用性能，并具有优异的抗腐蚀性能的一类金属。实现钢与难熔金属的连接对推进难熔金属的应用十分重要。

难熔金属主要有钨（W）、钼（Mo）、铌（Nb）等，熔点都在2000℃以上，均为体心立方结构。具有高温强度好、密度大、导热性好、线膨胀系数小以及弹性模量高、抗腐蚀性能好等优点。但这类材料属高硬度脆性材料，由于室温伸长率低、韧性低，高温抗氧化性差，焊接加工比较困难。

钨、钼、铌金属的物理和化学性能见表5-1。

表5-1 钨、钼、铌金属的物理和化学性能

物理性能								
金属名称	元素符号	密度 /g·cm^{-3}	熔点 /℃	沸点 /℃	比热容 /J·(kg·K)$^{-1}$	导热系数 /W·(m·K)$^{-1}$	线膨胀系数 /K^{-1}	电阻系数 /Ω·m
钨	W	19.30	3380	5900	147.8	152.9	4.6×10^{-6}	5.1×10^{-8}
钼	Mo	10.22	2610	4827	265.2	123.1	5.44×10^{-6}	5.78×10^{-8}
铌	Nb	8.55	2497	4927	278.3	48.1	7.5×10^{-6}	14.6×10^{-8}
化学性能								
金属名称	元素符号	原子序数	相对原子质量	原子半径 r/nm	原子外层电子数	晶格类型	晶格常数 /nm	周期表中类别
钼	Mo	42	95.94	0.140	1	体心立方	$a=0.31468$	ⅥB
钨	W	74	183.2	0.141	2	体心立方（α-W） 复杂立方（γ-W）	$a=0.31650$	ⅥB
铌	Nb	41	92.906	0.1429		体心立方	$a=0.33010$	ⅤB

5.1.2 难熔金属的化学成分

5.1.2.1 钨及钨合金

钨是难熔金属中熔点最高、密度最大、线膨胀系数最小的金属，钨及钨合金一般采用粉末冶金或溶解冶炼的方法制备，粉末冶金法制备的钨及其合金在焊接时容易产生气孔和裂纹。钨及钨合金的化学成分见表5-2。

表5-2 钨及钨合金的化学成分(%)

牌号	主要成分		杂质含量(不大于)							
	W	RE	Ni	Ca	Mg	Fe	Al	Si	Nb	Ta
W	余量	—	0.003	0.005	0.003	0.005	0.002	0.005	—	—
W1	余量	—	0.0025	0.005	0.003	0.005	0.002	0.005	—	—
W2	余量	—	0.004	0.010	0.003	0.010	0.004	0.012	—	—
W-25RE	余量	24~26	0.008	—	0.05	0.005	0.005	—	0.05	0.05

钨在常温下不与空气、氧等进行化学反应，对各类酸溶液具有优异的耐腐蚀性能。

钨及其合金的力学性能见表5-3。钨及其合金具有高硬度和优良的高温强度，但同时又具有严重的低温脆性。钨的塑-脆转变温度在240~250℃，在室温下也呈现脆性，这与轧制温度、杂质含量、表面状态和退火温度有关。

表5-3 钨及其合金的力学性能

牌号	板厚/mm	试验温度/℃	抗拉强度/MPa	伸长率/%
W	1~1.6	室温	882.9 1079.1	—
		1000	458.1	—
		1100	407.1	—
		1200	365.9	—
W-25RE	0.9	室温	1212.5	—
		1500	399.3	77
		1650	329.6	64
		1850	239.4	84

钨及钨合金在航空航天、原子能工业、电子工业以及高温、抗腐蚀环境下得到了广泛的应用。如作为火箭发动机喷嘴材料、高温结构材料、各种电极、熔融玻璃腐蚀构件等。钨与氢在高温下不发生反应，所以钨及其合金是氢气高温炉发热体或反射屏的最佳选用材料。

5.1.2.2　钼及钼合金

钼在室温下是致密稳定的，但在温度 400～500℃时开始氧化。高于 500℃，钼迅速氧化并生成 MoO_3，该氧化物具有较低的熔点和沸点。钼在 1000℃的高温下仍具有优良的强度特性，是高温炉发热体、反射屏、熔融玻璃腐蚀材料和试验反应管的优选材料。

影响工业纯钼塑性的主要因素是杂质的含量，而杂质的含量在很大程度上取决于它的生产工艺。

钼及钼合金的化学成分见表 5-4。钼及钼合金的化学成分表中牌号前有“F”的表示粉末冶金材料，其余为电弧或电子束熔炼材料。

表 5-4　钼及钼合金的化学成分(%)

牌号	主要成分				杂质含量(不大于)					熔炼方法
	Mo	C	Ti	Zr	Fe	Al	Si	Ni	W	
FMo1	余量	—	—	—	0.01	0.002	0.006	0.005	0.3	粉末冶金
FMo1	余量	—	—	—	0.02	0.005	0.006	0.005	0.3	
Mo1	余量	—	—	—	0.10	0.0015	0.002	0.002	—	电子束熔炼
Mo1	余量	—	—	—	0.02	0.002	0.005	0.005	—	电弧熔炼
Mo-0.5Ti	余量	0.01～0.04	0.4～0.55	—	—	—	0.01	0.01	—	
TZM	余量	0.01～0.04	0.4～0.55	0.07～0.12	—	—	0.01	0.01	—	
	余量	0.12～0.4	0.1～1.5	0.1～0.3	—	—	0.02	0.02	—	

注：表中 TZM 是电弧熔炼的钼合金。

钼及其合金的力学性能见表 5-5。钼及其合金的力学性能除了取决于杂质含量外，还取决于所进行的热处理工艺、冷作硬化程度、晶粒尺寸和晶粒位向。钼及其合金的力学性能是随上述各因素而变化的。

表 5-5　钼及其合金的力学性能

牌号	板厚/mm	状态	试验温度/℃	抗拉强度/MPa	伸长率/%	熔炼方法
FMo	<1	变形态	室温	706.3	2～10	粉末冶金
	<1	再结晶		588.6～882.9	25～36	
	1.5	热轧板	室温	833.9～912.3	10.5～20.5	
Mo-0.5Ti	0.5	变形态	室温	866.8～902.5	9～13.3	电弧熔炼
		900℃退火		804.4～820.1	13.5～20.0	
		1050℃退火		480.7～519.9	6.67～17.5	

续表 5-5

牌　号	板厚/mm	状　态	试验温度/℃	抗拉强度/MPa	伸长率/%	熔炼方法
Mo-0.5Ti	1.5	变形态	室温	998.7	13～16.5	电弧熔炼
		900℃退火		849.6	19～23	
		1300℃退火		603.3	3.2	
TZM	0.5	变形态	室温	1146.6	10.4	电弧熔炼
		1300℃退火		823.2	19.5	
	1.0	变形态		1030.1	6.5～9	
		1150℃退火		1079.1	14.0～19.5	
FMo	1.0	变形态	1300	588	8.8	粉末冶金
Mo-0.5Ti	0.35	1000℃退火	1300	137.2	14	电弧熔炼
TZM	1.0	1200℃退火	1316	382.2～445.9	14.5～20.0	电弧熔炼

注:表中 TZM 是电弧熔炼的钼合金。

5.1.2.3　铌及铌合金

铌在难熔金属中具有良好的综合性能,熔点高,密度小,温度低于200℃仍有良好的塑性和加工性。铌及铌合金的化学成分见表5-6。

铌的抗氧化性很差,在230℃铌和氧反应,氧化膜的增加使氧化速度减慢。但温度高于400℃时,氧化速度加快。铌的耐腐蚀性能高于钛、锆。在某些腐蚀介质中可用铌代替钽作耐腐蚀结构材料。

表 5-6　铌及铌合金的化学成分

牌　号	合金成分	化　学　成　分(质量分数)/%							
		W	Hf	Ti	C	Mo	Ta	Zr/V	Nb
Nb1	纯　铌	—	—	0.02	0.03	0.01	0.002		余量
Nb2		—	—	0.005	0.05	0.05	0.01	—	余量
Nb-1Zr	Nb-1Zr	0.5	0.02	0.05	0.01	0.1	0.1	0.7～1.3/0.02	余量
C103	Nb-10Hf-1Ti	0.5	9～11	0.7～1.3	0.012	—	0.5	0.7/—	余量
Scb291	Nb-10W-10Ta	9～11	—	—	0.001	—	9～11	—	余量
D43	Nb-10W-1Zr-0.1C	9～11	—	—	0.08～0.12	—	—	0.75～1.25/—	余量
Cb752	Nb-10W-2.5Zr	9～11	—	—	<0.02	—	—	2.0～3.0/—	余量
C-129Y	Nb-10W-10Hf	9～11	9～11	—	<0.015	—	—	—	余量
FNb1	纯　铌	—	—	0.005	0.03	0.02	0.005	—	余量
FNb2		—	—	0.01	0.05	0.05	0.01	—	余量

铌合金一般可分为高强度合金、中强度塑性铌合金和低强度高塑性铌合金。目前大量生产和应用的是后两种合金。铌合金的强化方式主要有固溶强化和沉淀

强化，加入 W、Mo、Ti、V 可以提高铌及其合金的强度和热强性。常用铌及其合金的力学性能见表 5-7。

表 5-7　常用铌及其合金的力学性能

<table>
<tr><th>牌　号</th><th>状　态</th><th>试验温度/℃</th><th>抗拉强度/MPa</th><th>屈服强度/MPa</th><th>伸长率/%</th><th>熔炼方法</th></tr>
<tr><td rowspan="2">FNb</td><td>加工态</td><td rowspan="2">室温</td><td>510. 1</td><td>—</td><td>9. 0</td><td rowspan="2">粉末冶金</td></tr>
<tr><td>1100℃退火</td><td>289. 4</td><td>—</td><td>49. 5</td></tr>
<tr><td rowspan="2">Nb</td><td>加工态</td><td rowspan="2">室温</td><td>522. 3</td><td>—</td><td>9. 0</td><td rowspan="2">电子束熔炼</td></tr>
<tr><td>1100℃退火</td><td>297. 2</td><td>—</td><td>51. 3</td></tr>
<tr><td rowspan="4">Cb752</td><td rowspan="4">1200℃ ×1h 退火</td><td>室温</td><td>569. 0</td><td>474. 8</td><td>25. 5</td><td rowspan="4">电子束熔炼</td></tr>
<tr><td>1200</td><td>260. 0</td><td>171. 7</td><td>36. 0</td></tr>
<tr><td>1400</td><td>196. 2</td><td>152. 1</td><td>72. 5</td></tr>
<tr><td>1600</td><td>142. 3</td><td>98. 1</td><td>102. 0</td></tr>
<tr><td rowspan="5">D43</td><td>加工态</td><td>室温</td><td>918. 2</td><td>—</td><td>7. 0</td><td rowspan="5">电子束熔炼</td></tr>
<tr><td rowspan="4">1200℃ ×1 h 退火</td><td>室温</td><td>588. 6</td><td>—</td><td>22. 5</td></tr>
<tr><td>1200</td><td>198. 2</td><td>—</td><td>32. 6</td></tr>
<tr><td>1400</td><td>117. 7</td><td>—</td><td>45. 0</td></tr>
<tr><td>1600</td><td>71. 6</td><td>—</td><td>63. 0</td></tr>
<tr><td rowspan="3">C103</td><td>加工态</td><td>室温</td><td>686. 7</td><td>618. 0</td><td>3. 5</td><td rowspan="3">电子束熔炼</td></tr>
<tr><td>1180℃退火</td><td>室温</td><td>466. 0</td><td>348. 0</td><td>25. 3</td></tr>
<tr><td>1200℃ ×1h 退火</td><td>1000</td><td>240. 4</td><td>196. 2</td><td>28. 0</td></tr>
</table>

铌及铌合金由于具有良好的室温塑性，是航空航天工业优先选用的防热材料和结构材料。此外，铌及其合金在核能工业、化学工业、冶金工业以及超导领域的应用也很广泛。

5.2　难熔金属的焊接性特点

5.2.1　钨、钼及其合金的焊接性特点

钨、钼及其合金属难熔金属，硬度高，焊接性很差，在高温下易氧化和氮化，焊接中极易产生裂纹以及焊缝金属和热影响区的脆化，还容易产生气孔、未熔合等焊接缺陷。

5.2.1.1　焊缝金属和热影响区的脆化

钨、钼及其合金焊接的突出问题是焊接裂纹和热影响区的脆化。

如钼及其合金中仅含有 0. 002% O，0. 003% C，0. 008% N 时，这些杂质析出与

金属形成氧化物、氮化物和碳化物等脆性相，这些脆性相多分布于晶界处，在焊接应力作用下极易产生结晶裂纹。

产生焊缝和热影响区脆化的原因主要是气体杂质的污染和焊接加热造成的晶粒粗化、硬化和过时效。焊接热循环使 Nb、Mo、W 及其合金的晶界上经加热破碎的脆性膜重新固溶，并在随后的冷却过程中沿晶界析出。同时，晶粒长大使晶界总面积减少，晶界上的杂质含量增加，使焊缝金属和热影响区发生脆化、塑性降低、塑－脆转变温度上升。

如果焊接时保护不好，焊缝金属中的氧、氢含量增加，也会引起焊缝金属的脆化。C、Si、S 等杂质元素进入焊缝金属，也会引起类似 O、N 脆化的作用。

对于工业纯钨、钼金属，间隙杂质元素 N、O、C 的含量远远超过溶解度，形成过饱和固溶体和少量的第二相氮化物、氧化物或碳化物。因此，间隙杂质元素对钨、钼金属脆性的影响较明显。对钼来说，氧是最有害的元素，C 和 N 的影响次之。例如，只需百万分之几的碳，就足以提高钼的塑－脆转变温度，从－100℃直线上升到180℃。间隙杂质对其他几种难熔金属也存在同样的影响趋势。

焊接加热时钨和钼难熔金属极易和 O、N 等发生化学反应，生成氧化膜和低熔点氧化物或氮化物，这也是造成焊接接头区脆化的一个重要原因。其中钼的氧化最严重，其次是钨。钼在 400～450℃开始显著氧化，高于此温度时，迅速地氧化生成 MoO_3。MoO_3 的熔点低，只有 795℃，沸点也只有 1480℃。易促使产生晶界偏析，使焊缝金属脆化，对其焊接性有很不利的影响。

5.2.1.2　焊接裂纹

钨、钼及其合金的弹性模量及焊接应力大，焊接接头易脆化，所以当杂质含量较高、低熔点共晶相对集中和拘束度较大时，极易产生焊接裂纹。

减少钨、钼及其合金焊接裂纹倾向的措施为：

(1) 防止杂质对焊缝金属的污染，控制杂质元素(O、N、C)含量；

(2) 尽量降低焊接接头的拘束度；采用合适的接头形式，减小焊接变形和焊接应力；

(3) 焊前进行高于母材塑－脆转变温度的预热，焊后立即进行低于母材再结晶温度的后热处理；例如，焊接钼及其合金时，焊前对待接合部位进行 790～1070℃预热，焊后缓慢冷却，降低焊接热应力，可以达到减少裂纹的目的；

(4) 采用脉冲焊以破坏焊缝金属结晶的方向性；

(5) 焊前预热，焊后立即后热，避免产生咬边、未焊透等，使焊缝与母材平滑过渡，这样有利于防止接头脆断。

钨虽然比钼更脆，但钨及其合金产生焊接裂纹的倾向比钼小。

5.2.1.3　气孔

一般粉末冶金法制造的钨、钼及其合金焊接时容易产生气孔。产生气孔的原因主要是溶入的气体及低熔点共晶物的挥发。钨及其合金产生气孔的倾向比钼小,原因是 WO_3 比 MoO_3 的蒸气压低。气孔产生的影响因素主要是材料纯度、保护气体及焊接加热条件。

减少钨、钼及其合金焊接气孔可采取以下措施:

(1) 控制焊接时的气氛,焊前对母材及焊接材料进行化学清洗,以减少污染;气体保护焊时采用专门提纯、经过净化及干燥处理的高纯保护气体;在真空下焊接时,真空度应达到 1.33×10^{-2} Pa 以上。

(2) 采用合金化的填充金属以改善焊缝的力学性能,Zr、B 是较好的晶粒细化元素,焊接时可在待焊处涂上一层 Zr、B 或 Zr + B 的涂层,焊接后可改善接头的塑性。

(3) 采用热量集中的热源(如电子束焊),用尽可能低的热输入以减少热影响区的晶粒长大,也可用脉冲焊打乱焊缝金属的结晶方向性,搅拌熔池,细化组织,提高焊缝性能。

5.2.2　铌及其合金的焊接性特点

相对于钨、钼及其合金的焊接性来说,铌(Nb)的焊接性较为良好。Nb 在高温下非常活泼,容易和各种气体反应生成脆性化合物,使金属硬度提高而塑性下降。Nb 的塑 - 脆转变温度与杂质元素(H、N、O、C)的关系如图 5-1 所示。从图中看到,随着间隙元素含量的增加,塑 - 脆转变温度也随着上升,其中以 H 的影响最大,其次是 N。Nb 合金比纯铌具有较高的强度和较低的塑性,搅拌熔池,在焊接和热处理时对来自空气的污染更敏感。

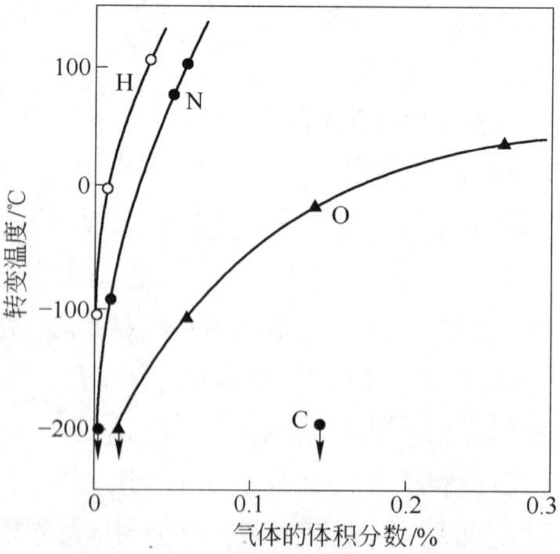

图 5-1　杂质含量对铌的塑 - 脆转变温度的影响

为了防止杂质元素对铌及其合金的污染,必须在真空或惰性气体中进行焊接。特别是对于强度高、塑性差的铌合金,在焊接过程中须避免空气溶入。真空容器内焊接铌及其合金时,工艺方法与焊接钛、锆相似,还要防止夹具熔化与铌形成合金使焊缝脆化。

纯铌一般不容易产生焊接裂纹，而 Nb-10Ti-10Mo 和 Nb-15W-5Mo 铌合金焊接时容易发生横向裂纹，防止措施是焊前进行 170～260℃预热。此外，粉末冶金法制备的铌合金在焊接时容易产生气孔，更要加强气体保护。

5.2.3 钢与 W、Mo、Nb 焊接的特点

难熔金属 W、Mo、Nb 及其合金本身焊接在一起的情况有所应用，但并不很广泛。实践中，遇到较多的是将 W、Mo、Nb 及其合金与钢铁材料焊接在一起。

钢与 W、Mo、Nb 的焊接性主要取决于 W、Mo、Nb 的性能。这些难熔金属在高温下与空气中的氧和氮发生强烈反应，在焊接过程中易产生气孔、接头脆化和裂纹等缺陷。金属中的杂质对其力学性能、变形加工性以及焊接性有很大的影响。W、Mo、Nb 等金属对气体的吸附、溶解与扩散以及相互作用而生成氧化物、氮化物、氢化物，使焊接接头发生严重的脆化现象，明显降低了焊接接头的力学性能。

W、Mo、Nb 与 Fe、Ni、Co 等材料焊接时，由于它们之间的物理与化学性能相差较大，对 W、Mo、Nb 金属的溶解度均降低，多以有限互溶存在，且能形成一系列的脆性化合物。而且它们之间的熔点和线膨胀系数相差很大，在焊接过程中易产生很大的热应力和焊接缺陷，也会增大裂纹敏感性。

钢与 W、Mo、Nb 等难熔金属焊接时，必须采取以下相应的工艺措施：

(1) 在焊缝中加入适当的合金元素，使它既能与 W、Mo、Nb，又能与钢中的主要元素形成无限互溶或溶解度较大的固溶体；

(2) 加入塑性好并与 W、Mo、Nb 和钢焊接性好的中间金属作为过渡层；

(3) 采用只对钢熔化焊而对 W、Mo、Nb 实质上是钎焊连接的熔－钎焊工艺，可获得很好的效果。

此外，由于 W、Mo、Nb 及其合金的塑－脆转变温度高，对应力集中十分敏感。因此，焊接时应避免产生夹渣、咬边、未焊透等缺陷，焊后将焊缝表面的波纹打磨去除，并使焊缝与母材的过渡区平滑，有利于防止焊接接头的脆断。

5.3 难熔金属及其合金的焊接工艺特点

由于在结晶学和物理化学性能方面相差很大，所以钢与钨、钼、铌等难熔金属的焊接相当困难。一般的焊接方法，例如电弧焊、气体保护焊、电子束焊等在焊接钢与难熔金属时都比较困难，因此，通常采用只使钢熔化，不使难熔金属熔化的熔焊－钎焊的方法进行焊接。

5.3.1 钨、钼及其合金的焊接

钨、钼及其合金在高温下极易氧化和氮化，必须在真空中或高纯度惰性气氛中

进行焊接。为了去除母材表面的氧化物及杂质，焊前需要对工件和焊材进行表面化学清洗处理。为了提高接头性能，焊后还要对焊件进行真空退火处理。

5.3.1.1 焊前清洗

焊前净化处理一般采用碱－酸清洗法或混合酸清洗法。母材及焊接材料经表面处理后应尽快进行焊接，否则应在氩气或真空中限期保存。

A 碱－酸清洗法的工艺步骤

碱－酸清洗法的工艺步骤如下：

（1）用丙酮先去除工件和焊材表面的油污；

（2）将待焊工件浸入 60～80℃的清洗液中 5～10 min，清洗液的体积分数为 $\varphi(NaOH):\varphi(KMnO):\varphi(H_2O)=10:5:85$；

（3）用自来水流水清洗工件，清除残余物；

（4）将工件浸入室温的酸洗液中 5～10 min，酸洗液的体积分数为 $\varphi(H_2SO_4):\varphi(HCl):\varphi(Cr_3O_4):\varphi(H_2O)=15:15:6:64$；

（5）自来水冲洗工件，蒸馏水漂洗，强热风吹干。

B 混合酸清洗法的工艺步骤

混合酸清洗法的工艺步骤如下所述：

（1）用丙酮先去除工件和焊材上的油污；

（2）将待焊工件浸入室温的酸溶液中 2～3 min，溶液的体积分数为 $\varphi(H_2SO_4)(95\%\sim97\%):\varphi(HCl)(90\%):\varphi(H_2O)=15:15:70$；

（3）用自来水流动水冲洗工件；

（4）再浸入室温的硫酸和盐酸的水溶液中 3～5 min，酸洗成分的体积分数为 $\varphi(H_2SO_4)(95\%\sim97\%):\varphi(HCl)(37\%\sim38\%):\varphi(H_2O)=15:15:70$，然后再加入质量分数为 6%～10% 的 Cr_2O_3；

（5）自来水冲洗，蒸馏水漂清，强热风吹干。

5.3.1.2 电子束焊

钨、钼及其合金在高温下极易氧化和晶粒长大，首选的焊接方法是真空电子束焊。采用热量集中的电子束焊可以得到比常规电弧焊更大的熔深、更窄的热影响区、更小的焊缝金属晶粒及更低的氢、氧含量。焊接时的真空度要求在 10^{-2}～10^{-3} Pa。一般采用低热输入高速焊来控制焊缝及热影响区过热区的晶粒长大。推荐采用脉冲电子束焊或摆动电子束焊接，摆动频率为 60 Hz，摆动幅度 0.12～0.25 mm。

真空电子束焊接时容易出现气孔，特别是粉末冶金法制备的钨、钼及合金的焊接，熔合区处往往产生连续的气孔。所以焊接前需要对工件进行真空除气热处理，加热温度为 870～900℃，保温 1 h。焊接板厚超过 1 mm 或 T 形接头时，焊后需将焊件置于 10^{-2} Pa 的真空中、在 870～980℃的温度下进行消除应力处理。

钨、钼及其合金板材电子束焊的工艺参数见表5-8。钨、钼及其合金典型结构电子束焊的工艺参数见表5-9。

表5-8 钨、钼及其合金板材电子束焊的工艺参数

板厚/mm		加速电压/kV	电子束流/mA	焊接速度/cm·min^{-1}
钨(W)	0.5	20	25	22
	1.0	22	80	20
	1.5	23	120	24
钼(Mo)	1.0	18~20	70~90	100
	1.5	96	26	60
	1.5	50	45	100
	2.0	20~22	100~120	67
	3.0	20~22	200~250	50
Mo-0.5Ti	2.0	90	57	12

表5-9 钨、钼及其合金典型结构电子束焊的工艺参数

典型结构	接头种类	厚度/mm	加速电压/kV	电子束流/mA	焊接速度/cm·min^{-1}	聚焦点位置	备　注
钨热管	凸缘对接穿透焊	2.5	100	6	75	表面	预热800℃
钨坩埚	立端对接穿透焊	2.0	100	10	150	表面上	预热800℃
钼热管	阶梯接头局部熔透	1.6	125	25	75	表面	高频(3kHz)椭圆偏转
Mo-TZM合金热保护焊	平板对接全穿透	1.6	125	15	75	表面上	焊后热处理改善韧性
Mo-13RE实验反应管	—	0.8	100	7	75	—	焊缝成形好
直径9.5 mm钼管	管和凸缘圆周接头	1.27	120	5	35.4	—	不预热,焊接时管子回转1.25周
直径27.6 mm钼管	管和凸缘圆周接头	3.05	120	23	35.4	—	用11 mA电离子束流预热6周,焊接时管子回转1.25周
钼　管	同直径管子对接	2.39	150	25	84	—	用12 mA电离子束流预热6周,焊接时管子回转1.25周

注:TZM是电弧熔炼的钼合金。

5.3.1.3 钎焊和扩散焊

钨、钼及其合金可采用钎焊进行连接,一般可用炉中钎焊、火焰钎焊、电阻钎焊及感应钎焊等。钨、钼及其合金的炉中钎焊必须在惰性气氛（氦气或氩气）、还原性气氛（氢气）或真空中进行。真空钎焊时，应使钎料所含元素的蒸气压与钎焊温度及真空度相适应。钎料可以采用 Ag、Au、Cu、Ni、Pt、Pd 等纯金属或各类合金钎料。

低温下应用的焊接构件，可选用银基和铜基钎料，高温下应用的钨、钼合金构件应选用金、钯和铂钎料，或选用活性金属及熔点比钼低的难熔金属。镍基钎料在高温下的可应用性不大，因为 Ni 与 Mo 在 1316℃左右可生成低熔点共晶体。在钎焊接头设计时，通常将接头间隙控制在 0.05 ~ 0.125 mm 的范围。

钎焊钨时，由于材料本身的固有脆性，装配或加紧时要小心谨慎，应在无应力状态下组装这些零件，避免钨与石墨夹具接触以防止生成脆性的碳化钨。用镍基钎料钎焊钨时，为防止钨发生再结晶，应尽量降低钎焊温度。

用氧－乙炔火焰钎焊钼时，可采用银基或铜基钎料及适宜的钎剂。为了更充分地进行保护，也可采用组合钎剂。这种钎剂由一种工业用硼酸盐为基的钎剂或银钎剂加一种含氟化钙的高温钎剂所组成。这些钎剂在 566 ~ 1427℃之间是活性的。先在钼工件上涂一层工业用银钎剂，再覆一层高温钎剂，银钎剂的活性区间为组合钎剂活性区间的下限，然后高温钎剂在组合钎剂的高温区起化学反应，且活性可保持到 1427℃。

用于 Mo-0.5Ti 钼合金的钎料有 V-35Nb 和 Ti-30V 等。真空钎焊的真空度为 1.33×10^{-3} Pa，钎焊温度和保温时间分别为：1650℃ ×5 min 和 1870℃ ×5 min。

真空扩散焊可以用于钨、钼及其合金的连接，优点是能防止钨、钼及其合金晶粒的急剧长大。常用的钨、钼真空扩散焊的工艺参数见表 5-10。因所需的扩散结合温度高，接头部位由于再结晶脆化使接头强度降低。为了降低结合温度，可采用数微米厚的金属箔做扩散中间层，常用的中间层材料有 Zr、Ni、Ti、Cu、Ag 等，也可以在母材上镀一层 Ni 或 Pd 金属薄层。

表 5-10　钨、钼真空扩散焊的工艺参数

材　料	加热温度/℃	保温时间/min	压力/MPa	真空度/Pa
W	2200	15	19.6	7×10^{-3}
Mo	1700	10	9.8	7×10^{-3}

5.3.1.4　惰性气体保护焊

钨、钼及其合金的电弧焊在充惰性气体的容器内进行。为了减少氧、氮等有害气体的影响，在充惰性气体前焊接容器应达到 1.33×10^{-2} Pa 真空度，所充惰性气体必须经过净化及干燥处理。控制母材的氧含量及氮含量是防止产生气孔和脆化的有效方法，焊接材料的氧含量应控制在 0.002% 以下，加入 0.1% C 或加入 0.2% ~ 0.5% Ti，可以减少焊缝金属中气孔的生成。

预热能降低焊接时的热冲击(快速加热和急冷)和焊接应力,特别是两个零件的尺寸和材质相差很大时,预热的效果更加明显。预热时应根据焊接结构件的尺寸形状及裂纹敏感性决定具体的预热温度和层间温度。在正式焊接前,可先在钛板上焊接几分钟以净化容器内的惰性气体。焊接时注意焊件不要受到拘束,并采用引弧板。焊接钨及其合金时最好用氦保护气体。由于钨、钼的熔化温度高和热传导率高,因此焊接夹具必须采用水冷或在其表面复合一种不熔化和不能与焊件反应结合的材料。为了防止夹具熔化,可在夹具与工件相接触的部位,加装隔离材料,如云母或陶瓷镶片等。

钨极惰性气体保护焊时,采用铈钨极,直流正接。将钨极端部磨成20°~30°锥形,以利于控制电弧。钨极直径应根据焊接电流来确定。钼及其合金钨极惰性气体保护焊的工艺参数见表5-11。应指出,即使采用合适的工艺参数,钨、钼及其合金气体保护焊接头的强度和塑性也远比母材低。表5-12是钨、钼合金惰性气体保护焊接头的室温及高温力学性能。

表5-11 钼及其合金钨极惰性气体保护焊的工艺参数

材 料	板厚/mm	保护方式	钨极直径/mm	焊接电压/V	焊接电流/A	焊接速度/$cm \cdot min^{-1}$
Mo	1.0	真空室充氩	—	—	55 (65)	27 (30)
	1.5	真空室充氩	2.4	12~16	180	15-16
	1.6	真空室充氩	3.2	20	220~224	35
	1.6	拖罩及背面通氩	2.4	20	220	35
	2.0 (加丝)	真空室充氩	—	—	270	27
	3.2	真空室充氩	—	—	160	20
TZM	1.0	拖罩及背面通氩	2.4	14	60	25

注:TZM是电弧熔炼的钼合金。

表5-12 钨、钼合金惰性气体保护焊接头的室温及高温力学性能

材 料	板厚/mm	试验温度/℃	压头半径/mm	弯曲角/(°)	伸长率/%	抗拉强度/MPa
W-30Mo-25RE	—	1090	—	—	—	460
	—	1425	—	—	—	180
	—	1650	—	—	—	105
Mo	1.0	室温	3	0~10	—	—
Mo-0.5Ti	1.6	27	6.4	20~55	<8	—
	1.6	93	3.2	75~105	16.5~20.0	—
	1.6	860	—	—	—	315
	1.6	980	—	—	—	315

续表 5-12

材料	板厚/mm	试验温度/℃	压头半径/mm	弯曲角/(°)	伸长率/%	抗拉强度/MPa
Mo-0.5Ti	1.6	1090	—	—		275 ~ 280
	1.6	1200	—	—		169

为了提高常温下的焊接接头塑韧性，焊接钨及其合金时采用钨 - 铼(5% ~ 7%)填充金属，焊接钼及其合金时采用电弧熔炼钼合金(TZM)或钼 - 铼(10% ~ 50%)填充合金。电弧熔炼的(TZM)钼合金含有 Ti、Zr 添加元素，具有强化焊缝和控制焊缝金属晶粒大小等优点。钨或钼加入铼后，焊缝金属的弯曲塑 - 脆转变温度可降低到室温以下。

5.3.2 铌及其合金的焊接

铌及其合金常用的焊接方法为电子束焊、惰性气体保护焊、电阻焊、钎焊及扩散焊等。铌及其合金对杂质元素比较敏感，从 300℃开始就强烈地与空气中的氢、氧、氮发生反应，生成脆性化合物。C、B 也与铌及其合金反应生成脆性化合物，引起塑性、韧性下降。因此，焊接时限制杂质元素含量极为重要。

由于铌及其合金的熔点高、热导率大，焊接时要消耗更多的能量，保护措施要更加严格。焊前必须对焊件坡口及其周围、焊接材料等进行严格清理，坡口清理可先采用机械法进行，然后用酸洗液进行化学清洗。酸洗后的工件用流动清水冲洗干净，蒸馏水漂清，强热风吹干。铌及其合金常用的酸洗液组分为(体积分数)：$HNO_3$40%，H_2SO_4 20%，HF 10% ~20%，H_2O 余量。

5.3.2.1 电子束焊

电子束焊是铌及其合金首选的焊接方法之一。铌及其合金的焊接性比钨、钼及其合金好，但纯铌的电子束焊接头强度相对较低。铌合金的焊接性能虽然有所降低，但接头强度可以达到母材的 75%，而且在 1093 ~ 1650℃温度下具有良好的结构稳定性。铌及其合金电子束焊的工艺参数见表 5-13。铌及其合金电子束焊接头的力学性能见表 5-14。

表 5-13 铌及其合金电子束焊的工艺参数

材料	板厚/mm	加速电压/kV	电子束流/mA	焊接速度/cm · min^{-1}
Nb	0.8	23	40	43.3
	1.0	17 ~ 17.5	65 ~ 70	50
	1.5	27	85	50
Nb-10Hf-1Ti	1.0	20	45 ~ 50	25
Nb-10W-1Zr	1.0	20	50	25
	35	140	110	13

续表 5-13

材　料	板厚/mm	加速电压/kV	电子束流/mA	焊接速度/cm·min⁻¹
Nb-10W-2.5Zr	1.0	20	45～60	26
	2.3	30	64	17
	2.5	22	120	24
Nb-10W-12.5Zr	0.9	150	3.3	38.1

表 5-14　铌及其合金电子束焊接头的力学性能

材　料	焊后退火温度/℃	试验温度/℃	抗拉强度/MPa	伸长率/%	弯曲角/(°)
Nb-10Hf-1Ti	—	1200	168.6	42.4	—
	—	1400	68.6	96.2	—
	—	1600	29.4	133.0	—
Nb-10W-1Zr	1200	室温	463.5	1.9	—
	—	1200	366.1	6.8	—
	—	1400	208.7	13.3	—
	—	1500	137.3	48.5	—
	—	1600	98.0	72.0	—
	—	1800	49.0	114	—
Nb-10W-2.5Zr	—	室温	551.7	36.5	>130
	900	室温	524.3	2.0	20
	1200	室温	541.0	28.8	93
	—	1200	200.9	8.3	—
	—	1400	93.1	46.5	—
	—	1600	82.3	24.5	—

5.3.2.2　惰性气体保护焊

惰性气体保护焊也是铌及其合金的常用方法，一般在真空充氩容器内进行焊接。厚度大于 1 mm 以上的板材，最好采用钨极氦气保护焊接。在真空充氩容器内焊接的技术要求及操作注意事项与钨、钼焊接相同。对于无法在真空充氩容器内焊接的焊件，可在空气中采用局部（正、反面）保护方法进行焊接。但必须选用从焊枪到工件的距离范围能提供层流状保护气体的焊机，保护气体的供给（滞后停气）必须维持焊件冷却至 200℃ 以下。

板厚为 1～2 mm 时，焊接保护区和冷却段的气体流量为 16 L/min，用于保护焊缝反面的气体流量为 5 L/min。惰性气体保护焊必须采用直流正接，为了避免钨极对焊缝的污染，须采用高频引弧，钨极应是钍钨极。

铌及其合金广泛采用平板对接形式，采用直流正接钨极氩弧焊，纯铌焊前不需要预热及焊后消除应力处理。铌及其合金钨极氩弧焊的工艺参数见表 5-15，适用于采用铜垫板压块的平板对接。

表 5-15　铌及其合金钨极氩弧焊的工艺参数

材　料	板厚/mm	焊接电压/V	焊接电流/A	焊接速度 /cm · min^{-1}
Nb	0.5	8 - 10	70 ~ 80	50 ~ 58
	1.0	14	50	25
	1.0	10	150 ~ 160	67.2
	2.0	10	240	25.2
Nb-10Hf-1Ti	1.0	12 ~ 15	110	54
Nb-10W-2.5Zr	0.9	12	87	76.2
Nb-10W-1Zr	0.9	12	114	76.2
Nb-10W-10Ta	0.9	12	83	38.1

中强度中塑性铌合金及低强度高塑性铌合金，采用推荐的钨极氩弧焊工艺，可以得到满意的接头力学性能（见表 5-16）。但对于时效硬化的铌合金，其焊接接头在某一温度范围短时加热就会出现时效脆化现象，使接头失去延性。如表 5-14 中的 Nb-10W-2.5Zr 合金焊接接头经 900℃退火处理后伸长率很小，但是这种时效脆化现象可以通过加热到（1055 ~ 1220）℃ ×（1 ~ 3）h 的真空高温退火处理予以恢复。部分铌合金焊后高温退火处理的工艺参数见表 5-17。

5.3.2.3　钎焊和扩散焊

铌及其合金的钎焊应在真空中或惰性气体（Ar 或 He）的可控气氛保护下进行。钎焊前应对工件严格进行酸洗，必须去除焊接区所有的活性气体（O、CO、CO_2、N、H），避免 Nb 与这些气体生成氧化物、碳化物、氮化物等，使接头区塑性降低。

表 5-16　铌及其合金钨极氩弧焊接头的力学性能

材　料	焊后退火温度/℃	试验温度/℃	抗拉强度/MPa	伸长率/%	弯曲角/(°)
Nb-10Hf-1Ti	—	室温	421.4	26	144
	1200	室温	413.6	32.8	180
	—	1100	199.9	21.8	—
	—	1200	175.4	13.0	—
	—	1400	104.9	24.3	—
	—	1600	57.8	33.0	—
Nb-10W-2.5Zr	—	室温	590.9	17.3	91
	1200	室温	551.7	14	95

表 5-17 部分铌合金焊后高温退火处理的工艺参数

材 料	退火时间/h	真空退火温度/℃		材 料	退火时间/h	真空退火温度/℃	
		TIG 接头	EBW 接头			TIG 接头	EBW 接头
NB-10Hf-1Ti	1	1200	1200	Nb-10W-10Hf	1	1330	1220
Nb-10W-2.5Zr	1	1220	1330	Nb-10W-2.8Ta-1Zr	1	1330	1220
Nb-10W-1Zr	1	1330	1330	Nb-10W-10Ta	1	1220	—

钎料及钎焊温度根据焊接构件的用途及使用环境选择。Au、Cu、Ag-Cu 及 Ni-Cr-Si 钎料可用于低温钎焊，其中 Ni-Cr-Si 钎料易出现脆性金属间化合物，含 Au 40% 以上的 Au-Cu 钎料也有可能出现脆性相。Ta-V-Ti 及 Ta -V-Nb 等合金钎料可用于高温钎焊，其使用环境可达 1370℃ 以上。采用 Hf-Mo、Hf-Ta、Ti-Cr 等合金钎料的钎焊接头可在更高的环境温度下使用。常用的铌及其合金用钎料见表 5-18。

表 5-18 常用的铌及其合金用钎料

材 料	钎 料 成 分	钎焊温度/℃
铌及其合金	48Ti-48Zr-4Be	1050
	75Zr-19Nb-6Be	1050
	66Ti-30V-4Be	1288 ~ 1316
	91.5Ti-8.5Si	1371
	73Ti-13V-11Cr-3Al	1620
	67Ti-33Cr	1455 ~ 1482
	90Pt-10Ir	1815
	90Pt-10Rh	1900

采用真空扩散焊可以有效地连接铌及其合金，但焊接面要精加工（研磨）到表面粗糙度 $R_a = 0.20\ \mu m$，焊接室真空度应高于 1.33×10^{-3} Pa。为了降低扩散连接温度、防止晶粒长大，可采用加中间层或在连接面上涂覆几十纳米厚的箔层进行扩散连接。铌及其合金扩散焊的工艺参数见表 5-19。

表 5-19 铌及其合金扩散焊的工艺参数

材 料	加热温度/℃	保温时间/min	压力/MPa	中间层金属	真空度（大于）/Pa
Nb	1250	15	14.7	—	1.33×10^{-2}
	100	30	19.6	Ni	1.33×10^{-2}
Nb-10W-2.5Zr	1065 – 1093	420 – 300	15	Ti (0.025 mm)	1.33×10^{-2}

5.3.3 钨与钢的焊接

5.3.3.1 钨与钢的焊接特点

钨与钢的焊接特点如下：

（1）钨与钢的焊接性主要是由钨的性质所决定的，钨具有多晶转变特性，其转变温度为630℃，低于此温度将转变为α－相，具有体心立方晶格。钨在难熔金属中熔点最高，其强度及导热系数也最大。钨在室温下不与氢、氧起化学作用，但与氮能发生反应生成氮化物，当温度为600～800℃时氮化物分解。

（2）钨与钢焊接时，由于钨是难熔金属，杂质元素（O、N、C）在钨中的溶解度极小，因此钨对杂质元素的敏感性很大，极易产生冷脆现象。

（3）钨在空气中以及在400℃以下时很稳定，超过400～500℃会形成氧化物WO_2，这种氧化物给钢与钨的焊接带来了很大的困难。

（4）铸态或再结晶状态的钨及其合金，由于塑性和韧性很低，脆性倾向大，钢与钨焊后裂纹倾向严重，一般情况下焊接接头不牢固。

（5）钨与钢的熔点、热导率、线膨胀系数以及弹性模量等热物理参数相差较大，因此两种母材金属焊接时热胀冷缩和变形大，焊接应力严重，焊接接头极易产生裂纹，因此钢与钨的焊接性极差。

5.3.3.2 钨与钢的焊接工艺措施

钨与钢焊接时，为了获得满意的焊接接头，必须采取特殊的焊接工艺和有效的焊接措施：

（1）仔细清理被焊接头的表面污物；

（2）选用纯度高的焊接材料；

（3）采用可靠的焊接方法，如氩弧焊、电子束焊、真空钎焊和扩散焊，在可调节的高纯度惰性气体密封室中进行焊接；

（4）母材金属焊前进行退火和预热，降低组织成分的不均匀性和应力。钨一般在875～900℃之间进行退火，预热温度为300～600℃。

（5）焊后对焊接接头再进行退火处理，降低脆性，消除残余应力，使焊缝近缝区的组织稳定。焊接接头退火温度为1800℃左右。

（6）选择适当的焊接工艺参数。

（7）焊接接头退火后，应对整个焊接接头进行检验，发现缺陷及时返修，直至合格为止。

5.3.3.3 钨与钢的焊接工艺

A 钨与钢的氩弧焊

钨与钢采用氩弧焊时，由于在钨母材一侧有比较脆的硬化层，使焊接裂纹倾向增大。对接头性能要求不高时，可采用钨极氩弧焊，电弧偏离钨母材，指向钢一侧，使钢的熔化液体对钨一侧进行浸润,实现氩弧熔－钎焊连接。采用这种方法可以取得较好的接头连接件,但焊接接头强度不高,塑性低,弯曲角小,易断裂。

如果采用加入 Ni 和 Cu 的中间过渡层,可以获得质量更好的钢与钨的氩弧焊接头。焊接过程中最好采用氦气保护,小的焊接热输入。对厚度为 1.5 mm 的金属钨,其焊接速度为 0.2～0.25 cm/s。为了防止裂纹产生,对钢与钨焊件不能装卡固定施焊,焊前可以进行预热,预热温度为 500℃,这样能提高接头塑性,减少裂纹倾向。

B 钨与钢的真空扩散焊

钨与钢的焊接采用真空扩散焊能获得良好的焊接接头。可以直接焊接,也可以采取添加中间层的方法。中间层的材料一般常用 Ni 和 Cu。采用中间层的扩散焊接头强度比无中间扩散层的接头高。

焊前对钨与钢件的表面要清理油污和氧化膜。装配后的工件立即放入真空炉中,真空扩散焊的工艺参数为:焊接温度 1200℃,焊接压力 2.94 MPa,焊接时间 30 min,真空度 1.07×10^{-2} Pa。

在多孔镍制过滤器产品结构件中,有钨与不锈钢外套密封焊接的部件,即 1Cr18Ni9Ti 与钨的焊接,可以采用真空扩散焊工艺。焊接工艺参数为:焊接温度 1200℃,压力 2.94～4.9 MPa,焊接时间 25～30 min,真空度 1.33×10^{-2} Pa。

C 钨与钢的真空钎焊

钨与钢采用真空钎焊方法进行焊接,在飞机、坦克、汽车以及仪器仪表的电器部件中应用广泛,主要是将钨触头钎焊在碳钢上的组件。

钎焊前,钨触头先在甲苯溶液中浸泡 20 h 除油,然后用蒸馏水冲洗净。再用无水乙醇除水风干。选择无氧铜作钎料。冷态的真空度不低于 5×10^{-2} Pa,工作真空度不低于 2×10^{-1} Pa。加热时的温度为 450℃,保温 10～15 min 后进行脱氧。继续升温到 1000℃,保温 20～25 min,再继续升温到 1130℃,保温 10～15 min 后随炉冷却;当冷却到 950℃以下时开始填充高纯度氩气,冷却到 600℃以下,便可快速冷却到 100℃以下出炉。

D 钨与钢的电子束焊

如图 5-2 所示是不锈钢与多孔钨采用真空电子束焊的焊接结构,可采用的电子束焊工艺步骤如下:

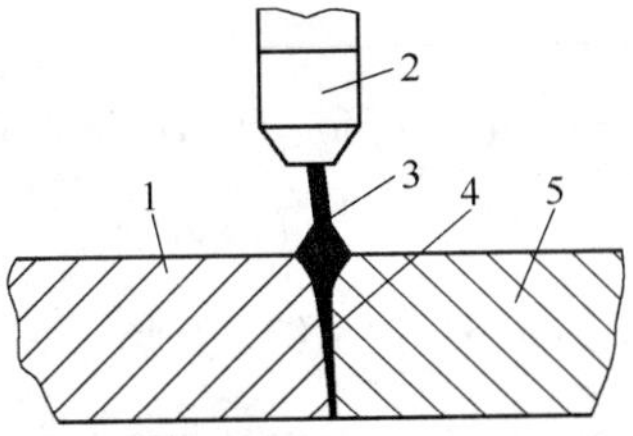

图 5-2 钨与钢的真空电子束焊的焊接结构

1—不锈钢(1Cr18Ni9Ti);2—电子束焊枪;3—电子束流;4—焊缝;5—钨

（1）焊前对两种母材金属认真清理和酸洗。酸洗液成分为：H_2SO_4 54% + $HNO_3$45% + HF 1.0%，酸洗温度为60℃，酸洗时间为30s。

（2）酸洗后的母材金属，需在清水中冲洗，并加以烘干，烘干温度为150℃。

（3）为保证被焊接头不氧化，焊前再将被焊接头用酒精或丙酮进行除油和脱水。

（4）将清理好的被焊工件装配、定位，然后放入真空室中，并调整好焊接参数和电子束焊枪。

（5）不锈钢与钨真空电子束焊的工艺参数：焊接电压（U）为17.5 kV，焊接电流（A）为70 mA，焊接速度（v）为0.83 cm/s，真空度 1.33×10^{-2} Pa以上。

（6）焊后取出焊件，并进行缓冷。待焊件冷至室温时，进行焊接接头检验，发现焊接缺陷及时进行处理。

5.3.4　钼与钢的焊接

5.3.4.1　钼与钢的焊接特点

钼及钼合金与钢的焊接结构件，在实际生产中应用较多，但由于钼及钼合金与钢的物理化学性能相差较大，在焊接过程中出现很多问题。从焊接性分析中得出结论，钼与钢的焊接性能主要取决于钼及钼合金的成分和性能。如图5-3所示是铁－钼合金状态图。

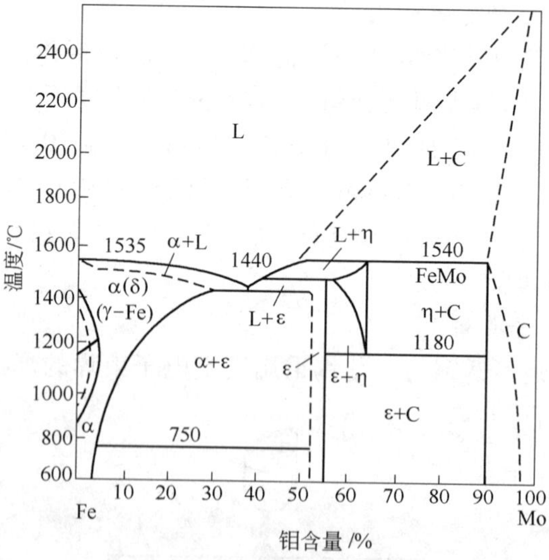

图5-3　铁－钼合金状态图

从铁－钼状态图中可知Fe与Mo能形成不同浓度的α-Fe(Mo)和α-Mo(Fe)固溶体。此外还可以形成两种金属间化合物脆性相ε-相（Fe_3Mo_2）和η-相

(FeMo)。Fe_3Mo_2直至1450℃的温度范围都是比较稳定的。状态图中的η-相(FeMo),它的存在温度区间为1180～1540℃,当冷却时,η-相分解为ε-相和α-相的固溶体。

钼与钢焊接主要有如下的特点:

(1) 钼及钼合金与钢焊接时,当加热到400℃时,钼发生轻微的氧化;在600℃以上时,迅速氧化成MoO_3化合物。氧在钼中的溶解度很小,当氧含量增加时,所形成的氧化物沿晶界析出,其他杂质形成的脆性相也析出于晶界,焊接区脆化,产生裂纹,使焊接难以进行。

(2) 焊接钼与钢时,靠近钼母材金属侧,容易出现高硬度和高脆性区,其宽度可达0.5～3 μm。这里的金属间化合物主要成分有Fe_3Mo_2及FeMo。靠近钢母材金属侧比钼母材金属的脆性倾向小,但焊后冷却速度快,钢母材金属侧会出现马氏体组织,导致焊缝及热影响区淬硬脆化;在焊接应力的作用下,会严重地增加接头区产生裂纹的倾向。所以,钼与钢的焊接性是比较差的。

(3) 钼与钢焊接的异种焊缝金属由三部分组成,而且焊缝成分不均匀,对硬度的影响很大。靠近钢母材金属侧的是由钢与金属间化合物组成的双相组织,其硬度急剧上升;靠近钼母材金属侧的是由金属间化合物组成的双向组织,硬度也急剧上升;焊缝中间是由钢与钼之间的金属间化合物所组成的脆硬相,硬度很高。

5.3.4.2　钼与钢的焊接工艺

A　钼与钢的电弧熔－钎焊

钢(碳钢、不锈钢)与钼采用钨极氩弧焊、电子束焊和气体保护焊等焊接方法,均可实现熔－钎焊接头。这种焊接工艺的实质是使钢一侧熔化金属较多,而钼一侧只是加热增加温度而不熔化或熔化很少,被钢的液态金属所浸润形成钎焊焊缝。这就避免了铁与钼形成化合物Fe_3Mo_2和FeMo,使接头区脆化问题得以解决。

钼与钢直接对接电子束焊接时,其焊缝金属主要由20Mo-80Fe组成,在Mo母材一侧边界上显示出$\alpha+\varepsilon$共晶,而且形成较多的金属间化合物Fe_3Mo_2和FeMo。由于金属间化合物的存在,使焊缝金属脆性增加而易于产生裂纹,降低了接头性能,其焊接性较差。因此钢与钼熔化焊时,接头强度不高,应避免直接熔焊,一般采用熔－钎焊。

为了提高钼与钢的焊接接头性能,还可以采用添加中间过渡层的方法,焊接工艺虽然复杂,但是其焊接性良好。焊前对焊件进行表面处理非常重要,焊接工艺参数必须严格控制。表5-20列出了采用电子束焊和钨极氩弧焊对钢与钼进行熔－钎焊的工艺参数及接头力学性能。

B　钼与钢的真空扩散焊

钼与1Cr18Ni9Ti或1Cr13钢等进行真空扩散焊时,能获得强度高质量稳定的焊接接头。真空扩散焊的工艺参数见表5-21。

表 5-20　钼与不锈钢电子束焊、钨极氩弧熔－钎焊的工艺参数及接头力学性能

焊接方法	厚度/mm		工艺参数			接头性能	
	Mo	18-8Ti	焊接电压/V	焊接电流/A	焊接速度/cm·min^{-1}	抗拉强度 σ_b/MPa	冷弯角 α/(°)
电子束焊	0.5	0.8	16	15	48	245～519.4 (382.2)	13～73 (43)
	0.3	0.4	16.3	20	66	450.8～705.6 (568.4)	40～70 (55)
	0.3	0.4	16.5	9	66	225.4～539 (411.6)	40～140 (93)
氩弧焊（熔－钎焊）	0.5	0.8	60	8	66	186.2～362.6 (277.3)	—
	0.3	0.4	25～30	10	33	401.8～597.8 (499.8)	52～56 (54)
	0.3	0.4	30	8	66	362.6～401.8 (382.2)	23～88 (50)

注：括号中的数据是试验平均值。

表 5-21　1Cr18Ni9Ti、1Cr13 与 Mo 真空扩散焊的工艺参数

被焊材料	中间层材料	工艺参数			
		焊接温度/℃	保温时间/min	压力/MPa	真空度/Pa
1Cr13 + Mo	无	900	5	4.6	1.33×10^{-2}
	无	900	5	4.6	1.33×10^{-2}
	无	950	10	9.8	1.33×10^{-2}
	无	950	10	9.8	1.33×10^{-2}
	Ni	1000	15	11.7	1.33×10^{-2}
	Ni	1050	20	19.6	1.33×10^{-2}
	Ni	1100	25	24.5	1.33×10^{-2}
	Ni	1200	14	4.6	1.33×10^{-2}
	Cu	1200	5	4.6	1.33×10^{-2}
1Cr18Ni9Ti + Mo	无	900	5	4.6	1.33×10^{-2}
	无	950	5	4.6	1.33×10^{-2}
	Ni	1000	5	4.6	1.33×10^{-2}
	Ni	1100	10	7.8	1.33×10^{-2}
	Ni	1200	10	9.8	1.33×10^{-2}
	Ni	1200	30	14.7	1.33×10^{-2}
	Cu	1200	30	19.0	1.33×10^{-2}

不锈钢与钼真空扩散焊时，为了提高接头性能，可以采用中间扩散层，其中间扩散层材料一般采用镍或铜。采用镍或铜作为中间层的接头金属中不产生金属间化合物，接头变形小、塑性好、强度高，接头质量稳定可靠。

1Cr13 钢与钼真空扩散焊的接头强度高，主要是由于 1Cr13 钢中的 Cr 与 Mo 可以形成无限连续的固溶体，且 Cr 在钼与铁的固溶体中能形成 Cr-Mo 铁素体，在过渡区可形成由铬合金化的 α-Fe（Cr）固溶体和 $FeMo_2$ 为基的金属间化合物。1Cr13 钢与钼的扩散焊工艺参数为：加热温度 900 ~ 1200℃、保温时间 5 ~ 25 min、压力 4.6 ~ 24.5 MPa、真空度 1.33×10^{-2} Pa，扩散焊后接头的抗拉强度可达 382 ~ 451 MPa。

1Cr18Ni9Ti 与 Mo 真空扩散焊的工艺参数：焊接温度为 900 ~ 1200℃、压力为 4.6 ~ 19.0 MPa、保温时间为 5 ~ 30 min、真空度为 1.33×10^{-2} Pa。采用上述参数对 1Cr18Ni9Ti 与 Mo 进行焊接，焊接接头的质量良好，未发现气孔、裂纹等缺陷。但金相分析表明，扩散界面附近有宽度约为 5 μm 亮带，亮带是发生扩散的结果，此亮带是 Fe、Ni 与 Mo 的化合物混合区，如 $MoFe_7$、MoNi、$MoNi_3$、$MoNi_4$ 等，对接头区塑性有一定的影响。

5.3.5 铌与钢的焊接

5.3.5.1 铌与钢的焊接特点

铌具有优良的热强性和高温耐蚀性。在 1300℃ 仍具有良好的稳定性，在室温和低温条件下具有良好的塑性和韧性，并具有较高的耐蚀性。但在过热蒸汽及液态金属（如 Li、K、Na 等）中能发生反应。铌在 200 ~ 250℃ 时开始与氢反应；从温度 500℃ 开始与氧产生剧烈的反应；从 600 ~ 800℃ 在氮气中开始形成氮化物。

铌及铌合金的焊接性除受到上述各种特性的影响外，更主要的是取决于杂质元素的成分及其含量。很显然，当杂质含量较多时，明显的降低材料的塑性和变形能力，同时也将使耐蚀性、机械加工性和焊接性变坏。因此，铌及其合金焊接接头的性能在很大程度上也是决定于焊缝和母材成分以及杂质的含量，对铌来说，尤其是 N、O 等杂质的含量对其影响较大。

铌与钢的焊接已引起世界各国研究者的很大兴趣，这是因为铌与钢的焊接结构在生产中不断得到广泛应用的缘故，铌与钢焊接时具有以下的特点：

（1）铌与钢焊接时，由于铌的化学活泼性很大，对进入焊接区的杂质敏感性很强，因此这些杂质能降低金属的塑性，增加冷脆性，使焊缝容易产生裂纹。

（2）铌与钢焊接时，由于铌的熔点高（熔点为 2497℃），钢母材金属已熔化，而铌还处于固态，这会造成铌焊缝中的液态金属流失，对钢与铌的焊接有不利的影响。

（3）铌与钢焊接时铌元素容易氧化，所以对焊接区的保护和焊接材料的纯度要求很高。

(4) 铌与钢焊接时,铌具有较小的密度和较大的热导率,所以要求采用加热集中的焊接方法,如氩弧焊、等离子弧焊以及电子束焊。

(5) 铌具有热强性和高温耐蚀性,在1300℃时仍有良好的稳定性,所以钢与铌的焊接结构可用于核电站和原子反应堆中。

5.3.5.2　铌与钢的焊接工艺

A　不锈钢与铌的氩弧焊

在实际生产中铌及其合金常与不锈钢进行连接,为了获得良好的异种材料焊接接头,使焊缝金属中不产生金属间化合物相,使界面间产生良好的冶金结合,可采用钨极氩弧焊,利用熔－钎焊的工艺特点进行焊接,能获得良好的焊接接头。

焊前,对铌表面采用 HNO_3 60% + HF 40% 溶液清洗,除去油污和氧化膜。施焊时,氩弧要偏向不锈钢一侧,而偏离铌母材一定空隙,当氩弧指向不锈钢一侧时,不锈钢产生熔化,而铌一侧被加热,只有表面少许熔化。此时不锈钢液体或填充金属对铌表面产生润湿而形成钎焊的冶金连接。焊后分析表明,焊接时铌被加热到1700℃,并保温1~1.5 s,不锈钢液体对铌产生了润湿,形成了良好的钎焊接头,在界面并没有金属间化合物相,接头的热影响区也没有产生过热组织和晶粒长大的现象。

不锈钢与铌氩弧焊时的接头形式如图5-4所示。当焊件厚度为0.3~0.5 mm时,可采用弯边搭接的接头形式,如图5-4*a*所示。当焊件厚度大于0.5 mm时,可采用熔化的嵌入件,如图5-4*b*所示。图5-5是不锈钢与铌焊后的几种接头形式。

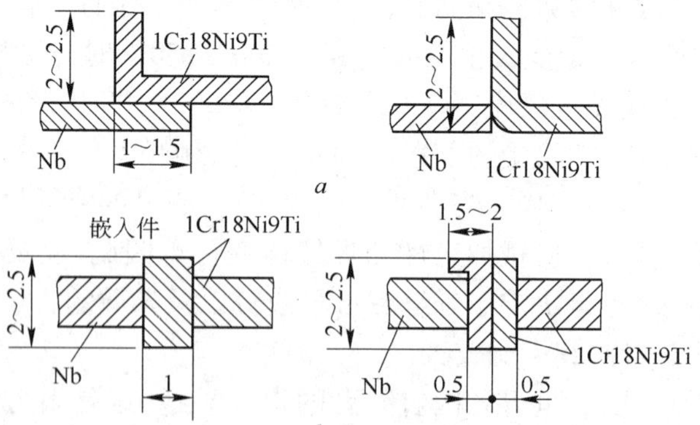

图5-4　不锈钢与铌氩弧焊的接头形式

a—接头厚度0.3~0.5 mm;*b*—接头厚度0.5~1.0 mm

B　不锈钢与铌合金的电弧熔－钎焊

不锈钢与铌合金也可以采用电弧熔－钎焊的方法进行焊接。主要是利用熔焊(例如电子束焊、氩弧焊等)使不锈钢一侧金属熔化;另一侧金属不熔化,从而实现异种金属的熔－钎焊连接。

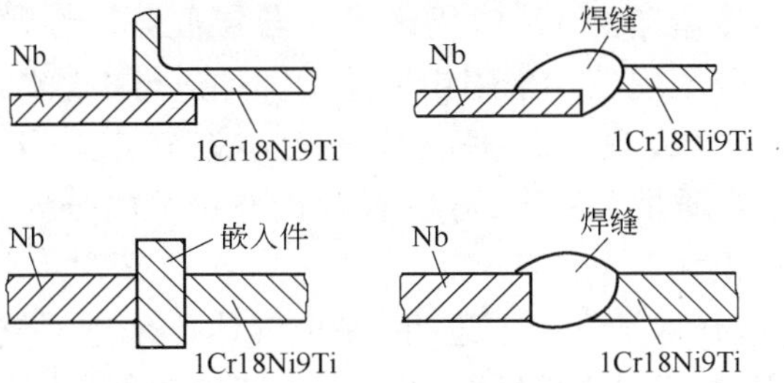

图 5-5　不锈钢与铌氩弧焊焊后的接头形式

厚度 0.3 mm 的铌合金板与厚度 0.4 mm 的不锈钢，用电子束焊或钨极氩弧焊采取熔－钎焊的工艺方法，在焊接过程中熔化的不锈钢液态金属对固态铌产生良好的润湿作用，形成熔－钎焊连接，焊缝成形均匀美观，具有较高的强度和良好的塑性。

不锈钢（1Cr18Ni9Ti）与铌合金（BH2）钨极氩弧熔－钎焊的工艺参数及接头力学性能见表 5-22。

表 5-22　铌合金（BH2）与不锈钢钨极氩弧熔－钎焊的工艺参数及力学性能

焊接方法	工 艺 参 数			板厚 /mm		抗拉强度 σ_b/MPa	弯曲角 α/(°)
	焊接电压/V	焊接电流/A	焊接速度 /cm·min^{-1}	铌合金 BH2	1Cr18Ni9Ti		
电子束焊	16.5×10^3	$(13\sim14)\times10^{-3}$	48	0.3	0.4	490	180
钨极氩弧焊（熔－钎焊）	9	25	48	0.3	0.4	441	180

5.3.6　钨、钼、铌异种金属的焊接

5.3.6.1　钨与钼的焊接

钨与钼都是熔点高及化学活性大的金属，将二者焊接在一起尤为困难。主要焊接方法是真空扩散焊、钎焊及电子束焊。

钨与钼（W/Mo）的扩散焊要求真空度在 1.33×10^{-2} Pa 以上，一般应使用中间金属夹层，钽箔和钼箔作中间层比较理想，扩散焊工艺参数见表 5-23。

表 5-23　钨与钼扩散焊的工艺参数

被焊材料	加热温度/℃	保温时间/min	压力/MPa	中间层金属	真空度（大于）/Pa
W/Mo	1900	20～60	20	Ta (50 μm)	1.33×10^{-2}
W/Mo	1900	60	20	Mo	1.33×10^{-2}

用钽箔作中间层扩散焊接头的金相分析表明，钽箔与被焊零件之间虽存在着

不连续的地方，但当冷弯角到 17°时仍未发生分层脱开。在弯折部位由于钨层发生再结晶而脆化，有分层现象。采用钼箔作中间层进行扩散焊，钨与钼箔之间的分界线完全消失，其分界线只能根据晶粒的大小来确定。当扩散焊时间较短时（<15 min），界面结合质量不稳定，可以看到钨与钼箔的分界线，但没有不连续的地方，钼的晶粒比较粗大。

钨与钼的钎焊应在保护气氛下进行，保护气体可采用氮气和氢气组成的混合气体，钎料一般使用 Mo-Ru 共晶钎料。因钎料熔点较低，故钎焊接头的力学性能比基体金属差得多。

5.3.6.2　钼与 Nb、Ti、Ni、Cu 的焊接

钼与铌在高温下互溶（可见二元相图），不形成化合物，可采用真空扩散焊的方法进行焊接。

钼与钛的物理、化学性能相差很大（二者熔点相差约 1000℃，钼的线膨胀系数约是钛的 1.8 倍），焊接时难度很大。熔焊时加热温度超过 1300℃后，钼及其合金的晶粒会急剧长大，造成热影响区脆化。因此，钼与钛应采用固相接合，常用的焊接方法是真空扩散连接。也可以采用爆炸焊。

钼与钛的扩散连接，可以在很宽的工艺参数范围内获得优质的焊接接头，工艺参数见表 5-24。如果在氩气保护下进行扩散连接，应选用更高的连接温度和更长的保温时间。

钼与镍的熔点相差很大，电弧焊非常困难。由于这两种金属可以相互溶解，可以采用真空扩散焊的方法进行焊接，工艺参数见表 5-24。此外，Ni 是钼及其合金与其他异种金属扩散连接时良好的中间层材料。

表 5-24　Mo/Nb、Mo/Ti、Mo/Ni、Mo/Cu 扩散焊的工艺参数

被焊材料	加热温度 /℃	保温时间/min	压力 /MPa	中间层金属	真空度 /Pa
Mo/Nb	1400	5	10	—	$>1.33\times10^{-2}$
Mo/Ti	870 ~ 930	10 ~ 120	6.5 ~ 8	—	$>1.33\times10^{-2}$
Mo/Ni	900	20	7	—	$>1.33\times10^{-2}$
Mo/Cu	950 ~ 1050	10 ~ 40	15 ~ 16	Ni（7 ~ 14 μm）	$>1.33\times10^{-2}$
	950	15 ~ 30	15 ~ 16	—	$>1.33\times10^{-2}$

钼与铜熔点差别很大，相互之间不能溶解，不能用熔焊方法进行焊接。钼与铜最常用的接合方法是扩散焊，也可以采用爆炸焊的方法进行连接。

钼与铜可以直接进行真空扩散焊。由于两种材料的线膨胀系数相差很大，焊接加热时接头附近产生很大的热应力，使界面接合质量难以得到保证。只有采用控制铜的宏观变形时，才可得到较高的接头强度。这种接头的真空气密性良好，但热稳定性不高。

在制造钼与铜的重要构件时，为了消除接头区的热应力，保证界面接合质量，可采用与钼、铜都互溶的 Ni 作为中间层。加 Ni 的最好方法是在钼连接表面电镀一层 Ni。钼与铜真空扩散焊的工艺参数见表 5-24。

5.3.6.3 铌与钛的焊接

铌与钛的物理化学性能比较接近，两种金属在高温下不形成脆性相而形成有限固溶体。因此，铌与钛可采用电子束焊、惰性气体保护焊、扩散焊及摩擦焊等方法进行连接。电弧焊时应采用高纯氩对焊缝正反两面进行良好保护，摩擦焊也应在真空度 1.33×10^{-2} Pa 以上的真空中进行。

进行平板对接的电子束焊或氩弧焊时，热源须偏向熔点高的铌及其合金一侧，偏离程度要根据板厚而定。例如板厚 0.8～2 mm，偏离对接中心的距离应为 0.8～1.5 mm。某热交换器产品铌与钛电子束焊的工艺参数见表 5-25。焊缝中 Nb 与 Ti 的含量取决于热输入和热源偏离对接中心的距离。由于热输入不同，接头中存在高铌区（80%～90% Nb）和低铌区（30%～40% Nb），只有严格控制热输入才能获得优质的焊接接头。例如板厚 1 mm 时，要把 2/3 的能量加在铌板上，其余 1/3 的能量加在钛板上。

表 5-25 某热交换器产品铌与钛电子束焊的工艺参数

Nb + Ti 厚度/mm	接头形式	焊接参数			电子束偏离①/mm	真空度/Pa
		加速电压/kV	电子束流/mA	焊接速度/cm·min⁻¹		
2 + 2	对接	28	100	91.7	—	$>1.33\times10^{-2}$
3 + 2		30	170	83.3	—	$>1.33\times10^{-2}$
3 + 3		40	180	75.0	1	$>1.33\times10^{-2}$
4 + 4		45	250	66.7	2	$>1.33\times10^{-2}$
5 + 4		50	270	66.7	2	$>1.33\times10^{-2}$

① 电子束偏向铌母材金属一侧的距离。

铌与钛钨极氩弧焊的工艺参数及接头性能见表 5-26。在焊接区中，焊缝中心部位塑性最好，熔合区与铌之间的塑性与母材铌的塑性有关，而熔合区与钛之间的塑性与母材钛和铌的塑性关系不大。某原子能反应堆产品铌与钛合金钨极氩弧焊的工艺参数见表 5-27。

表 5-26 铌与钛钨极氩弧焊的工艺参数及接头性能

被焊材料	板厚/mm	焊接电流/A	焊接速度 /cm·min^{-1}	抗拉强度 /MPa	弯曲角 /(°)
Nb + TA3	0.8	110～120	66.7	—	—
	1.2	130	66.7	—	—

续表 5-26

被焊材料	板厚/mm	焊接电流/A	焊接速度/cm · min^{-1}	抗拉强度/MPa	弯曲角/(°)
Nb + TA3	1.5	160 ~ 165	66.7	—	—
	2.0	200 ~ 218	33.3	—	—
Nb + TC2	1.0	75 ~ 80	46.7 ~ 50.0	51.5	90
	2.0	150 ~ 160	58.3 ~ 66.7	—	—
Nb + TB2	1.0	75 ~ 80	45.0 ~ 50.0	52.9	180

表 5-27　某原子能反应堆产品铌与钛合金钨极氩弧焊的工艺参数

材料	Nb + Ti 厚度/mm	接头形式	焊接参数					氩气流量/L · min^{-1}	
			铈钨极直径/mm	电弧电压/V	焊接电流/A	焊接速度/cm · min^{-1}	填丝直径/mm	正面焊缝	背面焊缝
Nb/TA2	1 + 1	搭接	2	8 ~ 10	90 ~ 100	75.0	2	10 ~ 12	10 ~ 15
	1.2 + 1.2		2	10 ~ 12	100 ~ 120	75.0	2		
	1.5 + 1.5	对接	2	12 ~ 13	120 ~ 150	66.7	2		
	2 + 2		3	13 ~ 15	180 ~ 200	66.7	3		
Nb/TB2	1 + 1	对接	2	8	80 ~ 90	75.0	2	10 ~ 12	10 ~ 15
	1.5 + 1.5		2	10	100 ~ 120	75.0	2		
	2 + 2		3	10 ~ 12	120 ~ 150	66.7	3		
	3 + 3		3	12 ~ 16	180 ~ 200	50.0	3		
	4 + 4		3	16 ~ 18	220 ~ 250	50.0	3		

注:填丝材料为 Nb。

6　铸铁材料的焊接

铸铁材料具有成本低、耐磨性好和切削加工性能好等特点，在机械制造业中获得了广泛的应用。按其重量比统计，在汽车、农机和机床制造业中铸铁用量约占50%～90%。铸铁材料的焊接也受到人们的重视，铸铁焊接主要应用于以下三个方面：

（1）铸造缺陷的焊补；

（2）已损坏的铸铁成品件的焊补；

（3）铸铁零件的生产。

6.1　铸铁的种类和性能

铸铁的性能取决于化学成分和显微组织。工业中常用的铸铁含有大于2%C、1%～3%Si和少量Al，还含有少量Mn及S、P等杂质。为了获得某种特殊性能，可添加一定量的其他合金元素，如Cr、Mo、Cu、Ni等。与钢相比，铸铁熔点较低，通常为1100～1250℃，密度为6.7～7.6 g/cm^3，线膨胀系数约为10.6×10^{-6}/℃，塑性低，焊接性较差，使其在焊接结构中的应用受到一定的限制。

6.1.1　铸铁的分类及特点

铸铁按碳的存在状态（化合物或游离石墨）及石墨的存在形式（片状、球状、团絮状等）分为：灰铸铁、球墨铸铁、可锻铸铁、白口铸铁和合金铸铁等五大类，其中以灰铸铁和球墨铸铁应用最广。除了基体组织（铁素体、珠光体或铁素体＋珠光体）之外，铸铁的性能在很大程度上是由石墨的形状、大小、分布和数量所决定的。

6.1.1.1　灰铸铁（HT）

灰铸铁中的碳全部或大部分以片状石墨形态存在，分布于不同的基体上（珠光体、铁素体或二者按不同比例混合的基体组织），断口呈暗灰色，因此而得名。这类铸铁的生产工艺简单，价格低廉，具有优良的耐磨性和切削加工性等，在工业上得到广泛应用。但由于基体中的石墨呈片层状分布，与基体结合力弱。因此灰铸铁的抗拉强度低、硬度低，塑性几乎为零。

石墨可以不同的数量、形态（长短及粗细）分布于基体中，对灰铸铁的力学性能有很大的影响。普通灰铸铁的基体是由珠光体与铁素体按不同比例组成，珠光体量越高的灰铸铁，抗拉强度也越高，其硬度也相应有所提高。

常见灰铸铁的化学成分见表6-1。灰铸铁的力学性能、特点及用途见表6-2，HT（灰铁）后面的数字表示抗拉强度（MPa）。

6.1.1.2　球墨铸铁(QT)

灰铸铁在浇注前,进行石墨球化处理即可得到球墨铸铁。球墨铸铁(QT)基体中石墨呈球状,对基体的割裂最小,大大降低应力集中,所以球铁具有较高的强度和韧性,而且能通过热处理来改善力学性能。

表 6-1　常见灰铸铁的化学成分

牌　号	基体组织	化学成分(质量分数)/%					处理方法
		C	Si	Mn	P	S	
HT100	珠光体 30% ~70% 粗片状,铁素体 70% ~30%,二元磷共晶 <7%	3.4 ~3.9	2.1 ~2.6	0.5 ~0.6	<0.3	<0.15	—
HT150	珠光体 40% ~90% 中粗片状,铁素体 10% ~60%,二元磷共晶 <7%	3.2 ~3.5	2.0 ~2.4 1.9 ~2.3 1.8 ~2.2	0.5 ~0.8 0.5 ~0.8 0.6 ~0.9	<0.03	<0.15	—
HT200	珠光体 >90% 中片状,铁素体 <5%,二元磷共晶 <4%	3.2 ~3.5 3.1 ~3.4 3.0 ~3.3	1.6 ~2.0 1.5 ~1.8 1.4 ~1.6	0.7 ~0.9 0.7 ~0.9 0.8 ~1.0	<0.3	<0.12	—
HT250	珠光体 >98% 粗片状,二元磷共晶 <2%	3.0 ~3.3 2.9 ~3.2 2.8 ~3.1	1.5 ~1.8 1.4 ~1.7 1.3 ~1.6	0.8 ~1.0 0.9 ~1.1 1.0 ~1.2	<0.2	<0.12	—
HT300	珠光体 >98% 中细片状,二元磷共晶 <2%	3.0 ~3.3 2.9 ~3.3 2.8 ~3.1	1.4 ~1.7 1.3 ~1.6 1.2 ~1.5	0.8 ~1.0 0.9 ~1.1 1.0 ~1.2	<0.15	<0.12	孕育
HT350	珠光体 >95% 粗片状,二元磷共晶 <1%	2.8 ~3.1 2.8 ~3.1 2.7 ~3.0	1.3 ~1.6 1.2 ~1.5 1.1 ~1.4	1.0 ~1.3 1.0 ~1.3 1.1 ~1.4	<0.15	<0.10	孕育

表 6-2　常见灰铸铁的力学性能、特点及用途

牌　号	显微组织	抗拉强度(不小于)/MPa	抗弯强度(不小于)/MPa	硬度 HBS	特点及用途举例
HT100	铁素体	100	260	≤175	强度低,用于制造对强度及组织无要求的不重要铸件,如油盘、盖、镶装导轨的支柱等
HT150	铁素体+珠光体	150	330	150 ~200	强度中等,用于制造承受中等载荷的铸件,如机床底座、工作台等
HT200	珠光体	200	400	170 ~220	强度较高,用于制造承受较高载荷的耐磨铸件,如发动机的汽缸体、液压泵、阀门壳体、机床机身、汽缸盖、中等压力的液压筒等
HT250	珠光体	250	470	190 ~240	
HT300	孕育铸铁	300	540	210 ~260	强度高,组织为珠光体基体,用于承受高载荷的耐磨件,如剪床、压力机的机身、车床卡盘、导板、齿轮、液压筒等
HT350	孕育铸铁	350	610	230 ~280	
HT400	孕育铸铁	400	680	207 ~269	

注:灰口铸铁的牌号采用“HT+数字”表示,其中数字表示最低抗拉强度。

球墨铸铁的正常组织是细小圆整的石墨球＋金属基体。在铸造条件下获得的金属基体组织通常是铁素体＋珠光体的混合组织。为使石墨球化，需向高温铁液加入适量的球化剂。工业上常用的球化剂是以 Mg、Ce 或 Y 三种元素为基本成分而制成的。我国使用最多的球化剂是稀土镁合金。

球铁主要应用于制造承受较大动载荷的重要零件，如柴油机的曲轴、连杆、汽缸盖、汽缸套和齿轮等；还可以在一定范围内代替铸钢件用来制造受压阀门、机器底座和汽车后桥壳等。球墨铸铁的主要化学成分见表 6-3，常用球墨铸铁的牌号及力学性能见表 6-4。

表 6-3 球墨铸铁的主要化学成分（质量分数，%）

C	Si	Mn	P	S
3～4	2～3	0.4～1.0	≤0.1	≤0.04

表 6-4 球墨铸铁的牌号及力学性能

牌 号	抗拉强度（不小于）/MPa	屈服强度（不小于）/MPa	伸长率（不小于）/%	硬度 HBS	主要显微组织
QT400-18	400	250	18	130～180	铁素体
QT400-15	400	250	15	130～180	铁素体
QT450-10	450	310	10	160～210	铁素体
QT500-7	500	320	7	170～230	铁素体＋珠光体
QT600-3	600	370	3	190～270	珠光体＋铁素体
QT700-2	700	420	2	225～305	珠光体
QT800-2	800	480	2	245～335	珠光体或回火组织
QT900-2	900	600	2	280～360	贝氏体或回火组织

注：球墨铸铁的牌号采用"QT＋数字－数字"表示，第一组数字表示最低抗拉强度，第二组数字表示伸长率的百分比。

6.1.1.3 可锻铸铁（KT）

可锻铸铁又称延性铸铁，是一定成分的白口铸铁毛坯经 900～1000℃ 长时间（几十小时）高温退火处理，使共晶渗碳体在固态下分解，形成团絮状石墨，随后通过不同的热处理可使基体组织为珠光体或铁素体，得到强度和塑性都比一般灰铸铁高的可锻铸铁。根据化学成分和组织不同，可锻铸铁可分为铁素体可锻铸铁和珠光体可锻铸铁两类。可锻铸铁的主要化学成分见表 6-5，常用可锻铸铁的牌号及力学性能见表 6-6。

表 6-5 可锻铸铁的主要化学成分（质量分数，%）

材 料	C	Si	Mn	P(不大于)	S(不大于)
铁素体可锻铸铁	2.2～2.6	1.0～1.3	0.3～0.4	0.12	0.18
珠光体可锻铸铁	2.8～3.2	0.6～1.1	≥0.45	0.10	0.15

表 6-6　可锻铸铁的牌号及力学性能

牌　号	抗拉强度（不小于）/MPa	屈服强度（不小于）/MPa	伸长率（不小于）/%	硬度 HBS
KTH300-06	300	—	6	120 ~ 163
KTH330-08	330	—	8	120 ~ 163
KTH350-10	350	200	10	120 ~ 163
KTH370-12	370	—	12	120 ~ 163
KTZ450-05	450	270	5	150 ~ 200
KTZ550-04	550	340	4	180 ~ 230
KTZ650-02	650	430	2	210 ~ 260
KTZ700-02	700	530	2	240 ~ 290

注：可锻铸铁的牌号采用“KT + 数字 - 数字”表示，第一组数字表示最低抗拉强度，第二组数字表示伸长率的百分比。KTH 表示铁素体可锻铸铁，KTZ 表示珠光体可锻铸铁。

6.1.1.4　蠕墨铸铁（RT）

蠕墨铸铁中石墨形似蠕虫，力学性能介于基体组织相同的灰口铸铁与球墨铸铁之间。常用蠕铁的抗拉强度为 300 ~ 500 MPa，伸长率为 1% ~ 6%。蠕墨铸铁的显微组织由蠕虫状石墨和基体组成。蠕墨铸铁有三种类型：铁素体蠕墨铸铁；铁素体 + 珠光体蠕墨铸铁；珠光体蠕墨铸铁。由于蠕化剂中含有球化元素 Mg、稀土等，蠕虫状石墨总是与球状石墨共存。与片状石墨相比，蠕虫状石墨较短而厚，头部较圆，对基体的切割作用减小，应力集中减小，故蠕墨铸铁的抗拉强度、塑性、疲劳强度等均优于灰口铸铁，而接近铁素体基体的球墨铸铁。此外，蠕墨铸铁的导热性、铸造性、可切削加工性均优于球墨铸铁，而与灰口铸铁相近。

6.1.1.5　白口铸铁（BT）

白口铸铁（BT）中不含石墨，碳几乎全部以渗碳体（Fe_3C）状态存在，基体由共晶渗碳体、二次渗碳体和珠光体组成，断口呈白色，硬而脆，不易机械加工。白口铸铁硬而脆，主要用来制造各种耐磨件，在冶金、矿山、橡胶塑料等轧制机械中获得广泛地应用。

普通白口铸铁具有高碳低硅的特点，增加碳含量，可提高白口铸铁的硬度。在白口铁中常加入一些合金元素，增强其耐磨性。例如，冷硬铸铁轧辊的辊面是一层较厚的白口铸铁，使用到一定时间后，辊面白口铸铁层发生剥落，其焊接修复实质上是白口铸铁的焊接问题。

常用白口铸铁的主要化学成分（质量分数）为：C 2.1% ~ 3.8%，Si≤1.2%。有时添加 Mo、Cr、W 等合金元素提高其力学性能。

6.1.2　影响铸铁性能的因素

铸铁的性能主要取决于铸铁的组织。铸铁的基体组织有铁素体、珠光体及铁素体+珠光体三大类,相当于钢的组织。铸铁的组织特点可以看成是在钢的基体上分布有不同形状的石墨。化学成分和冷却速度,对铸铁组织性能的影响最为显著。

6.1.2.1 化学成分的影响

合金元素会影响铸铁结晶时的石墨化程度、石墨的形态及基体的组织。根据化学元素对铸铁结晶时石墨化程度的影响,把合金元素分为促进石墨化元素,如C、Si、Al、Ni、Cu等;另一类是阻止石墨化(促进白口化)的元素,如S、V、Cr、Mo、Mn等。合金元素对铸铁性能的影响见表6-7。

表6-7 合金元素对铸铁性能的影响

合金元素	影响结果
C、Si	强烈的石墨化元素,能改变石墨析出的数量、形态和大小,随着C、Si含量的增加,促使石墨的聚集和粗大
S	强烈阻碍石墨化的元素,是铸铁中的有害元素,易形成FeS。FeS熔点很低,与Fe_3C形成共晶时,易造成偏析,降低晶界强度,使高温铸件开裂
Mn	阻碍石墨化的元素,促进形成Fe_3C;与硫形成MnS,其熔点高,从而减弱了硫的有害作用;Mn同时可促进珠光体基体形成,从而提高铸铁的强度,但Mn含量过高会阻碍第二阶段石墨化,有二次渗碳体沿晶界析出,使铸铁强度降低,脆性增加
P	磷在固溶体中的溶解度很低,随碳含量的增加而降低,当磷含量超过溶解度极限时,会生成Fe_3P以磷共晶形式存在。磷共晶硬而脆,沿晶界分布,增加铸铁的脆性,易在铸件冷却过程中产生裂纹,故磷是铸铁中的有害元素,一般控制在0.3%以下
Ni、Cu	促进石墨化,同时促进生成和细化珠光体,对壁厚悬殊的铸件有良好的作用;促进壁薄处石墨化,防止产生白口;对壁厚处,可使奥氏体稳定而获得细密的珠光体,使铸件组织均匀化
Cr、Mo W、V	与碳生成合金碳化物,强烈地阻碍石墨化,同时可强化铸铁基体,从而提高了铸铁的强度和耐磨性

6.1.2.2 冷却速度的影响

冷却速度的变化既影响铸铁的石墨化程度,又影响了铸铁基体组织。在(C+Si)含量一定时,不同的冷却速度可产生不同的铸铁组织。当液态铸铁冷却速度很快时,形成由珠光体和渗碳体构成的白口铸铁,冷却速度足够慢时,形成由铁素体和石墨构成的灰口铸铁;当冷却速度介于上述两者之间时,形成珠光体灰口铸铁或珠光体+铁素体灰口铸铁。

6.1.2.3 基体组织对铸铁性能的影响

铸铁基体中铁素体相数量越多,铸铁塑性越好;基体中珠光体数量越多,则铸铁的抗拉强度和硬度越高。但普通灰铸铁由于粗片状石墨对基体的强烈割裂作用,即使得到全部铁素体基体组织,塑性和韧性仍然很低。因此,只有当石墨为团絮状、蠕虫状和球状时,改变基体组织才能显示出对性能的影响。

6.1.2.4　石墨对铸铁性能的影响

石墨抗拉强度小于20 MPa,伸长率趋近于零。石墨的数量、大小和分布对铸铁的性能有显著影响。片状石墨数量越多,对基体的消弱作用和应力集中程度越大,灰口铸铁的抗拉强度和塑性越低。石墨数量一定时,石墨片越粗,虽然应力集中程度减弱,但在局部区域使承载面积急剧减少,性能也显著下降;石墨片增多,应力集中程度增大。当石墨片相互连接时,承载面积也显著下降。当石墨的数量和尺寸一定时,石墨分布不均匀,产生方向性排列,则灰口铸铁的强度和塑性也显著下降。当石墨形成封闭的网络时,铸铁的力学性能最低。

石墨形状也影响铸铁的性能。基体为珠光体的铸铁,石墨由灰铸铁的粗片状分别变成细片状(孕育铸铁)、团絮状(可锻铸铁)和球状(球墨铸铁)时,抗拉强度、伸长率及冲击韧性依次提高。

铸铁的力学性能主要受基体和石墨控制。因此,强化铸铁时,一方面要改变石墨的数量、大小、形状和分布,尽量减少石墨的有害作用;另一方面又可通过合金化、热处理和表面处理方法调整基体组织,提高基体性能,改善铸铁的强韧性。

6.1.3　铸铁焊接的应用

铸铁焊接主要应用于以下三个方面:

(1) 铸造缺陷的焊接修复。我国各种铸铁的年产量约为1800万吨,有各种铸造缺陷的铸件约占铸铁年产量的10%~15%。如果不用焊接方法修复,每年约有180~270万吨铸铁件要报废。采用焊接方法修复这些有缺陷的铸铁件,由于焊接修复成本低,不仅可以获得巨大的经济效益,而且有利于工厂及时完成生产任务。

(2) 已损坏的铸铁成品件的焊接修复。由于各种原因,铸铁成品件在使用过程中会受到损坏,出现裂纹等缺陷,使其报废。特别是一些重型铸铁成品件,如锻造设备的铸铁机座、冲压机床身等,一旦使用不当而出现裂纹,某些锻件即停止生产,影响全厂无法正常生产。若要更换新的部件,不仅价格昂贵,而且从订货、运货到安装调试需要很长时间,工厂要很长时间处于停产状态,经济损失巨大。若采用焊接方法及时修复这些铸件上出现的裂纹,可获得事半功倍的效果。

(3) 铸铁零部件的生产。这是指用焊接方法将铸铁件、各种钢件或有色金属件焊接起来而生产出零部件。我国目前在这方面,处于刚起步阶段,前景广阔。例如山东某厂用离心铸造方法浇铸的大直径球墨铸铁管与一般铸造方法生产的变直径球墨铸铁法兰,用焊接方法制成产品。

此外,铸铁异种材料的焊接具有巨大的经济效益,已经引起我国科技人员的高度重视,是我国下一步发展铸铁焊接技术的方向之一。

6.2 灰铸铁的焊接

6.2.1 灰铸铁的焊接特点

灰铸铁中的碳成片状石墨形态分布,硫、磷杂质含量高,增大了焊缝及热影响区对冷却速度的敏感性。在快速冷却条件下,焊缝结晶时间短,石墨化过程不充分,致使熔合区和焊缝中碳以 Fe_3C 状态存在,形成白口及淬硬组织。此外,灰铸铁强度不高,塑性极低,焊接过程冷却速度快、焊件受热不均而形成较大的焊接应力,使灰铸铁焊接时对冷裂纹和热裂纹的敏感性很大。

灰铸铁焊接时的主要问题:一是焊接接头区易出现白口及淬硬组织,二是焊接接头区易出现裂纹。

6.2.1.1 白口及淬硬组织

灰铸铁电弧焊时焊缝及热影响区的冷却速度远远大于铸件在砂型中的冷却速度。在快速冷却下,石墨化难以进行,会产生大量的渗碳体,形成白口组织。在焊接接头不同部位,产生白口组织的几率不同。铸铁焊接接头的区域划分及组织特征见表6-8。

表6-8 铸铁焊接接头的区域划分及组织特征

区 域	温度范围/℃	显 微 组 织
焊缝区	>1250	同质材料焊接:焊缝主要由共晶渗碳体、二次渗碳体和珠光体组成,即焊缝基本上为白口组织(莱氏体组织) 异质材料焊接:快冷条件下,焊缝易形成脆硬的高碳马氏体组织
半熔化区	1150~1250	白口组织和淬硬组织
奥氏体区	820~1150	冷却速度较快,从奥氏体中析出一些二次渗碳体;共析转变稍快时,奥氏体转变为屈氏体或珠光体;冷却更快时,产生一些马氏体或贝氏体组织
部分重结晶区	780~820	珠光体或马氏体+铁素体混合组织

采用熔化焊时,焊缝区的化学成分对半熔化区的组织及宽度有重要影响。这两个区紧密相连,能进行一定的扩散。提高熔池金属中石墨化元素(C、Si、Ni 等)的含量,对消除或减弱半熔化区白口的形成是有利的。用低碳钢焊条焊接铸铁时,半熔化区的白口带较宽,这是由于熔池中 C、Si 含量低,而半熔化区 C、Si 含量高于熔池,半熔化区的 C、Si 向熔池扩散,使半熔化区 C、Si 含量有所下降,增大了该区形成较宽白口的倾向。Ni 是促进石墨化元素,其扩散能力在液态时很强,故采用镍基焊条对于减弱半熔化区白口倾向是有利的。

A　焊缝区

由液态金属结晶而成，温度大于1250℃。由于焊缝的冷却速度远远大于铸件在砂型中的冷却速度，当焊缝与灰铸铁成分相同时，焊缝主要由共晶渗碳体、二次渗碳体及珠光体组成，即焊缝为具有莱氏体组织的白口铸铁。白口组织硬而脆，硬度高达500～800HB，影响整个焊接接头的机械加工性能，同时促使产生裂纹。

在不预热条件下，即使增大焊接热输入，仍不能完全消除白口。因此，对于同质铸铁焊缝，要求调整焊缝化学成分、增强焊缝的石墨化能力，并配合适当的工艺措施使焊缝缓冷，促进碳以石墨态析出。为了达到上述目的，焊接灰铸铁时可采用热焊或半热焊，由于热焊的冷却速度仍高于铸铁液在砂型中的冷却速度，为了保证焊缝石墨化，要求同质焊条的C、Si含量高些，使得焊缝中的C、Si含量稍高于灰铸铁母材，以防止白口。

B　半熔化区

处于固相线和液相线之间，约为1150～1250℃，温度范围较窄，焊接时处于半熔化状态，故称为半熔化区。高温下半熔化区中铸铁部分熔化为液体，一部分固态母材成为高碳奥氏体。冷却时，液态金属在共晶温度区转变为高温莱氏体，即共晶渗碳体＋奥氏体。继续冷却中，奥氏体因碳的溶解度下降而析出二次渗碳体，在共析温度区奥氏体转变为珠光体，最终得到共晶渗碳体＋二次渗碳体＋珠光体的白口铸铁。在快冷条件下，还会出现奥氏体转变为马氏体的固态相变。

C　奥氏体区

处于母材固相线与共析温度上限之间，加热温度范围约为820～1150℃，不会出现液相，只有固态相变。由于加热温度高，铸铁基体被完全奥氏体化，但距离熔合区远近不同的奥氏体化温度不同，使碳在奥氏体中的含量有差别。灰铸铁中的片状石墨可向周围基体组织提供碳。在随后的冷却过程中，先从奥氏体中析出二次渗碳体，而后进行共析转变。冷却速度较慢时奥氏体转变为珠光体类组织；冷却速度较快时，奥氏体转变为马氏体，使焊接接头的加工性变差。

D　部分重结晶区

这个区很窄，加热温度范围约为780～820℃，处于奥氏体与铁素体双相区。在电弧焊条件下，母材中的珠光体加热转变为奥氏体，铁素体晶粒长大。冷却过程中发生固态相变，奥氏体又转变回珠光体类组织；快冷时会出现马氏体，得到马氏体＋铁素体混合组织。

上述分区是依据相图成分和不同温度时的状态进行分析的，未考虑焊缝与母材成分不同时焊缝底部复杂的物理化学反应，在实际分析中应考虑到这一点。

有些铸件焊补后要求机械加工，一般认为硬度在300HB以下可以进行机械加工。灰铸铁为珠光体或珠光体+铁素体基体，硬度为190～280HB，具有良好的加工性。但是，焊接接头中出现高硬度白口（500～800HB）及马氏体组织（500HB左右）会给机械加工带来很大困难，也值得注意。

6.2.1.2 灰铸铁焊接出现的裂纹

A 冷裂纹

当焊缝金属为铸铁型（同质）时，焊接灰铸铁容易出现冷裂纹。冷裂纹可发生在焊缝或热影响区，一般多在400℃以下温度产生，多以横向分布。冷裂纹的产生与铸铁的性能和组织有关。灰铸铁存在片状石墨，削弱了基体组织的连续性，而片状石墨的尖端极易成为裂纹源。焊接时，因接头局部不均匀的加热和冷却，焊缝在冷却过程中产生很大的拉应力，温度越低，产生的拉应力越大。在拉应力的作用下，石墨片的尖端呈严重的应力集中，当局部应力超过焊缝金属的强度时，使微裂纹发展成宏观裂纹，并可能扩展到整个焊缝横截面。焊缝石墨化程度也影响冷裂纹的产生。石墨化不充分，存在白口层时，由于白口铸铁的收缩率比灰铸铁大，也易产生裂纹。

灰铸铁焊补处的刚度、焊缝体积和焊缝长度，对焊缝裂纹的敏感性有明显的影响。刚度大、焊缝体积大、焊缝越长都将使焊接应力增大，促使裂纹的产生。

当采用异质焊缝金属（如采用低碳钢或合金钢焊条）时，容易在近缝区产生冷裂纹，这主要是由于母材与焊缝金属性能的差别较大以及焊接工艺的影响，熔合区和热影响区产生较多的渗碳体和马氏体造成的。冷裂纹主要出现在熔合区和热影响区交界处，沿熔合区开裂，多为纵向分布，也有横向或斜向分布。

B 热裂纹

采用低碳钢焊条或镍基铸铁焊条时，焊缝易出现结晶裂纹，常见的热裂纹有火口裂纹、焊缝横向裂纹及沿熔合线焊缝内侧的纵向裂纹。采用镍基焊条焊接含碳及硫、磷杂质较高的铸铁时，硫、磷易与镍形成低熔点共晶体，会增加焊缝对热裂纹的敏感性。若采用氧化铁型焊条焊接灰铸铁，由于熔合比增大，母材中的碳、硫和磷大量溶入焊缝金属，形成大量铁的低熔点共晶体，同样易产生热裂纹。

防止焊缝产生热裂纹的措施有：调整焊缝金属的化学成分，使其脆性温度区间缩小；加入稀土元素，增强焊缝的脱硫、脱磷冶金反应；加入适量的细化晶粒元素，使焊缝晶粒细化。采用正确的冷焊工艺，降低焊接应力，使母材的有害杂质较少溶入焊缝中等措施，都能提高焊缝的抗热裂性能。

6.2.2 灰铸铁的焊接工艺特点

灰铸铁焊接可采用焊条电弧焊、气焊、CO_2 气体保护焊、电渣焊等，常用的是焊条电弧焊和 CO_2 气体保护焊。灰铸铁的主要焊接方法及特点见表6-9。

表 6-9 灰铸铁的焊接方法及特点

焊接方法		焊接材料	接头加工性	致密性	热裂纹倾向	冷裂倾向	主要用途
焊条电弧焊	热焊	Z408，Z208	很好	好	很小	几乎不产生	用于壁厚较大的灰铸铁件上大、中型缺陷的焊补，或尺寸较大、位于铸件边角处缺陷的焊补
	半热焊	Z208，Z408	较好	好	很小	几乎不产生	灰铸铁件上中型缺陷或铸件边角处缺陷的焊补
	不预热焊（包括冷焊）	Z308	较好	较好	小	小	加工面、导轨面铸造缺陷及划伤、大型设备的修复等。预热 200℃左右可以进一步改善机械加工性能
		Z408	较好	较好	小	较小	
		Z508	较好	稍差	较小	小	
		Z100，J507	很差	较差	大	大	一般用于非加工面，劳动条件较好、成本较低、效率较低
		Z117，Z116	稍差	好	极小	较小	
		Z607，Z612，	较差	稍差	较小	小	
气焊	热焊	灰铸铁焊丝	很好	好	很小	极小	劳动条件差
	不预热焊		很好	好	很小	较小	机床及类似缺陷（加工面及一般导轨面）
	加热减应法		很好	好	很小	加热不当时易裂	汽车、拖拉机缸体、缸盖的修复
CO_2 气体保护焊		H08Mn2SiA	较差	较好	较小	较小	缸体、排气管等
电渣焊		灰铸铁屑	很好	好	很小	较小	用于厚大件，劳动条件差

选择铸铁焊接方法主要依据为：

（1）铸铁件状况（化学成分、组织和力学性能，铸件大小、厚薄和结构的复杂程度等）；

（2）焊接部位缺陷情况（缺陷的类型、缺陷的大小、缺陷部位的刚度大小和缺陷产生的原因等）；

（3）焊后质量要求（焊后接头的力学性能、焊缝颜色、密封性以及加工性等）；

（4）现场设备和经济性等要求。

6.2.2.1 灰铸铁的焊条电弧焊

焊条电弧焊主要特点是加热集中，焊件受热面积小，焊接变形小。根据铸件的复杂程度、缺陷的位置和不同铸铁焊条对工艺的不同要求，用焊条电弧焊焊接灰铸铁分为：热焊、半热焊、不预热焊、电弧冷焊等几种工艺方法。焊条电弧焊常用的焊接材料及应用范围见表 6-10。

表 6-10 灰铸铁焊补焊条的选用

焊补部位	焊条牌号	相当国标	焊条药皮类型	焊芯	焊接电源	焊缝金属	焊接特点
要求不高非加工面灰铸铁焊补	氧化铁型钢芯铸铁焊条 Z100	EZFe	氧化型	H08A	交、直流	碳钢	药皮中含有适量的氧化性物质，以烧损熔池中的 C 和 Si。焊条成本低，与母材熔合较好。但熔合区硬度高，加工性能较差，抗裂性差
一般灰铸铁非加工面焊补	Z122Fe	—	钛钙型（含大量铁粉）	H08A	交、直流	碳钢	药皮中含有大量铁粉，稀释焊缝中的 C。抗裂性、工艺性能较好，但熔合区硬度高，加工性能差
强度较高的灰铸铁焊补	Z116	—	低氢型含大量钒铁	—	交流或直流（反接）	高钒钢	药皮中含有大量的钒铁，V 和 C 形成碳化钒颗粒均布在铁素体基体上。焊缝具有较高的强度和塑性，抗裂性较好，但熔合区易产生白口，加工性较差
	Z117				直流（反接）		
一般灰铸铁焊补	Z208	EZC	石墨型	H08A	交、直流	铸铁	药皮中含适量石墨化元素，焊缝缓慢冷却可得灰铸铁，但抗裂性较差。焊补时一般需预热 400℃，焊后缓冷，以防止白口和裂纹
较大灰铸铁焊补	Z248	—	石墨型	灰口铸铁	交、直流	铸铁	药皮和焊芯中有较多石墨化元素，焊后缓冷可以得到灰铸铁焊缝。刚度较大的部位，焊补时易产生裂纹，一般需预热 500～600℃，或采用加热减应力区法。焊条成本低，焊后加工性能好
球墨铸铁焊补	Z258	—	石墨型（加球化剂）	H08A	交、直流	球铁	药皮中含有适量石墨化元素和球化剂，使焊缝变成球铁。焊前需预热 400℃，焊后缓冷。焊缝经正火或退火处理，性能和组织与母材接近
铸铁薄件及加工面焊补	Z308	EZNi-1	石墨型	纯镍	交流或直流正接	纯镍	焊缝为奥氏体组织，不易形成白口，抗裂性好。焊后加工性能好。但价格昂贵
重要高强度灰铸铁焊补	Z408	EZNiFe-1	石墨型	镍铁合金		镍铁合金	焊芯中含 Ni 53%～60%，Fe 47%～40%。与 Z308 比，焊缝的抗拉强度高，抗裂性和塑性较好，价格便宜，但加工性较差
强度要求不高的灰铸铁焊补	Z508	EZNiCu	石墨型	镍铜合金		镍铜合金	焊芯中含 Ni 70%，Cu 30%。抗裂性较差，强度较低。但焊后加工性能较好
铸铁薄件非加工面焊补	Z607	EZFeCu	低氢型	紫铜	直流（反接）	铜钢混合	焊芯中含 Cu。焊缝塑性好，抗裂性好，有利于防止白口。但焊缝硬度不均匀，加工性能较差，焊缝致密性差，易形成气孔，焊缝颜色与母材不一致
	Z612	—	钛钙型	铜芯铁皮或铜包铁芯	交、直流		

A　灰铸铁的电弧冷焊

电弧冷焊法采用非铸铁型异质焊接材料，焊前铸件不进行预热。在焊接过程中尽量防止焊接区局部过热，缩小受热面积，焊接区温度尽量控制得低些。该方法具有不预热、劳动条件良好、工件变形小、操作简单等优点。缺点是焊接接头冷却速度较快，极易形成白口和淬硬组织，工件受热不均匀，形成较大热应力，易产生冷裂纹。

电弧冷焊与不预热焊的区别在于，电弧冷焊的焊接区冷却至较低的温度（工件不烫手）再焊接下一焊道，而不预热焊的焊接区有时达到较高的温度。

电弧冷焊的工艺要点如下。

（1）焊前准备。对缺陷所在的部位进行清理，将油、锈、杂质等清除干净；检查裂纹的长度，查清走向、分枝和裂纹尖端所在的位置；为防止裂纹的扩展，应在裂纹端部钻止裂孔（ϕ5 ~ 8 mm），深度应比裂纹所在的平面深 2 ~ 4 mm，穿透性裂纹则应钻透。为了保证焊透和良好成形，焊前应开坡口或造型。开坡口的原则是在保证顺利施焊及焊接质量的前提下，尽量减小坡口角度及母材的熔化量，以降低焊接应力及焊缝中 C、S、P 含量，防止裂纹发生。工件壁厚 $h \leqslant 5$ mm，可不开坡口；5 mm $< h \leqslant 15$ mm，可开 V 形坡口；$h > 15$ mm，可开 X 形或 U 形坡口。对未穿透缺陷坡口底部应圆滑，上口稍大，以减小应力集中，同时便于操作。对于边角部位缺陷，为防止焊接时熔化金属流淌，保持一定焊缝形状，可在待焊部位造型。

（2）焊补工艺。采用细焊丝、小焊接电流、快速焊，交流或直流反接法焊接，以减小熔深、降低熔合比，保证熔池中碳浓度的稀释及减少硫、磷等杂质进入熔池，以利于防止热裂纹、降低淬硬倾向，也有利于降低焊接应力，防止冷裂纹；焊接电流的选择应根据焊条的类型和焊条的直径来确定，可参见表 6-11。

表 6-11　常用灰口铸铁电弧冷焊的焊接电流（A）

焊条类型	焊条直径 /mm			
	2.0	2.5	3.2	4.0
氧化铁型焊条	—	60 ~ 70	80 ~ 100	100 ~ 120
高钒铸铁焊条	40 ~ 60	60 ~ 80	80 ~ 120	120 ~ 160
镍基铸铁焊条	40 ~ 60	60 ~ 80	90 ~ 100	120 ~ 150
低碳钢焊条	50 ~ 60	70 ~ 90	110 ~ 130	140 ~ 160
铜铁焊条	—	90①	90 ~ 110①	110 ~ 140
	—	100②	100 ~ 120②	120 ~ 140

① 直流反接；

② 交流。

采用短段焊、断续焊、分散焊、分段倒退焊等，并在每焊约 10 ~ 15 mm 长度后，立即用小锤迅速锤击焊缝，待焊缝冷却到约60℃时，再焊下一道，以降低焊接应力，防止裂纹的产生。采用合理的焊接顺序，当坡口较大时，应采用多层多道焊。多层多道焊的后层焊缝对前层焊道和热影响区有热处理的作用，可以降低硬度，但多层多道焊焊缝收缩应力较大，易产生剥离性裂纹，因此应合理安排焊接顺序。

(3) 焊接方向。焊接方向应视焊件上裂纹产生的部位来确定，一般应先从刚度大的部位起焊，刚度小的部位后焊。

(4) 大型厚壁受力铸铁补焊工艺要点。

1) 栽丝法。铸铁工件受力大，焊缝强度要求较高时，为防止焊缝剥离，可采用栽丝法进行补焊（如图6-1所示）。栽丝焊就是通过碳钢螺丝将焊缝与未受焊接热影响的铸件母材机械固定在一起，使该区应力的大部分由螺丝来承担，从而防止剥离性裂纹的发生，提高了焊接接头强度。栽丝法主要用于承受冲击载荷，厚大铸件（如大型机器机座等）裂纹的焊补。

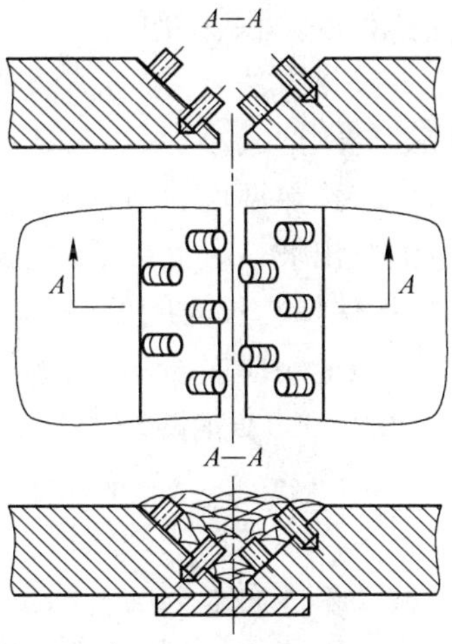

图6-1 栽丝焊补法

栽丝法补焊的工艺要点：在坡口处钻孔攻丝，钻孔一般分两排，使之均匀分布。拧入钢质螺丝，直径应根据铸件厚度确定，一般为8~16 mm，拧入深度应等于或大于螺丝直径，螺丝凸出待焊表面4~6 mm。拧入螺丝的总面积约为坡口表面积的25%~35%。先绕螺丝焊接，再焊螺丝之间，以提高整体接头强度。

2) 加垫板焊补法。按坡口形状将低碳钢板预制成多块垫板，再将垫板先后放入坡口内，用抗裂性能高且强度较高的铸铁焊条（如Z408、Z116焊条等），将母材与低碳钢垫板逐层焊接，并使垫板与铸件焊牢。这种方法的优点是：减少焊缝金属量，降低焊接接头应力，防止焊缝剥离；提高焊补接头的强度和刚性；缩短焊补时间，节省焊条。垫板一般采用厚度为4 mm的低碳钢板，垫板与坡口侧面的间隙以ϕ3.2 mm焊条能够一次将其焊透、填平为宜。加垫板焊补法也可用于有一定深度的大面积铸造缺陷的焊补上。必要时垫板可采用灰铸铁。

3) 镶块焊补法。如果焊补处有多道交叉裂纹，若采用逐个裂纹焊补工艺，则会由于焊补处应力集中而发生裂纹。可将该处挖除，再镶一块比工件薄的低碳钢板，为减小应力低碳钢板应预制成凹形。若镶块采用平板，可在平板中部预割一条缝，以降低局部刚度，减小应力。

B 灰铸铁的电弧热焊及半热焊

热焊是焊前将铸铁件整体或局部预热到600~700℃进行焊接，焊接过程焊件的温度不低于400℃。其优点是焊件受热均匀,冷却速度缓慢,有利于焊缝金属石墨化,减少和避免出现白口组织,有利于减小焊接热应力,防止产生裂纹。缺点是劳动条件恶劣,加热费用大,工件变形大,表面易氧化等。

电弧半热焊是焊前将铸件整体或局部预热到400℃左右。与热焊法相比能改善焊工的劳动条件,也能获得较好的焊接质量。但由于预热温度低,冷却速度较快,在石墨化能力更强的焊接材料配合下,才有可能获得灰口组织,但接头温差大,且由于400℃以下铸铁的塑性几乎为零,故热应力大,接头区易形成裂纹。

电弧热焊及半热焊焊接时,焊前准备与电弧冷焊相同;预热温度的选择主要根据铸件的体积、壁厚、结构的复杂程度、缺陷位置、焊补处的刚度及现场条件来确定。预热方法可采用加热炉、砖砌的明炉加热、也可以采用火焰加热。根据缺陷部位处的刚度大小,采用整体或局部预热;采用大直径焊条、大电流、长弧、连续焊接,以保持预热温度,促进石墨化,降低焊接应力。焊接时注意母材熔化不能过多。当熔池高出坡口表面以后,电弧应沿熔池边缘靠近造型材料移动,使熔合区得到充分热量,保持较长时间的红热状态,可以防止白口。焊至高出母材表面5~8 mm时,焊后撒上一薄层石墨粉,如立即燃烧,再撒一些;焊后保温缓冷,对于重要铸件,进行600~900℃消除应力处理。

C　铸铁芯焊条不预热焊

工件不预热或预热温度低于200℃进行焊接,主要是为了避免电弧热焊的恶劣劳动条件而采取的方法。通常可以连续焊接直至焊完。选择合适的焊条,配合适当的工艺,可以避免产生裂纹,且接头具有良好的机械加工性能。不预热焊开坡口时,通常坡口面积应大于8 cm^2,深度大于7 mm,坡口角度为20°~30°。坡口周围用石墨或耐火泥围筑。焊补过程中采用大电流、连续焊接,使焊缝高出母材5~8 mm,以防止半熔化区的白口。

6.2.2.2　灰铸铁的气焊

灰铸铁气焊工艺的优点是设备简单,操作工艺不复杂,火焰温度(<3400℃)比电弧温度低,而且热量不集中,加热速度慢,加热区面积较大,加热到焊接温度的时间较长,起先行局部预热作用。焊后还可以利用气体火焰对焊缝进行处理,或对焊补区继续加热,促进石墨化过程,有利于防止白口和减小焊接应力。气焊前对清理工件表面浊污要求不高,可以用火焰直接进行清理,简化了准备工作。这种方法的缺点是加热时间较长、工件受热面积大、收缩应力增大、焊补刚度大的缺陷易产生裂纹等。

灰铸铁气焊也分为热焊和不预热焊两种,生产中都有应用。热焊能有效地防止白口、淬硬组织及裂纹的发生,焊补质量很好。但由于热焊存在着劳动条件恶劣、生产成本高、生产效率低等缺点,故只适用于结构比较复杂,焊后要求使用性能较高的一些重要的铸件焊补。不预热气焊由于加热时间较长,焊补区热应力较大,所以容易产生裂纹，适用于中小型铸件和结构应力较小的焊件。根据工件复杂程度和缺陷所在位置刚度大小，可采用热焊、不预热焊和加热减应区法等。

A 热焊

热焊法主要目的是为了减小应力，防止裂纹，避免白口。由于它存在与电弧热焊法同样的缺点，所以只适用于结构比较复杂和一些重要薄壁铸件的焊补，如汽车、拖拉机发动机缸体、缸盖的焊补。根据铸件的复杂程度和缺陷所在的位置，可采用局部或整体预热的方法。预热温度一般为600～700℃，焊接过程要迅速，当工件温度低于400℃时，应停止焊接，重新加热后再焊。

B 不预热焊

当缺陷位置在铸件的边角处，焊接时该处可以自由膨胀或收缩时，可采用不预热气焊。这种焊接方法由于焊补区加热到熔化状态时间较长，局部过热严重，焊补区热应力较大，焊缝为铸铁型，强度低、塑性几乎为零，易产生裂纹。适用于壁厚较均匀，结构应力较小的中、小型铸件。如铸件的边、角处缺陷、砂眼及不穿透气孔等的焊补。不预热气焊要掌握好焊接方向和焊接速度，焊接方向应由缺陷自由端向固定端焊接。

C 加热减应区法

加热减应区法是通过焊前或焊后把被焊铸件的某一部位（即减应区）的一定范围，加热到一定的温度，从而达到减小或释放焊接区应力，以减少和防止焊接裂纹，这种方法在汽车、拖拉机等修理部门得到广泛的应用，对于缺陷位置刚度较大的铸件焊补效果明显。

一般框架结构、带孔洞的箱体结构可以采用此法，而整体性较强，无孔洞的铸件不宜采用加热减应区法。用这种方法可减小焊接区横向应力，因此适用于短焊缝；对于长焊缝，须对裂缝附近局部加热。加热位置一般在裂纹的两端而不在两侧，顺着裂纹方向或平行于裂纹方向，而不是垂直于裂纹方向。

采用加热减应区法焊补工艺时，焊前需检查缺陷，清理缺陷。气焊用铸铁焊丝RZC-1、RZC-2、RZCH。其中RZC-1、RZC-2主要应用于中小型薄壁铸件，RZCH主要应用于高强度及合金铸件。由于不预热气焊比热焊的冷速快，选择焊丝时（C＋Si）%总含量应高些。而热焊时（C＋Si）%总含量不宜过高，否则易形成较多的铁素体，使焊缝的力学性能降低。气焊熔剂一般使用硼砂或脱水硼砂，也可以根据表6-12中成分按比例配制，其主要作用是去除高熔点氧化物（SiO_2）。

表6-12 铸铁气焊熔剂成分（%）

脱水硼砂（$Na_2B_4O_7$）	苏打（Na_2CO_3）	钾盐（K_2CO_3）
—	100	—
50	50	—
56	22	22

焊炬宜选用功率较大的大、中号焊炬，如 H01-20 射吸式焊炬。其火焰功率按铸件厚度确定，可使加热速度快，并使接头缓冷，同时对消除焊缝中的气孔、夹杂也是有利的。铸件气焊火焰功率的选择见表 6-13。

表 6-13　铸件气焊火焰功率的选择

铸件壁厚 /mm	焊嘴孔径 /mm	氧气压力 /MPa
20 ~ 50	3	2
<20	0.6	0.4

根据铸件的大小、复杂程度等选择热焊还是不预热焊或加热减应区法。若预热，一般将工件整体或局部预热到 600 ~ 700℃。灰铸铁气体火焰热焊工艺要点见表 6-14。

表 6-14　灰铸铁气体火焰热焊工艺要点

操作步骤	工　艺　要　点
调整火焰	焊接过程中用弱碳化焰或中性焰，结束时用碳化焰使焊缝缓冷，以减少 C 和 Si 的烧损，消除过厚的氧化模，防止白口组织的产生
焊接过程	母材熔透时用焊丝端部把覆盖在熔池表面的氧化硅薄膜拨开一个缺口，将铸铁气焊焊丝插入熔池内，做轻微地搅动，不允许任意将焊丝抽出熔池，或将焊丝置于熔池表面空间；不预热时，不要过多地熔化母材
清除气孔及夹渣	熔池中有气孔和白亮点夹杂物（高熔点 SiO_2）时，将气孔及白亮点置于火焰内焰离焰心末端 6 ~ 8 mm 处，使熔池温度迅速升高，用火焰作快速轻微摆动，使白亮点浮出渣池表面，用焊丝将夹杂物挑出，再继续焊接；清渣时往熔池中加少量焊粉去除 SiO_2，全部焊接过程中，熔池表面包括焊丝端头均应置于火焰气氛中，使熔化金属与空气隔离
整　形	焊补时使熔池表面稍高于工件表面，并在熔池未凝固时用焊丝刮去高出工件的表面层，刮去后可使焊补处表面平整并容易加工

6.2.2.3　灰铸铁的 CO_2 气体保护焊

细丝 CO_2 气体保护焊焊丝熔化快，焊缝成堆积状，熔合比小，焊接工艺参数调整灵活，通过控制焊接热输入和焊缝截面尺寸，有利于减小应力和热影响区宽度，可以防止裂纹和改善加工性能。CO_2 气体具有氧化性，烧损焊缝中的碳，有利于防止半熔化区的白口，多层多道焊效果更佳。CO_2 气体保护焊便于实现机械化焊接，提高生产效率。

灰铸铁 CO_2 气体保护焊的工艺要点如下：

（1）焊丝一般采用 H08Mn2SiA，直径 0.8 ~ 1.0 mm。

（2）采用较小的焊接电流（60 ~ 90 A），焊接电压 18 ~ 20 V，焊接速度应快些（1 ~ 1.2 cm/s），保护气体流量 8 ~ 10 L/min，焊丝伸出长度≤8 ~ 10 mm；多层多道焊时，采用窄道焊，不摆动；每一层焊缝厚度≤3 mm，焊缝截面积≤30 mm^2；长焊缝时，采用分段、断续、分散焊接，焊缝附近母材温度应冷却到≤50 ~ 60℃再焊下一道，否则应停止焊接；注意焊接顺序，先焊坡口侧面，再焊中间连接焊缝。

（3）焊后（或焊接中）应充分锤击焊缝，消除应力。

6.2.2.4 灰铸铁的手工电渣焊

优点是热源温度低（1500 ~ 2000℃），加热和冷却速度慢，有利于避免白口，获得硬度低、加工性能好、与母材颜色一致的接头。此外，由于电渣焊功率大，可采用1 ~ 3个电极同时造渣焊接，适用于大型铸件的缺陷或巨大缺陷的焊补。缺点是需要预热，准备工作和操作工艺复杂，对于焊缝金属体积大和刚度大的缺陷，工艺不当易产生裂纹。

灰铸铁手工电渣焊的工艺要点：

（1）材料选择。填充金属可选择与母材成分相同的铸铁棒（ϕ12 mm），也可选择从铸铁件上加工下来的切屑，铸铁屑要纯，并经300 ~ 400℃加热除油。焊剂可采用HJ230或HJ130，也可选用60%萤石、20%镁砂（MgO）和20%石英砂，各过100号筛，机械混合后的焊剂，该焊剂熔点比铸铁低，不会造成夹渣及未熔合，而且导电性好，使电渣焊过程稳定。但不宜采用高锰高硅的HJ431焊剂。焊丝一般采用H08Mn2SiA，直径0.8 ~ 1.2 mm。

（2）焊前准备。清理缺陷，铲除缺陷至露出纯净金属，形状规则、平坦，若有凹陷，其大小必须保证石墨电极能到达。造型，根据铸铁件具体情况选择和适当扩大造型保温面，石墨为板型的内壁，在其外面造型，保温面上填砂，压实并打气眼；预热，根据铸件的大小，将缺陷和造型保温面预热3 ~ 5 h，预热温度300 ~ 600℃。

（3）焊接工艺参数。采用直径ϕ30 ~ 40 mm的石墨电极，焊接电压约25 ~ 30 V，焊接电流随缺陷面积大小而变化，一般为700 ~ 1500 A，渣池深度一般控制在40 ~ 50 mm为宜。焊接过程中保持上述三个工艺参数基本稳定，才能保证焊接过程和焊接质量的稳定。电极数目根据缺陷面积而定，当缺陷面积小于100 mm × 200 mm时，用一个电极；缺陷面积100 mm × 200 mm至200 mm × 300 mm时，用两个电极；缺陷面积200 mm × 300 mm以上时，用三个电极。

（4）施焊要点。在缺陷坡口底部放入5 ~ 10 mm厚的焊剂，为保证引弧造渣与起焊处质量，多选择石墨棒作电极。将石墨电极与焊剂接触并引燃电弧，熔化焊剂后，应不断加入焊剂压住电弧，并保持渣池深度为40 ~ 50 mm，使电极沿熔渣慢慢移动，均匀预热缺陷，待缺陷边缘和底部熔化后，开始不断地均匀加入填充金属或铁屑，直至填满缺陷为止。焊接过程中还要加入少量的焊剂，补充损失以保持渣池的深度。

（5）焊后处理。熔化完毕，待渣面凝固后盖上干砂，缓冷10 ~ 15 h后拆型。

6.3　球墨铸铁的焊接

6.3.1　球墨铸铁的焊接特点

球墨铸铁焊接时存在的主要问题是白口、淬硬组织和焊接裂纹。由于球墨铸铁的化学成分、力学性能与灰铸铁不同,球墨铸铁焊接具有以下特点:

(1) 焊接接头白口化倾向及淬硬倾向比灰铸铁大。由于球铁中镁、钇、铈、钙等球化剂的存在,阻碍了石墨化作用,并增大焊接区过冷倾向,同时这些元素还提高了奥氏体的稳定性,使得球铁焊缝和熔合区更容易形成白口和淬硬组织。

(2) 焊缝组织、性能与母材匹配困难。由于球墨铸铁的强度和塑性等力学性能较好,故对焊接接头的力学性能要求也较高。在熔化焊条件下,难以实现焊接接头与母材组织、性能相匹配,因此,焊接难度较大。

6.3.2　球墨铸铁的焊接工艺特点

焊接球铁常用的焊接方法是焊条电弧焊和气焊。

6.3.2.1　球墨铸铁的焊条电弧焊

球墨铸铁焊条电弧焊也分为冷焊和热焊。冷焊时采用异质焊条,如镍铁焊条和高钒焊条。当要求焊缝成分是球墨铸铁时,多采用同质焊条热焊。常用球墨铸铁焊条牌号及特点见表6-15。

表6-15　球墨铸铁焊条的选用及特点

焊补要求	牌号	焊芯	药皮中的球化剂	特点
厚大件的较大缺陷	Z258	球墨铸铁	钇基重稀土及钡、钙	球化能力强,焊条直径4~10 mm
焊补处不经热处理可以进行切削加工	Z238	低碳钢	适量的镁、铈球化剂	药皮中有适量球化剂,适合于球铁焊接。可以进行正火处理,处理后硬度200~300HB。退火处理后硬度200HB左右
	Z238F	低碳钢	适量的镁、铈球化剂及微量铋	焊缝颜色、硬度与母材相近,适用于铸态球铁的焊接。焊态硬度为HB180~280,抗拉强度大于490 MPa。正火处理后硬度为200~250HB,抗拉强度大于590 MPa。退火后硬度为160~230HB,抗拉强度大于410 MPa
焊态不进行机加工	Z238SnCu	低碳钢	适量的镁、铈球化剂,另加适量锡、铜	该焊条可以与不同等级的球铁相匹配,冷焊后焊缝存在少量的渗碳体

球铁焊条电弧焊的同质焊条分为两类:一类是球墨铸铁芯外涂球化剂和石墨化药皮,通过焊芯和药皮共同作用,使焊缝中石墨球化,如Z258焊条;另一类是低碳钢芯外涂球化剂和石墨化药皮,通过药皮使焊缝中石墨球化,如Z238焊条。此

外还可以用低碳钢焊条、钢芯高钒焊条(Z116、Z117)、铜铁焊条(Z607)和镍铁焊条(Z408)等。

A 同质焊缝焊条电弧焊的工艺要点

同质焊缝焊条电弧焊的工艺要点如下所述：

(1) 焊前准备。清理缺陷,开坡口,小缺陷应扩大到 ϕ30~40 mm,深度 8 mm 以上。

(2) 施焊。采用大电流、连续焊,焊接电流约为

$$I=(36\sim60)d$$

式中,d 为焊条直径,mm。

中等缺陷应连续填满,以保证焊补区有较大热输入。对于较大缺陷可采用分区、分段填满再向前推移,保证焊补区有较大的焊接热输入。对于大刚度部位缺陷,焊前预热 200~400℃ 或采取加热减应区措施。

(3) 焊后处理。焊后缓冷防止裂纹,根据对基体组织的要求,可进行正火或退火处理。如需要焊态加工,焊后应立即用气体火焰加热焊补区至红热状态,并保持 3~5min,缓冷。

B 异质焊缝电弧冷焊的工艺要点

焊接材料主要采用 Z408、Z116、Z117 以及 QZ408 等焊条。采用镍铁焊条(Z408)焊后能进行切削加工。采用高钒焊条(Z116、Z117),焊缝抗拉强度 558 MPa,伸长率 28%~36%,焊缝硬度 <250HB。高钒焊条冷焊后,半熔化区白口较宽,接头加工性较差,主要用于非加工面焊补。焊后退火可降低接头硬度,改善加工性能。Z438 焊条是在 Z408 基础上,加入了适量的稀土、镁和元素铋,调整了 C、Si、Mn 的含量,使之石墨球化,并消除了晶间石墨和共晶相。焊缝金属的强度、塑性和抗裂性均得到一定的提高,具有良好的加工性能。焊补工艺与灰铸铁冷焊工艺基本相同。

6.3.2.2 球墨铸铁的气焊

气焊加热和冷却过程较缓慢均匀,对石墨球化有利,气焊火焰温度低,可减少球化剂的蒸发,有利于焊缝球化;同时气焊火焰热量不集中,焊补区加热及冷却速度比较缓慢,有利于接头的石墨化,可减小白口及马氏体形成倾向。此外,气焊方法比较灵活,焊前可用气体火焰清理油污、局部预热工件及后热,使接头缓冷等。

但是,气焊也存在一些缺点:连续施焊时间不能超过 15~20 min,否则会由于熔池存在时间长,钇及镁的蒸发氧化量增大,焊缝中球化剂不足,使焊缝中出现片状石墨,降低接头力学性能。球铁气焊焊补时间长,效率低,工件变形大,不适于焊补已加工过的球铁铸件缺陷,主要应用于薄壁件的焊补。常用的气焊焊丝牌号 RZCQ-1,RZCQ-2 及 HS402。

球铁气焊工艺与灰铸铁气焊基本相同,采用中性焰或弱碳化焰。对于中、小型球铁件采用不预热工艺焊补,必须采用球化能力和石墨化能力较强的焊丝,注意焊

接操作和焊后保温，才能获得较好的接头质量。对于厚大件及刚度大的缺陷焊补时，焊前必须进行 500 ~ 700℃ 高温预热，焊后保温缓冷，才能有效防止白口、淬硬组织和焊接裂纹。

采用钇基重稀土焊丝气焊球墨铸铁时，焊接接头无白口及马氏体组织，焊后可以加工，焊缝颜色与母材一致。焊接接头性能达到 QT60-2 球墨铸铁性能，经过适当退火处理后可达 QT40-10 球墨铸铁性能。

6.4　白口及其他铸铁的焊补

6.4.1　白口铸铁的焊接

6.4.1.1　白口铸铁的焊接特点

白口铸铁由于硬度高、耐磨性好等优点，在冶金、矿山机械等行业获得越来越广泛地应用。工业上多采用冷硬铸铁，它在化学成分上碳、硅当量较低，制造工艺上采取激冷措施，使铸件表层形成硬而耐磨的白口铸铁，而内部多为具有一定强度、韧性的球墨铸铁或灰铸铁等。白口铸铁根据化学成分分为普通白口铸铁和合金白口铸铁，在工业上多采用合金白口铸铁，如低铬钼冷硬白口铸铁、高铬白口铸铁。冷硬铸铁轧辊的主要化学成分见表 6-16。

表 6-16　冷硬铸铁轧辊的主要化学成分（质量分数，%）

C	Si	Mn	P	S	Cr	Mo	Mg
2.90 ~ 3.80	0.80 ~ 2.50	0.50 ~ 1.20	≤0.30	≤0.03	0.20 ~ 0.60	0.20 ~ 0.60	≥0.04

白口铸铁焊接主要存在以下两个问题：

（1）极易产生热应力裂纹及剥离。白口铸铁组织为连续的渗碳体基体上分布着莱氏体与珠光体，其伸长率为 0，硬而脆，冲击韧性（10 mm × 10 mm 无缺口冲击试样）仅为 0.3 ~ 0.4 J/cm^2，体积收缩率为 4.5% ~ 5.4%，线收缩率为 1.6% ~ 2.3%，约为灰铸铁的 2 ~ 3 倍。而焊接工艺本身的特点是热源温度集中，焊接局部被迅速加热熔化，焊接接头冷却过程中冷却速度很快，整个接头存在很大的温度梯度，因此产生很大的拉伸应力，易产生裂纹。对于异质焊缝，裂纹易产生于熔合区和热影响区。服役过程中，裂纹在疲劳载荷的作用下扩展，从而导致焊接熔敷金属与母材的剥离。

（2）异质焊缝硬度偏低。白口铸铁异质焊缝硬度偏低，耐磨性低于母材，可能不能满足服役条件的要求。一般白口铸铁件多要求具有较高的耐磨性，因此要求焊补区域与母材具有相近的耐磨性，但硬度高的异质焊缝，在常规的焊接工艺下，更易产生裂纹。采用塑性较好的焊条（如 Z308 等），可以减少裂纹，改善焊接性，但焊缝硬度低不能满足耐磨使用性能。

6.4.1.2 白口铸铁焊补工艺特点

A 焊接方法的选择

采用焊条电弧热焊或气焊，可减小焊接热应力。但对于重达几十吨的白口铸铁轧辊，如果采用电弧热焊或气焊的方法，不仅焊工的劳动条件十分恶劣，而且焊补成本高。此外，接头长时间处于高温加热，易造成焊接接头和母材性能改变，降低耐磨性，当焊接工艺控制不当时，易产生裂纹，因此可考虑采用电弧冷焊法焊补白口铸铁。

B 焊接材料的选择

由于白口铸铁硬脆，焊接性极差，因此选择焊接材料时，应使焊缝金属满足：

(1) 与白口铸铁具有良好的熔合性，结合牢固。

(2) 适当的硬度，以保证接头的耐磨性与白口铸铁相匹配；在满足耐磨性条件下，较高塑性和韧性，使焊缝金属具有较高的塑变功和撕裂功。

(3) 焊缝金属在冷却过程中具有尽量小的收缩系数，以减小焊接过程中焊缝的收缩量。

(4) 采用白口铸铁专用焊条 BT-1 打底焊和 BT-2 盖面焊相互配合使用，可以达到预期的焊补效果。

白口铸铁专用焊条的主要性能及特点见表 6-17。

表 6-17 白口铸铁专用焊条的性能及特点

焊条类型	药皮类型	焊芯类型	熔敷金属组织	特 点
BT-1	石墨型	Ni-Fe 合金	纯奥氏体和球状石墨	药皮中加入适量的钡及稀土镁作球化剂。与白口铸铁熔合良好，焊缝金属具有较高塑性，低硬度，且球状石墨析出对焊缝的削弱小，具有较高的抗裂性，线膨胀系数与白口铸铁相近，焊接时具有较小的焊接热应力，主要用于熔敷焊缝底层
BT-2	$CaO-CaF_2$ 渣系	H08A	马氏体、碳化物质点和残余奥氏体	熔敷金属的合金系统为 C-Cr-Mo-Ni-W-V，与白口铸铁熔合良好，焊缝硬度 48～52HRC 具有较高耐磨性，同时又具有较高塑性、抗裂性和抗热疲性。主要用于熔敷白口铸铁工作层

C 白口铸铁焊补工艺要点

白口铸铁焊补工艺要点如下所述：

(1) 焊前准备。清理缺陷，要清除干净原有的裂层。制备坡口，裂层较浅的坡口侧面与底面成约 100°角斜面坡口，有利于提高抗裂性。对于深度较大的缺陷，坡口斜度不宜太大，以减少表层熔合区产生裂纹。

(2) 焊接顺序。用 BT-1 焊条焊补底层，BT-2 焊条焊补工作层，使整个接头为“硬-软-硬”层状组织，这样既满足性能要求，又提高抗裂性和抗剥落性能。

（3）焊接时采用“大电流，高温锤击”。用 BT-1 焊条打底时，焊接电流为正常焊接电流的1.5倍以上，或以施焊焊条不明显发红为准（ϕ4 mm 的 BT-1 焊条，焊接电流 240 A），形成大熔深，使焊缝底部与母材形成曲折熔合面，增强焊缝与母材的熔合，有利于提高抗裂性和抗剥离性能。焊后由于产生很大的热应力，必须采用锤击处理消除应力。锤击时应把握“锤击时机、锤击力大小、锤击次数”。锤击时机以在较高温度区间（800 ~ 400℃）为宜，温度低于 300℃时不宜再锤击，此时焊缝金属硬度增加，延展性变差，锤击不仅不能消除残余应力，反而由于剧烈的振动和冲击破坏熔合区；锤击次数应与锤击力大小相互联系，当采用重锤击时，应减少锤击次数，以 2 次/s 为宜。

（4）分块孤立堆焊　将清理后的缺陷用 BT-1 焊条打底后，划分成 40 mm × 40 mm若干个孤立块，各块之间及孤立块与母材之间的间隙为 7 ~ 9 mm。用 BT－2 焊条分别在各孤立块内进行补焊，可以跳跃堆焊或分散堆焊。始终保留间隙，并且确保孤立块与母材之间的间隙，以减少焊接热应力作用于周边母材，导致裂纹的产生。各小块焊到要求的尺寸后，再将各孤立块间隙填满。

（5）焊缝与周边母材最后焊合。焊缝与周边母材的最后焊合是焊补成功的关键，可以先将周边分成 a、b、c 等若干段，每段长度约 40 mm，焊补顺序按 $a \to b \to c$ 分散进行。层间用扁锤锤击焊缝一侧，切忌锤击在熔合区外的白口铸铁侧，以防止锤裂母材。焊接时采用大电流，电弧倾斜指向焊缝，以防止母材过热。

（6）焊后整个焊补面应高出周围母材 1 ~ 2 mm，然后用手动砂轮磨平。

6.4.2　可锻铸铁的焊接

可锻铸铁在汽车上的应用很广泛，如汽车的后轿壳、轴头前后的钢板吊耳、刹车蹄等。这些零件的损坏一般有三种情况：磨损、裂纹及螺丝扣损坏。焊补可锻铸铁常用的方法有焊条电弧焊、钎焊和气焊，对于加工面多采用黄铜钎焊，非加工面一般采用电弧冷焊。

6.4.2.1　可锻铸铁的焊接性

可锻铸铁中的 C、Si 含量比灰铸铁低，导致同质焊缝熔化焊时，焊缝及半熔化区形成白口倾向更加严重，使可锻铸铁的焊接更加困难。

6.4.2.2　可锻铸铁的焊接工艺

可锻铸铁的焊接工艺如下所述：

（1）电弧焊工艺。可锻铸铁电弧焊可选用镍铁焊条 Z408（加工面焊补）、高钒焊条 Z116（非加工面焊补）和结构钢焊条（J506、J507）。

（2）气焊工艺。损坏的螺孔可用气焊修复。先将损坏的螺孔用钻头扩孔，然后用铸铁焊丝氧－乙炔火焰焊补，焊后再在原位置钻孔，攻丝。受磨损的可锻铸铁件可用铸铁焊丝氧－乙炔火焰气焊进行表面堆焊，堆焊时也要和钎焊一样，不能使工件熔化，而只将焊条熔化。

6.4.3 蠕墨铸铁的焊接

6.4.3.1 蠕墨铸铁的焊接性

蠕墨铸铁除含有C、Si、Mn、S、P外，还含有少量稀土蠕化剂。但其含量比球墨铸铁低，故其焊接接头形成白口倾向比球墨铸铁小，但比灰铸铁大。蠕墨铸铁的力学性能高于灰铸铁而低于球墨铸铁，因此，蠕墨铸铁的焊接性比灰铸铁差，比球墨铸铁稍好些。蠕墨铸铁的抗拉强度为300～500 MPa，伸长率为1%～6%。为了与蠕墨铸铁力学性能相匹配，焊缝及焊接接头力学性能应与蠕墨铸铁相等或相近。

6.4.3.2 焊接工艺

A 蠕墨铸铁的气焊

蠕墨铸铁的气焊工艺及焊接接头性能见表6-18。采用氧－乙炔中性焰，用铸铁焊丝配合气焊熔剂CJ201，可使焊接接头的力学性能与蠕墨铸铁母材相匹配，并有满意的加工性能。

表6-18 蠕墨铸铁的气焊工艺及焊接接头性能

方法	焊接材料	焊接接头性能				
		焊缝蠕墨化率/%	基体组织	硬度HB	抗拉强度/MPa	伸长率/%
氧－乙炔中性焰	铸铁焊丝＋CJ201	70	铁素体＋珠光体	230	370	1.7

B 同质焊缝电弧冷焊

采用H08A低碳钢芯，外涂强石墨化药皮，并加入适量的蠕墨化元素，在缺陷直径大于40 mm、缺陷深度大于8 mm的情况下，配合大电流连续焊工艺，可获得与蠕墨铸铁力学性能相匹配的接头，见表6-19。

表6-19 蠕墨铸铁电弧冷焊工艺及焊接接头性能

方法	焊接材料	焊接接头性能				
		焊缝蠕墨化率/%	基体组织	硬度HB	抗拉强度/MPa	伸长率/%
电弧冷焊	H08A	50	铁素体＋珠光体	270	390	1.5

C 异质焊缝电弧冷焊

采用Z308纯镍焊条电弧冷焊铸铁时，焊接区具有良好的加工性，但其熔敷金属的抗拉强度仅为238 MPa左右，达不到蠕墨铸铁力学性能。

6.4.4　变质铸铁的焊补

长期在高温状态下工作的铸铁件，如钢锭模、锅炉排气缸燃烧室排气口等，以及长期在化学腐蚀条件下工作的铸铁件，如化工厂的酸碱铸铁容器、泵壳、阀门等，铸铁的材质会逐渐产生某种程度的变质，使铸铁原有的强度、硬度、塑性等降低而造成损坏，也使铸铁的焊接性变得更差。

6.4.4.1　变质铸铁焊补特性分析

变质铸铁的焊补比一般铸铁件困难得多，产生裂纹、剥离、白口、气孔、熔合不良等缺陷的现象更加严重，其中熔合不良是焊接的主要困难。

A　熔合不良

变质铸铁件因表面及内部金属严重氧化，断面呈黑色，无金属光泽，组织疏松、晶粒粗糙。焊条电弧焊焊补时，熔滴与变质铸铁不熔合，形不成熔池。有时熔敷金属与母材虽然部分熔合，但由于熔合不良，在焊缝边缘母材上形成缺肉、咬边等缺陷。

产生熔合不良的原因，是由于铸铁件在长期高温工作后，基体组织由原先的珠光体 + 铁素体转变为纯铁素体，石墨析出量增多，并进一步聚集长大，而石墨为非金属，熔点高，不易与焊条金属熔合。石墨聚集长大后，形成粗大的石墨片，石墨片与基体组织的交界面成为空气进入铸件内部的通道，使金属氧化，形成熔点较高的Fe、Si、Mn的氧化物，从而增大了熔合的难度。补焊前去除变质铸铁的表层，采用镍基铸铁焊条（加工面焊补）或Z100氧化性药皮焊条（非加工面焊补）焊补变质铸铁，可以改善焊接性。用镍基铸铁焊条焊接变质铸铁有利于改善熔合性，原因是Ni与Fe能无限互溶，形成固溶体，且Ni在高温可以溶解较多的碳，减少石墨的析出量。用Z100氧化性药皮焊条，焊接变质铸铁有利于改善熔合性，原因是焊条的强氧化性可氧化掉变质铸铁中的粗大石墨。

B　热裂纹、热应力裂纹和剥离

变质铸铁焊接中的热裂纹、热应力裂纹和剥离如下所述：

（1）焊缝中的热裂纹。热裂纹产生是由于母材变质金属中所含的过量硫化物较多地渗入熔池中，这些硫化物、氧化物及其他共晶物熔点低，在结晶过程中偏析于晶界，形成液膜，在应力作用下会形成热裂纹。

（2）热应力裂纹和剥离。由于母材变质，金属强度、塑性均很低。当焊补过程中产生的拉应力超过母材强度时，就会产生热应力裂纹。当焊缝金属强度和塑性超过母材时，会造成焊缝与母材沿熔合线剥离。焊缝与母材熔合不良，也会产生剥离现象。

6.4.4.2　变质铸铁焊补方法

变质铸铁的焊补方法及工艺应根据铸铁变质的原因和变质程度、损坏部位、构件的位置和损坏处壁厚等条件来选择。

(1) 过烧铸铁金属中含 Fe、C 少,含氧化物杂质多,焊补中熔池金属难以形成铁碳合金,熔合性很差,应选择氧-乙炔火焰气焊的工艺焊补。

(2) 结构复杂,加热受限制的铸件,厚大的变质铸铁件应选择焊条电弧焊的冷焊工艺。

(3) 母材变质较严重,焊条电弧焊熔合不好的厚大铸件在加热条件允许时,应采用气焊过渡层、电弧焊中间焊缝的焊接工艺。

(4) 表面严重变质、熔合不良、内部熔合尚好的厚大铸件,可采用电弧焊内部、黄铜钎焊表层的焊法。

(5) 受力不大,材质严重变质的铸件,熔合性很差,可采用黄铜钎焊的方法焊补。

(6) 铸件大面积变质,熔合不良,在条件允许的情况下,可采用挖补镶块的方法焊补。

6.4.4.3　变质铸铁电弧冷焊法

A　坡口准备

坡口应开得尽量窄而深,以坡口底部焊不穿为准。坡口形式为 V 形或 U 形。坡口面及底部要求光滑平整;用火焰烧烤的方法清除坡口两侧 3 ~ 5 mm 范围的油污、铁锈及氧化表层,然后用钢丝刷打磨出金属光泽。长期受火焰直烧的变质铸铁,采用碳钢焊条开坡口,有利于改善焊接时的熔合性。

B　焊条的选择

长期受高温火焰烧烤的铸铁件中 Fe、C 氧化严重,应选择先焊过渡层,再焊中间焊缝的多层焊补工艺。过渡层焊补选用低氢型焊条(如 J427、J507 等)。碳钢焊条焊补这类铸铁的过渡层,熔合性较好,得到的焊缝金属是碳钢,容易产生白口淬硬组织,但白口会在焊接中间焊缝时被退火消除。中间焊缝应选用塑性好、强度低的镍基焊条,如 Z308、Z408 等,焊补后的焊缝塑性好,配合锤击工艺,不易产生裂纹和其他焊接缺陷。

C　焊补操作要点

过渡层焊补应保证熔合良好。焊缝边缘不咬边,坡口两侧过渡层应尽量不连在一起,使其处于自由状态。严格按照冷焊工艺操作,采用短段焊接,断续焊,每一焊段应比一般铸铁焊补时还要短,还可以采用点焊的方法。在补焊中,电弧不直接指向坡口未焊部分,而是指向熔池金属,使焊条倾斜一定角度,压低电弧,利用电弧吹力,将熔滴贴敷到呈熔化状态的坡口母材上。采用这样的方法得到的过渡层焊缝熔深较浅,且能保证熔合。采用下坡焊可收到同样的效果。过渡层焊补中应配合锤击,锤击力要适度,避免因母材强度、塑性降低而使其剥离。中间焊缝应覆盖两侧过渡层,但不能过宽超出过渡层,以免造成与母材新的熔合不良。焊补中要严格控制层间温度，为避免温度过高，要用较快的焊接速度，小电流，短弧焊直线运条，以获得较浅的熔深和较窄的焊缝。采用断续焊接和锤击的工艺，消除焊接应力并砸实气孔。

6.4.4.4　变质铸铁氧－乙炔火焰气焊法

某些变质严重的铸铁，如果用焊条电弧焊补，采用各种焊条都难于熔合。这时，在加热允许的条件下，采用氧－乙炔气焊的焊补工艺，可有效地防止产生熔合不良，获得较高的焊补质量。

A　焊前准备

坡口应开得较宽些，以利于焊补操作。坡口形式一般为 V 形，角度应大于 90°，深度以能熔透为准。清除坡口内及两侧油污、铁锈、夹砂，并打磨出金属光泽。将待焊部位放在水平位置上。选择较大功率焊炬，选用含碳量、含硅量较高的焊丝或旧活塞环（应选用气环，不用油环和镀铬环，过烧铸铁应选用低碳钢丝）。焊前将焊丝打磨干净，焊粉要选用专用铸铁焊粉（如 CJ201）或硼砂。

B　操作工艺要点

用中性火焰预热，弱碳化火焰施焊，焊毕用强碳化火焰补偿加热和渗碳；采用右向焊，使火焰始终覆盖熔池，因液态铸铁黏稠性大，应不断用焊丝搅动熔池并加少量焊粉，改善液态金属的流动性，使熔池内氧化性气体充分逸出；施焊中，应不断给前面已焊好的焊缝加热，加热减应区，消除因冷却过快造成的焊接应力。

C　碳化焰的渗碳工艺

在气焊焊补中，由于变质母材所含的氧化物、硫化物和其他杂质过量地熔于熔池，液态金属表面充满白色耀眼的浮渣，看不到纯净的铁水，焊丝熔滴滴入熔池不能很好地熔融在一起，而是自成一体，界限分明。这时应用焊丝将浮渣刮拨掉，并迅速将火焰调成强碳化焰，对准熔池进行渗碳，同时加撒焊粉。当熔池金属冷却至暗红色（约 500～600℃）时，再次将其加热至熔化温度进行渗碳。反复使用渗碳工艺，直至熔池内铁水变清亮，熔合良好时，开始施焊。对于氧化严重的铸铁，在渗碳后的施焊中，应适当在熔池内熔入一些低碳钢丝，增加焊缝金属的铁含量。由于氧－乙炔火焰加热时间长，热量不集中，热影响区大，为防止焊后产生较大的焊接应力造成裂纹和变形，焊补完成后，应采取必要的保温缓冷措施。

6.5　铸铁与钢的焊接

铸铁的焊接性很差，铸铁与钢焊接，主要问题出在铸铁一侧，其焊接性和焊接工艺主要考虑铸铁的焊接特点，而钢一侧几乎可不考虑。根据铸铁与钢的化学成分、填充金属类型、接头形式和结构强度要求等选择合适的焊接方法。铸铁与钢结构的焊接，在生产中主要是各种钢与灰铸铁、可锻铸铁、球墨铸铁的焊接。

铸铁与钢焊接时，填充金属按表 6-20 选择。可以先在铸铁待焊面用小直径的镍基或铸铁焊条堆焊过渡层，堆焊要分段、间隔、交错进行。再用 E5015 焊条等在过渡层上堆焊中间层。最后用 E5015 焊条将钢与铸铁焊接起来，焊接时应将电弧指向碳钢母材。

表 6-20 铸铁与钢焊接时填充金属选用

被焊材料	焊条电弧焊	CO_2 气体保护焊	氩弧焊	钎焊	
				钎料	钎剂
低碳钢+灰铸铁	AWSENi-Cl-A (95%Ni) Ni337 EZ116	H08Mn2SiA 53Ni-45Fe 药芯焊丝	Ni112	H62 HSCuZn2 HSCuZn3 CuZnB CuZnA BCu-ZnD	硼砂，硼酸盐
低碳钢+可锻铸铁	EZCQ EZNi-1(Z308) EZNiFe-1(Z408) EZNiFeCu EZNiCu-1(Z508) E5015 E4303 E4301		Ni337 ENi-Cl-A (95%Ni) ENi-Cl (93%Ni)	银 315 BAg-3 BAg-4	QJ101 或 QJ102
低碳钢+球墨铸铁	EZNi-1(Z308) EZNiFe-1(Z508) EZNiFeCu Ni337 ENi-Cl-A E5015		—	35Sn-30Pb-35Zn 软钎料	—

6.5.1 灰铸铁与碳钢的焊接

6.5.1.1 灰铸铁与碳钢的焊接特点

灰铸铁与碳钢的焊接，在机床床身、底座、机架、齿轮箱及发动机缸体上应用较多，其主要焊接特点如下：

（1）灰铸铁与碳钢焊接中，铸铁中的碳以片状石墨形式存在，分布在铁素体、珠光体或珠光体+铁素体基体上。石墨片相当于孔洞和裂纹，割裂基体的连续性，降低了接头的力学性能。

（2）焊接接头承受拉应力时，容易在片状石墨尖角处产生应力集中，因而裂纹倾向增加，并容易产生气孔。

（3）当焊接接头承受压应力时，石墨割裂基体和造成的应力集中很小，因此具有较高的抗压强度。

（4）灰铸铁与碳钢的焊缝中石墨数量越多、越粗大、越呈片状分布，割裂基体作用越大，力学性能也越差。

（5）由于铸铁碳含量高，杂质多，焊接接头容易产生白口组织，在焊接应力作用下极易发生裂纹和断裂。

(6) 灰铸铁与碳钢的焊接性差，必须选择合适的焊接方法及填充材料，采取特殊的焊接工艺措施，才能获得优良的焊接接头。

6.5.1.2　灰铸铁与碳钢的焊接工艺

灰铸铁与碳钢焊接时，所采用的焊接方法主要是焊条电弧焊（包括热焊法、冷焊法）。此外，还可以采用 CO_2 气体保护焊、氩弧焊（TIG、MIG）、等离子弧焊、钎焊和扩散焊等方法。

A　灰铸铁与碳钢的电弧热焊

所谓电弧热焊，就是焊前将铸铁母材被焊部位预热到 400 ~ 700℃（暗红色），然后进行焊接，焊后再进行缓冷的焊接方法。施焊前去除铸铁和钢表面的氧化皮、油脂、水分。焊条可选用 Z208、Z408 或结构钢焊条 J422、J507。

电弧热焊的工艺过程如下：

(1) 焊前将铸铁件被焊部位加热到 400 ~ 700℃，此时铸铁的屈服点很大，内应力很小，可以大大减少裂纹倾向，防止出现白口组织。

(2) 选用铸铁芯焊条（在焊芯外面涂石墨化药皮），通过焊芯和药皮向焊缝过渡 C、Si 等石墨化元素。也可选用钢芯石墨化药皮焊条（Z208），通过药皮向焊缝过渡石墨化元素。

(3) 热焊时，电弧稍倾向铸铁母材金属侧，焊接过程中两种母材温度不低于 400℃，否则易出现裂纹。采用直径为 4 mm 的 Z208 焊条焊接时，电弧长度为 3 ~ 5 mm；采用直径为 8 mm 的铸铁芯焊接焊接时，电弧长度为 8 ~ 10 mm。

(4) 焊接电流的选择可参考单独焊接灰铸铁的工艺参数。焊接电流过大，两种母材熔化量过多，对焊缝石墨化不利。

(5) 焊接坡口根部和边缘时，不要用电弧直接加热，让热量通过熔池金属传至坡口使之熔化，这样可保证焊缝的熔合比，避免咬边或熔合不良等缺陷。

(6) 焊后进行消除应力热处理，将冷却至 100 ~ 200℃ 的焊接接头加热到 600 ~ 620℃，每 25 mm 保温 1 h，然后缓冷（冷却速度 28℃/h），以防止产生裂纹，降低硬度。也可采用石棉垫或草木灰覆盖焊接区缓冷至常温。

B　灰铸铁与碳钢的电弧冷焊

所谓电弧冷焊，就是焊前对铸铁被焊部位不预热，焊接过程中保持焊接区在较低温度（如手摸不烫手）再进行下一道焊接的方法。电弧冷焊与电弧热焊相比，焊前母材金属不预热，减少了工艺过程，节省焊接时间，焊接生产中应用较多，焊件形状和大小不受限制，易于大批量生产。

电弧冷焊的工艺过程如下：

(1) 焊前认真清理灰铸铁与碳钢的接头表面，使之露出纯净的基体金属。焊接坡口参照碳钢的坡口形式及尺寸。采用对接接头时，灰铸铁一侧开 35° ~ 45°的单面V形坡口；碳钢一侧开15°~25°的V形坡口。搭接时，灰铸铁一侧开20°~25°的V形坡口。

（2）灰铸铁与碳钢装配时，装配间隙要尽量小，通常为0.5~2.0 mm。为了提高焊接接头的强度，可在坡口上钻孔、攻丝及拧上螺钉，螺钉可装在坡口一侧或两侧。接头厚度与安置螺钉的关系见表6-21。

（3）焊接有白口倾向的铸铁和刚度大的碳素钢时，先对被焊接工件进行退火或回火处理，以便消除残余应力。

表6-21　接头厚度与安置螺钉的关系

材料名称	接头形式	板厚/mm	螺钉直径/mm	螺钉间距/mm	螺钉深度/mm	螺钉外露长/mm
低碳钢+灰铸铁	对接	10+10（以下）	3~5	8~10	15~20	5~8
		12+12	5~10	10~15	20~25	8~12
		14+14	10~12	15~20	25~30	12~15
		16+16	12~14	20~25	30~35	15~20
		18+18	14~16	25~28	35~36	20~25
		20+20	16~18	28~30	35~40	25~26
		25+25（以上）	18~20	30~35	40~45	26~30

注：接头为对接V形坡口。

（4）当用电弧冷焊法对灰铸铁与碳钢进行焊接时，宜选用高镍、镍铁等焊条。电弧冷焊填充材料的选择见表6-22。填充材料须进行150~200℃烘干，保温时间为1~2 h。选用镍基焊条电弧冷焊灰铸铁与碳钢时，焊条直径与焊接电流的关系见表6-23。

表6-22　灰铸铁与碳钢电弧冷焊可选用的焊条

焊条种类	焊条牌号	符合国标型号	主要特点
钢芯铸铁焊条	Z100 Z116 Z208	EZFe-1 EZV EZC	低碳钢芯，氧化性药皮 钢芯钒合金化药皮，抗裂性好 强石墨化药皮，抗裂性较差，成本低
镍基焊条	Z308 Z408 Z508	EZNi EZFeNi-1 EZNiCu-1	纯镍芯，强还原性石墨型药皮，抗裂性好，机加工性好 镍铁合金焊芯，石墨型药皮，抗裂性好，强度高 镍铜焊芯，石墨型药皮，收缩率大，抗裂性较差，易加工
铜芯铸铁焊条	Z607 Z616	— —	铜芯铁粉 铜芯铁皮
结构钢焊条	J422 J423 J507	E4303 E4301 E5015	工艺性能优良，适于全位置焊接，交、直流两用 电弧稳定，脱渣性好，全位置焊接，交、直流两用 抗裂性好，力学性能优良，适于全位置焊接

表 6-23　灰铸铁与碳钢电弧冷焊的工艺参数

焊条种类	焊条牌号	符合国标型号	焊条直径/mm	焊接电流/A
镍铁焊条	Z408	EZFeNi-1	2.0 2.5 3.2	50~60 60~90 90~100
镍铜焊条	Z508	EZNiCu-1	3.2 4.0 5.0	100~120 120~150 200~250

(5) 电弧冷焊时,通常先在铸铁一侧坡口上堆焊过渡层,在过渡层上堆焊一层中间层,以利于与碳素钢的连接。然后用碳钢焊条将中间层与碳钢连接起来。

(6) 施焊过程中应采用小焊接电流、短弧、小热输入、窄焊道、锤击焊道以松弛应力等工艺措施。电弧冷焊过程中,灰铸铁一侧的热量约占 20%,碳钢一侧的热量约占 25%,焊条热量占 30%,电弧热量占 25%。

(7) 电弧冷焊后的焊接接头须缓慢冷却,出现裂纹等缺陷时用电弧吹掉,重新焊接。

C　钎焊

采用钎焊方法时,在 454~510℃熔融盐池中清除铸铁件表面的石墨、氧化物等,改善钎料在铸铁表面的润湿性。钎焊时母材不熔化,不参与冶金反应,因而不会产生白口层,不易产生裂纹。钎焊温度低,接头区应力小,不会产生淬火组织,这对铸铁焊接非常有利。

灰铸铁与碳钢的钎焊工艺要点:

(1) 灰铸铁与 Q235 低碳钢钎焊,多采用氧-乙炔火焰作热源,有时也采用氩弧(TIG)作为热源;

(2) 多采用铜基钎料,一般 Cu 52%~56%,其余为 Zn。这种钎料接头强度低(117~147 MPa),焊后钎缝颜色为黄色,与铸铁颜色相差太大。若要求钎缝颜色与铸铁、钢表面颜色相近,可以采用如下钎料:Cu 48%~50%,Mn 9.5%~10.5%,Ni 3.5%~4.5%,Sn 0.3%~0.7%,Al 0.2%~0.4%,其余为 Zn;

(3) 一般采用硼砂作为钎剂;

(4) 钎焊前,清理工件表面,利用喷砂或火焰清除灰铸铁表面上的石墨;

(5) 为提高钎焊缝的强度,钎焊后在 700~750℃退火处理 20 min,以利于增强钎料与母材互相扩散。

6.5.2　可锻铸铁与碳钢的焊接

可锻铸铁与碳钢焊接的最大问题,是可锻铸铁焊接加热时一经熔化,就容易造成白口,可锻铸铁一侧未熔化区形成白口层,容易产生焊接裂纹。此外,焊接区中任何部位其温度超过 850℃时,急冷后都会出现使可锻铸铁返回白口铸铁组织的可能性。

可锻铸铁与碳钢焊接时,由于碳钢热导率比可锻铸铁大,线膨胀系数也有较大差别,因此焊接接头的应力较大,容易产生裂纹。可锻铸铁与碳钢焊接常用的方法有焊条电弧焊(包括热焊和冷焊)、氧-乙炔气焊、钎焊、CO_2 气体保护焊和真空扩散焊等。

6.5.2.1 电弧热焊和冷焊

采用电弧热焊和冷焊焊接可锻铸铁与碳钢时,操作技术和焊接工艺与灰铸铁和碳钢的电弧热焊和冷焊相似。工艺参数可根据可锻铸铁与碳钢两种母材的物理特性、化学成分及对结构强度的要求来确定。

可锻铸铁与碳钢的焊条电弧焊,多采用电弧冷焊,选择钢质焊缝的焊条或是合金焊缝的焊条。工艺上注意以下几个问题:

(1) 尽量选择焊缝金属的线膨胀系数与可锻铸铁相近的焊条,这样有利于减小焊接应力,防止产生裂纹;

(2) 严格控制焊接电流,即要选用小直径焊条,采用短弧,小焊接电流,熔深要浅,焊接电弧始终倾向于碳钢一侧,尽可能使可锻铸铁一侧半熔化区及热影响区窄小,避免半熔化区出现白口或淬硬组织;

(3) 降低焊缝的熔合比,焊接速度要快,焊接时不摆动,窄道多层焊,焊后轻击焊缝,消除应力;

(4) 严格控制工件温度在850℃以上的停留时间,避免可锻铸铁返回白口铸铁组织;采用镍基焊条可使可锻铸铁成分在焊缝中的比例减小;

(5) 焊接参数及工艺措施与灰铸铁焊接时相同。

6.5.2.2 CO_2 气体保护焊

牛产中常采用细丝 CO_2 气体保护焊焊接可锻铸铁与碳钢,这样可获得良好的焊接接头。以可锻铸铁 KTH350-10 与 35 钢的焊接为例,汽车工业生产中,越野车备胎拖架与螺栓的连接即属于此种情况,焊接时可选择直径 0.8~1.0 mm 的 H08Mn2SiA 焊丝的 CO_2 焊,也可用焊条电弧焊,选用 Z508 焊条。可锻铸铁 KTH350-10 与 35 钢焊接的工艺参数见表 6-24。

表 6-24 可锻铸铁 KTH350-10 与 35 钢焊接的工艺参数

焊接方法	焊接电压/V	焊接电流/A	焊接速度/$cm \cdot s^{-1}$	气压/MPa	气体流量/$L \cdot min^{-1}$	焊丝干伸长度/mm	送丝速度/$m \cdot min^{-1}$
焊条电弧焊	22	100	1	—	—	—	—
	20	130	1	—	—	—	—
CO_2 焊	21.5	98	2	0.294	11	8~10	5
	23	95	2	1.47	11	8~10	5
	22	96	2	1.47	11	8~10	6

可锻铸铁与碳钢 CO_2 气体保护焊要注意以下几个问题：

（1）焊接起弧处和收弧处，最容易出现缺陷，一是起弧要搭接，二是要填满弧坑；

（2）要保证 CO_2 气体纯度，使用预热器能有效地保证低氢性的特点；

（3）尽量使用0.8 mm 的细焊丝，少用 1.0 mm 的焊丝，这样能保证铸铁与钢焊接的质量。

6.5.3　球墨铸铁与碳钢的焊接

球墨铸铁中的石墨呈球状，对基体的割裂作用和应力集中比灰铸铁小得多，基体抗拉强度可达 400 ~ 600 MPa。但是，球墨铸铁中的球化剂（如镁、稀土及硅钙合金等）起阻碍石墨化作用，所以球墨铸铁白口化倾向更大。球墨铸铁与碳钢焊接时，半熔区更容易形成白口层，奥氏体区更容易形成马氏体组织，由此引起更大的裂纹倾向。另外，球墨铸铁的强度高，对焊缝金属强度的要求也相应提高。

球墨铸铁与碳钢的物理性能、化学成分有很大差别，焊接时在碳钢一侧熔合区附近会集聚很大的应力，因此焊接接头容易产生裂纹，严重时焊缝与母材金属可能出现“剥离”现象。

球墨铸铁与碳钢焊接时，一般预热温度在 500 ~ 700℃，焊接过程要保温，焊后要缓冷。采用焊接方法有焊条电弧焊、氧 - 乙炔气焊、CO_2 气体保护焊、真空扩散焊和钎焊等。

6.5.3.1　焊条电弧焊

对球墨铸铁和可锻铸铁焊前准备时可用喷丸方法去除铸铁表面的氧化皮。为保证接头质量，往往采用电弧热焊法，焊前预热 500 ~ 700℃。

如果选择塑性好、抗裂性高的镍基合金焊条时，球墨铸铁与碳钢焊接也可采用电弧冷焊法。

采用电弧冷焊的主要特点是生产率高，但是，要获得优质的焊接接头，必须注意以下几个问题：

（1）电弧冷焊冷却速度快，球墨铸铁中的球化剂严重阻碍石墨化过程，焊缝容易出现白口组织；电弧冷焊时出现的白口组织不仅影响机械加工，而且收缩率大，焊接变形大，在焊接应力作用下，焊缝极易产生裂纹，靠近球墨铸铁母材一侧的熔合区裂纹倾向尤为严重。

（2）为防止异质焊缝出现白口组织，通常选用高钒焊条（Z116、Z117）和镍铁焊条（如 Z408 或 Z438），焊缝的抗裂性能和机械加工性能明显地得到改善。

（3）焊前选用直径 1.0 mm 的 H08Mn2SiA 焊丝，先在球墨铸铁坡口上堆焊过渡层。堆焊过渡层的工艺参数为:焊接电压 18 ~ 20 V,焊接电流 95 ~ 105 A,焊接速度 0.28 ~ 0.33 cm/s。为了确保堆焊层质量,两个相邻堆焊焊道的宽度应重叠 1/3 为佳。

(4) 电弧冷焊时,将堆焊好的球墨铸铁件与碳钢严格定位,接头根部间隙为 3 ~ 8 mm。然后用 J506(E5016)或 J507(E5015)焊条进行焊接,为了防止焊接接头处产生角变形,应进行双面焊。

(5) 球墨铸铁焊后应立即放入 590 ~ 650℃ 的加热炉中,升温到 900℃,保温 2 ~ 4 h,冷却到 700℃时保温 5 h,再炉冷到 590℃,然后在空气中冷却,有利于获得好的效果。

图 6-2 为球墨铸铁与碳钢的焊接接头,先用镍基焊条在球铁坡口上堆焊过渡层,然后将碳钢板与之装配,留有足够间隙,图 6-2*a* 间隙为 3 mm,图 6-2*b* 间隙为 8 mm,最后采用 J506 焊条将焊缝填满。

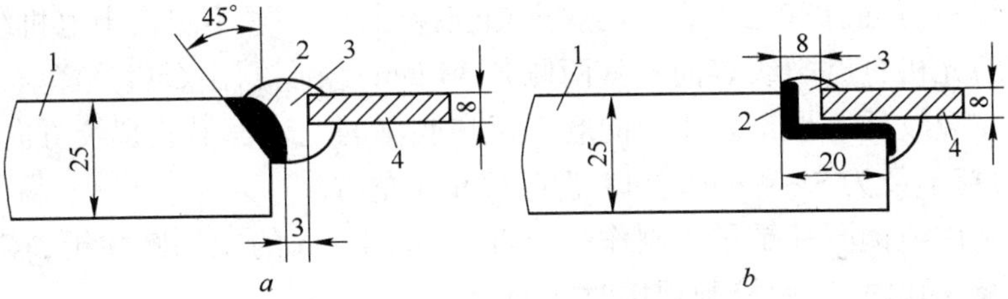

图 6-2 球墨铸铁与碳钢的焊接接头

1—球铁; 2—过渡层; 3—焊缝; 4—碳钢

6.5.3.2 CO_2 气体保护焊

以汽车传动轴万向节球墨铸铁(QT400-10)与 15 钢的焊接为例,在生产中,可采用药芯焊丝 CO_2 气体保护焊方法施焊。

首先堆焊过渡层,采用含钒的小直径铸铁焊条(如 Z116、Z117 等),小电流、浅熔深,严格控制熔合比。然后用 CO_2 气体保护焊将坡口焊满,采用直径0.8 mm的药芯焊丝,熔敷金属化学成分见表 6-25。最后对接头进行 920℃ ×3 h 或 720℃ × 4 h 热处理并随炉缓冷。

表 6-25 管状药芯焊丝与铸铁焊条熔敷金属的化学成分(%)

材料	化学成分						过渡系数	熔敷系数
	V	Si	Mn	C	S	P		
药芯焊丝	10.44	0.63	0.44	0.23	0.017	0.015	90	36
高钒焊条 Z116	12.5	1.42	0.15	0.24	0.023	0.042	76	—

6.6　铸铁材料焊接的实例

6.6.1　灰铸铁电机底座的焊接

某厂的灰铸铁电机底座在使用过程中产生了一条长度约 300 mm 的裂纹。该裂纹从底座一端开始，沿地脚螺栓孔附近向内延伸，影响设备正常使用。灰铸铁电机底座的铸造组织疏松，碳含量高，底座厚度又大，焊接后容易产生淬硬组织和裂纹。并且地脚螺栓孔的加工很困难。根据现场情况，采用焊条电弧预热焊进行修复。

6.6.1.1　焊前准备

焊前准备如下所述：

(1) 确定裂纹的准确位置。清除底座上的油污后，用氧－乙炔火焰烧掉油污，再用棉纱和砂纸擦拭干净，然后用煤油渗透法确定裂纹准确位置，用直径 ϕ8 mm 钻头在裂纹的前端钻一个止裂孔，防止裂纹扩展。

(2) 焊前清理。首先用氧－乙炔火焰烧掉煤油，注意不要伤害电机绕组，然后再用角向磨光机打磨裂纹表面及其两侧各 30 mm 范围，露出金属光泽。

(3) 在裂纹处开坡口。用角向磨光机在底座的上表面沿着裂纹方向打磨出 U 形坡口，底部半径为 3～4 mm，上口宽度 20 mm 左右。

(4) 制作纯铜圆柱销子。制作一个直径 ϕ2.4 mm 的纯铜圆柱销，轻轻压入坡口边缘的螺栓孔内，以便控制焊接时孔的形状和尺寸。

6.6.1.2　焊接工艺要点

A　焊条的选择及烘干

为了避免接头出现白口、淬硬组织和裂纹，焊接打底层和焊孔附近选用 Z308 (EZNi-1)纯镍焊条，填充层和其他部位选用 E5016 低氢碱性焊条，直径为 ϕ3.2 mm。

焊前将直径 ϕ3.2 mm 的 Z308 焊条进行 150℃ 烘干，保温 1 h；E5016 焊条 380℃烘干，保温 1.5 h，然后放在保温筒内，随用随取。

B　焊前预热

焊前将坡口两侧预热 150℃，预热时升温要缓慢、均匀，以免因升温过快产生微裂纹而成为裂纹源；焊前预热可降低焊缝金属的冷却速度，防止白口和裂纹的产生。

C　焊接顺序和方法

先从止裂孔的边缘向外焊(止裂孔处先不焊)，并采用多层多道、短道焊。使焊缝处于自由收缩状态。焊后立即锤击焊缝金属，尽量减小焊接应力，防止焊接裂纹的产生。

D　底座正面的焊接

焊接第 1 层采用 Z308 焊条，焊接电流 90～110 A，在坡口边缘处引弧，并采用小环形运条、适当的短弧焊接，每段焊道长 15 ~ 20 mm，缓慢熄弧，填满弧坑。

第 1 层焊接过程要缓慢，使焊缝金属厚一些，焊完一道立即清渣，迅速锤击。首先用一个端部半径为 1 ~ 1.5 mm 的尖锤放在焊缝金属上，再用一个 1 kg 的锤子锤击，使焊缝金属表面形成麻坑，在高温下延展。这样既可减小焊接应力，又可防止焊接裂纹和剥离现象的产生。锤击第 1 层焊道时，用力稍小一些。焊道温度降到 200 ~ 300℃时停止锤击，以免出现裂纹。待焊缝金属冷却到 60℃以下时，再焊接下一段，然后再锤击，以此方法焊完第 1 层。随后清理焊渣，检查有无焊接缺陷；如果出现裂纹等缺陷应进行修复，再焊接第 2 层。注意上下层的焊道接头要错开。

底座正面其他各层采用 E5016 焊条，焊接电流 90 ~ 110 A 进行短弧焊接，每段焊道长 30 ~ 40 mm，焊道之间及焊道与母材之间均要圆滑过渡。每焊完一段焊道，同样进行锤击消应力处理。依次焊完底座正面。

E　底座背面的焊接

（1）将电机底座翻转 180°，使底座的底面朝上，并垫平。用角向磨光机按前述方法磨制底座背面的坡口，当打磨到正面焊道时，再往下打磨 1 mm，检查有无焊接缺陷，若有缺陷将其磨掉后补焊背面。其焊接方法、焊接顺序等与补焊正面相同，焊平之后再焊满止裂孔，最后把背面焊道打磨平整。

（2）背面焊接补强板　气割 1 块厚度 12 mm 的碳钢板，其形状、尺寸与底座完全一样，并在碳钢板上钻 4 个直径 ϕ24 mm 的地脚螺栓孔，再有规律地钻一些直径 ϕ12 mm 的塞焊孔，然后把钢板与电机底座用螺钉、螺母紧固在一起，将底座与补强板进行塞焊连接。塞焊时要从底座中心向四周进行，将每个塞焊孔的周边焊满，孔不必焊满，焊后拆掉螺钉。

6.6.1.3　焊后检验

焊接后对焊缝进行 100% 射线（RT）和磁粉（MT）无损检测，合格率为 100%，焊缝外观成形良好；修补后的焊缝质量满足产品技术要求，几何公差精度符合设计要求。

6.6.2　灰铸铁与碳钢的焊接实例

6.6.2.1　灰铸铁与 Q235 低碳钢的电弧焊

生产中采用焊条电弧冷焊焊接灰铸铁与 Q235 低碳钢的操作工艺如下：

（1）首先在灰铸铁一侧坡口上用 Z116 或 Z208 焊条堆焊一层过渡层。焊条直径为 2.5 mm 时，焊接电流为 50 ~ 80 A；焊条直径为 3.2 mm 时，焊接电流为 70 ~ 110 A。

（2）堆焊过渡层时，坡口边缘与工件垂直线成 15°角，焊条与垂直线也成 15°角。在灰铸铁坡口上堆焊过渡层的顺序如图 6-3 所示。焊缝较长时，过渡层的焊接要分段、间隔、交错进行，每段过渡层冷却到 50 ~ 70℃时（用手触摸稍有温热感），再进行下一段焊道的焊接。

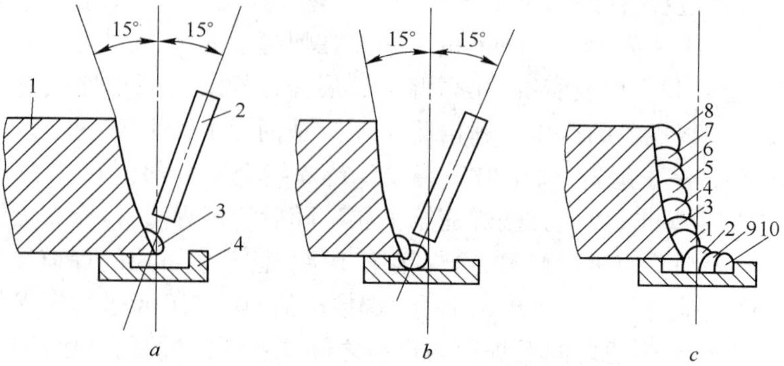

图 6-3　在灰铸铁坡口上堆焊过渡层的顺序
a—堆焊第一道；b—堆焊第二道；c—以后各道顺序
1—灰铸铁（HT200）；2—填充材料（Z116 或 Z208 焊条）；3—第一道焊道；4—垫板

（3）过渡层焊好以后，用 J422（E4303）焊条或 J507（E5015）焊条在过渡层上堆焊一薄层中间层。焊接电弧指向前面的熔敷金属，焊条与铸铁母材的夹角为 30°～35°，焊条与低碳钢母材的夹角为 35°～40°，每段焊道长度约 20～40 mm，在平焊位置焊接为佳。

（4）中间层焊好以后，选用 J422（E4303）焊条或 J507（E5015）焊条把碳钢与中间层焊接起来，焊接时电弧应始终指向低碳钢母材，以使焊接接头温度分布合理。

（5）焊接过程中如果出现裂纹，要用电弧吹力把裂纹部分吹掉，重新焊接，直至没有裂纹为止。

（6）电弧冷焊后，用圆头小锤轻轻锤击焊缝周围，锤击方式是沿焊缝周围首尾相接，连续进行，这样有利于焊接应力的疏散和消除。焊缝周围 50～70 mm 范围覆盖石棉布或干砂缓冷。

6.6.2.2　铸铁和碳钢水管接头的焊条电弧焊

某公司在给排水工程安装和维修中经常遇到铸铁水管和碳钢水管的焊接，由于铸铁管本身可焊性较差，加上与碳钢管之间有较大的材质差异，致使焊接过程更易产生热裂纹和焊后冷裂纹，焊接难度较大。现场施工时为了满足焊接接头的使用性能、作业环境、施工成本和效率，选用钢芯铸铁焊条 Z208（EZC），采用交流焊条电弧焊工艺进行铸铁管和碳钢管接头的焊接。

针对管径大于 100 mm 铸铁管焊接接头的白口及裂纹问题，施焊时选用低碳钢芯强石墨化药皮的铸铁焊条 Z208，以提高焊缝的石墨化能力，消除白口；焊接中采用短弧、分段焊、对边热循环、锤击、焊后缓冷的工艺以减小应力、降低冷却速度，从而控制裂纹产生。

A 焊前准备

(1) 将施焊处的泥土、油漆、锈蚀、脏物和毛刺等清理干净,保持施焊部位清洁干燥,设置挡风板防止冷风侵袭;将焊条 Z208(EZC)放入 150 ~ 200℃的烘箱烘焙1 ~ 2 h。

(2) 对接焊时,铸铁管开 35° ~ 40°的 V 形坡口,碳钢管开 10° ~ 15°的坡口,底部修整圆滑,呈 U 型,钝边 3 mm;套管搭接焊时,若采用碳钢管内套,则在铸铁管端开 V 形坡口,角度为 20° ~ 25°;若采用碳钢管外套,不开坡口。

B 栽丝

当铸铁管直径大于 100 mm 时,应设置必要数量的螺丝以增加接头强度,防止熔合区剥离的发生,并提高其承受冲击负荷的能力。螺丝设置数量由管子周长决定,一般每间隔 50 mm 设置一根螺丝。螺丝设置的大小和位置由接头形式决定:采用套管搭接焊时,在铸铁管搭接重叠处钻孔攻丝、设置埋头螺丝(一般为壁厚的 2/3);采用对接焊时,铸铁管开好坡口后,在铸铁管坡口处设置埋头螺丝(一般为壁厚的 1/3)。

C 施焊工艺

施焊工艺如下:

(1) 定位焊。沿钢管的圆周每隔 60 ~ 100 mm,焊接长度 10 ~ 15 mm 交错定位焊缝。

(2) 堆焊过渡层。先在铸铁管一侧用钢芯铸铁焊条 Z208 堆焊一薄层作过渡层,焊条直径 ϕ3. 2 mm,焊接电流为 80 ~ 100 A。

(3) 堆焊中间层。在过渡层上再堆焊一层中间层,焊条直径为 ϕ4. 0 mm,焊接电流为 110 ~ 130 A。

(4) 焊缝施焊。分层施焊接头焊缝,焊条直径为 ϕ4. 0 mm,焊接电流为 110 ~ 130 A。

(5) 锤击。上述每层焊缝熄弧后,立即用 0. 5 ~ 1. 0 kg 的小锤轻快地锤击焊缝,以消除焊缝收缩应力,同时使焊缝组织致密。

(6) 焊平设置螺丝。接头焊缝完成后,将设置螺丝焊平,碳钢管上用 E5015 碳钢焊条,铸铁管上用钢芯铸铁焊条 Z208 施焊。

为了防止焊接接头冷却过快,出现裂纹,每道焊缝在锤击后趁接头红热时立即用事先准备好的熟石灰粉将接头部位埋没或迅速用保温石棉包扎好,缓慢冷却8 ~ 10 h。

D 施焊技术要点

施焊技术要点如下所述:

(1) 接头装配时,无论采用搭接还是对接方式,装配间隙应尽可能小。严格施行分段爬坡、间隔交错、对边热循环、焊后立即锤击及焊后缓冷的工艺措施,保证焊接时铸铁管端面均温，不使接头区任一处过热。

（2）施焊时焊条的方向应始终指向碳钢管，焊条与铸铁管的夹角为30°~35°，与焊缝夹角为35°~40°。

（3）若出现定位焊裂纹，可用同种焊条电弧切割，去除裂纹后，重新补焊。

（4）施焊时，实行短弧焊法，并将焊条角度、弧长和运条作相应变化，加速焊条和碳钢管的熔化，减少铸铁管的熔深，使热量刚好熔化铸铁管端面金属为最佳。

（5）焊接过程中若发现有裂纹等缺陷，立即用砂轮打磨掉，重新进行焊接。

6.6.3 柴油机球墨铸铁机体的焊接

某机车车辆厂柴油机机体为球墨铸铁结构。铸造过程中难免存在气孔、裂纹等缺陷，对铸铁件缺陷采用预热焊补，劳动强度大，生产成本高，且不能用于加工后铸铁件的焊补。采用焊条电弧焊不预热焊打底，然后用混合气体保护焊填充盖面，可以提高生产效率，降低生产成本，改善劳动条件，而且有利于加工后铸铁件的焊接修复。

6.6.3.1 裂纹的检查

焊前对柴油机机体铸件缺陷（主要针对裂纹）的检查主要是用5~10倍放大镜查出裂纹的起止点。或者将裂纹不明显的部位，用火焰加热到200℃左右，用热胀冷缩法将裂纹显示出来。也可以用煤油渗透法来检查，工件上渗煤油后，擦去表面的油渍，再撒上一层滑石粉，用小锤轻敲，不明显的裂纹也可以显露出来。

6.6.3.2 焊前准备

焊前准备如下所述：

（1）铸件退火。焊前铸件必须进行去应力退火处理。

（2）坡口加工。铸铁件存在气孔、砂眼、夹渣、缩松等缺陷需开坡口，坡口采用U形或V形，坡口尺寸必须包含整个缺陷。开坡口时可采用扁铲、手动砂轮或机加工等冷加工方法。如果铸件中有裂纹，应在裂纹两端钻止裂孔（孔径ϕ3~8 mm），止裂孔的上端用较大的钻头扩成喇叭口状，孔的深度必须超过裂纹深度，开60°V形坡口或X形双面坡口。

（3）焊前清理。焊前清除被焊处及缺陷附近表面的砂尘、油污等，可以采用清洗剂清洗，或氧－乙炔火焰烘烤，清洗后必须烘干。要保证焊道及其两侧约20 mm范围内无污物，打磨露出基体金属。

（4）焊条选择及电源要求。根据球墨铸铁的强度级别和焊补部位，打底层可选用Z308（EZNi-1）或Z408（EZNiFe-1）等纯镍或镍铁焊条，采用直流正接；填充层采用80% Ar + 20% CO_2混合气体保护焊，焊丝选用H08Mn2SiA，焊丝直径ϕ1.0 mm。

6.6.3.3　焊接过程

焊接过程如下：

(1) 焊前低温预热。焊前用氧－乙炔火焰将坡口及其两侧 100 mm 区域均匀预热到 150℃左右，注意不能使某一区域温度升得太快，这样能够均衡焊接区域的温度，有利于消除坡口内的油污及水分等杂质、控制白口、减小焊接热应力、使焊缝熔合良好。

(2) 焊接工艺参数。为降低焊接温度并使接头区熔合良好，应尽量采用小直径焊条施焊。根据缺陷大小，打底层选用 ϕ2.5 mm 或 ϕ3.2 mm 焊条。采用 ϕ2.5 mm 焊条时，焊接电流 75～85 A；采用 ϕ3.2 mm 焊条时，焊接电流 90～120 A。填充层焊接电流为 100～120 A。

(3) 焊后热处理。必要时应按有关要求进行焊后热时效处理，以确保接头质量。

6.6.3.4　操作技术要点

操作技术要点如下：

(1) 先用镍基焊条焊补缺陷，然后焊接打底层，厚度不小于 8 mm，焊接时采用间断焊，每段焊道长度不超过 50 mm。焊后立即去除焊渣，并锤击焊缝消除应力，待焊缝及周围温度降至 50℃左右（手感温热）时再焊接下一段。焊后将接头处打磨圆滑平整。

(2) 再次引弧应在焊缝上进行，弧长小于焊条直径，焊道宽度不超过焊芯直径的 2 倍。多层焊时，每层焊缝的趾端应仔细敲击，以防止熔合区裂纹，但不要碰伤焊件的加工面，并将层间焊渣清除干净，以防夹渣。

(3) 当焊缝中发现气孔、裂纹等缺陷时，必须用手动砂轮、凿子彻底清除干净，重新焊接。焊完过渡层并清理焊渣后，待焊接区温度手感温热时，方可用混合气体保护焊方法继续焊接。焊接过程中同样应锤击焊道，每次焊接长度不大于 100 mm，层间温度也应控制在 50℃左右，直至焊满为止。

6.6.3.5　注意事项

注意事项有以下几点：

(1) 焊条需按规定经过 150℃ ×1 h 烘干，随用随取。对厚度相差大及易变形部位的焊补，必要时应做相应的工艺性试验，严格执行工艺规程。

(2) 焊接环境必须干燥、清洁、光线充足、照明良好，最好在室温 15℃以上的室内施焊，一般不宜在露天作业，严禁在通风处施焊。

(3) 应做好必要的记录，检验部门应进行焊工资格认可、工艺监督及焊后检查工作。

焊后对球墨铸铁件较大缺陷的焊接质量进行超声波和射线探伤，完全达到设计要求，而且提高了生产效率，节约了修复成本。

6.6.4　球墨铸铁与碳钢的焊接实例

6.6.4.1　汽车传动轴的焊接

汽车传动轴的典型产品由球墨铸铁 QT400-15 与 20 钢管采用电弧冷焊工艺焊接而成。电弧冷焊工艺的技术要点如下：

（1）焊前对球墨铸铁 QT400-15 和 20 钢管的待焊接头处进行清理，除去油污、铁锈，使之露出金属光泽。接头清理范围为坡口及两侧 20 ~ 30 mm 处。

（2）选用高钒焊条（Z116）为填充材料时，焊后无裂纹。选用结构钢焊条时（J506 或 J507），焊缝有微裂纹，经修复后焊接接头的力学性能满足工艺要求。

（3）焊接时采用小电流，低电压，短弧焊，小传动轴焊一层，大传动轴焊两层。焊完第一层后稍冷片刻再焊第二层，避免接头区过热。

（4）焊后进行缓慢冷却，以免由于两种母材的线膨胀系数不同而产生裂纹。大批量生产传动轴时的焊后缓冷可在热处理炉中进行。

6.6.4.2　球墨铸铁与 15 钢的 CO_2 气体保护焊

球墨铸铁 QT400-15 与 15 钢的焊接，可采用 CO_2 气体保护焊。选用 H08Mn2SiA 焊丝为连接段填充材料时，需先在 QT400-15 球墨铸铁坡口上堆焊高钒焊条（Z116）过渡层，高钒过渡层能有效消除白口组织，焊接接头抗拉强度可达 431 ~ 441 MPa。选用高钒管状焊丝时，焊接接头抗拉强度可达 402 ~ 431 MPa。

生产实践表明，采用 CO_2 气体保护焊焊接球墨铸铁与碳素钢，由于焊丝熔化速度快，熔深浅，焊缝熔合比小，焊接参数调整方便，能准确地控制焊接热输入和焊缝截面尺寸。同时，CO_2 气流对焊缝及热影响区有冷却作用，有利于减小焊接接头的热应力及热影响区的宽度，对防止焊缝裂纹和改善焊接接头的加工性能有良好作用。

6.6.5　铸铁与不锈钢的焊接

6.6.5.1　铸铁与不锈钢焊接存在的问题

由于铸铁与不锈钢的焊接性较差，这两种材料焊接时容易出现下列问题：

（1）铸铁与不锈钢的焊缝中容易产生裂纹，焊接过程中如不采取工艺措施，可能出现焊缝与两种母材的“剥离”现象；

（2）铸铁与不锈钢的焊接接头中易出现脆化现象，使接头的力学性能明显降低；

（3）在铸铁母材一侧容易出现白口组织，增加了焊缝的脆硬性及机械加工的难度；

（4）在不锈钢母材一侧容易产生晶间腐蚀，严重时能引发裂纹；

（5）由于铸铁与不锈钢的线膨胀系数、冷却收缩量的不同，焊后变形较严重，在焊接应力作用下,容易产生裂纹甚至断裂。

采用电弧焊和电阻焊焊接铸铁与不锈钢时,不易获得满意的焊接接头。采用真空扩散焊方法可获得良好的焊接接头。

6.6.5.2 铸铁与不锈钢焊接的工艺要点

铸铁与不锈钢真空扩散焊的工艺参数见表6-26。

表6-26 铸铁与不锈钢真空扩散焊的工艺参数

被焊材料	焊接温度/℃	焊接时间/min	焊接压力/MPa	真空度/Pa
HT150 + 1Cr18Ni9Ti	900	10	1.5	1.33×10^{-4}
KTH300-6 + 1Cr18Ni9Ti	900	7 ~ 10	3.0	1.33×10^{-4}
HT150 + 12Cr18Ni9Ti	900	10	14.7	1.33×10^{-4}
KTH300-6 + 12Cr18Ni9Ti	900	7	29.4	1.33×10^{-4}
HT150 + 14Cr17Ni2	850	15	14.7	1.33×10^{-4}
QT400-15 + 12Cr18Ni9Ti	900	8	26.5	1.33×10^{-4}

注意事项:

(1) 铸铁和不锈钢的被焊接头处须清理干净,去除油污和锈蚀等,使之露出金属光泽;

(2) 焊接温度不要超过900℃,如温度过高,在不锈钢母材一侧产生严重的晶间腐蚀;

(3) 扩散焊时的真空度应不低于 1.33×10^{-4} Pa,否则焊缝中容易出现脆性化合物。

用真空扩散焊焊接灰铸铁 HT150 与 12Cr18Ni9Ti 不锈钢时,焊接接头的抗拉强度为 147 ~ 317 MPa;用真空扩散焊焊接可锻铸铁 KTH300-6 与 12Cr18Ni9Ti 不锈钢时,焊接接头的抗拉强度为 294 ~ 346 MPa;用真空扩散焊焊接灰铸铁 HT150 与 14Cr17Ni2 不锈钢时,焊接接头的抗拉强度为 147 ~ 314 MPa。

7 二次硬化高强钢的焊接

钢材强度越高,焊接性往往也越差,尤其是调质钢,调质处理(淬火+回火)所产生的变形很难矫正,也限制了它的应用。近年来一些性能优异的二次硬化超高强度钢的研发取得进展并受到人们的关注,如马氏体时效钢和沉淀硬化超高强度钢。这类钢材的屈服强度超过1000 MPa,具有很好的应用前景。因此,二次硬化高强度钢的焊接也引起人们的重视,特别是马氏体时效钢和9Ni-4Co型超高强度钢等的焊接。

7.1 二次硬化高强钢的分类及性能

7.1.1 二次硬化高强钢的分类

近年来,低合金高强度钢通过弥散强化、控冷控轧、微合金化、真空冶炼等技术手段,已从最初单一合金成分的C-Mn钢发展到具有多元合金成分以及微量元素(一般为Ti、Nb、V、Zr、B、N、RE等)的超高强度钢。例如著名的Cr-Ni-Mo-Mn系中碳调质钢4340(美国),屈服强度σ_s已超过1300 MPa,30CrMnSiNi2A(美国)钢的屈服强度σ_s也超过1000 MPa。但随钢材强度的大幅提高,塑性与韧性(尤其是断裂韧性)并不尽如人意,使其焊接结构的安全性受到质疑。因此很多情况下人们宁愿沿用强度较低但久经考验的传统钢种。

20世纪中期以来,一些性能更好的超高强度钢,如二次硬化型超高强度钢系列的马氏体时效钢和沉淀硬化超高强度钢先后被开发和应用。前者主要包括Cr-Mo-V系中合金马氏体热作模具钢,如4Cr5MoSiV、9Ni-4Co和10Ni-14Co等。著名的焊接结构用钢H11和H13(美国)即由4Cr5MoSiV和4Cr5MoSiV1演化而来。本章只阐述马氏体时效钢和9Ni-4Co型超高强度钢的焊接。

7.1.1.1 马氏体时效钢

马氏体时效钢是指以Fe、Ni为基,通过马氏体相变和时效,析出微小的金属间化合物而达到强化效果,屈服强度可高达2400 MPa以上,不失其韧性,而且具有良好的焊接性。我国已研制成功18Ni马氏体时效钢7021等一系列马氏体时效钢并获得应用。各类马氏体时效钢的化学成分见表7-1和表7-2。其中18Ni钢(250)根据用户要求可含有不同的Mo、Ti含量。

7.1.1.2 Ni-Co系高合金超高强度钢

Ni-Co系高合金调质钢是二次硬化型超高强度钢,通过淬火+回火析出合金碳化物以达到弥散强化效果。常见的有9Ni-4Co和10Ni-14Co合金系，典型Ni-Co系超高强钢的化学成分见表7-3。

表7-1　各类马氏体时效钢的化学成分

<table>
<tr><th rowspan="3">牌　号</th><th colspan="14">化学成分（质量分数）/%</th></tr>
<tr><th rowspan="2">Ni</th><th rowspan="2">Co</th><th rowspan="2">Mo</th><th rowspan="2">Ti</th><th rowspan="2">Al</th><th rowspan="2">C</th><th rowspan="2">Mn</th><th rowspan="2">P</th><th rowspan="2">S</th><th rowspan="2">Si</th><th rowspan="2">Nb</th><th>B</th><th>Zr</th><th>Ca</th></tr>
<tr><th colspan="3">加入量≤</th></tr>
<tr><td>18Ni（200）</td><td rowspan="4">17.5～18.5</td><td>8.0～9.0</td><td>3.0～3.5</td><td>0.15～0.25</td><td rowspan="4">0.05～0.15</td><td rowspan="6">≤0.03</td><td rowspan="3">≤0.20</td><td rowspan="3">≤0.01</td><td rowspan="3">≤0.01</td><td rowspan="6">≤0.10</td><td rowspan="4">—</td><td rowspan="6">0.003</td><td rowspan="6">0.02</td><td rowspan="6">0.05</td></tr>
<tr><td>18Ni（250）</td><td>8.5～9.5</td><td rowspan="2">4.6～5.2</td><td>0.30～0.50</td></tr>
<tr><td>18Ni（300）</td><td>8.0～9.0</td><td>0.55～0.80</td></tr>
<tr><td>18Ni（350）</td><td>12.0～13.0</td><td>4.0～4.5</td><td>1.40～1.80</td><td>≤0.10</td><td>≤0.005</td><td>≤0.005</td></tr>
<tr><td>20Ni</td><td>18.0～20.0</td><td rowspan="2">—</td><td rowspan="2">—</td><td rowspan="2">1.30～1.60</td><td>0.05～0.35</td><td rowspan="2">≤0.10</td><td rowspan="2">≤0.01</td><td rowspan="2">≤0.01</td><td rowspan="2">0.30～0.50</td></tr>
<tr><td>25Ni</td><td>25.0～26.0</td><td>0.15～0.35</td></tr>
</table>

表7-2　国产18Ni马氏体时效钢的化学成分（质量分数，%）

C	Si	Mn	Ni	Co	Mo	Ti	Al	S	P
0.01～0.027	<0.05	0.034～0.05	17.33～18.23	7.56～8.11	4.73～5.10	0.45～0.55	0.045～0.14	0.005～0.008	0.005～0.007

9Ni-4Co超高强钢实际上是在9Ni钢基础上添加Co以提高其马氏体转变温度（*M*s），添加Cr、Mo以提高淬硬性和强度性能，降C、Si含量以增强塑韧性并改善焊接性，结果达到了强度与韧性同步增长的效果。这种钢于1962年研制成功后即被列入美国AMS航空手册，推荐用于宇航、火箭发动机及导弹壳体、飞机结构件、潜艇壳体、机翼部件、装甲板簧等的专用材料，以取代40CrNi2MoA（AISI 4340）和45NiMo1VA（D6AC）中碳调质钢。

表7-3　典型Ni-Co系高合金超高强度钢的化学成分

钢　号	化学成分（质量分数）/%									
	C	Ni	Co	Cr	Mo	V	Si	Mn	P	S
25Ni9Co4CrMoV	0.24～0.30	7.0～9.0	3.5～4.5	0.35～0.65	0.35～0.60	0.06～0.12	0.10～0.35	0.10～0.35	≤0.010	≤0.010
30Ni9Co4CrMoV	0.29～0.34	7.0～8.0	4.25～5.00	0.90～1.10	0.90～1.10	0.06～0.12	0.10～0.35	0.10～0.35	≤0.010	≤0.010

上述两类钢的共同特点是具有超高强度、高断裂韧度和良好的焊接性。例如30Ni9Co4CrMoA(HP-9-4-30)淬火后550℃回火，抗拉强度达1520～1650 MPa，断裂韧度K_{IC}达100 MPa·$m^{1/2}$以上；18Ni(250)经过820℃固溶、480℃时效，抗拉强度达1785 MPa，断裂韧度K_{IC}达120 MPa·$m^{1/2}$。而且可不预热焊接，9Ni-4Co类钢焊后也只需作较为简单的消除应力回火即可，但马氏体时效钢的时效处理是必不可少的。

二次硬化超高强度钢的高比强度使其在诞生之初就受到一些工业部门的青睐，对某些需要减轻重量和体积的高值设备(如航空航天、火箭、导弹制造等)，很多情况下能减重1 kg或减薄1 mm也是极具竞争力的。

7.1.2　二次硬化高强钢的性能特点

7.1.2.1　马氏体时效钢的性能

马氏体时效钢按Ni含量的不同，又可以分类为18Ni、20Ni和25Ni三类。其中18Ni型又按Mo、Ti含量的不同形成1400 MPa、1750 MPa、2100 MPa、2500 MPa四个级别。

A　物理性能

马氏体时效钢的密度、熔点与不锈钢相近，线膨胀系数与低碳钢接近(比不锈钢小得多)，而热导率仅为低碳钢的40%。因此，焊接热循环对马氏体时效钢焊接应力与变形的影响大于低碳钢而小于不锈钢。

B　力学性能

几种马氏体时效钢的力学性能见表7-4和表7-5。可见这类钢不仅具有超高强度，而且塑性、韧性、缺口抗拉强度、断裂韧度与低温冲击性能都很高。热处理后得到的板条低碳(近于无碳)马氏体保证了足够的塑性、韧性；而经时效后形成的微小的金属间化合物Ni_3Mo、Ni_3Ti或强化相$(Ni,Fe)_3(Ti,Al)$则保证了基体较高的强度。

表7-4　18Ni钢板坯的力学性能

热处理制度	力学性能					
	抗拉强度/MPa	屈服强度/MPa	伸长率/%	断面收缩率/%	冲击韧性/J·cm^{-2}	断裂韧度K_{IC}/MPa·$m^{1/2}$
820℃×1 h空冷+480℃×3 h空冷	1690.5～1984.5	1587.6～1950.2	9.0～11.0	51.0～61.5	55.8～84.3	64.8～133

表 7-5 20Ni、25Ni 马氏体时效钢的力学性能(真空冶炼)

热处理	815℃ ×1 h +480℃ ×3 h	815℃ ×1 h+冷轧 50% +480℃ ×3 h	815℃ ×1 h+705℃ ×4 h +冷处理+435℃ ×1 h	815℃ ×1 h+冷轧 60% +480℃ ×3 h
屈服强度 /MPa	1750	1850	1800	1900
抗拉强度 /MPa	1800	1900	1900	2000
伸长率 /%	11	12	12	13
断面收缩率 /%	45	57	53	57
缺口抗拉强度 (K_{IC} >100 MPa)/MPa	2600	2750	2000	2550
断口强度/抗拉强度	1.4	1.5	1.1	1.3
冲击吸收功 /J	21 ~48	—	—	—

C 热处理性能

马氏体时效钢的热处理性能有如下特点:

(1) 马氏体时效钢的优良力学性能必须通过两步热处理方能实现。第一步先是加热到高温得到单相奥氏体(合金元素固溶于奥氏体中),冷却时转变为淬硬的马氏体组织,而且马氏体转变温度在室温以上。第二步是在一定温度下时效,从而析出所需的时效相。如不能得到较完整的低碳马氏体,而留有大量残余奥氏体,则基体强度和硬度都将显著降低;如不能通过第二步析出强化相,优良的综合力学性能将无从显现。因此,马氏体时效钢之所以成为时效强化钢,没有正确的热处理规范是不可能实现的。

(2) 三种马氏体时效钢的热处理性能也不一样,这是由于 Ni 含量不同使其残余奥氏体数量也不同之故。三种马氏体时效钢(18Ni 钢、20Ni 钢、25Ni 钢)的热处理规范如图 7-1 所示。18Ni 钢的残余奥氏体量最少,20Ni 钢则因残余奥氏体量增加,冷却到室温时相变尚未结束,须通过随后的冷处理(-70℃)方能使其转变完成。25Ni 钢固溶处理后的大量残余奥氏体须通过时效+冷处理(或冷加工变形+冷处理)的方法促使残余奥氏体转变为马氏体。

(3) 这三种马氏体时效钢的时效温度不同,18Ni 钢为 480℃,20Ni 钢为 450 ~480℃,25Ni 钢为 425 ~485℃。这三种时效钢的强化相(析出相)也有区别,18Ni 为 Ni_3Mo、Ni_3Ti 等,20Ni 钢和 25Ni 钢则为 $(Ni, Fe)_3(Ti, Al)$。

7.1.2.2 马氏体时效钢的用途

马氏体时效钢的高强度、高韧性、低的加工硬化率、优良的冷变形和切削加工性能,尤其是基体的良好塑性和高的缺口强度、断裂韧度使其对应力集中不敏感。较高的 Ni 含量又保证了其优良的低温韧性,可在 -196℃至时效温度(一般 400℃以下)区间工作,其冲击韧性(A_{KV})和断裂韧度(K_{IC})均两倍于普通调质高强度钢。

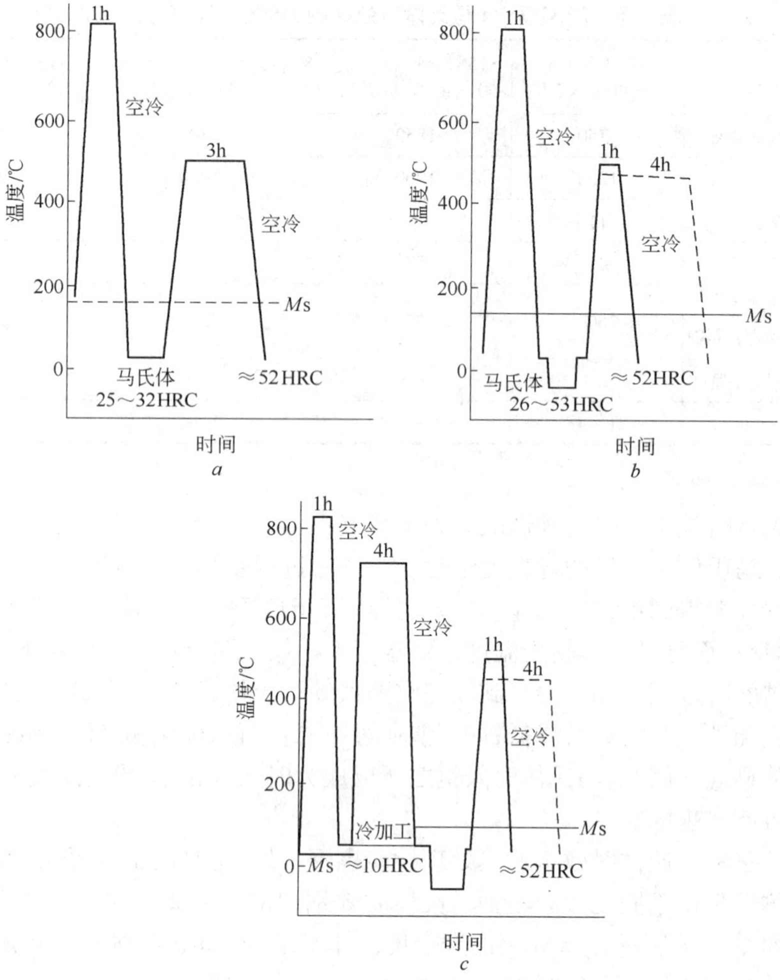

图 7-1　三种马氏体时效钢的热处理规范

a—18Ni 钢；*b*—20Ni 钢；*c*—25Ni 钢

马氏体时效钢的上述这些性能特别有利于用作要求比强度高、可靠性强、尺寸控制精确（可在退火状态下加工达到尺寸，再通过时效恢复其强度和硬度）的重要结构件。目前这类材料应用最多的领域是航空航天、火箭、导弹制造等对强度和焊接性都有很高要求的零部件，并可代替合金工具钢使用。

7.2　马氏体时效钢的焊接

7.2.1　马氏体时效钢的焊接性特点

马氏体时效钢的焊接性特点如下所述：

(1) 热裂纹敏感性。马氏体时效钢的热裂纹主要为焊缝热裂纹和热影响区液化裂纹,与 Ti 及杂质含量有关。一般认为低熔共晶 TiS 的存在是内因,而焊缝成形系数(当深宽比 >0.6 时)、根部间隙和拘束度是外因。焊接热循环对焊缝和热影响区热裂纹的产生同样有重要影响。由于发生 A→M 转变的温度范围 155 ~ 100℃,故应尽可能采用小热输入焊接,不预热,层间温度不大于 100℃。

(2) 焊缝金属的强度和韧性降低。焊缝金属的强度和韧性降低主要由于逆转奥氏体块(指在马氏体基体上弥散分布的奥氏体)的存在,而且其中的显微孔洞和夹杂物是促使断裂扩展的主要途径。这种情况多发生于含 Ti、Mo 较多的焊缝中。这是由于 Ti、Mo 使逆转奥氏体的转变温度下降,且 Ti、Mo 在焊缝中容易偏析,时效过程会促使在偏析严重的区域形成逆转奥氏体。选择焊接材料时对 Ti、Mo(尤其是 Ti)含量应引起特别关注。

(3) 热影响区的软化。马氏体时效钢的组织是通过 A→M→时效马氏体三个步骤形成的,在焊接热循环作用下可能发生过时效而产生逆转奥氏体,从而导致热影响区软化。在热影响区近缝区(>800℃区域)Ni 20% ~25% 钢中残余奥氏体的存在是第一个软化因素,再时效对这些奥氏体不起作用;在过时效区(750 ~600℃区域)逆转奥氏体的存在是第二个软化因素,用大热输入方法焊接时,热影响区软化很难避免(因逆转奥氏体的数量随热输入的增大而增加)。热影响区 600℃以下区域一般无软化现象。

(4) 接头应力腐蚀。马氏体时效钢在 1180 ~1380℃温度区间会产生对应力腐蚀非常敏感的热脆性区,使平面应变断裂韧度 K_{ISCC} 严重降低(仅为母材的 1/3,K_{ISCC}/K_{IC} 由母材的 0.655 降低到 0.358),但并不影响其韧性。热脆性区的形成与焊接过程中 Ti、Mo 等元素在晶界偏析和晶粒长大有关,而且不能以 820℃固溶处理来消除,而应经过多次固溶(如三次 900℃水冷)方能使晶粒细化。此外,TiS 和 NbN 等所引起的组分液化,也对应力腐蚀性能产生严重影响。

7.2.2 马氏体时效钢的焊接工艺

7.2.2.1 焊接特点

A 焊接方法

马氏体时效钢可以采用氩弧焊(TIG、MIG)和电子束焊(EBW)等方法焊接。由于这类钢要求采用小热输入焊接,故用钨极氩弧焊(TIG)较为合适。熔化极氩弧焊(MIG)有较高生产率,但保护效果不如 TIG,适用于中厚壁构件。埋弧自动焊接头的塑性和韧性较差,仅用于厚大件且对塑韧性要求不高的场合。电子束焊的真空环境优于 TIG 焊条件下的保护,而且热输入小、能量密度大、热影响区窄,也是理想的选择。马氏体时效钢一般不采用焊条电弧焊。

B 焊接材料及保护气体

a 焊接材料

应选用与母材有相近化学成分的焊材，而且必须严格控制 O、N（$<50\times10^{-4}\%$）、H（$<5\times10^{-4}\%$）的含量，并适度控制 Ti 的含量。为此，一般只能使用真空熔炼技术生产的焊丝。

b　保护气体

冷丝钨极氩弧焊可选用氩气保护，氩气含量不低于 99.99% 或 80% He + 20% Ar；热丝钨极氩弧焊可选用 75% He + 25% Ar 的保护气体。熔化极氩弧焊射流过渡用纯 Ar，短路过渡用纯 He。为改善熔滴过渡和电弧稳定性，有时也采用（98% ~97%）Ar +（2% ~3%）O_2或 CO_2 的混合气体，但易发生增碳、增氧，并与钛形成碳化物和氧化物在晶界析出，引起脆化并降低断裂韧度。

C　焊前准备

为避免杂质和气体 O、N、H 的污染，必须非常仔细地清理工件坡口、焊丝、送丝系统。清理后的焊丝宜置于充氩箱或真空箱贮存，随用随取。对保护气体的纯度和干燥度也必须得到保证，气路应保持干燥、排除空气。

7.2.2.2　焊接工艺及参数

A　钨极氩弧焊（TIG）

马氏体时效钢 TIG 焊的工艺参数见表 7-6（焊丝直径 1.6 mm，直流反接）。热丝焊时采用交流电源，电弧电压 5.5 ~6 V，焊接电流 135 ~170 A。焊缝背面通氩气保护。国产 18Ni 马氏体时效钢专用焊丝的化学成分见表 7-7。18Ni 钢焊接接头的抗拉强度和冲击韧性见表 7-8 和表 7-9，18Ni 钢焊缝和热影响区的断裂韧度见表 7-10。

表 7-6　马氏体时效钢 TIG 焊的工艺参数

板厚 /mm	接头形式	焊层数	电弧电压 /V	焊接电流 /A	焊接速度 /cm · min^{-1}	送丝速度 /cm · min^{-1}	保护气体 /%	备注
2	对接开 I 形坡口	1	10 ~12	150	17.8	25.4	Ar	冷丝
	单面 V 形坡口 间隙 1.0 mm 坡口角 90°	1	10 ~12	120	28.0	25.4	Ar	冷丝
		2	10 ~12	150	28.0	25.4	Ar	冷丝
13	单面 U 形坡口 间隙 1.5 mm 坡口角 30° 坡口圆角半径 2.3 mm	1	9 ~10	100	20.3	25.4	He 80 + Ar 20	冷丝
		2	9 ~10	150	20.3	25.4	He 80 + Ar 20	冷丝
		3 ~5	9 ~10	200	20.3	51	He 80 + Ar 20	冷丝
		6 ~12	9 ~10	225	20.3	76	He 80 + Ar 20	冷丝
15	单面 U 形坡口 间隙 1.5 mm 坡口角 30° 坡口圆角半径 4.0 mm	1	11 ~11.5	265	22.9	269	He 75 + Ar 25	冷丝
		2 ~6	11 ~11.5	400	35.6	414.0		冷丝

续表 7-6

板厚 /mm	接头形式	焊层数	电弧电压 /V	焊接电流 /A	焊接速度 /cm · min^{-1}	送丝速度 /cm · min^{-1}	保护气体 /%	备注
19	双面 V 形坡口 间隙 1.5 mm 坡口角 60° 坡口圆角半径 2.3 mm	1 ~ 10	10	340 ~ 400	30.5 ~ 38.1	152 ~ 178	Ar	冷丝
25	双面 U 形坡口 间隙 1.5 mm 坡口角 60°	1 ~ 30	10 ~ 12	210 ~ 230	10.2 ~ 15.2	50 ~ 61	Ar	冷丝

表 7-7 18Ni 马氏体时效钢专用焊丝的化学成分

类别	化学成分(质量分数)/%										
	Ti	Mo	Co	Al	C	Si	Mn	Ni	P	S	N
填充层	0.30	4.50	8.06	0.11	0.01	<0.05	0.05	17.04	<0.006	0.006	<0.005
打底层	0.08	4.87	8.08	<0.02	0.014	<0.05	痕迹	18.12	<0.005	0.0015	0.0066

表 7-8 18Ni 钢焊接接头的抗拉强度

接头形式	焊后经 820℃ ×1 h +480℃ ×3 h 热处理		焊后经 820℃ ×1 h +520℃ ×3 h 热处理	
	抗拉强度 /MPa	断裂位置	抗拉强度 /MPa	断裂位置
梯形坡口（带加强高）	1688 ~ 1734 (1721)	母 材	1866 ~ 1902 (1881)	母 材
梯形坡口（不带余高）	1637 ~ 1676 (1663)	焊 缝	1651 1676 (1662)	焊 缝
双 V 形坡口（带余高）	1748 ~ 1777 (1758)	母 材	1819 ~ 1887 (1859)	母 材

注：括号中的数字为试验平均值。

表 7-9 18Ni 钢焊缝金属的冲击韧性

冲击韧性	X 形坡口		V 形坡口		梯形坡口	
	室温	−40℃	室温	−40℃	室温	−40℃
a_{KV}/J · cm^{-2}	84 ~ 88 (85)	90 ~ 103 (99)	66 ~ 73 (68)	69 ~ 97 (79)	75 ~ 99 (91)	93 ~ 97 (95)

注：括号中的数字为试验平均值。

表 7-10　18Ni 钢焊缝和热影响区的断裂韧度

坡口形式	焊后热处理制度	试件宽度/mm	试件厚度/mm	裂纹长度/mm	裂纹深度/mm	名义应力/MPa	K_{IC}平均值/MPa·$m^{1/2}$
双 V 形坡口	820℃×1 h 520℃×3 h	29.8～30.1	3.62～3.72	7.5～8.8	1.66～1.98	1268～1564	123
梯形坡口		29.7～30.0	3.48～3.60	6.20～9.30	1.59～2.0	1135～1511	113
模拟 HAZ		21.3～21.7	3.30～3.60	8.18～10.33	1.97～2.20	1310～1557	150

B　熔化极氩弧焊(MIG)

马氏体时效钢熔化极氩弧焊(MIG)采用短路过渡、射流过渡和脉冲射流过渡等方式,焊接工艺参数见表 7-11。

表 7-11　马氏体时效钢 MIG 焊的工艺参数

板厚/mm	接头形式	焊接层数	电弧电压/V	焊接电流/A	焊接速度/cm·min⁻¹	送丝速度/cm·min⁻¹	焊丝直径/mm	保护气体	熔滴过渡形式
12.7	单面 V 形坡口 间隙 1.5 mm 坡口角 60°～80°	3～5	30～34	290～310	25.4	508～559	1.6	Ar	射流
		18	25	125	15.2～20.3	825	0.8	He	短路
19	单面 U 形坡口 间隙 2.3 mm 坡口角 45°	10	28	350～375	38.1～50.8	610	1.6	Ar 98% + $O_2$2%	射流
25.4	双面 V 形坡口 间隙 1.5 mm 坡口角 60°～80°	8	30～34	290～310	25.4	503～559	1.6	Ar	射流
		24	峰值 70 基值 20	平均 140	15.2	457	1.2	Ar 97% + $O_2$3%	脉冲射流

C　埋弧焊(SAW)

马氏体时效钢埋弧焊的焊丝应有较高 Ti 含量以还原焊缝金属。采用不含硅酸盐的碱性焊剂(不宜使用一般碱性焊剂),推荐的焊剂配方见表 7-12。马氏体时效钢埋弧焊的工艺参数举例见表 7-13。鉴于埋弧焊接头的塑性与韧性不如气体保护焊,多层焊时易诱发焊道下裂纹,故马氏体时效钢厚板焊接还是应尽可能以 MIG 焊代替埋弧焊。

表 7-12　马氏体时效钢埋弧焊的焊剂配方(质量分数,%)

Al_2O_3	$CaCO_3$	CaF_2	Mn_2O_3	Ti-Fe
37	28	15	14	6

表 7-13　马氏体时效钢埋弧焊的工艺参数举例

板厚/mm	焊接坡口	焊丝直径/mm	焊接电流/A	电弧电压/V	焊接速度/cm·min⁻¹	电源极性
19～31	V 形或 U 形双面坡口	3.2	500～600	27～30	25.4～30.5	直流反接

D 电子束焊(EBW)

18Ni 马氏体时效钢电子束焊的工艺参数和力学性能见表 7-14。一种直径 610 mm 马氏体时效钢筒体和封头对接电子束焊的工艺参数见表 7-15。

表 7-14 18Ni 马氏体时效钢电子束焊接头的力学性能

等级	板厚/mm	状态	焊接层数	加速电压/kV	电子束流/mA	焊接速度/cm · min⁻¹	抗拉强度/MPa	屈服强度/MPa	断面收缩率 ψ/%
200	25.4	焊态	1	50	400	102	1041	1014	31
		焊后时效					1365	1351	13
		焊态	2	150	13	24	1158	1103	32
		焊后时效					1496	1462	14
250	2.54	焊态	1	30	65	102	1143	1143	21.2
		焊后时效					1892	1867	12.7
	7.62	焊态		150	20	150	1672	1672	—
		焊后时效					1827	1806	—
	12.7	焊态			17	42	1303	1248	30
		焊后时效					1800	1724	25
	25.4	焊后时效		50	320	102	1794	1766	27.8

表 7-15 直径 610 mm 马氏体时效钢筒体与封头对接电子束焊的工艺参数

板厚/mm	加速电压/kV	电子束流/mA	焊接速度/cm · min⁻¹	装配、焊接时间/min
6.4	20	290	152	48
25.4	50	320	102	49

7.2.3 马氏体时效钢的焊接实例

某制造厂航空压力容器采用 18Ni(250)马氏体时效钢制造,容器壁厚度 4 mm。

7.2.3.1 焊接工艺

采用钨极氩弧焊(TIG)进行焊接,接头处开梯形坡口。对接打底焊采用质量分数为 0.08% Ti 的焊丝,其化学成分(质量分数)为:w(Ti) = 0.08%,w(Mo) = 4.87%,w(Co) = 8.08%,w(Al) < 0.02%,w(C) < 0.014%,w(Si) < 0.05%,w(Ni) = 18.12%,w(P) < 0.005%,w(S) < 0.0015%,w(N) = 0.0066%,Mn 痕迹,焊缝背面 Ar 保护。填充层采用直径 1.2 mm 的 18Ni(250)焊丝,其化学成分(质量分数)为:w(C) ≤ 0.03%,w(Ni) = 18%,w(Mo) = 4.5%,w(Co) = 8%,w(Ti) = 0.30%,w(Al) = 0.1%,焊接 4 道,焊接工艺参数见表 7-16。

表 7-16　厚度 4 mm 的 18Ni(250)马氏体时效钢 TIG 焊的工艺参数

焊接层次	焊　丝	焊接电流/A	电弧电压/V	焊接速度/cm · min^{-1}
填充层	18Ni(250)（直径 1.2 mm）	145	11 ~ 12	15 ~ 18

7.2.3.2　焊接结果分析

马氏体时效钢压力容器的焊缝经射线探伤(RT)未发现任何缺陷,经时效处理后的焊缝断裂韧度见表 7-10 中的梯形坡口一栏,断裂韧度(K_{IC})平均值达到 3565 N · mm$^{-3/2}$,可以满足使用要求。

7.3　Ni-Co 系超高强度钢的焊接

7.3.1　Ni-Co 系超高强度钢的性能和用途

7.3.1.1　Ni-Co 系超高强度钢的性能

Ni-Co 系高合金超高强度钢属二次硬化型(淬火后的硬化和回火后析出合金碳化物的弥散强化)超高强度钢,典型钢种有 9Ni-4Co 型和 10Ni-14Co 型两类。其中使用较广泛的是 9Ni-4Co 型高合金超高强度钢。

A　9Ni-4Co 钢

该钢除含 9% Ni 和 4% Co 以外,还含有 Cr、Mo、V 等合金元素。美国标准对 9Ni-4Co 钢以含碳量进行分类,分别为含 C 0.20% 的 HP-9-4-20、含 C 0.25% 的 HP-9-4-25、含 C 0.30% 的 HP-9-4-30 和含 C 0.45% 的 HP-9-4-45。碳含量增加,可提高钢的淬硬性和强度,但冲击韧性相应降低。此类钢经 820 ~ 850℃ 奥氏体化后,在空冷条件下可形成低碳马氏体组织,经 500℃ 左右回火可产生二次硬化效应,获得超高强度和较高的韧性。其中 HP-9-4-20 和 HP-9-4-30 两种钢使用较多,它们都具有良好的焊接性、热稳定性,适用于在工作温度 370℃ 以下长期工作的结构件。

9Ni-4Co 钢是在 9Ni 钢基础上发展起来的。该钢的低温性能好,而 Co 还能部分取代 C 以达到固溶强化的目的。与中碳调质钢相比,该钢碳含量低,强度却很高。Co 使淬透性大大提高,残余奥氏体减到最少,“自回火”作用大大增强。

这类钢的焊接性较好,可在淬火 + 回火状态直接焊接,焊前不必进行退火处理。焊接接头的断裂韧度 K_{IC} 值高于同强度级别的低合金调质钢。少量 Cr、Mo 及微量 V 的加入可增强沉淀强化效果。碳在这类钢中仍然起着举足轻重的作用,图 7-2所示为 C 对 9Ni-4Co 钢强度和冲击韧性的影响。为了弱化碳对韧性的不利影响,可在 9Ni 基础上提高 Co 含量,减少 C 并适当增加 Cr、Mo,再加 Al、Ti 以细化晶粒,得到强度与韧性俱佳的新钢种,如 AF1410、K91970。部分 9Ni-4Co 钢的热处理工艺及力学性能见表 7-17。

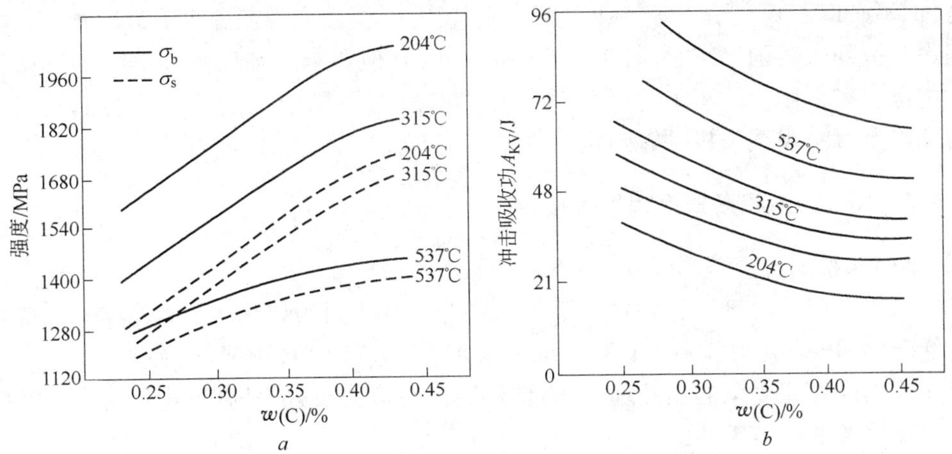

图 7-2 C 对 9Ni-4Co 钢强度和冲击韧性的影响

a—对强度的影响；*b*—对冲击韧性的影响

表 7-17 9Ni-4Co 钢的热处理工艺及其性能

钢 种	组 织	抗拉强度/MPa	热处理工艺
9Ni-4Co-0.25C	马氏体	1260 ~ 1470	870 ~ 930℃正火，829 ~ 857℃淬火，538℃二次回火
9Ni-4Co-0.30C (Cr, Mo)	贝氏体	1540 ~ 1680	927℃正火，816 ~ 927℃淬火，538℃二次回火
9Ni-4Co-0.30C (Cr, Mo)	马氏体	1540 ~ 1680	927℃正火，816 ~ 840℃淬火，-84℃冷处理，538℃二次回火
9Ni-4Co-0.45C	贝氏体	1820 ~ 1680	900℃正火，802 ~ 829℃淬火
9Ni-4Co-0.45C	马氏体	1960 ~ 2100	900℃正火，802 ~ 829℃淬火，-84℃冷处理，204℃二次回火

B 10Ni-14Co 钢

典型钢种是 16Ni10Co14Cr2Mo1，即著名的超高强度钢 AF1410，它是在 HY180 钢的基础上提高 C、Co 含量而得到的一种二次硬化型超高强度钢。该钢在空冷条件下可形成高位错密度的低碳板条马氏体，然后在 510℃ 时效析出细小且弥散分布的合金碳化物 M_2C 取代渗碳体 Fe_3C，从而获得高强度和高韧性。该钢的抗拉强度(σ_b)可达 1620 MPa 以上，断裂韧度(K_{IC})可达 143 MPa · $m^{1/2}$ 以上，抗应力腐蚀开裂时的 K_{ISCC} 为 84 MPa · $m^{1/2}$，比一般超高强度钢高出 3 倍以上。

7.3.1.2 Ni-Co 系高合金超高强度钢的用途

Ni-Co 系高合金超高强度钢被认为是自马氏体时效钢开发以来，在超高强度钢领域中的重要进展。这类钢对碳含量的限制远远没有其他马氏体时效钢那样严格，也不必以双真空冶炼等特殊手段才能制得，因而其应用范围也更为广阔。这类钢除了被列入美国宇航手册被优先选用以外，其他要求高强度和高韧性的厚壁钢结构也多有选用。10Ni-14Co 钢有更高的韧性，主要用于飞机及航天器的重要结构件以及海军舰载飞机的着陆钩。

7.3.2　Ni-Co 系超高强度钢的焊接特点

Ni-Co 系高合金超高强度钢有如下的焊接性特点。

（1）良好的焊接工艺性能。Ni-Co 系超高强度钢的焊接工艺性能良好，特别是低碳的 HP-9-4-20、HP-9-4-25、K91970、AF1410、25Ni9Co4CrMoV 钢等，不必进行焊前预热或焊后复杂的热处理，只需作焊后消除应力热处理即可，这是由于这类钢的高韧性及低碳马氏体的“自回火”效应所致。

（2）焊接接头强度和韧性有所降低。这类钢的主要焊接性问题是接头强度及韧性的降低。接头强度取决于焊缝成分及焊接热循环对热影响区的影响；韧性的降低则与焊缝中的杂质含量有关。由于母材成分不能改变，故决定焊缝成分及杂质含量的主要因素是焊接材料。一般认为焊接材料中的 Si 含量和杂质 P、S 含量必须得到严格控制，还有 O、N、H 及 C 含量也是导致韧性降低的重要因素，应严格限制。因此，与 18Ni 马氏体时效钢一样，这类钢焊接所用的焊丝也应以真空冶炼方式制得。

7.3.3　Ni-Co 系超高强度钢的焊接工艺特点

7.3.3.1　焊接方法

由于控制杂质（尤其 O、N、H 气体杂质）含量非常重要，故这类钢焊接一般不推荐采用焊条电弧焊、埋弧焊和熔化极氩弧焊（MIG/MAG），而应采用保护效果更好的钨极氩弧焊（TIG）、等离子弧焊（PAW）和电子束焊（EBW）。

7.3.3.2　钨极氩弧焊工艺特点

可在淬火 + 回火的母材原始状态下进行钨极氩弧焊，添加同质焊丝或 Ni-Co-Cr-Mo-V 焊丝，以增强焊缝性能，焊接过程中采用较小的热输入，焊后可进行消除应力退火处理。HP-9-4-20 超高强度钢 TIG 焊的工艺参数及焊缝金属力学性能见表 7-18 和表 7-19。

表 7-18　HP-9-4-20 超高强度钢 TIG 焊的工艺参数

焊丝		焊接电流 /A	电弧电压 /V	送丝速度 /cm·min⁻¹	焊接速度 /cm·min⁻¹	热输入 /kJ·cm⁻¹	保护气体 Ar	层间温度 /℃
牌号	直径/mm							
HP-9-4-20	1.6	300 ~ 350	10 ~ 12	508 ~ 762	12.7 ~ 25.4	7.9 ~ 9.4	> 99.99	≤100

注：Ar 气流量 20 ~ 24 L/min。

表 7–19 HP –9 –4 –20 超高强度钢 TIG 焊缝金属的力学性能

板厚/mm	抗拉强度 σ_b/MPa	屈服强度 σ_s/MPa	伸长率 δ_5/%	断面收缩率 ψ/%	冲击吸收功 A_{KV}/J	
					20℃	-63℃
25.4	1426	1281	17	59	86	68
25.4	1453	1399	20	65	87	75
50.8	1440	1378	18.5	60	80	78

7.3.3.3 电子束焊工艺特点

与焊接 18Ni 马氏体时效钢一样，电子束焊也非常适用于 Ni-Co 系高合金超高强度钢的焊接。一般焊前不预热，焊后可仅作消除应力退火处理。

7.3.4 Ni-Co 系超高强度钢的焊接实例

某厂制造 HP-9-4-25 超高强度钢焊接容器，可采用氩弧焊（TIG、MIG）或电子束焊（EBW）进行焊接，应用情况如下。

7.3.4.1 工况条件

某容器内径 610 mm，壁厚分别为 6.4 mm 和 25.4 mm，采用 HP-9-4-25 高合金超高强度钢为容器主体材料。

7.3.4.2 焊接工艺

采用钨极氩弧焊（TIG）、熔化极氩弧焊（MIG）或电子束焊（EBW）方法进行焊接。这三种焊接方法的工艺参数列于表 7–20 和表 7–21。

表 7–20 直径 610 mm HP-9-4-25 钢容器筒体和封头 TIG、MIG 焊的工艺参数

焊接方法	焊接电流/A	电弧电压/V	送丝速度/cm·min^{-1}	Ar 气流量/L·min^{-1}	焊接速度/cm·min^{-1}	焊道数	
						板厚 6.35 mm	板厚 25.4 mm
TIG	230	17	167.6	24	25.4	3	28
MIG	300	24	381.8	24	38.1	2	19

表 7–21 直径 610 mm HP-9-4-25 钢容器筒体和封头电子束焊的工艺参数

板厚/mm	加速电压/kV	电子束流/mA	焊接速度/cm·min^{-1}	装配、焊接时间/min
6.35	20	160	76	50
25.4	23.5	300	19	65

电子束焊方法无论焊缝质量还是在总体成本上都强于氩弧焊。电子束焊的优势主要体现在工时上，以直径 610 mm、厚度 25.4 mm 对接焊接头为例，采用 TIG、MIG 和电子束焊的装焊与清理时间分别为 704 min、444 min 与 65 min，电子束焊明显占优。

8 高硬度耐磨钢(合金)的焊接

随着现代工业的发展,机械零部件(如农机具、矿山机械、工程机械、钻探机械等)常处于复杂和苛刻的条件下工作,大量的机械装备往往因磨损、磨蚀而报废。据不完全统计,能源的1/3到1/2消耗于摩擦与磨损,造成了原材料的大量消耗和巨大的经济损失。因此,掌握新型的耐磨材料焊接技术,对于提高耐磨零件的使用寿命和降低由于磨损造成的损失具有重要的意义。

8.1 高硬度耐磨钢(合金)的种类及性能

8.1.1 高硬度耐磨钢(合金)的种类

金属材料仍然是耐磨零件的基本材料,通过对各种合金进行加工合成和热处理可以改变金属内部的显微结构,形成不同的相组成,满足耐磨性能的使用要求。高硬度耐磨钢种类繁多,大体上可分为高锰耐磨钢,中、低合金耐磨钢,铬钼硅锰钢等。一些通用的合金钢如马氏体不锈钢、轴承钢、合金工具钢及合金结构钢等也可在特定的条件下作为耐磨材料使用。由于这些材料性能优良,在耐磨钢的使用中占有一定的比例。

8.1.1.1 高锰耐磨钢

高锰耐磨钢含C 0.9%~1.3%,含Mn 11%~14%,是一类传统的耐磨钢,经水韧处理后可获得单一的奥氏体组织,具有优良的韧性,抗冲击后形成马氏体,又具有很高的耐磨性。常用耐磨高锰钢的化学成分及力学性能见表8-1。

表8-1 常用耐磨高锰钢的化学成分及力学性能

牌号	化学成分(质量分数)/%					力学性能					
	C	Mn	Si	S	P	抗拉强度/MPa	屈服强度/MPa	伸长率/%	断面收缩率/%	冲击功/J	硬度HB
ZGMn13-1	1.1~1.5	11~14	0.3~1.0	≤0.05	≤0.09	343~392	294~490	0.5~5	0~2	9.8~29.4	200~300
ZGMn13-2	1.0~1.4										
ZGMn13-3	0.9~1.3		0.3~0.8		≤0.08						
ZGMn13-4	0.9~1.2				≤0.07						

提高高锰钢中的C含量可提高耐磨性,但韧性降低,裂纹敏感性增大。Mn元素能够起到扩大γ相区、稳定奥氏体的作用。Mn含量的选择主要取决于碳含量及零件的使用条件,适当控制Mn/C比,以保证获得奥氏体组织。Mn/C比一般控

制在9~11。对于耐磨性要求较高、冲击韧性要求较低、形状不复杂或薄壁的零件,碳含量1.2%~1.3%,Mn含量11%~14%,Mn/C比取低值。而对于冲击韧性要求较高,耐磨性要求较低、形状复杂或壁厚的零件,碳含量可选用0.9%~1.1%,Mn含量10%~13%,Mn/C比可适当提高。

Si能提高耐磨高锰钢中固溶体的硬度和强度,对提高钢的冷作硬化能力的作用较强,因而可提高钢的耐磨性。但高锰钢中Si含量较高时,容易出现晶界碳化物,影响使用寿命。

耐磨高锰钢中尽量降低P含量。因为P在高锰钢中的溶解度很低,当钢中P含量较高时,将沿晶界析出易溶的共晶磷化物,使力学性能和耐磨性降低,零件开裂倾向显著增大。磷化物的出现与钢中C含量有关,C含量越高、P含量应越低。降低P含量,可提高高锰钢的塑性、韧性和耐磨性。

根据不同用途和要求,还发展了一些其他耐磨高锰钢品种,如低磷、低硫以及向钢中加入Cr、V等元素,以提高高锰钢的耐磨性。这些高锰钢的化学成分和力学性能见表8-2。

表8-2 特殊耐磨高锰钢的化学成分和力学性能

序号	化学成分(质量分数)/%							力学性能		
	C	Mn	Si	S	P	Cr	V	抗拉强度/MPa	伸长率/%	硬度HB
1	0.9~1.2	11~14	≤0.8	≤0.04	≤0.07	—	—	≥735	≥35	≥170
2	0.9~1.3		≤0.8	≤0.04	≤0.05	1.5~2.5	—	≥735	≥35	170~223
3	1.0~1.4	10~13	≤0.8	≤0.04	≤0.07	2.0~3.0	0.4~0.7	≥735	≥20	≥212
4	1.9~1.4			≤0.05	≤0.12	—	—	833~990	40~60	185~220

8.1.1.2 中、低合金耐磨钢

中、低合金耐磨钢中通常含Si、Mn、Cr、Mo、V、W、RE等元素,有低碳低合金钢、中碳钢和中碳低合金钢、高碳低合金钢。其中低碳低合金钢主要有14MnMoVB、20Mn、20CrMo等,用于要求有一定焊接性的耐磨构件,如矿用载重车厢、输煤槽、洗煤设备、齿轮等。

Mn含量较高的优质碳钢,如35Mn、40Mn、45Mn等,可用于制造齿轮、轴类以及拖拉机、推土机的驱动轮、导向轮与履带板等。锰钢、硅锰钢和铬锰硅钢也常用于耐磨场合,如40Mn2、42SiMn可用于制造轴类零件、铲车铲刀、矿用取料机斗口板等。

对于耐磨性要求高的零件,可采用高碳低合金钢,如50Mn2B、CrWMn等,用于制造柴油机的柱塞泵喷油嘴、凿岩机的活塞。铬锰硅钼、铬锰钼系低、中合金耐磨钢常用于制造球磨机衬板。

常用中、低合金耐磨钢的化学成分及应用见表 8-3。

表 8-3　中、低合金耐磨钢的化学成分及应用

牌　号	化学成分(质量分数)/%							应用范围
	C	Mn	Si	S(不大于)	P(不大于)	Cr	其他	
ZG40SiMn	0.35~0.45	1.2~2.0	0.7~1.1	0.03	0.03	—	—	直径小于 2.4m 的球磨机衬板
ZG30CrMnSiMoTi	0.28~0.35	1.2~1.7	0.8~1.2	0.05	0.05	1.0~1.5	Mo 0.25 Ti 0.06~0.12	直径小于 3.2 m 的湿式球磨机衬板,水泥磨机衬板
ZG30Cr2MnSiMoTi	0.28~0.35	1.2~1.7	1.2~1.6	0.05	0.05	1.8~2.2	Mo 0.25 Ti 0.06~0.12	直径大于 3.2 m 的湿式球磨机衬板,水泥磨机衬板
ZG40CrMnSiMoRE	0.35~0.45	0.8~1.6	0.8~1.2	0.05	0.04	0.8~1.5	Mo 0.3~0.5 RE 0.03~0.08	电厂磨煤球磨机衬板
ZG42CrMn2SiMo	0.38~0.45	1.5~1.8	0.9~1.5	0.04	0.04	0.9~1.4	Mo 适量	直径小于 3.2m 的湿式球磨机衬板,矿石硬度中等以下
ZG60CrMnMoCuRE	0.55~0.65	0.8~1.2	—	0.04	0.04	1.0~1.5	Mo 0.3~0.5 RE 0.04~0.08	电厂磨煤球磨机衬板
ZG85Cr6MnSiMoCu	0.7~1.05	1.0~1.3	0.8~1.2	0.05	0.05	5.0~7.5	Mo <0.5 Cu <1.0	直径大于 3.5 m 的水泥磨机筒体衬板
50Mn2B	0.45~0.6	2.2~2.8	1.0	0.07	0.04	—	B 0.0005	轧制成直径小于 60 mm 的磨球,比碳素钢球耐磨性提高 2 倍
45Mn2	0.45	—	2.0	—	—	—	—	制作直径 60~100 mm 的水泥磨机用磨球
CrWMn	0.9~1.1	0.8~1.1	0.1~0.3	0.03	0.03	0.9~1.2	W 1.2~1.6	
40Cr	0.38~0.43	0.4~0.9	0.15~0.5	0.04	0.04	0.7~0.9	—	制作直径 5~8 mm 磨球

8.1.1.3　高碳高合金钢

高碳高合金钢主要用于耐磨性要求很高的零件,例如 W18Cr4V、W6Mo5Cr4V2 钢,用于制造切削工具、重负荷柴油机喷油嘴的油针等。

通过向高碳高合金钢中添加提高淬透性的合金元素,能够得到马氏体组织,获得较高的硬度。如 Si-Mn-Cr-Mo-Ni 马氏体耐磨铸钢,化学成分(质量分数)为:C 0.4%~0.6%,Mn 1.3%~1.5%,Si 0.7%~1.0%,Cr 0.7%~0.9%,Mo 0.25%~0.75%,Ni 1.5%。这种钢具有很强的淬透性,厚度为 125 mm 的铸件,空冷时能够得到马氏体,可用于厚大抗磨件。其硬度远超过珠光体耐磨钢,且具有一定的韧性,能适应冲击磨损的使用条件。

铬钼钒锰钢、高碳铬钼钒锰钢在用于制造水泥磨机粗磨仓衬板时表现出较高的耐磨性。在较高温度(例如 200~500℃)的磨料磨损条件下工作的工件或由于摩擦热使表面经受较高温度的工件,可采用铬钼钒、铬钼钒镍或铬钼钒钨等合金耐磨钢,这类钢淬火后,经中温或高温回火时,有二次硬化效应。美国很多大中型球磨机的衬板都用铬钼硅锰或铬钼钢制造,而大多数磨球都用高碳的铬钼钢制造。

8.1.1.4 耐磨合金

工业生产中采用的耐磨合金从化学成分上大致可分为铁基合金、镍基合金和钴基合金三类。耐磨合金制造的工件,除承受磨料磨损、金属与金属接触导致的粘着磨损及其他类型的磨损外,还要经受介质腐蚀和高温氧化作用。这些腐蚀产物和氧化物在接触工件而产生相对运动的过程中脱离基体金属,对工件也形成磨料磨损。耐磨合金的合金元素含量一般较高,尤其是钴基合金和镍基合金。因此,生产中为了节约合金资源和提高经济效益,常在普通结构件上堆焊或喷涂一层耐磨合金或者用其他表面硬化工艺加上合金层。

耐磨合金一般用于在空气或低润滑液体中工作的耐磨工件,如石油化工设备、喷气机、内燃机、叶片、活塞等。表 8-4 列出几种耐磨合金的化学成分。

表 8-4 几种耐磨合金的化学成分

合金类型	合金系	化学成分(质量分数)/%									耐磨层硬度 HRC
		C	Mn	Si	Cr	Ni	Mo	W	其他	余量	
铁基合金	W9B	1.5~3.5	—	—	—	—	—	8~10	≤1.0		≥50
	Cr4Mo4	2.5~4.5	—	—	3~5	—	3.5~5	—	—	Fe	≥55
	Cr5W11	≤3.0	—	—	4~6	—	—	8.5~14	—		≥60
	W45MnSi4	1.5~3.0	≤2.0	≤4.0	—	—	—	40~50	—	Fe	≥60
	W60	1.5~4.0	≤3.0	≤4.0	≤3.0	≤3.0	≤7.0	50~70			≥60
钴基合金	Co 基 Cr30W5	0.7~1.4	≤2.0	≤2.0	25~32	—		3~6	Fe≤5.0		≥40
	Co 基 Cr30W8	1.0~1.7	≤2.0	≤2.0	25~32	—		7~10	Fe≤5.0	Co	≥44
	Co 基 Cr30W12	1.75~3.0	≤2.0	≤2.0	25~32	—		11~19	Fe≤5.0		≥53
	Co 基 Cr30W9	0.2~0.5	≤2.0	≤2.0	25~32	—		≤9.5	Fe≤5.0		20~38
镍基合金	Ni-Cr-B-Si	0.3~0.7	—	2.5~4.5	8~12	余	—	—	B1.8~2.6	Fe≤4	40~50
	Ni-Cr-B-Si	0.6~1.0	—	3.5~5.5	14~8	余	—	—	B3.0~4.5	Fe≤5	≥55
	Ni-Cr-B-Si	≤0.15	—	2.5~4.5	8~12	余	—	—	B1.3~1.7	Fe≤8	20~30
	Ni-Cr-Mo-W	<0.1	—	—	17	余	Mo17	W4.5	Fe5	—	175~215HB
	Ni-Cu	<0.2	1.2~1.8	—	—	余	—	Cu27~29	Fe2~3	—	125~150HB

8.1.2　高硬度耐磨钢(合金)的性能特点

8.1.2.1　钢的耐磨性及其影响因素

影响钢耐磨性的因素很多,有外部条件,如载荷和磨料的类型、大小;也有内在因素,如钢的化学成分、热处理工艺和组织状态等。这些因素与耐磨性都有密切的关系。

A　碳含量

低于共析成分的碳钢,经正火或淬火 + 回火后,其耐磨性随碳含量的增加而提高。碳含量不同的钢,经热处理到相同硬度时,碳含量高的钢其耐磨性较好,抗磨料磨损的能力也随碳含量的增加而提高。钢的磨损量与其碳含量的关系见图 8-1。

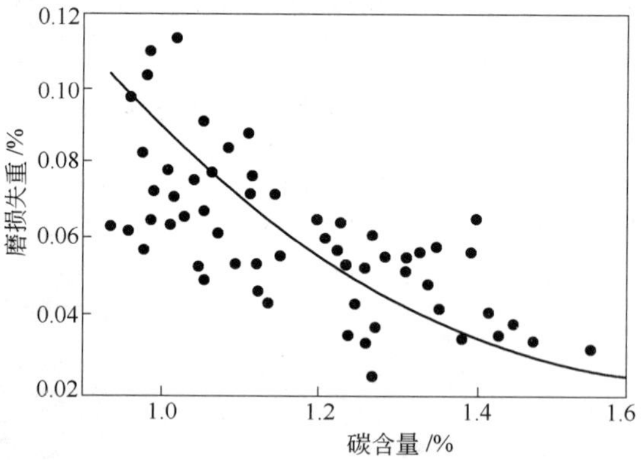

图 8-1　钢的磨损量与碳含量的关系

B　合金元素

在低合金钢中,合金元素对耐磨性的影响主要取决于它们的碳化物形成倾向以及在铁素体中的溶解度。一般来说,不形成碳化物的元素对耐磨性的影响较弱。但 Si 虽然不是形成碳化物的元素,但能起到提高钢的耐磨性的作用。在硅锰钢和铬锰钢中,适当增加 Si 含量对提高耐磨性比较显著。

Mn 是弱碳化物形成元素,在钢中只和铁及其他碳化物联合形成渗碳体型的碳化物。在低锰钢中,Mn 对耐磨性有所改善。在高锰耐磨钢中,Mn 起到扩大 γ 相区、稳定奥氏体组织的作用。一些和钢中碳有较强亲和力的元素,如 Cr、Mo、V、Ti、Nb 等,只要钢中有足够的碳,在适当的条件下,就形成各自特殊的碳化物。强碳化物形成元素是提高钢耐磨性的重要元素。

表 8-5 是不同合金元素的高锰钢圆锥破碎机衬板经 1000 ~ 1100℃ 水韧处理后使用寿命对比。

表 8-5 不同合金元素的高锰钢破碎机衬板水韧处理后使用寿命对比

钢 种	破碎机衬板直径/mm	岩石硬度系数 f	平均寿命/h
ZGMn13	2100	16 ~ 18	454
ZGMn13Cr2	2100	16 ~ 18	597
ZGMn13	1650	8 ~ 14	1300 ~ 2500
ZGMn13Cr2	1650	8 ~ 14	3418

C 碳化物

碳化物的类型是影响耐磨性的关键因素。特殊的合金碳化物比普通渗碳体的耐磨性明显提高。例如,当钢中的碳化物形成元素与碳的原子百分比增加时,随着由普通渗碳体成为特殊碳化物(例如 $Fe_3C \rightarrow Cr_7C_3 \rightarrow Cr_{23}C_6$),耐磨性均有明显的提高。在碳化物相成分不变时,提高铁素体中合金元素含量,耐磨性的改善并不明显。但组织为马氏体+碳化物的钢,当碳化物形成元素与碳的原子百分比超过特殊碳化物所必须值时,则产生马氏体合金化,可进一步提高耐磨性。因此,为增加钢的耐磨性,可控制 Cr、Mo、V 的含量:$w(Cr)/w(C) \approx 1.8$,$w(W)/w(C) \approx 0.4$ 或 1.6;$w(V)/w(C) \approx 1$。

此外,钢的耐磨性还与碳化物数量和分布状态有关。当钢中出现网状碳化物,或各种形状的碳化物沿晶界析出,或大部分基体中缺乏分布均匀的碳化物时,都将降低耐磨性。

D 显微组织

钢的化学成分及热处理工艺对耐磨性的影响,最终是以组织状态反映出来的。一般来说,铁素体组织的钢耐磨性最差,马氏体组织的钢耐磨性较好,下贝氏体组织的钢耐磨性最好。经淬火+回火后获得回火马氏体组织的钢,比经正火后具有珠光体+铁素体组织的钢耐磨性显著提高。采用等温淬火可获得下贝氏体组织,因此在相同的硬度下,又比一般淬火+回火获得的马氏体组织具有更高的耐磨性。

钢中含有网状碳化物,其耐磨性下降。亚共析成分的珠光体钢,耐磨性随珠光体含量的增加而提高,而且随珠光体片层之间距离的减少而提高,即细珠光体组织比粗珠光体组织的耐磨性好。

以高锰耐磨钢为例,阐明其性能特点及应用。

高锰钢水韧处理后硬度并不高,约为 180 ~ 220HB,但若受到剧烈的冲击力或压力时,就会产生加工硬化现象,硬度值提高到 450 ~ 550HB。这与一般合金钢强度、硬度的提高主要是依靠固溶强化、沉淀强化、改变金相组织的热处理强化是不同的。高锰钢受到冲击力或压力时,在变形过程中会消耗继续冲击的力,阻止其传到更深的里层中去,使奥氏体在冷作下转变成马氏体或者转变为形成马氏体之前的过渡相,这个过渡相也是很硬的,所以层内仍保持优良的冲击韧性。因此即使零件磨损到很薄,仍能承受较大的冲击载荷而不致破裂。

水韧处理后的高锰钢,当再受到加热时,其力学性能会发生变化,如图 8-2 所示。当温度为 250℃时高锰钢的伸长率开始降低,约在 550℃左右塑性下降的最多,当然此时脆性也越大。抗拉强度在 250℃以前无大的变化,温度超过 250℃以后、随着温度的升高,强度几乎直线下降。一般认为,水韧处理后的高锰钢不宜超过 300℃的重复加热,如果要高锰钢在较高温度下使用,使它具有红热耐磨性,则必须采取其他措施,如在高锰钢成分中加入 Cr 4% 和 Ni 3% ~5%,但会使焊接性变差。

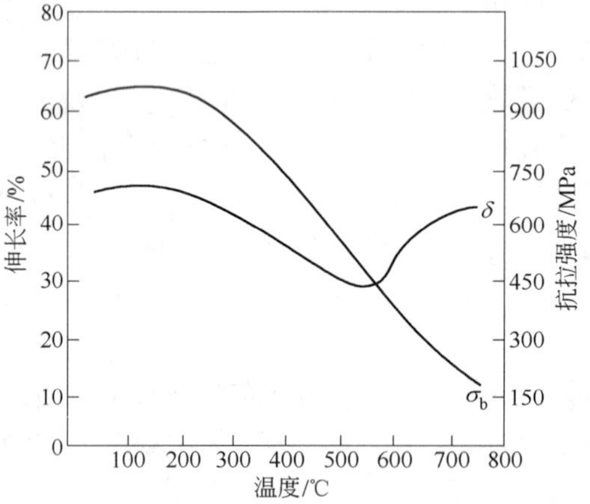

图 8-2 高锰钢的抗拉强度和伸长率与温度的关系

高锰钢加工硬化快,切削加工困难,一般限于铸件使用。常用于要求高耐磨性并承受冲击载荷的零件,如锤式和反击式破碎机的锤头、颚式破碎机的齿板、圆锥式破碎机的轧板、挖掘机斗齿以及球磨机衬板、路轨辙叉等。

高锰钢的抗压能力也很强,并且在受压过程中,随着压缩变形的增加,硬度随之增高。

8.1.2.2 耐磨合金的性能特点

A 碳化钨合金

碳化钨合金是由胎体材料和嵌在其中的碳化钨颗粒组成的。胎体材料可由铁基、镍基、钴基和铜基合金构成。碳化钨合金由 WC 和 W_2C 组成(一般含 C 3.5% ~4.0%,含 W 95% ~96%),有很高的硬度和熔点。含 C 3.8% 的碳化钨硬度达 2500HV,熔点接近 2600℃。

碳化钨合金有铸造碳化钨和以钴为黏结金属的粉末烧结成的粒状碳化钨两类。碳化钨合金具有非常好的抗磨料磨损性、很好的耐热性、良好的耐腐蚀性和抗低温冲击性。为了充分发挥碳化钨的耐磨性,应尽量保持碳化钨颗粒的形状,避免其熔化。高频加热和氧-乙炔火焰加热不易使碳化钨熔化,耐磨性较好。但是在电弧焊时,会使原始碳化钨颗粒大部分熔化,熔敷金属中重新析出硬度仅1200HV左右的含钨复合碳化钨,导致耐磨性下降。这类合金脆性大,容易产生裂纹,对结构复杂的零件应进行预热。

B 钴基合金

钴基合金又称为司特立合金(Stellite)。以Co为基本成分,加入Cr、W、C等元素组成的合金,主要成分为:C 0.7% ~3.0%,Cr 25% ~33%,W 3% ~25%,其余为Co。钴基合金耐磨层的基体组织是奥氏体+共晶组织。碳含量低时,耐磨层由呈树枝状晶的Co-Cr-W固溶体(奥氏体)初晶和固溶体与Cr-W复合碳化物的共晶体组成。随着碳含量的增加,奥氏体数量减少,共晶体增多。改变碳和钨的含量可改变耐磨合金的硬度和韧性。

含C、W较低的钴基合金,主要用于受冲击、高温腐蚀、磨料磨损的零件,如高温高压阀门、热锻模等。含C、W较高的钴基合金,硬度高、耐磨性好,但抗冲击性能低,且不易加工。主要用于受冲击较小,但承受强烈的磨料磨损、高温及腐蚀介质下工作的零件。

这类合金具有良好的耐各类磨损的性能,特别是在高温耐磨条件下的各类磨损。在各类耐磨堆焊合金中,钴基合金的综合性能最好,有很高的红硬性、抗磨料磨损、抗腐蚀、抗冲击、抗热疲劳、抗氧化和抗金属间磨损性能都很好。这类合金容易形成冷裂纹或结晶裂纹,在电弧焊和气焊时应进行200~500℃预热,对于含碳较多的合金选择较高的预热温度。等离子弧焊钴基合金时,一般不预热。尽管钴基合金价格很贵,仍得到广泛应用。

C 镍基合金

在各类耐磨合金中,镍基合金的抗金属-金属间摩擦磨损性能最好,并且具有很高的耐热性、抗氧化性、耐腐蚀性。此外,镍基合金易于熔化,有较好的工艺性能,所以尽管比较贵,仍应用广泛。根据其强化相的不同,镍基合金又分为含硼化物合金、含碳化物合金和含金属间化合物合金三大类。

(1) Ni-Cr-B-Si合金,即科尔蒙合金(Colomony),应用最广。它的成分为:C≤1.0%,Cr 8% ~18%,B 2% ~5%,Si 2% ~5%,其余为Ni。这种合金硬度高(50~60 HRC),在600~700℃高温下仍能保持较高的硬度;在950℃以下具有良好的抗氧化性和很好的耐腐蚀性。合金熔点低(约1000℃)、流动性好,容易获得稀释率低、成形美观的耐磨堆焊层。耐高温性能比钴基合金差,但在500~600℃以下工作时,它的红硬性优于钴基合金。这种合金比较脆,不能拔制焊丝,一般制成铸造焊条、管状焊丝或药芯焊丝,采用气焊、电弧焊、等离子弧等方法堆焊。合金层抗裂性差,堆焊前应高温预热,焊后缓冷。

(2) Ni-Cr-Mo-W合金,即哈斯特洛伊合金(Hastelloy),有很多种。一般采用哈氏 C 型合金,成分为:C >0.1% ,17% Cr,17% Mo,4.5% W,5% Fe,其余为 Ni。耐磨层组织主要是奥氏体 + 金属间化合物。加入 Mo、W、Fe 元素后,合金的热强性和耐腐蚀性明显提高。这种合金有很好的抗热疲劳性能,而且裂纹倾向比较小,但硬度不高,耐磨料磨损性能不好。主要用于耐强腐蚀、耐高温的金属 - 金属间摩擦磨损零件堆焊。

(3) Ni-Cu 合金,即蒙乃尔合金(Monel),一般含 70% Ni,30% Cu。硬度较低,有很高的耐腐蚀性能,主要用在耐腐蚀零件上。

8.2　高硬度耐磨钢(合金)的焊接性特点

大多数高硬度耐磨材料的焊接性较差,如高锰耐磨钢焊接时,容易产生两方面的问题,一是在焊缝区易产生结晶裂纹和在近缝区易产生液化裂纹;二是碳化物析出,易导致焊接接头脆化。高硬度耐磨合金堆焊时,堆焊层容易产生焊接冷裂纹,降低与基体之间的结合强度。

8.2.1　耐磨高锰钢的焊接性特点

8.2.1.1　焊缝结晶裂纹和近缝区液化裂纹

焊缝结晶裂纹和近缝区的液化裂纹,都属于热裂纹,是在焊接时高温下产生的。结晶裂纹是在焊缝结晶过程中,在固相线附近,由于凝固金属的收缩,剩余液体金属的低熔点共晶不能及时填充,在拉应力作用下产生的开裂;液化裂纹是由于焊接热作用,使母材近缝区的低熔点共晶被重新熔化,在拉应力作用下产生的开裂。这两种裂纹都是沿奥氏体晶界的开裂,产生机理基本相同。结晶裂纹较多出现在焊道或熄弧的火口处,液化裂纹大多产生在母材的近缝区处。

高锰钢的近缝区液化裂纹是一种沿奥氏体晶界开裂的微裂纹,它的尺寸很小,一般都在 1 mm 以下,个别可达 2 mm。焊条电弧焊时,因焊接热输入的不同,会在靠近熔合区的近缝区处产生不同程度的裂纹。气体保护焊时,裂纹多产生于指状焊缝肩部凹陷部位的近缝区处,开裂的严重程度也受焊接热输入的影响。近缝区液化裂纹尺寸很小,一般不会导致接头的立即破坏,而是作为一种隐患存在于焊缝与母材的连接部位,或是由于后续焊道的热影响,使已产生液化裂纹的材料变脆,二者叠加将会给焊接质量带来大的影响。所以高锰钢焊后应当做到不出现或少出现液化裂纹。

一般认为液化裂纹的形成,是由冶金因素和力学因素共同作用的结果。液化裂纹产生于脆性温度区,处于该区内的母材近缝区,由于存在低熔组成物,塑性和强度都急剧下降,如图 8-3 所示。在加热过程中,金属塑性在 ΔT_1 范围内发生了陡降,即从晶间低熔组成物开始熔化的温度到它全部熔化的温度范围。也是图 8-3中从塑性最高的温度到无塑性温度 T_{nD} 这一温度范围(ΔT_1)。在冷却过程中,由于过冷,使塑性恢复的温度总是低于加热时塑性开始下降的温度。所以冷却过程的脆性温度区 ΔT_2 比加热时 ΔT_1 要大,处于薄弱状态的晶间将在更长的时间内承受应变,为产生裂纹提供更为有利的条件。因此,脆性温度区 ΔT_2 的大小是判断液化裂纹倾向的一个重要指标。

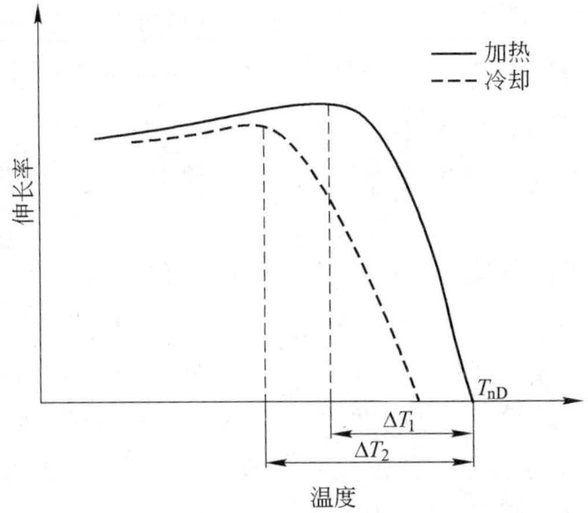

图 8-3　高锰钢液化裂纹的脆性温度区

产生近缝区液化裂纹的必要条件是力的作用。高锰钢焊接时的力主要来自两方面,一是由于焊接结构自身拘束条件所造成的应力,它与结构本身的刚度、焊缝位置,焊接顺序等因素有关;另一方面是在焊接不均匀加热和冷却过程中所产生的热应力。焊接时接头区由于受热而发生膨胀,因而承受压应力;冷却时由于收缩又承受拉应力,直到焊接结束将会产生不同程度的残余应力。这种应力的大小与母材和填充材料的热物理性能有关。高锰钢的导热能力很差,约是低碳钢导热能力的 1/5 ~ 1/6。而高锰钢受热后的膨胀能力却高于低碳钢,约为低碳钢的 1.6 倍。由于高锰钢的线膨胀系数大和导热性能差,焊接时造成局部产生大的热应力,在该应力作用下,已液化部位易形成液化裂纹。

为了防止液化裂纹,必须降低高锰钢母材中 S、P 含量。如冶炼之前对原材料的精选,采取一定的脱硫、脱磷措施。水韧处理时的温度、时间也应当严格控制,目的是控制其晶粒度,防止粗大的晶粒加剧杂质向晶界的分配,增大液化裂纹的倾向。

焊接热输入对高锰钢近缝区液化裂纹影响较大,热输入越大,母材近缝区超过低熔共晶温度范围的宽度越宽,液化裂纹的倾向增加。另外,焊接热输入大,使高温停留时间长,高温下的塑性、强度恢复得慢,在液化温度内存在时间长,加速液化裂纹的发展。表 8-6 是焊条电弧焊时焊接热输入及冷却条件对高锰钢液化裂纹的影响。可见,采用小的焊接热输入,可加速焊接接头的冷却,以降低高锰钢液化裂纹的倾向。

表 8-6　焊接热输入及冷却条件对高锰钢液化裂纹的影响

焊接热输入/kJ · cm^{-1}	施焊条件	液化裂纹条数及相应长度/mm	液化裂纹总长度/mm
25.2	浸水、焊条摆动	3 条 (1.56, 0.60, 0.30)	2.46
11.4	浸水、焊条不摆动	2 条 (0.38, 0.30)	0.68
11.4	空冷、焊条不摆动	3 条 (0.60, 0.39, 0.15)	1.14

注:浸水:施焊件浸入流动水槽内,被焊部位只比水面高 15 mm,以加速焊接部位的冷却。

采用的焊接方法不同,焊接热输入也不一样。为了降低焊接热输入,可采用脉冲焊条电弧焊、自保护药芯焊丝堆焊等方法,以减少液化裂纹的产生。

8.2.1.2　碳化物析出导致的接头脆化

Mn 是弱碳化物析出元素,它与 C 的结合能力仅稍强于 Fe,但比 Ti、Nb 与 C 的结合能力差。一般情况下,在 Fe 中 Mn 不形成独立的碳化物、而是取代 Fe_3C 中的一部分 Fe,形成合金渗碳体 $(Fe,Mn)_3C$。经过水韧处理的高锰钢在室温下,碳化物析出是不明显的,但若再次受热,尤其是经水韧处理的高锰钢重新加热至 300 ~ 900℃时,可从奥氏体中析出碳化物,尤其是在 550 ~ 700℃的范围内更容易析出碳化物,图 8-4 是高锰钢中碳化物析出温度与时间的关系。

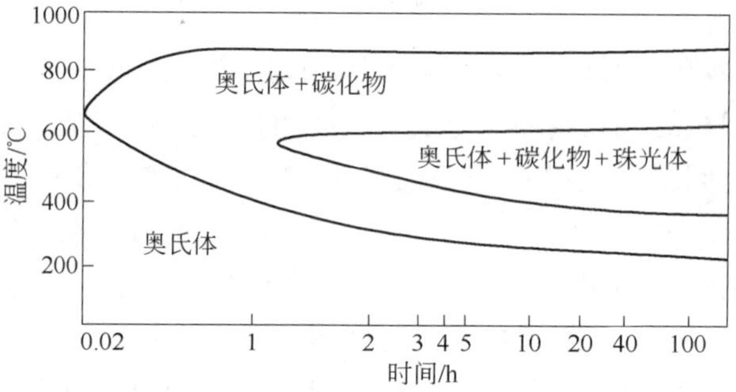

图 8-4　高锰钢中碳化物析出温度与时间的关系

在冷却速度比较快的情况下,首先经过的是碳化物区,这种碳化物首先在晶界析出,随着时间的延长,晶界碳化物可以由不连续的颗粒状变为网状或粗厚网状;当冷却速度缓慢时,还要通过针状碳化物析出区,随着时间的延长,针状或片状碳化物数量增多,并且组织也变得粗大。碳化物的析出会导致接头脆化,同时降低母材的韧性。

高锰钢焊接时,母材受到焊接热作用,在最高温度 900 ~ 300℃区域,停留时间越长碳化物析出越严重,在最高加热温度低于 300℃的区域,可以认为没有碳化物析出。高锰钢的焊接热影响区被认为是受到焊接热作用,被加热到 300℃以上至熔合区之间的区域。表 8-7 是距熔合区不同位置的最高加热温度以及 900 ~ 600℃和 600 ~ 300℃的停留时间。图 8-5 是单道焊时热影响区碳化物析出数量示意图。

表 8-7　距熔合区不同位置的加热温度与停留时间

与熔合区的距离/mm	最高加热温度/℃	在一定温度范围内停留时间/s		
		900 ~ 600℃	600 ~ 300℃	累计时间
0	1300	9	30	39
2	900	18	35	53
4	700	15	50	65
7	450	—	23	23

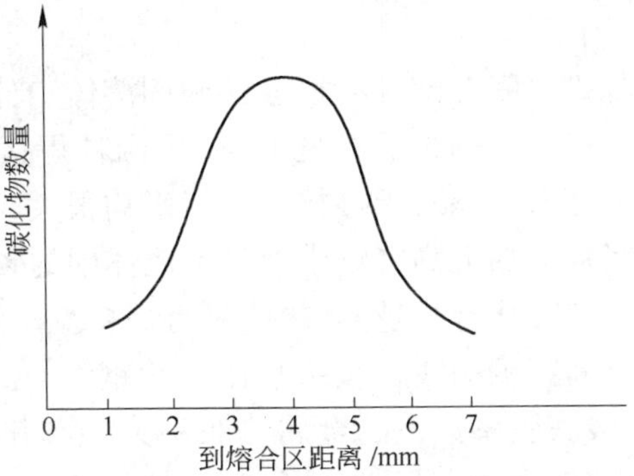

图 8-5　单道焊时热影响区碳化物析出数量示意图

高锰钢单道堆焊时,碳化物析出最多的部位不是加热温度最高的熔合区,而是与熔合区相距 2 ~ 4 mm 的部位,这个位置与 900 ~ 300℃的停留时间、尤其是 700 ~ 550℃的停留时间有关,停留时间越长,碳化物析出越严重,距熔合区较近和较远部位,碳化物析出较少。碳化物析出最严重部位距熔合区距离不是一成不变的,它的位置和碳化物析出的严重程度与焊接工艺有直接关系。

焊接热输入不同,将导致热影响区的宽度不同,碳化物析出温度范围也不相同。随着焊接热输入的降低,热影响区的宽度变窄,在碳化物析出区域的停留时间缩短,有利于减少碳化物的析出。采用模拟焊接热循环的方法,使高锰钢承受一个焊接热循环,最高加热温度为 960℃(避开因加热温度过高液化裂纹的影响),900 ~ 300℃的停留时间为 27 s 时,用 U 形缺口试件进行室温冲击试验,未经热循环的母材冲击值为 193 J/cm^2,经受焊接热循环的试件 134 J/cm^2,可见焊后热影响区碳化物的析出会导致母材冲击韧性下降。当采用相同的焊接电流和焊接电压,只改变焊接速度,一种使焊条做横向摆动,另一种不做摆动窄道焊,结果做横向摆动的焊接速度慢,热输入大,碳化物析出比窄道焊严重。

浸水焊可加速焊件的冷却,与焊件在空气中冷却相比,碳化物析出较少。如用 EDCrMn-B-16(D276)焊条,焊接热输入为 11.4 kJ/cm,焊条不摆动,进行直线窄焊道堆焊,只改变冷却条件,一种浸水冷却,另一种空冷。在距熔合区 2 ~ 5 mm 处的热影响区中,不浸水焊的晶界有粗厚网状碳化物析出,且晶内有针状碳化物析出;而浸水焊获得的组织晶界较细,有少量碳化物析出,而晶内很少有碳化物析出。此外,焊道长度对碳化物的析出也有影响。采用焊条电弧焊,在不浸水空冷条件下,焊接热输入为13.2 kJ/cm,一次分别焊完一根焊条(长段焊)和半根焊条(短断焊),长段焊焊道晶界上有网状碳化物,局部有针状碳化物出现;而短段焊有较细的网状碳化物。可见,在不浸水的条件下采用短段焊有利于减少碳化物析出。

8.2.1.3　异种材料焊接的特点

高锰耐磨钢与异种钢焊接时,除要考虑自身的焊接性外,还要考虑两者的物理、化学和力学性能等因素。

(1) 互溶性。异种钢之间互溶性有形成无限固溶体、有限固溶体、金属间化合物和机械混合物4种方式。前两种焊接性较好,后两种焊接性差。金属间化合物脆性大,其数量、形状和分布状态对焊接接头性能影响很大。形成金属间化合物越多,焊接时越容易产生裂纹,加上高锰钢中溶于奥氏体中的碳极易受热以碳化物形式析出。因此形成的金属间化合物越多,越难进行焊接。

(2) 线膨胀系数。高锰钢的线膨胀系数比一般钢大,与异种钢线膨胀系数相差越大,焊接性越差。线膨胀系数大的金属热胀率大,冷却时收缩率也大;线膨胀系数小的金属,冷却收缩率也小,因此在结晶时焊接接头产生很大的热应力,这为焊接裂纹的产生提供了力学因素。高锰钢与异种钢焊接时常采用先堆焊过渡层的方式来减少应力的产生。

(3) 熔点。异种金属的熔点相差越大,越难进行焊接 这是因为熔点低的金属达到熔化状态时、熔点高的金属仍呈固体状态,因此已熔化的金属容易渗入过热区的晶界,使过热区组织粗化。当熔点高的金属熔化时,造成熔点低的金属流失,焊接接头难以熔合。

(4) 热导率和比热容。被焊材料的热导率和比热容能改变焊接温度场和结晶条件,并影响难熔金属的润湿性。此外,异种金属的热导率和比热容相差越大,越易使焊缝结晶条件变坏,晶粒粗化严重。因此,对热导率和比热容相差大的材料,应采用热量集中的方法进行焊接,焊接时热源的位置应移向导热性能好的母材一侧。高锰钢的导热系数比一般钢低,所以焊接时采用直流反接或热源侧向异种钢一侧。

(5) 强度匹配。异种钢焊接时,容易造成合金元素的烧损和蒸发,使焊缝的化学成分发生变化,组织性能降低,因此焊缝和母材不易达到等强度。高锰钢与其他材料焊接时,焊缝中的合金元素极易稀释,可通过向药皮或焊芯中补充Mn含量,来改善接头的强度。

此外,异种钢的氧化性越强,越难进行焊接。这是因为氧化性越强,熔焊时越容易形成氧化物,冷却时这些氧化物存在于晶界,降低晶间结合力;高锰钢中的氧化物还容易形成低熔点共晶,导致产生液化裂纹。

8.2.2 耐磨合金的焊接性特点

8.2.2.1 钴基耐磨合金

钴基耐磨合金组织为呈树枝状结晶的Co-Cr-W合金固溶体(奥氏体)初晶和固溶体与Cr-W复合碳化物的共晶体组成。随着碳含量增加,奥氏体数量减小,共晶体增多。这种组织属于亚共晶类型。根据形成的树枝状奥氏体及复合碳化物的共晶体组织,焊接时可能形成热裂纹或冷裂纹,有时是冷、热裂纹共存。

钴基耐磨合金焊缝金属结晶期间存在较大拉应力是产生热裂纹的必要条件。在奥氏体钢上堆焊钴基耐磨合金时,由于奥氏体钢的导热系数小、线膨胀系数大,而耐磨合金的线膨胀系数较小,因此在焊接局部加热和冷却的条件下,焊缝在冷却过程中可形成较大的内应力。尤其对于体积大,焊缝收缩受到限制的结构件,容易产生较大的内应力,产生较多的裂纹。钴基耐磨合金焊缝金属的奥氏体组织极易形成一次结晶方向性强的柱状晶,这种组织利于有害杂质的偏析,促使形成晶间液态夹层,增大产生热裂纹的倾向。

此外,钴基耐磨合金奥氏体的组成较复杂,不仅S、P、Sn、Sb等杂质可形成易熔夹层,一些合金元素因溶解度有限也能形成有害的易熔夹层,易析集于晶界而引起裂纹,增大产生热裂纹的倾向。

钴基耐磨合金堆焊后一般形成硬度较高的碳化铬、碳化钨组织;堆焊层中的共晶组织溶解氢的能力较小,使焊缝金属扩散氢含量增大;对于刚度较大的工件,形成的拘束力较大;这些因素都容易使钴基耐磨合金堆焊层产生冷裂纹。

防止钴基耐磨合金焊接裂纹的措施如下。

(1) 严格检验焊件的化学成分,选用合格的焊接材料,防止P、S、Si、C等超标。

(2) 在焊缝金属中形成一定量的δ铁素体(3%~10%),获得奥氏体与一次碳化物双相组织,可提高焊缝的碳含量,形成稳定的碳化物相,既能阻止热裂纹的产生,又可以提高堆焊层的高温性能。

(3) 采取焊前预热,焊后缓冷,必要时采取堆焊过程中保温和焊后热处理措施。

(4) 采用较小的焊接热输入,注意焊接顺序,采取连续焊。对于大型堆焊件,应多人同时焊接,防止焊件一头热,一头冷,形成较大的内应力。

8.2.2.2 铁基耐磨合金

碳是铁基耐磨合金中最重要的合金元素。Cr、Mo、W、Mn、V、Ni、Ti、B等也能作为合金化元素。合金元素不但影响堆焊层中硬化相的形成,而且对基体组织的性能也有影响。合金元素Cr、Mo、W、V可以使堆焊层有较好的高温强度,并能在480~650℃时发生二次硬化效应。Cr还能使堆焊合金具有较好的抗氧化性能,在

1090℃时,含有25% Cr就能提供很好的保护作用。铁基耐磨合金有合金钢和合金铸铁两大类。

合金钢类耐磨合金由于合金含量、碳含量和冷却速度的不同,获得堆焊层的基体组织有马氏体、奥氏体、珠光体等几种类型。珠光体耐磨合金碳含量通常低于0.25%,合金元素总量不超过5%,焊后堆焊层组织以珠光体为主,硬度较高、韧性较好。珠光体耐磨合金的焊接性良好,对稀释率的要求不严格。采用的焊接方法主要以焊条电弧焊和熔化极气体保护自动焊为主。马氏体耐磨合金碳含量0.1%~1%,同时含有Mn、Mo、Ni等元素,堆焊层中的奥氏体在480℃以下转变成马氏体,强度和硬度都很高,耐磨性好。

马氏体耐磨合金堆焊层的焊接性比珠光体耐磨合金差,焊前应严格去除母材表面的油锈,对裂纹敏感性较强的母材还要考虑焊前预热和焊后热处理。马氏体耐磨合金的主要堆焊工艺是焊条电弧焊和熔化极自动堆焊。焊条电弧堆焊前务必注意对焊条的烘干。低氢型焊条的烘干条件为350~350℃/h。熔化极自动堆焊根据工艺不同,可以选用药芯焊丝、带材、丝材等。

在马氏体耐磨合金堆焊层中,还有一类高速钢的耐磨堆焊层,含C 0.7%~1.0%,W 17%~19%,Cr 3.8%~4.5%,V 1.0%~1.5%,堆焊金属属于莱氏体,组织类似铸造高速钢,由网状莱氏体和奥氏体的转变产物组成。堆焊金属易产生裂纹,一般应预热500℃左右。有很高的红硬性和耐磨性,主要用于堆焊各种切削刀具、剪刀等。

奥氏体耐磨合金堆焊层的工艺性能比较好,但有时会出现热裂倾向。为此,推荐使用较小的焊接热输入,例如,直径为3.2 mm的焊条,施焊时焊接电流只要70~90A即可。在低合金钢基体上堆焊奥氏体耐磨合金时,由于母材的稀释作用,会在堆焊层中出现马氏体脆化区,使堆焊层在冲击载荷下产生裂纹进而引起剥落。因此,堆焊前可先用高合金奥氏体不锈钢打底作为过渡。

合金铸铁类耐磨合金堆焊层含C 1.5%~6%,并含有大量的Cr 3%~35%、适量的W、Ni、Mo、V、Ti、B等元素。按相结构,又分为含有马氏体、残余奥氏体和莱氏体的马氏体合金铸铁,以及由奥氏体加莱氏体共晶的奥氏体合金铸铁。C、Cr、W、Mo元素提供了大量的碳化物,在加硼的情况下还有一定的硼化物,因此使堆焊层的抗高应力磨粒磨损能力有较大的改善,而耐冲击性和韧性却相应较低。

合金铸铁类耐磨合金的堆焊工艺较多采用焊条电弧堆焊,也可用药芯焊丝进行半自动或全自动的自保护和气体保护电弧堆焊。合金铸铁类耐磨合金堆焊层的开裂倾向较大,因此堆焊层数一般不超过两道。有时为减小开裂倾向,可采用Cr19Ni18Mn7焊条作为过渡层。奥氏体合金铸铁堆焊层的开裂倾向小于马氏体合金铸铁堆焊。为了防止开裂,可根据实际情况进行预热,预热温度最高可达400℃,焊后要进行缓冷。

8.3 高硬度耐磨钢(合金)的焊接工艺特点

8.3.1 高硬度耐磨钢的焊接方法

高硬度耐磨钢可采用的焊接方法种类很多,常用的有焊条电弧焊、熔化极气体保护焊、等离子弧堆焊等。

8.3.1.1 焊条电弧焊

焊条电弧焊方法操作灵活、方便,无论是车间内施工,还是现场焊接均可采用,是目前耐磨钢最常用的焊接方法。但是焊接过程中应严格控制层间温度,如焊接区域维持较高温度,或不采用浸水焊,使接头冷速较慢,会使焊接接头产生液化裂纹,以及碳化物析出严重,导致接头韧性大幅度下降,从而影响焊接结构的使用寿命。为了充分发挥焊条电弧焊操作灵活方便的特点,而又能使焊接质量得到保证,近年来研制出适合于耐磨钢焊接特点的脉冲焊条电弧焊设备。

脉冲焊条电弧焊焊缝是由许多焊点形成的,它的每一个焊点都是由脉冲电流所产生,而当转由维弧电流供电时,焊点开始凝固,接着又重叠上一个焊点。如此周而复始,直至全部焊缝完成。而母材的热输入主要是在脉冲峰值电流阶段,维弧阶段的热输入很小,实际操作中常用的维弧电流与脉冲电流所占时间比例约为75%。采用脉冲焊条电弧焊方法,具有热输入小,冷却速度快、熔池体积小和热影响区窄等优越性,所以获得的焊接接头组织性能与采用普通的焊条电弧焊相比具有以下优点。

(1) 碳化物析出少。脉冲焊条电弧焊与浸水普通焊条电弧焊的碳化物析出情况类似,在距熔合区小于2 mm的焊接热影响区中,仅在晶界有少量针状碳化物析出;在焊接热影响粗晶区,晶界有较细的碳化物析出,晶内很少有析出物;在焊接热影响区细晶区,晶界上只有粒状不连续的碳化物析出。

(2) 近缝区液化裂纹较少。这与脉冲焊条电弧焊的热影响区窄有关,若把维弧电流看成是焊前对焊件的局部预热,可以起到降低焊接应力的作用,从而达到降低液化裂纹倾向的效果。

(3) 电弧燃烧稳定,飞溅小,使用设备也不复杂,只要在直流弧焊电源的焊接回路中串联一个脉冲断续器即可,容易操作,使用方便。

(4) 焊接效率与普通焊条电弧焊相当。在焊接工艺参数基本相同的情况下,焊条的熔化量均约为150 mm/min。

8.3.1.2 熔化极气体保护焊

熔化极气体保护焊是一种具有较高熔敷率,但焊接热输入又不大的焊接方法。它可以减少耐磨高锰钢接头中碳化物的析出,有利于提高接头韧性。无论是使用纯 CO_2 气体保护焊,还是混合气体保护焊都可以进行焊接。但采用熔化极气体保护焊时容易出现指状焊道,凹陷部位容易产生液化裂纹,对焊接工艺参数的控制要求严格。

熔化极气体保护焊需要研制专用的焊接材料。因为保护气体不同,对合金元素的烧损也不相同,所以应针对所使用的保护气体,研制出与其相配套的焊丝。这种焊丝应当使被焊表面具有较强的冷作硬化能力和耐磨性,以满足工作条件的要求。然而这样的焊丝在轧制以及拉拔过程中易出现两个问题:一是焊丝有强的冷作硬化能力,往往要经过多次退火,才能达到所需直径,稍不注意则焊丝被拉断;二是化学成分难以控制,每次退火都会造成合金元素的损失,尤其是脱碳严重。

熔化极气体保护焊不适宜进行野外操作。尤其是风速较大时,很难形成焊接所需要的良好的保护气氛,严重时则不能实现焊接。这一点限制了这种焊接方法的使用范围。为了能在野外作业条件下使用熔化极气体保护焊,除了必备的保护气气瓶、焊接电源、焊接材料等要求之外,还需要准备防风用简易设备。

8.3.1.3　自保护药芯焊丝电弧焊

采用自保护药芯焊丝可以克服气体保护焊的不足,实现耐磨钢的自动化焊接,采用直径 2.8 mm 的自保护药芯焊丝,可以适当提高焊接电流。如采用焊条电弧焊的焊接电流为 120 A,而用自保护药芯焊丝时,焊接电流可提高到 230 A。两者的电弧电压不变,但焊接速度可大幅度提高,从焊条电弧焊的 7 cm/min 提高到自保护药芯焊丝焊接时的 22 ~ 60 cm/min。大电流、高焊速、小热输入是自保护药芯焊丝焊接的主要特点。

采用焊条电弧焊和自保护药芯焊丝半自动焊,焊接试样浸水冷却时,改变焊接热输入,接头碳化物析出温度停留时间及液化裂纹的情况见表 8-8。随着焊接热输入的下降,碳化物析出温度区间的停留时间逐渐减少,碳化物析出量也减少,并且自保护药芯焊丝半自动焊液化裂纹倾向小。因此自保护药芯焊丝半自动焊比焊条电弧焊取得更好的效果。

表 8-8　焊条电弧焊和自保护药芯焊丝半自动焊接头液化裂纹的比较

焊接方法		焊接热输入/$kJ \cdot cm^{-1}$	不同温度内停留时间/s		液化裂纹情况
			900 ~ 300℃	750 ~ 550℃	
焊条电弧焊	横向摆动	25.2	55	13	3 条,长度分别为 1.56 mm,0.6 mm 和 0.3 mm,总长度 2.46 mm
	窄焊道,焊条不摆动	11.4	27	6	2 条,长度分别为 0.38 mm 和 0.3 mm,总长度 0.68 mm
自保护药芯焊丝		14.8	27.2	5.8	2 条,长度分别为 0.18 mm 和 0.24 mm,总长度 0.42 mm
		8.0	19.3	4.3	最长 0.21 mm,另 2 条仅一个晶界长度
		5.5	13.3	2.9	2 条,仅一个晶界长度

图 8-6 是耐磨高锰钢单道焊时焊条电弧焊与自保护药芯焊丝半自动焊峰值温度与韧性的关系。焊条电弧焊时，峰值温度不同，焊接热影响区的韧性下降幅度也不相同。峰值温度介于 800 ~ 900℃时，冲击韧性有大幅度的下降，大约为经水韧处理的母材冲击韧性的一半，而自保护药芯半自动焊热影响区的韧性也有一定程度的下降，但下降幅度不大，最小冲击功为 137 J。

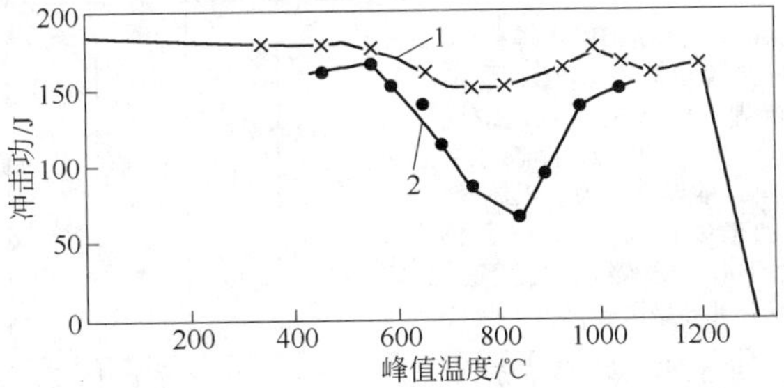

图 8-6 耐磨高锰钢单道焊时峰值温度与韧性的关系

1—自保护药芯焊丝半自动焊;2—焊条电弧焊

由于析出碳化物的降低会减小焊接热影响区韧性的下降以及熔合区附近液化裂纹的倾向，因此，自保护药芯焊丝半自动焊比焊条电弧焊获得更好的焊接质量。自保护药芯焊丝半自动焊的特点是母材受到的热影响小，焊接热影响区窄，液化裂纹少，工艺上也容易掌握，不需外加保护气体，使用设备不复杂，是一种有前途的耐磨钢焊接方法。

8.3.1.4 等离子弧堆焊

等离子弧中心的温度高达 10000℃以上，高硬度耐磨钢在堆焊过程中，表面很快达到熔点，堆焊金属被快速熔敷其上，随后其热量很快传向基体和周围空气，使热影响区在高温停留时间很短，可以减少热影响区碳化物的析出和奥氏体晶粒的明显长大现象。

等离子弧堆焊的热效率很高，稀释率很低(不大于 5%)，且熔敷速度达 13 ~ 27 kg/h。由于堆焊速度很快，耐磨钢热影响区受热时间短，且被堆焊的工件整体温升较低，可有效避免热影响区内碳化物的析出，防止裂纹产生。

8.3.2 焊接材料的选用

8.3.2.1 焊条

耐磨材料焊条电弧焊常用堆焊焊条主要有 EDMn-A-16(D256)、EDMn-B-16(D266)、EDCrMn-D-15(D567)、EDCrNi-A-15(D547)等，其化学成分和用途见表 8-9。

耐磨钢用焊条对杂质 P、S 应严格控制，否则堆焊金属易产生结晶裂纹，尤其是火口裂纹稍不注意就会产生。耐磨钢多层多道焊时，由于前道焊缝作为后续焊道焊接热影响区的金属,因此除要控制焊接裂纹外,还应遵循快冷的原则以控制碳化物的析出。

表 8-9　耐磨材料焊条电弧焊常用堆焊焊条的成分、特性与用途

牌号	型号	特性与用途	熔敷金属化学成分(质量分数)/%					堆焊层硬度 HRC
			C	Si	Mn	Cr	其他	
D256	EDMn-A-16	低氢钾型高锰钢堆焊焊条,交直流两用(交流焊时空载电压不低于 70 V),堆焊时宜采用小电流,窄道焊,趁红热时立即锤击或水淬,以减小裂纹倾向。堆焊金属为奥氏体高锰钢,具有加工硬化,高韧性和耐磨的特点;用于各种破碎机、高锰钢轨、铲斗、推土机等易磨损部件的堆焊	≤1.1	≤1.3	11~16	—	≤5	HB≥170
D266	EDMn-B-16	低氢钾型高锰钢堆焊焊条,交直流两用(交流焊时空载电压不低于 70 V),堆焊时宜采用小电流,窄道焊,趁红热时立即锤击或水淬,以减小裂纹倾向,堆焊金属为奥氏体高锰钢,具有加工硬化,高韧性和耐磨的特点;用于各种破碎机、高锰钢轨、铲斗、铁路道岔、推土机等易磨损部件的堆焊	≤1.1	0.3~1.3	11~18	—	Mo≤2.5 其他≤1	HB≥170
D276 D277	EDCrMn-B-16 EDCrMn-B-15	低氢型高铬锰钢耐气蚀堆焊焊条,采用直流反接,D276 可交直流两用(交流焊时空载电压不低于 70 V),焊缝能加工硬化、韧性好,耐气蚀,具有良好的抗裂性;用于堆焊水轮机受气蚀破坏的零件,如水轮机的导水叶片等,也可用于要求耐磨性及高韧性的高锰钢件的堆焊,如铁路道岔、螺旋输送机、推土机刀刃板、抓斗、破碎刃等	≤0.8	≤0.8	11~16	13~17	≤4	≥20
D516M D516MA	— EDCrMn-A-16	低氢钾型高铬锰钢堆焊焊条,具有良好的耐磨、耐热、耐蚀以及抗热裂性,焊前不预热,焊后不热处理,堆焊层可切削加工,D516M 为 H08 焊芯,D516MA 为 1Cr13 焊芯;用于工作温度在 450℃以下受水、蒸气、石油介质作用的部件,如 25 号铸钢、高中压阀门密封面等	≤0.3	≤1	6~8	12~14	—	38~48
D516F	—	低氢钾型高铬锰钢堆焊焊条,具有良好的耐磨、耐热、耐蚀以及抗热裂性,焊前不预热,焊后不热处理,堆焊层可切削加工;用于工作温度在 450℃以下受水、蒸气、石油介质作用的部件,如 25 号铸钢、高中压阀门密封面等	≤0.25	≤1	8~10	12~14	—	35~45(堆焊两层,焊层高不小于 4 mm)

续表 8-9

牌号	型号	特性与用途	熔敷金属化学成分(质量分数)/%					堆焊层硬度 HRC
			C	Si	Mn	Cr	其他	
D547	EDCrNi-A-15	低氢钠型铬镍合金钢阀门堆焊焊条,采用直流反接,堆焊金属依靠硅进行强化,得到具有一定量铁素体的奥氏体组织,具有良好的抗擦伤、耐蚀及抗氧化性;用于堆焊570℃以下工作的电站高压锅炉装置的阀门及其他密封零件	≤0.2	4.8 ~ 6.4	0.6 ~ 2	15 ~ 18	Ni 7 ~ 9	270 ~ 320HB
D567	EDCrMn-D-15	低氢钠型高铬锰钢球墨铸铁阀门堆焊焊条,采用直流反接,堆焊金属为高铬锰型奥氏体,冷作硬化效果明显,优良的抗擦伤性,堆焊层有一定的硬度,可机械加工,抗裂性较好,焊接工艺性好,不需预热和缓冷;用于350℃以下中温中压球墨铸铁阀门密封面	0.5 ~ 0.8	≤1.3	24 ~ 27	9.5 ~ 12.5	—	HB≥210
D802	EDCoCr-A-03	钛钙型钴铬钨合金焊芯的钴基堆焊焊条,采用直流反接,堆焊金属在650℃仍能保持良好的耐磨性和耐蚀性;用于要求在650℃左右工作仍能保持良好的耐磨性和耐腐蚀性的场合,或承受冲击和冷热交错的部位,如堆焊高温高压阀门及热剪切刀刃等	0.7 ~ 1.4	≤2	≤2	25 ~ 32	Fe≤4 W3 ~ 6 其他≤4 余为 Co	≥40
D812	EDCoCr-B-03	钛钙型钴铬钨合金焊芯的钴基堆焊焊条,采用直流反接,堆焊金属在650℃仍能保持良好的耐磨性和耐蚀性;用于高温高压阀门、高压泵的轴套筒和内衬套筒以及化纤设备的斩刀刃口等	1 ~ 1.7	≤2	≤2	25 ~ 32	Fe≤5 W7 ~ 10 其他≤40 余为 Co	≥44
D822	EDCoCr-C-03	钛钙型高碳钴铬钨合金焊芯的钴基堆焊焊条,采用直流反接,渣覆盖性好,成形美观,具有优良的耐磨、耐热和耐腐蚀性,在650℃高温也能保持这些特性;用于牙轮钻头轴承、锅炉的旋转叶轮、粉碎机刃口、螺旋送料机等磨损部件的堆焊	1.8 ~ 3	≤2	≤2	25 ~ 33	Fe≤5 W11 ~ 19 其他≤4 余为 Co	≥53
D007	EDTV-15	低氢型铸铁模具用堆焊焊条,电弧稳定,焊接工艺性优良,焊缝金属为铁素体基体 + 弥散分布的碳化钨,具有优良的抗裂性,焊前不预热,用于灰口铸铁、球墨铸铁和合金铸铁件的堆焊及焊补,如大型铸铁压延模、铸铁成型模及铸铁模具等	≤0.25	≤1	2 ~ 3	—	Mo 2 ~ 3 V 5 ~ 8 B≤0.15	HB≥180

D276和D277焊条堆敷金属的化学成分是相同,但它们对电源的要求不同。D276可以采用交、直流两种电源施焊;D277只能采用直流电源施焊,使用交流电源时电弧不稳定。D266是在D256的基础加入一定量的Mo,Mo的加入对提高堆敷金属的冷作硬化能力可起到较强的效果。D276是在D256的基础上加入了适量的Cr,使熔敷金属具有较高的韧性,但这种焊条的冷作硬化能力不如D266。

为了充分发挥每种焊条的长处,取得较好的堆焊效果,经常将D266与D276配合使用。在焊接较大的结构件时,往往先用D276进行打底焊,以获得与母材有较好的结合性能,焊至接近表面的最后几层用D266盖面,使得焊件承载时能较快的冷作硬化,维持较高的硬度。但使用这两种焊条时也应当遵循浸水、小焊接热输入、窄道焊等工艺,因为它们含C、Mn比较高,操作工艺不当也会引起韧性下降,杂质控制不严格也会出现液化裂纹和结晶裂纹。

为克服堆焊金属中因碳化物析出而导致的韧性下降,而又要保持耐磨钢很强的冷作硬化能力,近年来研制出一种新型的高锰耐磨钢堆焊焊条KD-286。该焊条的最大特点就是降低碳含量,把堆焊金属的碳含量大幅度下降至小于0.3%,以减少碳化物析出,降低热裂纹倾向。而含Mn量大幅度上升,同时加入适量的Mo和Cr,以期得到较强的冷作硬化能力和良好的焊接性。

8.3.2.2 焊丝

耐磨材料焊接用焊丝,按合金系统可分为Mn-Ni型、Mn-Ni-Cr型、Mn-Mo型和Mn-Cr型,按焊芯类型可分为药芯焊丝和实芯焊丝。高锰耐磨钢常用实芯焊丝见表8-10。埋弧堆焊用药芯焊丝的成分及用途见表8-11。

表8-10 高锰耐磨钢常用实芯焊丝

类型	堆焊金属成分(质量分数)/%							
	C	Mn	Si	P	S	Cr	Ni	Mo
Mn-Ni	0.7~0.9	13~16	0.4~1.0	0.07	—	—	3.5~5.0	—
Mn-Cr	0.7~0.9	16~23	0.2~0.3	—	0.013	12.3	2.1~3.0	—
Mn-Mo	0.7~0.9	13~16	0.4~1.0	0.07	—	—	—	0.6~1.4
Mn-Cr-Ni	0.03~0.08	0.3~0.9	0.014~0.02	—	0.01	20~22	9.0~9.5	—

表8-11 埋弧堆焊用药芯焊丝的成分及用途

牌号	焊剂	堆焊层主要成分(质量分数)/%							堆焊层硬度HRC	用途
		C	Mn	Si	Cr	Mo	W或V	其他		
HYD047	HJ107	≤1.7	1.5~3.0	—	4.0~7.0	1.5~3.0	—	Ni ≤3.0	≥55	用于辊压机的挤压辊表面堆焊
HYD057	HJ260	0.2~0.5	—	—	4.0~6.0	0.5~1.5	V ≤1.0	—	44~46	用于热轧辊、开坯辊、支持辊的制造

续表 8-11

牌号	焊剂	堆焊层主要成分(质量分数)/%							堆焊层硬度 HRC	用途
		C	Mn	Si	Cr	Mo	W 或 V	其他		
HYD616 Nb	HJ151	1.0 ~ 2.0	0.3 ~ 0.5	—	10 ~ 15	—	—	Si + Nb 5.5 ~ 7.0	≥55	用于特制严重磨料磨损和轻冲击载荷工况下的水泥磨辊、电厂磨煤机磨辊的堆焊
HYD707	HJ260	2 ~ 3	≈2	≈1	—	—	—	W 40 ~ 50	≈60	碳化钨药芯焊丝,用于矿山设备、推土机零部件的堆焊
SMD331	HJ260	0.16	≤2.5	≤1.5	<1.5	≤1.0	—	Ni ≤2.0	≥33	用于堆焊挖掘机部件、泥浆泵、传动轴等
SMD451	SJ107	≤0.25	—	—	10.0 ~ 16.0	—	—	Ni ≤5.0	≥45	2Cr13 型阀门堆焊焊丝,用于堆焊碳钢或低合金钢轴、过热蒸汽用阀件、螺旋输送机叶片等
SMD481	SJ107	0.25 ~ 0.55	—	—	2.0 ~ 3.5	—	W7.0 ~ 10.0	Ni ≤3.0	≥48	3Cr2W8 型热锻模堆焊焊丝
SMD501	SJ107 或 HJ260	≤0.5	1.0	0.55	10.0 ~ 16.0	≤2.0	—	Ni ≤3.0	≥50	高 Cr 型连铸辊堆焊焊丝
SMD503	SJ107 或 HJ260	≤0.6	1.2	≤3.0	≤8.0	1.0 ~ 3.0	V ≤1.0	Ni ≤3.0	≥50	用于型钢轧辊或其他热轧辊的修复
SMD551	SJ107	2.5 ~ 4.5	—	—	3.0 ~ 5.0	3.0 ~ 5.0	—	Ni ≤5.0	≥55	Cr-Mo 合金铸铁堆焊焊丝,用于磨粒磨损件修复,如矿山机械等
SMD581	SJ107	2.5 ~ 5.0	≤2.0	—	22 ~ 32	—	—	Ni ≤8.0	58 ~ 63	高 Cr 铸铁堆焊焊丝,用于受强烈磨损件的制造与修复,如磨煤机磨辊、水轮机叶片等
SMD582	SJ107	2.5 ~ 5.0	—	≤2.0	15 ~ 25	≤5.0	—	Ni ≤4.0	58 ~ 63	用于受强烈磨损件,如磨煤机磨辊、水泥磨辊等的修复
SMD583	SJ107	≤4.0	—	—	4.0 ~ 6.0	—	W8.0 ~ 14.0	Ni ≤3.0	58 ~ 63	用于堆焊受磨料磨损的矿山机械
SMD601	SJ107 或 HJ260	4.0 ~ 6.0	—	—	18.0 ~ 26.0	4 ~ 9	V ≤1.0	Nb7.0 ~ 10.0	≥60	用于中、高温下强磨粒磨损工作部件的表面堆焊,如高炉料钟、布料溜槽等

注:堆焊层硬度为堆焊三层的平均硬度(焊态),牌号中 SMD 为天津三英公司牌号标记。

Mn-Cr 实芯焊丝是 50% Ar + 50% CO_2 混合气体保护焊用焊丝,获得的焊缝金属的加工硬化速度比耐磨高锰钢母材慢,而且它的抗高温裂纹能力高,力学性能良好。

8.3.2.3　电弧刨割条

在耐磨零部件的焊接修复时,常使用电弧刨割条取代碳弧气刨,直接在工件上开槽、切割,并且它可以不使用空气压缩机,简化了现场焊接修复中所需的设备。

电弧刨割条由焊芯和药皮组成,焊芯一般采用 H08A,药皮主要用来造气,增加电弧吹力,吹散熔化的铁水,不要求进行冶金处理和合金化。为了增加电弧吹力、吹散熔化的铁水,通常在药皮中加入大量的造气物质,使其在电弧燃烧温度下,电弧刨割条的熔化过程中,放出大量气体,吹向熔化的铁水。

电弧刨割条的药皮熔点应适当提高,以利于加大端部套筒长度,实现吹力集中。为了实现较大的吹力,往往选用大的焊接电流。常采用的焊接电流见表 8-12。可采用交流弧焊机,也可用直流弧焊电源。采用直流弧焊电源时采用正接法,即刨割条接负极可以取得较好的刨割效果。当刨割条受潮时,使用前应进行烘干,烘干温度 100 ~ 120 ℃,时间为 2h。烘干温度低,达不到去除水分的目的。烘干温度高于 120℃,会造成药皮中有机物失效,降低吹力。此外,刨割条使用过程中烟气大,应注意室内通风。

表 8-12　电弧刨割条采用的焊接电流

刨割条直径/mm	2.5	3.2	4.0	5.0
焊接电流/A	160 ~ 200	200 ~ 300	300 ~ 400	400 ~ 500

采用刨割条刨单道槽时应当注意,引弧后刨割条与钢板的夹角迅速减到10° ~ 20°范围内。整个刨槽过程中,刨割条必须贴紧碰触在钢板上(要加些压力),不能与钢板脱开,出现缝隙,否则易出现渣铁粘积、凹凸不平现象。同时沿刨切方向作快速进退运动,每秒进退 3 ~ 4 次,每次进退距离 20 mm。进退的同时,又要不断均匀向前推进,中途不要停顿。

8.3.3　焊接工艺操作要求

8.3.3.1　高锰耐磨钢的焊接操作要点

高锰耐磨钢在较大的冲击载荷或接触应力作用下,其表层迅速产生加工硬化,并有高密度位错和形变孪晶相继生成,产生高耐磨的表面层,此时内层奥氏体仍保持着良好的韧性。因此高锰钢的组织中存在网状碳化物,严重降低其可焊性,一般须水韧处理后进行焊接。耐磨高锰钢焊接工艺要求严格,应注意以下几个问题。

(1) 严格清理表面缺陷及硬化层。特别是高锰钢铸件,内部易存在弥散细小的铸造缺陷。在清除表层时,这些缺陷暴露于待焊表面,应严格清除。否则将会使液化裂纹、碳化物析出及未清除的微小缺陷三方面集中于一处,形成焊接接头的最薄弱部位,导致焊接结构破坏。

(2) 采用小的焊接热输入,控制层间温度,在有条件的地方尽量采用浸水冷焊的方法,以减少液化裂纹、提高焊接热影响区的韧性。为了提高高锰钢的焊接质量,建议不进行预热焊,也不采用加热的方法矫正焊接变形。

(3) 选择能量集中的热源,如气焊的能量不如电弧焊集中。电弧焊时,应使用小电流、高速、短弧焊工艺,而且焊接时不宜摆动焊条,以窄道焊为宜。气电焊时,有时使用大电流,但焊接速度更快,其目的也是为了获得小的焊接热输入。

(4) 采用分散、跳焊、短道焊的工艺,加快冷却速度。

(5) 焊后锤击消应力。液化裂纹产生的温度是在焊后刚刚降温时间内,一般应在大于1100℃下产生,而进行锤击时,通常温度都已降至1100℃以下,因此锤击起不到减少裂纹的作用,裂纹应在焊接过程中加以控制。

(6) 为了减少操作者对焊接烟尘的吸入,免受伤害,焊接时室内应加设吸尘设备。

高锰钢焊接时尤其还应注意锰的蒸发问题。焊条电弧焊时,一般弧柱的温度可达6000℃,过渡熔滴金属也可达到2100~2700℃。为了使熔敷金属为奥氏体组织并具有较强的冷作硬化能力,一般都使熔敷金属Mn含量大于13%,应该在保证熔敷金属Mn含量的前提下,尽可能降低药皮中Mn的加入量,或是在保证熔敷金属冷作硬化性能的前提下,用其他元素取代Mn。

焊条电弧焊时出现大量的黄色烟尘,其主要成分是Mn的蒸气和氧化物,它对人体是有害的。为了防止锰中毒,应尽可能降低操作者的吸入量。在室内焊接时,一定要有防护设施,通常使用排烟罩,将焊接产生的气体及时吸入排烟罩,排出到室外。

高锰钢焊接时,为减少焊接热影响区碳化物的析出,还可采用浸水法进行处理。即将水韧处理状态下高锰钢试件放置在水中的支架上,使焊接表层距离水面5 mm左右,每焊完一道,浇水冷却,加快冷却速度,减少试件高温停留时间,并进行锤击以释放应力。采用浸水焊接方法,尽管高锰钢传热慢,但能在水中持续散热,且焊接高温停留时间短,再加上焊后马上对焊缝用水急冷,可加快冷却速度,更好地抑制高锰钢中碳化物的析出。

此外,还可采用热影响区强制冷却和焊后二次水韧处理等措施。图8-7是热影响区强制冷却焊接方法示意图。在冷却箱内通入循环冷却水对热影响区进行流动冷却,每焊完一道焊缝仍采用锤击水冷措施。强制冷却方式的散热方式不如浸水法焊接,但工艺简单,便于操作。焊后水韧处理实际上将带有析出碳化物的高锰钢焊件重新加热到1050℃,使高锰钢中析出的碳化物重新固溶到奥氏体中,然后进行水中淬火处理,抑制碳化物的析出,实现焊接接头无析出碳化物的目的。

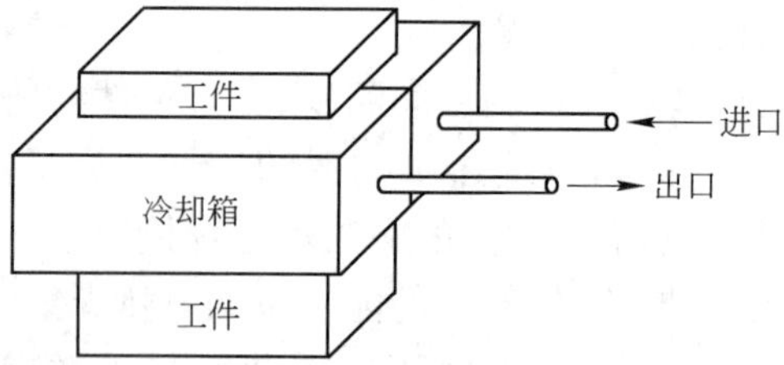

图 8-7　强制冷却焊接工艺方法示意图

8.3.3.2　钴基合金的堆焊工艺要求

堆焊前,为防止堆焊合金或基体金属产生裂纹和减小变形,零件需要进行预热。堆焊过程中要尽量使工件保持均一的温度,并且焊后要采取缓冷措施。对不同材料焊前预热和焊后缓冷的条件见表 8-13。

表 8-13　不同材料钴基合金堆焊时焊前预热和焊后缓冷条件

基体材料	预热温度/℃	焊后热处理
普通低碳钢小件	不预热	空　冷
普通低碳钢大件、低合金钢小件	350 ~ 450	置于干砂或石棉灰中冷却
低碳钢大件	500 ~ 600	焊后在 600℃ 炉中保温 30min 后炉冷
Cr18Ni9 类不锈钢	350 ~ 450	焊后 860℃ 炉中保温 4 h,以 40℃/h 的速度冷却到 700℃ 后,再以 20℃/h 的速度炉冷或在石棉灰中缓冷
Cr13 类不锈钢	600 ~ 650	焊后放于 800 ~ 850℃ 炉中,每 25 mm 厚保温 1h 后,以 40℃/h 的速度炉冷

钴基耐磨合金堆焊时,堆焊基体金属表面不应完全熔化成熔池,而只需加热到基体金属呈现"出汗"状态便立即进行堆焊。为此应注意电弧与堆焊面的距离保持在约 3 mm,直至堆焊表面出现润湿,也就是熔化极薄的一层(厚度 0.1 mm 以下)。这样才能使母材金属混入堆焊合金中的比例最少,保证堆焊层的性能不致下降。

A　堆焊工艺要点

钴基硬质合金常采用氧 - 乙炔堆焊,一般采用左焊法。堆焊过程及注意事项如下:

(1) 当工件表面加热至略呈"出汗"状态的瞬间,将焊嘴微微抬高,使焰芯与堆焊面的距离稍微拉开,此时将处在内焰外围的合金棒端部接近焰芯尖部(合金棒与堆焊表面成 25°左右的夹角,棒端与焰芯尖端的距离为 2 mm),并使熔融的合金熔滴滴到已呈现"出汗"状态的堆焊表面上,同时使之均匀扩展开。如果这时熔滴不扩展开,说明堆焊表面加热不足,应重新加热至呈"出汗"状态;反之,若加热过度使堆焊表面成为熔融状态,则基体金属与堆焊合金将互相混合,从而削弱堆焊合金的性能。

堆焊开始后须用火焰使最初的一滴熔滴滴在“出汗”状态面上展开，而且保持火焰的焰芯尖端距离基体平面为1.5～2.5 mm。勿使焊嘴前后晃动，而应与熔池保持相对固定的位置。熔池中堆焊金属的轻微翻滚可使杂质上浮。当合金熔滴完全分布到“出汗”状态的表面时，将火焰向前移动一定距离，其目的是将内焰的一部分对着熔池，仍保持其熔化状态，而将内焰的另一部分移到与熔池相邻的新的堆焊表面上加热，使其呈现“出汗”状态。与此同时，合金棒上应形成熔融的合金熔滴，在新的堆焊表面变成“出汗”状态之初离开合金棒，并覆盖在紧接着的新的“出汗”表面上。此时火焰稍向后移动一个距离，待熔滴完全扩展开后，再将火焰向前移动一段距离。然后按以上堆焊顺序周期地重复全部操作。

堆焊过程中，焊炬除了按上述作阶梯式的向前移动外，还须缓慢地沿堆焊面作横向摆动，使液态合金均匀铺展，保证焊道平整光滑。每层焊道需保证获得2～3 mm的堆焊层，要求一次连续堆焊好。如果希望得到更厚的堆焊层时，可以连续堆焊2～3层。堆焊完成后，根据需要可以重熔堆焊层，以保证焊层质量，减少堆焊层中的缺陷。

(2) 堆焊过程中，合金焊丝的熔化端头和熔池以及准备滴入熔滴的工件表面，必须经常处于还原焰的保护中，使这些表面与空气隔绝，不得将火焰急速地从熔池表面移去。若误将合金棒放入火焰焰芯中熔化，或使火焰焰芯与熔池接触，都会导致堆焊合金过多地渗碳。

(3) 堆焊结束时，应使接头重叠15～20 mm，重叠处可少加或不加堆焊材料。结束时须将焊炬继续前移40～50 mm，然后焊嘴逐渐抬起，火焰逐渐离开熔池，使熔池逐渐缩小。这样，接头处的冷却速度就较缓慢，不致发生接头疏松、缩孔、龟裂等缺陷。

(4) 堆焊较厚大工件时，可用特大号焊炬补充加热，以保持工件温度的均匀性，减少温差。而堆焊较小零件时，为避免薄壁基体过热和边缘熔化，可把零件放在紫铜导热垫板上进行堆焊。

(5) 对于熔点较低，流动性较好的钴基硬质合金，堆焊时须把零件堆焊表面水平放置，否则合金就会向下坡处流动，使堆焊层厚度不均。

(6) 堆焊后的工件应放入炉内进行缓冷，较小件可空冷或在石棉灰中保温冷却，其具体冷却条件见表8-13。

B 堆焊缺陷及防止措施

堆焊缺陷主要有以下几种：

(1) 翻泡和气孔。基体金属过热，堆焊表面局部温度过高，堆焊层混入过多的基体金属，火焰比例变动，火焰晃动，保护气氛不良及基体表面准备工作不完善等因素都会引起翻泡和气孔。堆焊过程中应随时调整火焰注意保持“3倍乙炔过剩焰",并正确掌握火焰对堆焊表面的加热程度。钴基硬质合金棒中的氧、氮、氢等气体含量过高,也是形成堆焊层翻泡和气孔的原因。所以必须保证合金棒的质量。在堆焊前,对合金棒进行800℃保温2 h的脱氢处理,可以有效保证合金棒的质量。基体金属含钛时,堆焊层中也极易出现翻泡现象。采取的措施一般是先堆焊过渡层(采用堆焊性能较好的合金作为过渡层材料),然后再在过渡层上堆焊钴基硬质合金。

(2) 夹渣。主要来源于基体金属与合金焊丝发生冶金反应的产物以及合金焊丝中的夹杂物。堆焊时要注意火焰对熔池的浮渣操作。堆焊第二层时,第一层表面的焊渣必须去除干净,或使其全部浮起,否则容易造成夹渣。此外,待焊工件表面焊前也应严格地进行清理。

(3) 疏松。是由于火焰离开熔池太快,使熔池金属急剧冷却凝固造成的。为此,特别是接头处应认真地按工艺规程收口,同时在更换合金焊丝时应使火焰始终对准熔池,以保持熔池温度并免受外界空气的侵袭。如堆焊层出现疏松,则会使堆焊金属的抗腐蚀性能显著下降,影响工件表面的使用性能与寿命。

(4) 裂纹。堆焊前预热温度低,堆焊过程温度控制不良(温度下降过快)和堆焊后急速冷却,都易使堆焊层出现裂纹。若接头处收口过急,或火焰突然从堆焊熔池表面离开,往往会产生龟裂。因此焊前预热与焊后缓冷是钴基硬质合金氧-乙炔火焰堆焊的一个重要特点。此外,在未经退火的淬火零件上堆焊也容易产生裂纹。

避免堆焊层出现裂纹的措施是:堆焊必须不间断地进行,如果在不得已的情况下需要中断堆焊时,应将焊件放在炉中保温,重新堆焊时,要用火焰把堆焊层末尾处熔化15~20 mm后再开始堆焊;若需要较长时间的中断,则需要将焊件按焊后缓冷处理,重新堆焊前要重新预热工件。任何情况下,中断堆焊时都不能将火焰很快地从熔池表面离开,而应当将火焰缓慢地、按螺旋式地向上移动。

如果堆焊层的裂纹已经扩展到基体金属中,需要用砂轮将裂纹彻底清除(或用其他机械加工方法去除),再按规定工艺预热、焊补和缓冷。若裂纹未扩展到基体金属,则可将零件重新预热并沿堆焊层的整个厚度(直到基体金属表面)用火焰仔细地将其重新熔透以消除裂纹。

(5) 硬度不均匀。堆焊时,当使用大直径的合金焊丝、采用不适当的焊嘴或操作不当时,由于堆焊层厚度不均匀可能引起硬度的不均匀。堆焊层过硬的区域通常是由于渗碳,也就是操作者将氧-乙炔焰的焰芯侵入熔化的堆焊层或者是内焰与焰芯的长度比大于3:1所造成的。堆焊层硬度较低的区域通常是由于基体金属混入堆焊层的结果。避免堆焊层硬度不均于的措施是:堆焊时火焰比例要保持稳定,最好单独使用乙炔发生器或采用瓶装乙炔,而且操作者的技术要熟练,才能得到组织和硬度均匀的堆焊层。

8.4 高硬度耐磨钢(合金)的焊接实例

8.4.1 耐磨高锰钢辙叉的焊接

在铁路运输中,随着运输量的不断增长和行车速度的提高,具有坚韧耐磨特点的高锰钢辙叉的应用日趋广泛,目前我国铁道线路主要干线上基本都铺设耐磨高锰钢辙叉。但是,辙叉在工作过程中常被压塌,或是形成疲劳裂纹而破裂,影响线路的运营,除设法改进铸造工艺、提高辙叉质量,尽可能减少和缩小铸造缺陷外,常采用焊接方法进行修复。

8.4.1.1 焊条电弧焊

高锰钢辙叉的焊接修复尽量降低焊接热输入和焊层温度,减少焊缝长度。应采用直流反接、小电流、短弧焊、水槽内焊、灭弧后立即浇水冷却等焊接工艺。对焊接操作的具体要求是:

(1) 焊波应分层、分段、间跳、逆向进行施焊。

(2) 每段焊波长度最长不超过 70 mm,或者是焊完一根焊条的 1/4 ~ 1/3 就灭弧浇水冷却,焊波宽度为 7 ~ 12 mm 或焊条直径的 2 ~ 3 倍。

(3) 焊条走向每层应先纵向焊好边缘,再纵向或横向施焊其余部位。

(4) 引弧或收弧应避开边缘及焊层与母材交界处。

(5) 不使用不锈钢焊条打底。

(6) 焊条烘干温度为 200 ~ 250℃,时间 1 h,放入保温筒,随用随取。

(7) 电源可使用交流弧焊机,或是直流反接。对于直接与母材焊接处或打底层,焊接电流应小些,如直径为 3 mm 和 4 mm 的焊条,使用的电流分别为 80 A 和 110 A。而对于中间焊层和盖面层焊接电流可适当提高到 110 A 和 150 A。

A 焊前准备

焊前准备要注意以下几点:

(1) 清理各部分的油垢及铁锈等,认真检查有无裂纹、剥落、夹渣、气孔、缩孔等缺陷,并将磨损及缺陷进行记录。

(2) 用砂轮机将辙叉的磨损部位硬化层磨去,磨削深度应大于 0.3 mm。

(3) 对有塌陷的部位,应仔细检查,可能有铸造缩孔和水平裂纹。此时,应视表层厚度决定是否挖补,如果焊后塌陷和磨损后表层厚度大于 15 mm,应采用 U 形坡口封焊裂纹的方法进行处理。

(4) 对水平裂纹、垂直断裂等缺陷,可用碳弧气刨工艺进行清理。而不应用氧 - 乙炔火焰清理。水平裂纹可顺着裂纹中心,刨深度为 15 ~ 20 mm、宽度为 10 ~ 15 mm 的沟槽,两端加长 5 ~ 10 mm 的 U 形坡口。垂直断裂裂纹,应尽量开窄坡口,深度以能清除裂纹为宜。

B　施焊过程

施焊过程如下所述:

(1) 磨损辙叉经过清理、检查、打磨后,放入设有流动水的水槽中,水位与施焊部位保持 15 ~ 20 mm 距离。

(2) 装好反变形架,对辙叉进行预拱,以防辙叉焊后变形和减少焊接应力。

(3) 焊条与焊接面应适当倾斜 20°左右,以减少夹渣、气孔等缺陷。

(4) 堆焊时应从磨损较深的部位开始,采用分条、分层、分段轮流堆焊,每段焊缝长度不应超过 70 mm,或每根焊条应分焊三条焊缝,焊缝宽度约为焊条直径的 2 ~ 3倍,后一道焊缝应压住前焊缝的 1/3,以使焊层平展。

(5) 焊条走向应先以纵向将辙叉轮缘槽边缘焊好,再用纵向或横向焊接中间部分,引弧及收弧应尽量避开轮缘槽边缘及焊层与母材的交界处。

(6) 引弧时应在焊缝形成的前方 15 mm 左右引弧,再拉回焊缝起点。灭弧时,应使焊条回焊很短一段距离,填满弧坑以免产生裂纹。

(7) 焊完一道焊缝后,应马上浇水冷却焊接部位,当再浇水不起大气泡(温度约 60℃)时,用刷子将水和焊渣刷净,待余热将表层水蒸发干后,再进行下一道焊缝的堆焊。

(8) 采用 KD-286 焊条施焊时,由于焊层韧性好、塑性高、脱渣性能好,自消除焊接应力能力强,可以免除或适当对焊缝锤击,以减轻劳动强度。

(9) 堆焊后,用砂轮打磨到规定尺寸后,用放大镜仔细检查。如发现焊层和基体有裂纹、较大气孔等,应刨去重焊。

对于磨损较为严重的部位,需要进行大块挖补堆焊。大块挖补时,底部及周围的缩孔应尽量清理干净。如果清理有困难,也应在焊第一、二层时,就尽量将气孔封住。如第二层还未封住,就应刨掉焊层,重新施焊。第一、二层封住了气孔,才能保持盖面层的焊接质量。此外,挖补一般都是面积大,深度较深,焊接时间长,易造成基体反复受热,使热影响区产生裂纹的情况下进行,因此施焊时,可先用半立焊法焊至轨头 5 ~ 10 mm 处,再改为平焊。

C　焊后打磨

采用 KD-286 焊条获得的修复焊层是依靠冲击加工,使金属变形、产生位错马氏体组织提高耐磨性的,因此,在焊后打磨时,应注意留有变形量。打磨时,轨顶面预留 0. 3 ~ 0. 5 mm 的变形量,轨头侧面则应凹下 0. 3 ~ 0. 5 mm,以防止焊层变形强化时产生飞边。

D　防止变形的措施

由于辙叉的刚性大,焊接修复时局部受热,金属膨胀、冷却后又产生收缩,使辙叉产生翘头等变形现象。为了防止因焊接修复引起的变形,可以在水槽底部固定一个刚性较大的梁,在待焊辙叉的修复处底部垫上垫铁,在两端用井字架将辙叉紧固,使待焊辙叉上拱适当角度(预拱)。辙叉焊修完后,便拆除井字架,岔心自然收缩,减少应力,不但防止变形,也有防止断裂的作用。

当辙叉已经发生变形,可以用320t左右辙叉液压校正器进行整直。不得已用乙炔焰校正时,应注意到两点,一是加热部位在辙叉的轨底部,二是控温在300℃以下。

8.4.1.2 自保护药芯焊丝焊接修复

某高锰钢辙叉心轨宽0~50 mm处轨面有严重破碎剥落,心轨宽50 mm处有一条垂直裂纹,深扩至轮缘槽,并已裂透,右翼轨磨损超限,靠内侧有垂直裂纹,约20 mm深,左翼轨轻度磨损。右股前叉趾第一螺栓孔有两条裂纹。

A 焊前处理

先用碳弧气刨挖去心轨裂纹处伤损,后用砂轮磨至轮缘槽,再用角砂轮在正反面磨成X形坡口,右翼轨垂直裂纹用角砂轮磨成V形坡口。

B 施焊工艺

焊接电源采用国产NBCl-400型CO_2气体保护半自动电弧焊机,送丝机构采用专用的TFS-1型药芯焊丝送丝机,电缆及手把也为专用。焊接材料为ϕ2.8 mm的Mn-Cr型自保护药芯焊丝。焊接工艺参数见表8-14。

表8-14 高锰钢辙叉自保护药芯焊丝焊接的工艺参数

管板距离/mm	焊接电流/A	焊接电压/V	焊接速度/$cm \cdot min^{-1}$	送丝速度/$cm \cdot min^{-1}$
20~50	190~250	18~26	30~60	100~300

采取的工艺措施如下:

(1) 为控制碳化物析出,辙叉浸在水槽中施焊,浸入深度以水不进入轮缘槽为宜。

(2) 螺栓孔裂纹焊补难以水浸,可空冷。为防止过热,应减少连续焊接的时间。为保持孔径尺寸,可在螺栓孔内插一相同直径的铜棒。

(3) 连续焊接的焊缝长度可适当加长,提高焊补效率。但应分别在两侧翼轨和心轨之间轮换焊接,层温控制在表面不烫手为宜。

(4) 焊前处理应尽可能把裂纹、剥离、疏松及表面硬化层打磨干净。焊接过程中应注意观察,一旦发现气孔、夹渣、裂纹等焊接缺陷必须清除后,才能继续焊补。

(5) 第一层焊渣对热影响区中碳化物的析出和液化裂纹产生影响最大,应严格控制该层焊缝的热输入,焊接时尽量不摆动焊条、快速焊。

(6) 为减轻劳动强度,焊后可不进行锤击。

(7) 为减小拘束度,辙叉在水槽中不加拘束,呈自由状态,但应当注意放置辙叉的垫块的位置。

按上述工艺进行焊接修复,右翼轨焊补长度为1020 mm,最深为17 mm,左翼轨 910 mm,最深为 10 mm,心轨 550 mm。心轨是从辙叉反面焊二道后,在正面清焊根,以保证焊透。在螺栓孔裂纹焊补中,注意熔合区中新裂纹的产生,应采用对称焊接,焊后锤击以减小应力,消除焊后裂纹。

8.4.1.3 脉冲焊条电弧焊

脉冲焊条电弧焊是将两个电源并联,同时接到焊钳和工件上,如图 8-8 所示。其中 I 是维弧电源,焊接过程中仅维持电弧稳定燃烧。II 是脉冲电源,其作用是供给一个较大的脉冲电流,用来熔化焊条和工件,焊接时作为主要热源。焊接过程中,维弧电流和脉冲电流相叠加,得到脉冲焊接电流。通过调节脉冲频率和脉冲宽度,可实现焊接热输入的控制。

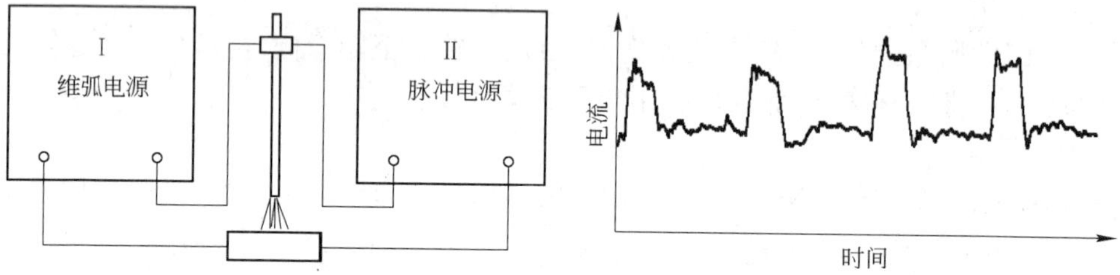

图 8-8 脉冲焊条电弧焊原理及电流波形图

A 焊前准备

包括焊前清理和焊条烘干。确定高锰钢辙叉需修复部位后,首先进行焊前清理。对磨损部位用砂轮打磨,去除硬化层直至露出新的母材金属;对表面存在龟裂部位用砂轮将其全部打磨掉,直至无裂痕存在;对出现裂纹部位要认真处理,通常出现裂纹部位大多数是由于铸造时形成的气孔、夹渣、缩松等内部缺陷引起的,焊补前必须将这些缺陷挖干净、彻底清除。

焊前须将焊条按说明书要求进行烘干,烘干后的焊条装入保温筒,随用随取,隔日使用时必须重新烘干。

B 焊接

脉冲电弧焊电源采用直流反接法,即焊钳接正极,焊件接负极,当焊条直径为 4 mm 时,采用的焊接工艺参数列于表 8-15。

表 8-15 高锰钢辙叉脉冲焊条电弧焊的工艺参数

脉冲电流/A	维弧电流/A	脉冲宽度/%	脉冲频率/Hz	焊接速度/cm · min^{-1}	焊道长度/mm
150	50	25	3	9 ~ 11	150

C 操作要求

引弧时应在焊补区引弧,以防破坏非焊补区轨面。施焊时应采用分段、跳焊法,以利于热量散失,不使焊件过热。同时采用焊后锤击法消除内应力,对行车密度较大区间也可利用列车碾压直接消除应力。施焊时要注意控制焊件温度,使其小于300℃,以防碳化物析出而增加接头脆性。

堆焊时注意焊道的头尾连接,防止出现脱节现象。相邻焊道的重叠量要求不小于焊道宽度的1/3。

D 焊后整形

焊接修复后要用砂轮打磨整形,要求表面平整光洁,没有焊痕,焊补区的外形尺寸应满足辙叉有关的技术标准要求。

8.4.2 阀门的高硬度耐磨层堆焊

阀门是管路(线)中必不可少的装置。工业部门需要大量的各类阀门,如化肥厂需要耐腐蚀的不锈钢阀门,炼油厂、发电厂、电站需要耐高温高压的阀门,矿业部门需要耐磨损的阀门,军工部门需要特殊的阀门。由于阀门质量事故造成的损失是无法估计的,如美国联合碳化物公司在印度的毒气泄漏事故就是因阀门质量问题引起的。

提高阀门的质量要从提高密封面的抗磨损性能着手,并根据阀门使用情况选用耐高温、耐磨损的堆焊材料。在密封面上进行不同的堆焊工艺,以提高阀门密封面承受恶劣工况的能力。

8.4.2.1 焊条电弧堆焊

阀门经常处于高温高压条件下工作,基体一般为ZG25B、ZG35B、20CrMo和15CrMoV等材料。密封面是阀门的关键部位,工作条件差,极易损坏。阀门密封面焊条电弧堆焊主要采用的焊条有:马氏体高铬钢堆焊焊条,如EDCr-A1-03(D502)、EDCr-A1-15(D507)、EDCr-B-03(D512)、EDCr-B-15(D517);铬锰钢堆焊焊条,如EDCrMn-A-16(D516M);高铬镍钢堆焊焊条,如EDCrNi-B-15(D547Mo)和钴基合金堆焊焊条,如EDCoCr-A-03(D802)、EDCoCr-B-03(D812)等。

A 铬锰钢阀门焊条堆焊

铬锰钢堆焊焊条主要采用D516M焊条,其焊芯为H08A或H1Cr13。铬锰钢堆焊焊条的显著特点是堆焊金属的抗裂性能好,堆焊大口径阀门也不需要焊前预热、焊后缓冷等工艺措施,可以简化生产工艺、降低制造成本,提高生产效率。

a 焊前准备

堆焊工件焊前表面需进行粗车加工,并根据图纸要求预留加工余量,以保证焊层经加工后有3 mm以上的高度。堆焊工件表面不得有气孔、夹渣、包砂、裂纹等缺陷,如有上述缺陷须经焊补清除、在粗车后方可堆焊。焊条使用前必须烘干,加热到350~400℃、保温2h。铬锰钢堆焊焊条属于碱性低氢型药皮焊条,应采用直流弧焊机或硅整流焊机,并采用反极性接法。

b　操作要点

铬锰钢阀门焊条堆焊的操作要点如下所述：

(1) 堆焊工件表面须处于水平位置，对于有斜度的堆焊工件，要靠辅助装置使堆焊表面处于水平位置。

(2) 焊条须垂直于工件表面，并使焊条略向右倾斜与工件表面夹角80°左右，且尽量采用短弧焊。

(3) 堆焊时，可根据堆焊层宽度要求适当摆动运条，并借助于凝固在焊道两侧的熔渣拖住铁水，使焊层宽度均匀，成形美观。

(4) 采用多层焊，一般堆焊4～5层，各层焊道之间无需清渣处理，整个堆焊过程不宜中断，最好一次完成。如遇特殊情况中断堆焊，重新起弧时，应将已凝固的熔渣彻底清除，防止堆焊时夹渣。熔渣清除后，堆焊操作难度增加，因熔渣除去，易发现铁水流淌现象，因此要注意控制好熔池形状。

(5) 堆焊后焊层表面如有气孔、裂纹或局部未焊透等缺陷，可采用局部补焊法进行堆焊修补。

典型铬锰钢堆焊焊条阀门焊条电弧堆焊的工艺参数见表8-16。

表8-16　铬锰钢堆焊焊条阀门焊条电弧堆焊的工艺参数

产品型号	部件名称	基体材料	焊条牌号	焊条直径/mm	电源种类	焊层高/mm	堆焊层数	焊接电流/A
Z942H25 DN500	阀体	25钢	D516M	5	直流反接	5	4	260～280
Z44H40 DN200	阀体	25钢	D516M	5	直流反接	5	4	240～260
H44H40 DN200	阀瓣	25钢	D516M	5	直流反接	5	4	260～280
Y43H25 DN80	阀板	25钢	D516F	4	直流反接	4	3	140～160

B　高温高压阀门焊条堆焊

高温高压阀门密封面堆焊焊条以EDCrNi-A-15(D547)和EDCrNi-B-15(D547Mo)为代表，这类焊条适用于堆焊工作温度低于570℃的电站高温高压阀门密封面的堆焊。

a　焊前准备

高温高压阀门焊条堆焊的焊前准备如下所述：

(1) 堆焊工件表面须进行粗车加工，不得有气孔、夹渣、包砂、裂纹等缺陷，如有上述缺陷须经焊补清除、再粗车后方可堆焊。

(2) 焊条使用前必须烘干处理，加热到300℃保温2h。

(3) 堆焊前，对于较大的阀门部件应按表8-17所规定的预热温度进行预热处理。

(4) D547、D547Mo焊条堆焊时，须使用直流弧焊电源，并采用反极性接法。

表 8-17 阀门部件堆焊前预热温度及焊后热处理工艺

基体材料	预热温度/℃	焊后回火温度/℃
低碳钢	350~400	620~650
45 钢	350~400	620~650
低合金耐热钢	500~600	680~720
奥氏体不锈钢	300~400	860~880
马氏体不锈钢	300~350	700~750

b 工艺要点

高温高压阀门焊条堆焊的工艺要点有：

(1) 堆焊采取多层焊，一般为 3~4 层。第一层用直径 3.2 mm 焊条，采用小电流、窄道焊、短弧操作。

(2) 要求整个堆焊过程连续进行，尽量缩短间断时间，以保证层间温度，使整个堆焊过程始终保持焊前预热的温度。

(3) 堆焊高度应控制在 5 mm 以下，经加工后不得小于 3 mm，以免因堆焊层高度不够造成化学成分不稳定，硬度不均匀，从而影响其使用性能。

(4) 堆焊后按表 8-17 所示的焊后回火热处理温度进行回火处理。切记要在堆焊后立即入炉，否则易引起不良后果。

(5) 如焊层局部有未焊透缺陷，可以局部焊补，但必须按堆焊工艺(包括焊前预热、焊后回火等)进行焊补。

典型电站阀门焊条电弧堆焊的工艺参数见表 8-18。

表 8-18 电站阀门焊条电弧堆焊的工艺参数

部件名称	基体材料	焊条牌号	焊条直径/mm	电源种类	焊层高/mm	堆焊层数	焊接电流/A	焊前、焊后处理
阀座	12CrMoVA	D547Mo	3.2	直流反接	5	3	80~100	不预热，焊后缓冷
阀瓣	12CrMoVA	D547Mo	4	直流反接	5	3	100~120	
阀座	20CrMo	D547Mo	4	直流反接	5	4	110~130	预热 450℃，焊后炉冷
闸板	20CrMo	D547Mo	5	直流反接	5	4	140~160	

C 钴基合金焊条堆焊工艺

钴基合金用于阀门密封面堆焊的焊条有 EDCoCr-A-03(D802)、EDCoCr-B-03(D812)等。钴基合金堆焊焊条常用于堆焊临界或超临界蒸气阀门以及使用条件比较恶劣、抗磨损、抗腐蚀性能要求较高的阀门密封面。钴基合金堆焊焊条焊接性能较差，堆焊工艺较为复杂。因此为保证堆焊质量，须认真执行经过工艺评定后的堆焊工艺。

a 焊前准备

钴基合金焊条堆焊工艺的焊前准备如下所述:

(1) 堆焊工件表面粗糙度应在 R_a12.5 μm 以下,并严格清除表面的铁锈和油污等,不得有气孔、包砂、裂纹等缺陷,棱角处应倒圆角。

(2) 堆焊前,应视基体材料不同,按表 8-19 所规定的预热温度进行预热。

(3) 当基体材料为珠光体耐热钢或马氏体不锈钢等焊接性较差的材料时,须在基体表面堆焊奥氏体不锈钢 1Cr18Ni9 或 Cr25Ni20 过渡层,加工平整后再堆焊钴基合金,以改善抗裂性,避免产生裂纹。

(4) D802、D812 焊条堆焊时,采用交、直流电源均可;建议采用直流电源反极性接法。

b 操作要点

钴基合金焊条堆焊工艺的操作要点有:

(1) 工件表面处于水平位置,焊条与工件间保持 70°~80°倾角,短弧焊。

(2) 焊条摆动幅度不宜过大,一般不超过焊条直径的 3 倍。

(3) 为减小基体熔深,堆焊时尽量采用小电流。

(4) 堆焊层高度 3 mm 即可满足性能要求,须堆焊两层以上。各层间须用砂轮或钢丝刷进行清渣处理,并控制层间温度稍高于预热温度。

(5) 堆焊结束时,不能使电弧急速离开堆焊金属表面,以免在熄弧处熔池金属急冷而产生裂纹。

典型的钴基合金焊条阀门耐磨堆焊的工艺参数见表 8-19。

表 8-19 钴基合金焊条阀门耐磨堆焊的工艺参数

部件名称	基体材料	焊条牌号	焊条直径/mm	电源种类	焊层高/mm	堆焊层数	焊接电流/A	焊前、焊后处理
闸板	1Cr18Ni9Ti	D812	5	交流或直流	4	3	120~140	预热 300℃,焊后缓冷
阀座	Cr18Ni12Mo2Ti	D802	4		3	2	100~120	预热 350℃,焊后缓冷
闸板	Cr18Ni12Mo2Ti	D812	5		4	3	110~130	预热 300℃,焊后缓冷
阀瓣	1Cr18Ni9Ti	D812	4		3	2	90~110	预热 300℃,焊后缓冷

8.4.2.2 埋弧堆焊

A 阀门待堆焊面的加工

首先对阀门待堆焊面应按图纸和加工工艺要求进行粗加工,去掉铸、锻时堆焊部位的氧化皮,以免引起焊接缺陷。待堆焊表面不允许有铸造夹杂物、裂纹、砂眼、气孔等缺陷。如果发现上述缺陷,应将其清除,焊补后再进行堆焊。

在阀门待堆焊的表面粗加工后用车刀轻划密封面中心线,直径偏差不大于 ±0.5 mm,以便焊丝对中,堆焊位置不产生偏差。堆焊前阀门毛坯面的加工应保证堆焊材料的工作面高度,一般堆焊密封面高度设计为 3 ~ 5 mm。为了保证闸板或阀体的总体尺寸,待堆焊表面应加工成平面。

B 堆焊工艺参数及操作要点

应先在实际产品上试堆焊,初步确定堆焊电流、电弧电压、转速后再开始堆焊。堆焊后取样化验堆焊层成分和检验密封面硬度,调整合格后,按确定下来的工艺参数进行正式生产。每种规格阀门的工艺参数确定后,填写在工艺卡上,以后的生产可不必重复试验。但当堆焊原材料变更时,如焊丝、焊剂重新投料,埋弧焊机经过更换或改装,需重新进行工艺性试验,调整工艺参数。堆焊工艺参数的确定应以堆焊层合金成分为主要依据。

合理确定阀门埋弧堆焊工艺参数的要求是:堆焊层金属化学成分合格、堆焊焊道成形良好、脱渣容易,堆焊焊道尺寸符合要求,且有较高的堆焊生产效率。单丝自动埋弧堆焊不同规格闸板、阀体的工艺参数见表 8-20 和表 8-21。

表 8-20 自动埋弧堆焊阀门闸板的工艺参数

阀门型号	堆焊电流/A	电弧电压/V	转速 /r · min^{-1}	焊丝直径 /mm	密封面宽度 /mm	密封面中心线直径/mm
Z41H-64 DN 300	700 ~ 800	32 ~ 36	0. 20 ~ 0. 25	5	24	324
Z41H-64 DN 350	750 ~ 850	34 ~ 38	0. 13 ~ 0. 20	5	26	376
Z41H-64 DN 400	800 ~ 900	35 ~ 39	0. 08 ~ 0. 09	5	30	425
Z41H-64 DN 500	850 ~ 950	36 ~ 40	0. 08 ~ 0. 09	5	35	525
Z41H-64 DN 700	900 ~ 1000	38 ~ 44	0. 05 ~ 0. 06	5	35	725

表 8-21 自动埋弧堆焊阀体的工艺参数

阀门型号	堆焊电流/A	电弧电压/V	转速 /r · min^{-1}	焊丝直径 /mm	密封面宽度 /mm	密封面中心线直径/mm
Z42H-25 DN 400	400 ~ 500	36 ~ 40	0. 046 ~ 0. 049	4	16	420
Z42H-25 DN 500	450 ~ 550	38 ~ 42	0. 037 ~ 0. 040	5	16	524
Z42H-25 DN 600	500 ~ 600	40 ~ 44	0. 031 ~ 0. 033	5	18	626
Z42H-25 DN 700	550 ~ 650	42 ~ 46	0. 027 ~ 0. 028	5	20	728

堆焊前将焊丝对准堆焊面中线位置,保证接触良好。先堆积焊剂,焊剂的堆积高度为 50 ~ 70 mm,以在堆焊过程中堆焊处上面的焊剂不露弧光为宜,避免破坏堆焊处的保护。按预先调整的堆焊工艺参数堆焊,随时注意堆焊电流、电弧电压随网路电压的变化,及时调整。堆焊好一圈后,应注意始焊位置和熄弧处应搭接 25 ~ 30 mm,并应使焊道搭接处平缓。堆焊完一批产品,应随时注意抽检化验堆焊层化学成分和检测硬度。

用自动埋弧堆焊技术对阀门密封面进行堆焊,采用烧结焊剂,埋弧堆焊一层,一般不进行多层焊。如果堆焊层的合金成分不合格,可车削掉重新堆焊。

C　补焊及焊后热处理

堆焊后如发现少量缺陷,如气孔、缺肉等,可采用与堆焊层合金成分相同的焊条补焊。补焊以埋弧堆焊后趁热立即补焊为宜。如发现缺陷较大可车削掉,重新堆焊。

阀门堆焊后热处理的目的是消除热应力,避免加工后密封面变形影响密封、避免焊道延迟裂纹、调整堆焊层硬度。埋弧堆焊密封面后应进行回火处理。确定回火温度应综合考虑堆焊层和基体两方面的因素。当堆焊层材料要求必须进行热处理以达到技术要求的硬度值,如 Cr13 堆焊层,应按堆焊层材料本身的要求热处理。消除应力热处理不应改变堆焊层的性能,一般碳钢基体回火温度选择在 650℃左右。

8.4.2.3　等离子弧堆焊

A　钴基合金粉末等离子弧堆焊

钴基合金具有良好的抗高温、耐腐蚀、抗磨损等综合工艺性能和显著的热硬性特点,被广泛应用在耐高温、耐磨损的场合,例如高温高压电站阀门和其他技术性能要求较高的阀门密封面上。

阀门密封面等离子弧堆焊钴基合金的注意事项:

(1) 根据堆焊工件的结构刚性和材质,合理选择预热温度和焊后保温措施。阀门等离子弧堆焊常用材料的预热温度和焊后热处理温度见表 8-22。

表 8-22　阀门常用材料焊前预热和焊后热处理温度

<table>
<tr><th colspan="2">基体材料</th><th>堆焊前预热温度/℃</th><th>焊后热处理温度/℃</th></tr>
<tr><td>低碳钢</td><td>25 钢
35 钢
45 钢</td><td>300～350
小零件不预热</td><td>600～650
小零件在石棉中
冷却或砂冷</td></tr>
<tr><td rowspan="2">Cr-Mo 珠光体钢</td><td>12CrMo
15CrMo</td><td>400～450</td><td>680～720</td></tr>
<tr><td>12CrMoV
15CrMoV</td><td>450～500</td><td>720～760</td></tr>
<tr><td>马氏体不锈钢</td><td>1Cr13、2Cr13</td><td>450～500</td><td>700～750</td></tr>
<tr><td>奥氏体不锈钢</td><td>1Cr18Ni9Ti、Cr18Ni12Mo2Ti</td><td>250～300</td><td>860～880</td></tr>
</table>

(2) 钴基合金粉末的熔点稍高,应合理选择堆焊电流、工件转速、焊枪摆动频率和幅度,以保证熔合及表面成形。

(3) 钴基合金粉末密度较大,使用自重式送粉器时,应根据粉末粒度(目数)合理调整送粉气体流量,以得到适宜的送粉量,保证堆焊质量。

(4) 钴基合金粉末堆焊时,易在熄弧处出现火口裂纹。应选择适宜的电弧衰减斜率和时间,待衰减到电流较小时(小于 20 A)再切断电弧。

阀门等离子弧粉末堆焊钴基合金的工艺参数见表 8-23。堆焊设备为DP-500型粉末等离子弧堆焊机,采用 LFH 型等离子弧焊枪。

表 8-23 等离子弧粉末堆焊钴基合金的工艺参数

产 品	阀门型号	Z941Y-200 DN 225	Z941Y-200 DN 225	Z941Y-200 DN 225	Z941Y-200 DN 225
	堆焊部位	闸板	阀座	阀瓣	闸板
	基体材料	20CrMo	20CrMo	2Cr13	1Cr18Ni9Ti
合金粉末	牌 号	F221	F221	F221	F221
	粒度/μm(目)	250~74 (60~200)	250~74 (60~200)	250~111 (60~140)	250~111 (60~140)
非转移弧	电弧电压/V	24	24	24	24
	堆焊电流/A	90~100	90~100	90~100	90~100
转移弧	电弧电压/V	36	36	34	36
	堆焊电流/A	180~200	160~180	140~160	160~180
	衰减时间/s	15	13	10	13
氩气流量	离子气/$L \cdot h^{-1}$	400	400	350	400
	送粉气/$L \cdot h^{-1}$	600	600	500	600
摆 动	频率/次·min^{-1}	40	50	60	50
	幅度/mm	18	14	8	14
转台每转所需时间/s		270	210	70	220
送粉量/$g \cdot min^{-1}$		42	40	25	40
喷嘴与工件距离/mm		12	12	10	12
焊 层	高/mm	5	4	4	5
	宽/mm	20	18	10	18
工艺措施	预热/℃	400~450	400~450	300	250~300
	焊后	炉内缓冷	炉内缓冷	全退火	炉内缓冷

B 镍基合金粉末等离子弧堆焊

阀门密封面堆焊用镍基合金粉末的化学成分是以镍为基，含有一定量的 Cr、B、Si 元素，即 Ni-Cr-B-Si 系自熔性合金粉末。

镍基合金具有良好的抗腐蚀、抗磨损和抗氧化性，综合性能良好。镍基合金还具有良好的抗擦伤性能，特别是高温下的抗蚀性，常代替钴基合金应用在电站蒸气阀门和内燃机进排气阀或受到强腐蚀介质的腐蚀磨损工况比较恶劣的阀门密封面制造上。

镍基合金粉末等离子弧堆焊的工艺性能良好，与钴基合金相比熔点低，液态金属流动性好。堆焊时要根据其特点合理选择工艺参数。为了防止裂纹，减小应力和变形，应采取相应的焊前预热、焊后保温措施。阀门等离子弧粉末堆焊镍基合金的工艺参数见表 8-24。

表 8-24　阀门等离子弧粉末堆焊镍基合金的工艺参数

产　品	阀门型号	A41H-16 DN 40	A47H-25 DN 50	J41W-16P DN 100	J41W-40 DN 150
	堆焊部位	阀　座	阀　座	阀　瓣	阀　瓣
	基体材料	25 碳钢	25 碳钢	1Cr18Ni9Ti	1Cr18Ni9Ti
合金粉末	牌　号	NDG-2	NDG-2	F101	F101
	粒度/μm(目)	250～74 (60～200)	250～74 (60～200)	111～74 (140～200)	111～74 (140～200)
非转移弧	电弧电压/V	22	22	20～22	20～22
	堆焊电流/A	90	90	90～100	90～100
转移弧	电弧电压/V	40	40	40	40
	堆焊电流/A	140	150	160～180	180～200
	衰减时间/s	15	13	10	13
氩气流量	离子气/L · h^{-1}	500	500	500	500
	送粉气/L · h^{-1}	700	700	700	700
摆　动	频率/次 · min^{-1}	60	60	45	40
	幅度/mm	7	7	10	12
转台每转所需时间/s		45	50	130	150
送粉量/g · min^{-1}		35	35	40	40
喷嘴与工件距离/mm		12	12	13	13
焊　层	高/mm	4.5	5	5	5
	宽/mm	9	9	12	14
工艺措施	预热/℃	—	—	200	200
	焊　后	缓　冷	缓　冷	炉内缓冷	炉内缓冷

C　排丝等离子弧堆焊工艺

排丝等离子弧堆焊是将堆焊合金制成焊丝，根据堆焊面的宽度，选择不同直径和根数的焊丝并列成排状，铺在焊道上，用等离子弧使其熔焊在基体上。排丝等离子弧堆焊具有熔深浅、堆焊金属稀释率低，焊道成形好的特点。排丝等离子弧堆焊可使基体受热均匀，堆焊金属的抗裂性好。焊前不预热、焊后不进行热处理时，堆焊层金属也不产生裂纹。

排丝等离子弧堆焊阀门的工艺措施如下：

(1) 将经过粗车的待堆焊表面用工业酒精或丙酮除去油污。

(2) 根据阀门密封面设计宽度和厚度的要求，选择适当的焊丝直径和根数，用氩弧焊或气焊点焊成排状。

(3) 采用排丝等离子弧堆焊钴基合金的工艺参数见表 8-25。

(4) 根据排状焊丝的宽度确定摆幅，根据堆焊速度调整适宜的摆动频率。

(5) 堆焊工件在堆焊前和焊后不必进行预热、保温、缓冷等工艺措施。

表 8-25 采用排丝等离子弧堆焊钴基合金的工艺参数

产 品	阀门型号	Z41W-16R DN 300	Z41Y-40P DN 500	Z41Y-40P DN 500	Z41Y-64 DN 400
	堆焊部位	阀 板	阀 座	阀 板	阀 板
	基体材料	Cr18Ni12Mo2Ti	1Cr18Ni9Ti	1Cr18Ni9Ti	Cr5Mo
焊 丝	牌 号	HS111	HS111	HS111	HS111
	直径/mm	4.7	4.7	4.7	4.7
	并列根数	6	5	7	7
转移弧	电弧电压/V	20~22	20~22	22~24	22~24
	堆焊电流/A	210~230	200~220	260~270	250~260
氩气流量	离子气/$L \cdot h^{-1}$	400	400	450	400
	送粉气/$L \cdot h^{-1}$	800	750	850	850
摆 动	频率/次·min^{-1}	40	50	35	35
	幅度/mm	30	25	35	35
转台每转所需时间/s		6	330	480	420
喷嘴距焊丝距离/mm		4	3	4	4
焊 层	高/mm	4	4	4	4
	宽/mm	32	28	38	38

8.4.3 挖掘机铲斗的焊接

大型挖掘机铲斗是用耐磨高锰钢 ZGMn13 与 45 钢进行焊接的。高锰钢的线膨胀系数比一般碳钢大 30%，导热系数也较低；45 钢属中碳钢，有较大的淬硬性，在焊接热影响区的过热区内很容易产生脆化的高碳马氏体。因此，高锰钢 ZGMn13 与 45 钢的焊接应采用适当的焊接热输入，不易过大，以防导致奥氏体过热并促使形成粗大马氏体。

采用混合气体保护焊，焊接时热输入小，又具有较高的生产率。焊接材料选用直径为 ϕ1.6 mm 的 H1Cr21Ni10Mn6 焊丝，其化学成分见表 8-26。

表 8-26 H1Cr21Ni10Mn6 焊丝的化学成分(质量分数，%)

C	Mn	Cr	Ni	Si	S	P
0.09	5.91	20.86	10.60	0.39	0.006	0.022

焊接时采用的保护气体为 80% Ar + 20% CO_2，焊机型号为 YD-S-500 型熔化极气体保护焊机。

采用 V 形坡口对接焊，坡口角度为 60°，对接前先在 45 钢坡口表面堆焊一层

H1Cr21Ni10Mn6 过渡层,并对已预堆过渡层的 45 钢坡口表面打磨、修整、检验,然后将 45 钢与高锰钢装配焊接,焊接工艺参数见表 8-27。

表 8-27　高锰钢 ZGMn13 与 45 钢的焊接工艺参数

焊丝直径 /mm	焊接电流 /A	焊接电压 /V	焊接速度 /cm · min^{-1}	气体流量 /L · min^{-1}	焊丝伸出长度/mm	层间温度 /℃
1.6	400	34	45	20	30	100

采用预堆过渡层焊接 ZGMn13 钢与 45 钢对接接头,接头靠近 45 钢侧的组织为铁素体和珠光体,预堆层和焊缝组织皆为奥氏体。焊缝层间熔合良好、组织均匀。ZGMn13 钢侧熔合区靠近焊缝侧有增碳层,靠近母材侧有贫碳层,并可看到碳化物的存在。预堆层为柱状晶较为粗大,焊缝为柱状晶较为细小,这是由于在预堆层和 ZGMn13 钢焊接时,对预堆层又重新加热的原因。

采用预堆过渡层焊接 ZGMn13 钢与 45 钢,焊缝与两种母材之间熔合良好,焊缝组织均匀,碳化物析出量较少,在焊接过程中及焊后微观组织观察中均未发现裂纹。

ZGMn13 钢与 45 钢连接的铲斗结构主要是利用 ZGMn13 钢的耐磨性,要求接头基本达到或接近 45 钢的强度。试验表明焊后接头强度与 45 钢的抗拉强度相接近,能够满足使用性能的要求。

8.4.4　刮板运输机构件的焊接

现代矿山机械制造中越来越多地应用耐磨钢与其他矿用钢的焊接。某双链刮板运输机中,每台设备就有 3.2t 的 ZGMn13 钢需要与矿用钢 24Mn2K 进行焊接。24Mn2K 钢的化学成分(%)为 C 0.20 ~ 0.27, Si 0.17 ~ 0.37, Mn 1.38 ~ 1.8, P < 0.045, S < 0.05。由于焊接热影响区存在碳化物析出现象,24Mn2K 钢的焊接性较差。另外,Si 是熔炼时作为脱氧剂而加入的,若含量偏高,不仅降低 C 在奥氏体中的溶解度,促使冷却时碳化物析出,还会加剧 P 的有害作用,形成低熔点磷共晶 FeSi-Fe_3P-Fe。

这两种钢焊接时容易由热裂导致边焊边裂,并且还容易出现冷裂纹,导致冷却后熔合区附近出现大面积裂纹,有时焊接接头碳化物较多,晶粒粗大,抗拉强度低。采用的焊接方法有用奥氏体不锈钢焊条 E347-16(A132)进行焊条电弧焊,每道间用水激冷;或采用高锰钢堆焊条 EDMn-B-16(D266)在 ZGMn13 一侧堆焊过渡层,再用 A132 焊条施焊。

在 ZGMn13 中加入少量稀土元素,严格控制水韧处理,采用热源集中的小电流、焊条电弧多道焊,严格控制冷却速度并用锤击,A132 不锈钢焊条焊前进行 250 ~ 350℃烘干,焊接电流 140 ~ 150 A,焊接电压 22 V,层间温度低于 100℃,采用短弧焊接,可获得力学性能良好的焊接接头,见表 8-28。

表 8-28 ZGMn13 钢与 24Mn2K 钢焊接接头的力学性能

材 料	抗拉强度(不小于)/MPa	伸长率(不小于)/%	断面收缩率/%	冲击功(不小于)/J	硬度 HB
ZGMn13 + 24Mn2K 接头	619	28	≥16.1	152	179 ~ 229
ZGMn13	600	25	—	147	≤229

8.4.5 辙叉与钢轨的焊接

随着铁路运输的现代化,要求铺设全长无缝铁路,同时要求把耐磨高锰钢辙叉 ZGMn13 与 U71Mn 钢轨进行焊接。U71Mn 钢的化学成分为 C 0.71%, Si 0.27%, Mn 1.37%,S 0.023%, P 0.016%。

ZGMn13 与 U71Mn 的焊接是两种成分和物理性能相差悬殊的异种材料的焊接,两者的焊接性都较差。焊接裂纹及焊接热影响区析出的碳化物引起脆化是高锰钢焊接时的主要问题。耐磨高锰钢焊接要求采用热输入小、冷却速度快的工艺措施,例如采取浸水法焊接、脉冲焊条电弧焊等方法;而 U71Mn 钢轨淬硬倾向大,焊接热影响区易产生淬硬组织而脆化,焊接时须进行预热及焊后热处理。

U71Mn 钢的强度较高,但韧性低,选用的焊条韧性应低于钢轨母材,有利于钢轨接头在实际使用过程中不易发生脆性断裂。因此焊条药皮须有一定的碱度,以便更加有效地向焊缝过渡合金,同时也能净化焊缝金属,提高焊缝韧性。为此采用 $CaO-CaF_2-SiO_2$ 渣系的焊条药皮配方,并在其中添加了 Cr、Ni、Mo 等元素。Ni 具有面心立方结构,可改善焊缝金属的韧性;Cr 是保证焊缝强度的主要元素,但同时会使焊缝变脆,因此其加入量应适当;Mo 是良好的细化晶粒元素。为使焊条具有良好的工艺性能,以保证连续焊接时不出现断弧和短路现象,以及焊接轨底时不粘渣且清渣容易。在焊条合金成分中应适当提高 Mn 含量;另外,通过加入少量稀土元素,可进一步细化焊缝金属组织,降低焊缝中非金属夹杂物含量并改善其分布形态。

由于耐磨高锰钢 ZGMn13 和 U71Mn 钢的焊接性差别较大,采用先堆焊过渡层的焊接工艺,即分别在 ZGMn13 和 U71Mn 钢一侧采用 Ni-Cr-Mo 系的 HT-1 焊条先堆焊过渡层,然后再采用 Mn-Cr-Ni 系的 HT-2 焊条进行对接。这两种焊条的化学成分和力学性能见表 8-29。

表 8-29 高锰钢辙叉与钢轨焊接用焊条的化学成分和力学性能

合 金 系	化学成分(质量分数)/%											力学性能		
	C	Si	Mn	Cr	Ni	Mo	N	S	P	Ti	Nb	抗拉强度/MPa	伸长率/%	冲击功/J
Ni-Cr-Mo	0.12	0.7	0.5	16	25	6	0.1	0.03	0.03	—	—	720	38	—
Mn-Cr-Ni	0.25	0.4	16	16	3	1	—	0.02	0.02	1.3	0.2	760	37	118

采用热影响区强制冷却的焊条电弧焊方法,并在焊后进行二次水韧处理。每焊完一道焊缝,采用锤击水冷措施,焊后热影响区出现碳化物的细颗粒析出,经过二次水韧处理后,析出的碳化物完全消失。

焊后焊缝金属为奥氏体组织,伸长率高于40%,V形缺口冲击功大于100 J,硬化后的平均硬度为442 HV,能够满足钢轨的使用要求。

参考文献

[1] 中国机械工程学会，中国材料研究学会，中国材料工程大典编委会. 中国材料工程大典，第23卷——材料焊接工程. 北京：化学工业出版社. 2006.

[2] 中国机械工程学会，中国材料研究学会，中国材料工程大典编委会. 中国材料工程大典，第2卷——钢铁材料工程. 北京：化学工业出版社. 2006.

[3] 方洪渊，冯吉才. 材料连接过程中的界面行为. 哈尔滨：哈尔滨工业大学出版社，2005.

[4] 李亚江. 特殊及难焊材料的焊接. 北京：化学工业出版社，2003.

[5] 中国机械工程学会焊接学会. 焊接手册(第2卷). 材料的焊接(第3版). 北京：机械工业出版社，2008.

[6] 陈沛生. 陶瓷与金属的钎焊. 钎焊手册，北京：机械工业出版社，1999.

[7] 吴爱萍，邹贵生，任家烈. 先进结构陶瓷的发展及其钎焊连接技术的进展. 材料科学与工程，2002，20(1)：104～106.

[8] 冯吉才，靖向盟，张丽霞等. TiC金属陶瓷/钢钎焊接头的界面结构和连接强度. 焊接学报，2006，27(1)：5～8.

[9] 王军勇，王海龙. YG8硬质合金与0Cr13不锈钢的真空钎焊. 热加工工艺，2008，37(23)：89～92.

[10] 阙仲萍，王海龙. YG8硬质合金与42CrMo钢的真空钎焊连接. 机械工程材料，2009，33(2)：35～38.

[11] 翟秋亚，梁存琨，成军，徐锦锋. Cu基微晶钎料高频钎焊0Cr18Ni9Nb/YG6分析. 焊接学报，2008，29(9)：23～26.

[12] 张启运，庄鸿寿. 钎焊手册. 北京：机械工业出版社，1999.

[13] 任耀文. 真空钎焊工艺. 北京：机械工业出版社，1993.

[14] 李亚江，张永喜，王娟. 焊接修复技术. 北京：化学工业出版社，2008.

[15] 冯吉才，李卓然，何鹏，等. TiAl/40Cr扩散连接接头的界面结构及相成长. 中国有色金属学报，2003，13(1)：162～166.

[16] 高德春，杨王玥，董敏，等. Fe-Al基金属间化合物的焊接性. 金属学报，2000，36(1)：87～92.

[17] 技术预测与国家关键技术选择研究组. 中国技术前瞻报告：信息、生物和材料. 北京：科学技术文献出版社，2004.

[18] 仲增墉，叶恒强. 金属间化合物(全国首届高温结构金属间化合物学术讨论会文集). 北京：机械工业出版社，1992.

[19] 汪才良，朱定一，卢铃. 金属间化合物 Fe_3Al 的研究进展. 材料导报，2007，21(3)：67～69.

[20] 余兴泉，孙扬善，黄海波. 轧制加工对 Fe_3Al 基合金组织及性能的影响. 金属学报，1995，31B(8)：368～373.

[21] 郭建亭，孙超，谭明晖，李辉，赖万慧. 合金元素对 Fe_3Al 和FeAl合金力学性能的影响. 金属学报，1990，26A(1)：20～25.

[22] 孙祖庆．Fe_3Al 基金属间化合物合金的焊接研究进展．材料导报，2001，15（2）：10.

[23] 张伟伟，徐道荣，夏明生．Fe_3Al 合金的钎焊性能试验研究．焊接技术，2005，34（2）：7～19.

[24] C. G. Mckamey, J. H. Devan, P. F. Tortorelli and V. K. Sikka. A review of recent development in Fe_3Al-based alloy. Journal of Materials Research, 1991, 6 (8): 1779～1805.

[25] 张永刚，韩雅芳，陈国良．金属间化合物结构材料．北京：国防工业出版社，2001.

[26] S. A. David, J. A. Horton and C. G. Mckamey. Welding of iron aluminides. Welding Journal, 1989, 68 (9): 372～381.

[27] S. A. David and T. Zacharia. Weldability of Fe_3Al-Type aluminide. Welding Journal, 1993, 72 (5): 201～207.

[28] Li Yajiang, Wang Juan, Yin Yansheng and Wu Huiqiang. Phase constitution near the interface zone of diffusion bonding for Fe_3Al/Q235 dissimilar materials. Scripta Materials, 2002, 47 (12): 851～856.

[29] 闵学刚，余新泉，孙扬善等．手弧堆焊 Fe_3Al 堆焊层的组织形貌与抗氧化性能．焊接学报，2001，22（1）：56～58.

[30] 李亚江，王娟，刘鹏．异种难焊材料的焊接及应用．北京：化学工业出版社，2004.

[31] 周振丰．铸铁焊接冶金与工艺．北京：机械工业出版社，2001.

[32] 任振安，周振丰，孙大谦．灰铸铁同质焊缝电弧冷焊接头冷裂纹研究进展．焊接学报，2001，22（1）：91～96.

[33] 孙大谦，周振丰，任振安，李德元．奥－贝球铁焊接研究进展．焊接学报，2000，21（4）：92～96.

[34] 杜国华．实用工程材料焊接手册．北京：机械工业出版社，2004.

[35] 王蕾，张静洁．耐磨材料及其应用．武汉：湖北科学技术出版社，2004.

[36] 张文忠，徐振越．高锰钢辙叉的焊接修复．北京：中国铁道出版社，1995.

[37] 张增志．耐磨高锰钢．北京：冶金工业出版社，2002.

[38] 高清宝，王德权，苏志东，等．阀门堆焊技术．北京：机械工业出版社，1994.

[39] 王娟等．表面堆焊与热喷涂技术．北京：化学工业出版社，2004.

[40] 彭峰．高锰钢辙叉现场焊修工艺．机械工程师，2007（12）：142～143.

[41] 季关钰，孟斌．钢轨及高锰钢辙叉的自动与半自动电弧焊修技术．铁道建筑，2006（3）：84～86.

[42] 李清雅，倪德续，昌友平．阀门手工堆焊工艺．焊接，2003（9）：44.

[43] 魏思宇，丁韦，黄辰奎．高锰钢与 U71Mn 钢电焊对接过渡层合金．焊接学报，1999，20（3）：188～193.

[44] 武红利，侯平均，逯宏伟．装载机铲斗主刀板堆焊工艺优化．热加工工艺，2008，137（5）：149～150.